高等职业教育教材

高等数学

（自动化类）

吕 靖 主编　谢 珊 主审

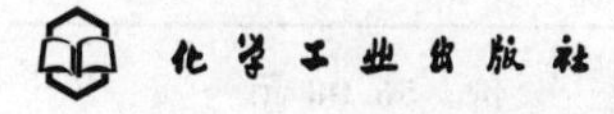

·北京·

内容简介

本书以“拓宽基础、强化能力、立足应用”为编写原则，结合高职教育自动化类专业学生职业能力培养目标组织编写的。案例主要来源于自动化类专业各专业课程。为了提升学生创新能力和信息应用能力，增加了相关数学模型的建立和手机 APP Mathstudio 的应用。同时，为了加强学生素质的培养，各章节编写了“数学思想、数学文化、历史故事”等课程思政教学素材。

全书共八个单元，主要包括函数及其应用、向量与复数、极限及其应用、导数及其应用、积分及其应用、常微分方程及其应用、无穷级数及其应用、拉普拉斯变换及其应用等。每节安排有适量习题，书末附有习题的参考答案。

本书有配套的 PPT 教案，请发电子邮件至 cipedu@163.com 获取，或登录 www.cipedu.com.cn 免费下载。

本书为高等职业教育自动化类专业教材，也可以作为成人教育、继续教育等自动化类专业数学教材或参考用书。

图书在版编目（CIP）数据

高等数学：自动化类/吕靖主编. —北京：化学工业出版社，2022.7（2023.7 重印）
高等职业教育教材
ISBN 978-7-122-41218-8

Ⅰ.①高… Ⅱ.①吕… Ⅲ.①高等数学-高等职业教育-教材 Ⅳ.①O13

中国版本图书馆 CIP 数据核字（2022）第 060989 号

责任编辑：高　钰　　　　文字编辑：蔡晓雅
责任校对：宋　夏　　　　装帧设计：刘丽华

出版发行：化学工业出版社（北京市东城区青年湖南街 13 号　邮政编码 100011）
印　　装：大厂聚鑫印刷有限责任公司
787mm×1092mm　1/16　印张 18　字数 404 千字　　2023 年 7 月北京第 1 版第 2 次印刷

购书咨询：010-64518888　　　　售后服务：010-64518899
网　　址：http://www.cip.com.cn
凡购买本书，如有缺损质量问题，本社销售中心负责调换。

定　　价：56.00 元

前言

高等职业院校数学课的主要任务是：使学生掌握必要的数学基础知识，具备良好的数学素养和必需的数学技能，为学生学习专业知识、掌握职业技能、继续学习和终身发展奠定基础。

围绕满足专业技能培养需求、体现数学思政教育功能、突出数学技术应用、结合信息技术手段的总体思路，编者精心设计、组织和安排教学内容。

本书编写特色：

1. 强化数学育人功能，突出数学思政元素。每一节内容后增设对应内容的“数学思想小火花”，包含有数学思想、数学文化、历史故事、思政感悟等内容，加深学习者对相应内容的理解，也为授课教师提供丰富典型的数学思政素材。

2. 以能力培养为目标，夯实数学知识基础、突出数学技术应用。重视数学应用，以“学用数学”的设计主线贯穿整个内容体系，突出数学知识在自动化类专业中的实践应用和实际问题解决的教学，精心选取自动化类专业案例从数学角度进行分析求解，实现数学课程与专业学习“零对接”。

3. 加强信息技术与数学教学的整合，“渗透式”植入数学软件。遵循高职学生认知特点，采用手机 APP Mathstudio 作为数学教学的辅助工具，复杂计算由数学软件完成，引导学生积极参与问题的解决过程，激发学生学习数学兴趣，利于学生将更多学习精力关注于数学思维的形成和数学技术应用上。

手机 APP Mathstudio，可在手机浏览器查找关键词“Mathstudio”下载，安卓系统免费，苹果系统收费，读者自行选择。

带※的内容为选学内容。

本书的内容已制作成用于多媒体教学的 PPT 课件，如有需要，请发电子邮件至 cipedu@163. com 获取，或登录 www. cipedu. com. cn 免费下载。

全书由吕靖主编，谢珊主审。参加编写工作的有张朝霞（第一单元）、罗智勇（第二单元）、黄玉兰（第三单元）、刘淑贞（第四单元）、吕靖（第五单元、第八单元）、邓谨（第六单元）、张腊娥（第七单元）。以上编者所在五所学校自动化类专业课教师和企业工程师对本书专业案例的编写给予多次指导和极大帮助，特别邀请中国海洋大学数学院张若军老师对“数学思想小火花”内容进行了审核，在此一并感谢。

由于编者水平有限和时间仓促，错误之处恳请广大师生批评指正，以便我们进一步修订提高，邮箱地址：76756940@qq. com。

编　者

2022 年 1 月

目录

第一单元

函数及其应用

单元引导

世界是运动、变化和发展的. 16 世纪，随着社会的发展，为适应社会生产力发展的需要，运动变化成为自然科学研究的主题，各个变化过程中的变量之间存在依赖关系，这种关系在数学中主要以函数形式呈现，它几乎是所有应用数学的基础. 电气工程领域中的很多概念及其关系都是通过函数表示的，如电流、电压、电功率、电感、电容等.

本单元主要巩固函数概念、三角函数、指数函数与对数函数等内容，同时介绍反函数、复合函数及正弦波交流的有关知识. 希望学完本单元后，能达成如下学习目标：

- 准确描述函数概念
- 清晰给出各类控制信号解析式及对应图像
- 求解出不同类型函数的反函数
- 正确表达出六类三角函数
- 应用正弦交流解释交流电压、电流的超前和滞后等现象
- 能用指数函数、对数函数求解线路输送增益等问题
- 能正确合成和分解复合函数
- 清晰列出初等函数涵盖的范围
- 用 Mathstudio APP 实现绘制函数二维图像、数据拟合等功能

第一节　认识函数及常见的控制信号

一、函数的定义

人们在观察、研究某一现象或某一运动过程时，会遇到许多变量，这些变量并不是独立变化的，它们间存在依赖关系. 如，圆的面积 A 与半径 r 的关系表示为函数

$$A=\pi r^2,\ r\geqslant 0$$

又如，自由落体运动的物体下落距离 s 与下落时间 t 之间的关系表示为函数

$$s=\frac{1}{2}gt^2\ （其中\ g\approx 9.8\text{m/s}^2），t\geqslant 0$$

它们都是描述变量之间依赖关系的例子.

把这种变量之间的依赖关系的特征抽象出来，便可得到函数的定义.

1. 函数的定义

定义 1 设 D 为非空实数集，若对任意 $x\in D$，都有唯一确定的 $y\in\mathbf{R}$ 按照某种对应法则 f 与之对应，则称 f 是定义在 D 上的一个关于 x 的一元**函数**，记作

$$y=f(x),\ x\in D$$

其中，x 称为**自变量**，自变量的范围 D 称为函数的**定义域**.

在函数 $y=f(x)$ 中，y 称为**因变量**，当 x 取定 $x_0(x_0\in D)$ 时，称 $f(x_0)$ 为 $y=f(x)$ 在 x_0 处的函数值. 当 x 取遍 D 中的所有实数值时，与之对应的函数值的集合 M 称为函数的**值域**.

电路中广泛使用着函数. 如欧姆定律将电流 I 表示为电压 U 的函数，即 $I=\dfrac{U}{R}$（其中 R 为电阻），再比如纯电阻电路中，电功率 P 是电流 I 的函数，即 $P=I^2R$（其中 R 为电阻）.

准确表达函数的定义域范围是理解函数的重要环节.

【例 1】 求函数 $y=\sqrt{25-x^2}+\ln\sin x$ 的定义域.

解：要使函数有定义，必须同时满足

$$\begin{cases}25-x^2\geqslant 0\\ \sin x>0\end{cases}$$

解得

$$\begin{cases}-5\leqslant x\leqslant 5\\ 2k\pi<x<(2k+1)\pi(k\in\mathbf{Z})\end{cases}$$

于是，所求函数的定义域为

$$D=\{x\mid -5\leqslant x<-\pi\quad 或\quad 0<x<\pi\}$$

为了更好地理解函数的概念，做如下几点说明：

(1) 定义域与对应法则是函数的两个要素，如果函数的两个要素相同，它们一定是相同的函数，否则为不同的函数，例如：函数 $y=|x|$ 与 $y=\sqrt{x^2}$ 的两个要素相同，所以它们是相同函数，而函数 $y=\lg x^2$ 与 $y=2\lg x$ 的解析式可以变成一致的，但是定义域不同，所以为不同的函数.

一般地，求用解析式 $y=f(x)$ 表示的函数的定义域时，有以下几种情况：

- 若 $f(x)$ 是整式，则函数的定义域是实数集 $\mathbf{R}$；
- 若 $f(x)$ 是分式，则函数的定义域是使分母不等于 0 的实数集；
- 若 $f(x)$ 是二次根式，则函数的定义域是使根号内的式子大于或等于 0 的实数集合；
- 若 $f(x)$ 是由几个部分的数学式子构成的，则函数的定义域是使各部分式子都有意义的实数集合；

• 若 $f(x)$是由实际问题抽象出来的函数，则函数的定义域应符合实际问题.

(2) 有时，我们把函数理解为模型. 比如在控制工程中，会用信号来表示函数，把输入的信号称为激励，输出的信号称为响应，如图 1-1 所示，不管是激励还是响应，它们在具体情况下通常都表示为一个函数.

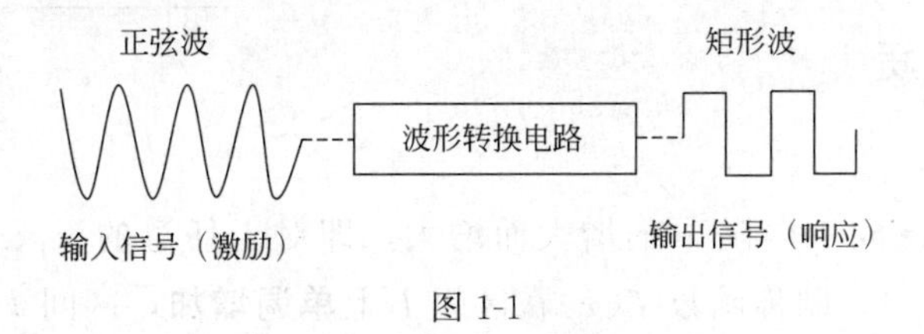

图 1-1

2. 函数的表示法

函数可以用多种方法来表示，这里主要介绍三种：表格法、图像法和解析法.

(1) 表格法：用表格直接反映变量之间的对应关系，一目了然.

【例 2】 在霍尔测速实验中，根据试验测得，转动源在不同电压驱动下得到的相应转速值的数据关系如表 1-1 所示.

表 1-1

电压/V	4	6	8	10	12	16	20	24
转速/(r/min)	350	825	1247	1657	2064	2800	3447	4020

表 1-1 直接反映转动源在不同的电压驱动下得到的转速的值，如电压为 12V 时，对应转速为 2064r/min. 且随着电压值的不断增大，转速也在逐渐增加，反映出转速与电压值成正比例关系.

(2) 图像法：用图形来直观地反映变量之间的关系.

【例 3】 在某一电路中，电源电压 U 保持不变，电流 I(A)与电阻 R(Ω)之间的函数图形如图 1-2 所示.

从图 1-2 中可以很直观地看出随着电阻值的增加，电流值逐渐减小，且在 $R<6\Omega$ 时电流减小的速度比 $R>6\Omega$ 时电流减小的速度快.

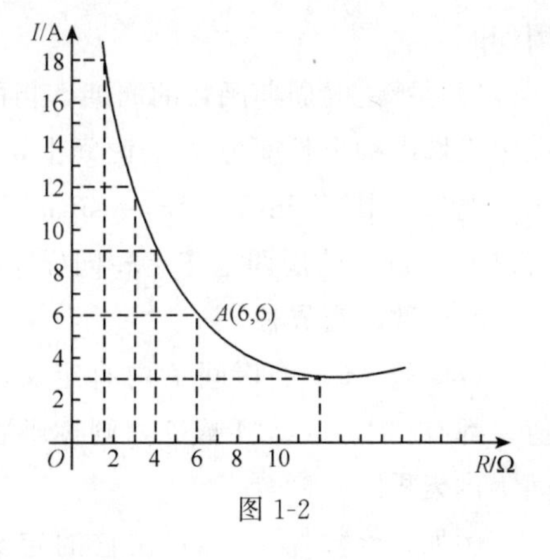

图 1-2

(3) 解析法：用具体数学式子来表达变量之间的函数关系.

【例 4】 在电子电气中，脉冲器产生一个单三角脉冲，其波形如图 1-3 所示，建立电压 U 与时间 t 的函数关系式.

解：根据图形分析可得分段函数

$$U=\begin{cases} \dfrac{2E}{\tau}t, & t\in\left[0,\dfrac{\tau}{2}\right] \\ -\dfrac{2E}{\tau}(t-\tau), & t\in\left(\dfrac{\tau}{2},\tau\right] \end{cases}$$

该函数的定义域为 $D=[0,\tau]$，但在定义域的不同范围内是用不同的解析式表示的，这样的函数称为**分段函数**，分段函数是定义域上的一个函数，不要理解为多个函数，分段函数需要分段求值，分段作图.

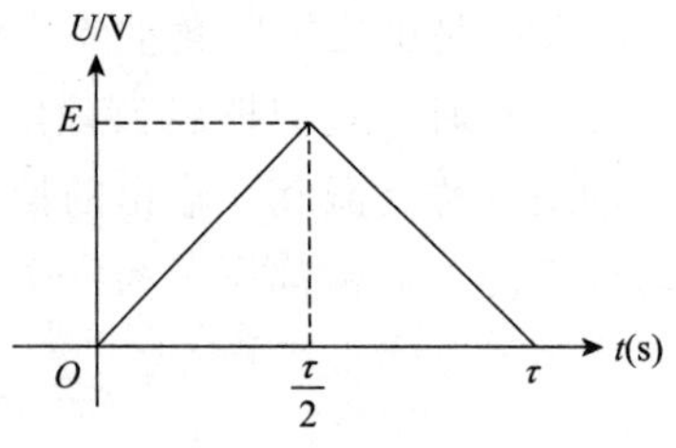

图 1-3

二、函数的性质

1. 函数的单调性

若函数 $f(x)$在区间 I 内随 x 的增大而增大，即对于任意的 x_1、$x_2\in I$，当 $x_1<x_2$ 时，有 $f(x_1)<f(x_2)$，则称函数 $f(x)$在区间 I 上**单调增加**，区间 I 为单调增区间；若函数 $f(x)$在区间 I 内随着 x 的增大而减小，即对于任意的 x_1、$x_2\in I$，当 $x_1<x_2$ 时，有 $f(x_1)>f(x_2)$，则称函数 $f(x)$在区间 I 上**单调减小**，区间 I 为单调减区间.

例如 $y=x^2$ 在$(-\infty,0)$内单调减少，在$(0,+\infty)$内单调增加，$(-\infty,0)$称为函数 $y=x^2$ 的单调减区间，$(0,+\infty)$称为函数 $y=x^2$ 的单调增区间.

2. 函数的奇偶性

设函数 $f(x)$的定义域 D 关于原点对称，如果对于任意 $x\in D$，都有 $f(-x)=f(x)$，则称 $f(x)$是 D 上的**偶函数**，其图形关于 y 轴对称；如果对于任意 $x\in D$，都有 $f(-x)=-f(x)$，则称 $f(x)$是 D 上的**奇函数**，其图形关于原点对称.

例如 $y=\sin x$、$y=x^3-\dfrac{1}{x}$是奇函数，$y=\cos x$、$y=x^4+x^2$ 是偶函数，$y=2^x$、$y=\arccos x$ 既不是奇函数，也不是偶函数.

3. 函数的周期性

设函数 $f(x)$的定义域为 D，若存在一个非零的正数 T，使得对于任意的 $x\in D$、$x+T\in D$，都有 $f(x+T)=f(x)$，那么函数 $f(x)$称作**周期函数**，T 称为它的一个周期.

通常所说的周期函数的周期，指的是它的最小正周期. 一个以 T 为周期的周期函数，在定义域内每个长度为 T 的区间上，函数图形有相同的形状.

例如，由于 $\sin(x+2\pi)=\sin x$，所以 $y=\sin x$ 的周期是 $T=2\pi$；$\tan(x+\pi)=\tan x$，所以 $y=\tan x$ 的周期是 $T=\pi$. 同样 $y=\cos x$ 的周期是 $T=2\pi$，$y=\cot x$ 的周期是 $T=\pi$.

4. 函数的有界性

设函数 $f(x)$在区间 I 内有定义，若存在一个正数 M，使得对于区间 I 内的一切 x 值，都有 $|f(x)|\leqslant M$ 成立，则称函数 $f(x)$在区间 I 内**有界**；反之，则称函数 $f(x)$在区间 I 内**无界**.

例如，函数 $y=\cos x$ 在它的定义域$(-\infty,+\infty)$内是有界的，因为对任意的 $x\in(-\infty,+\infty)$，$|\cos x|\leqslant 1$ 成立；又如函数 $y=\tan x$ 在$\left(-\dfrac{\pi}{2},\dfrac{\pi}{2}\right)$内是无界的.

三、常见的控制信号

在自动控制中，常见的函数（信号）有以下几种.

1. 直流信号

$$f(t)=A(A\text{ 为常数}),\ -\infty<t<+\infty$$

直流信号的图形如图 1-4 所示.

2. 正弦信号

$$f(t)=K\sin(\omega t+\theta),\ -\infty<t<+\infty$$

正弦信号的图形如图 1-5 所示.

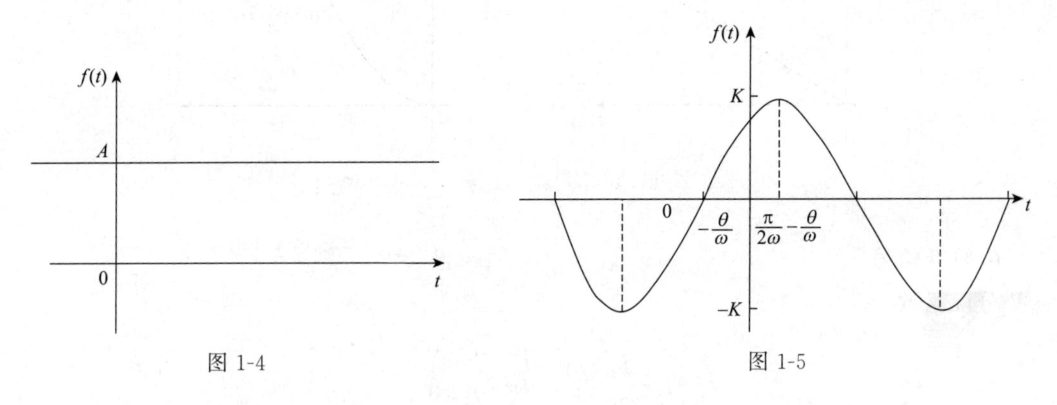

图 1-4　　图 1-5

3. 矩形脉冲信号

$$g(t)=\begin{cases}0, & |t|>\dfrac{\tau}{2}\\ E, & |t|\leqslant\dfrac{\tau}{2}\end{cases}$$

其中，脉冲宽度为 τ，脉冲幅度为 1. 矩形脉冲信号的图形如图 1-6 所示.

周期矩形脉冲信号

$$f(t)=\begin{cases}0, & nT-\dfrac{\tau}{2}<t<nT+\dfrac{\tau}{2}\\ E, & nT+\dfrac{\tau}{2}\leqslant t\leqslant(n+1)T-\dfrac{\tau}{2}\end{cases}$$

其中，脉冲宽度为 τ，脉冲幅度为 E，脉冲周期为 T，周期矩形脉冲信号对应图像如图 1-7 所示.

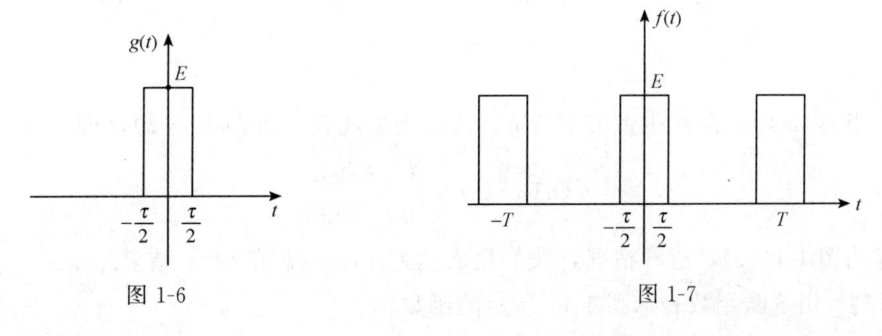

图 1-6　　图 1-7

4. 斜坡信号

$r(t)=At$，$t\geqslant 0$，特别地，当 $A=1$ 时，称为单位斜坡信号，斜坡信号的图形如图 1-8 所示.

5. 抛物线（加速度）信号

$$r(t)=\frac{1}{2}At^2,\ t\geqslant 0$$

特别地，当 $A=1$ 时，称为单位抛物线信号，抛物线信号的图形如图 1-9 所示.

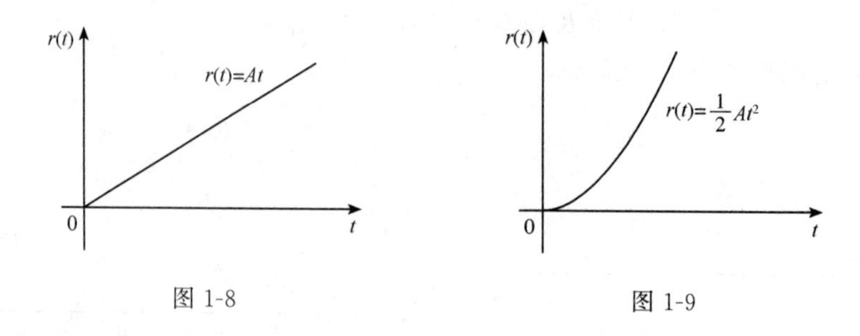

图 1-8　　　　图 1-9

6. 阶跃信号

分段函数

$$ku(t)=\begin{cases}0 & t<0\\ k & t\geqslant 0\end{cases}$$

称为阶跃函数. 阶跃函数如图 1-10(a) 所示. 当然，阶跃点也可能出现在 $t\neq 0$ 的其他点. 比如，在顺序开关电路中，在 $t=a$ 处出现的阶跃函数可表示为 $ku(t-a)$，即

$$ku(t-a)=\begin{cases}0 & t<a\\ k & t\geqslant a\end{cases}$$

当 $t<a$ 时，阶跃函数的值为 0；当 $t\geqslant a$ 时，阶跃函数的值为 k，对应图像为图 1-10(b)，这种情况，我们也表达为 $f(t)=k$ 在 $t=a$ 开始.

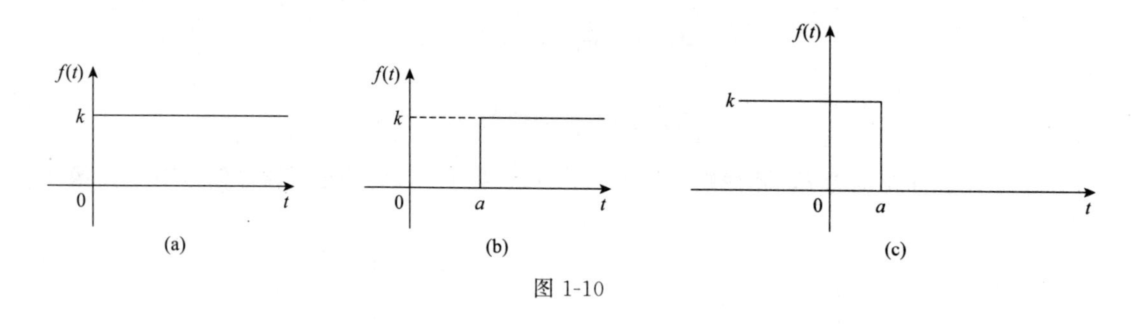

图 1-10

如果当 $t\leqslant a$ 时，阶跃函数的值为 k，这时函数就表示为 $ku(a-t)$，即

$$ku(a-t)=\begin{cases}k & t\leqslant a\\ 0 & t>a\end{cases}$$

对应图像为图 1-10(c)，这种情况，我们也表达为 $f(t)=k$ 在 $t=a$ 结束.

【例 5】 用阶跃函数表示图 1-11 所示的函数.

解： 图 1-11(a) 所示的函数在 0、1、3、4 点分成三条线段，各直线段及其方程如图 1-11(b) 所示.

下面用阶跃函数在某些适当的点开始和结束这些线段，即利用阶跃函数来打开和关

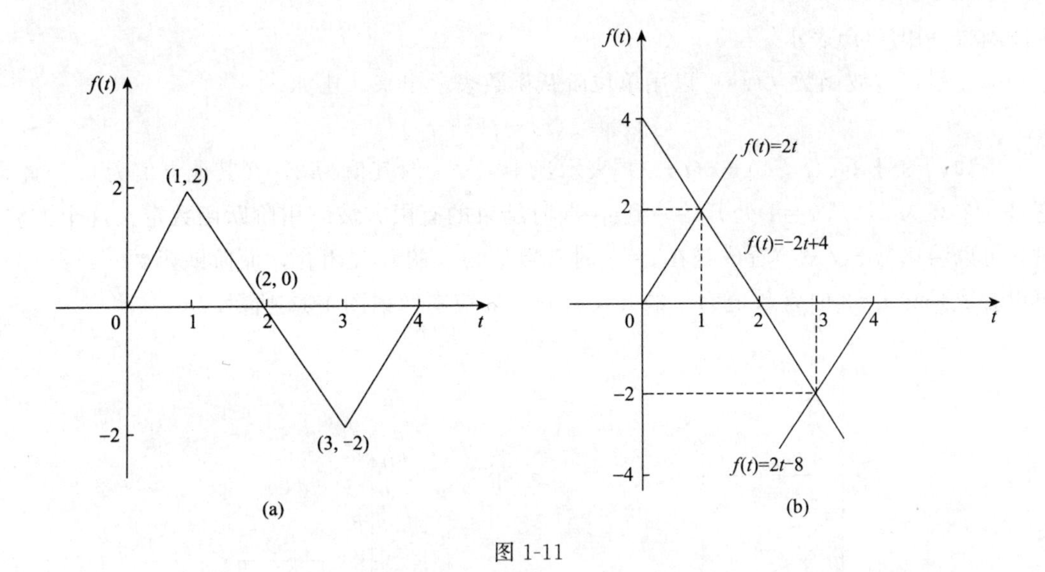

图 1-11

闭方程所表示的直线.

对于 $y=2t$ 来说，在 $t=0$ 时打开，在 $t=1$ 时关闭；

对于 $y=-2t+4$ 来说，在 $t=1$ 时打开，在 $t=3$ 时关闭；

对于 $y=2t-8$ 来说，在 $t=3$ 时打开，在 $t=4$ 时关闭.

$f(t)$的表达式为

$$f(t)=2t[u(t)+u(1-t)]+(-2t+4)[u(t-1)+u(3-t)]+(2t-8)[u(t-3)+u(4-t)]$$

为了更直观地表达信号的打开与关闭，我们习惯上把 $f(t)$表达为如下形式

$$f(t)=2t[u(t)-u(t-1)]+(-2t+4)[u(t-1)-u(t-3)]+(2t-8)[u(t-3)-u(t-4)]$$

在阶跃信号的表达式中，如果 $k=1$，则称之为**单位阶跃函数**（又称单位阶跃信号），此时 $u(t)$ 表示为 $\varepsilon(t)$，即

$$\varepsilon(t)=\begin{cases}0 & t<0\\1 & t\geqslant 0\end{cases}$$

单位阶跃信号的图形如图 1-12 所示.

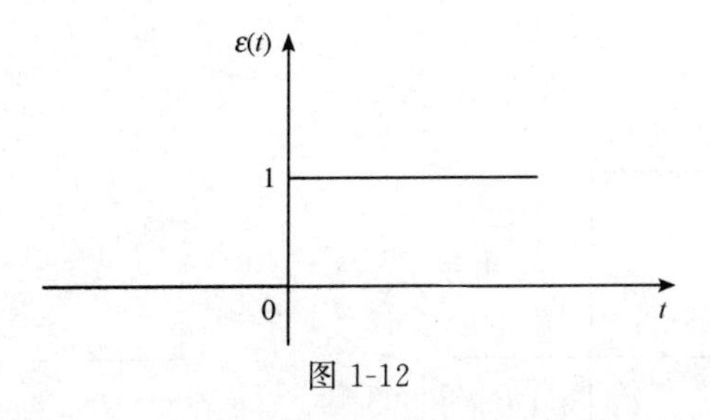

图 1-12

单位阶跃信号在信号与系统分析中有着非常重要的作用，通常，我们用它来表示信号的定义域，简化信号的时域表示形式. 在电路分析中，非常有用的有限宽度的方波可用两个阶跃函数来表达.

如图 1-13 所示，在时间区间 $0\leqslant t\leqslant t_0$ 上取值为 1，在其余时间取值为 0，此函数称为

方波函数，用 $f(t)$表示.

很显然，方波函数 $f(t)$可以用单位阶跃函数表示出来，比如

$$f(t)=\varepsilon(t)-\varepsilon(t-t_0)$$

例如，信号 $3[\varepsilon(t-1)-\varepsilon(t-3)]$表示当 $1\leqslant t<3$ 时其值为 3，在其他点值为 0. 因此，它是一个高为 3，从 $t=1$ 处开始，到 $t=3$ 时结束的有限方波. 用阶跃函数定义这个方波时，可以将函数 $\varepsilon(t-1)$看成是在 $t=1$ 时常数值为 3 的开关闭合，而阶跃函数 $-\varepsilon(t-3)$可以看成是在 $t=3$ 时常数值为 3 的开关打开，对应图像如图 1-14 所示.

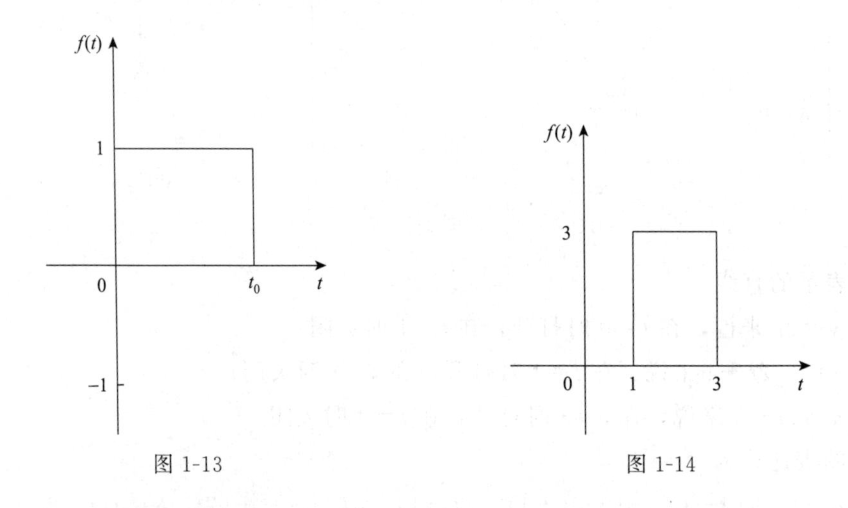

图 1-13　　图 1-14

再比如，可以用两个不同延时的单位阶跃信号来表示一个矩形脉冲信号.

【例 6】 画出信号 $2\varepsilon(t+2)-3\varepsilon(t-2)$的图形，其中 $\varepsilon(t)$是单位阶跃信号.

解：根据单位阶跃信号的定义，可得

当 $t<-2$ 时，$2\varepsilon(t+2)-3\varepsilon(t-2)=2\times0-3\times0=0$；

当 $-2\leqslant t<2$ 时，$2\varepsilon(t+2)-3\varepsilon(t-2)=2\times1-3\times0=2$；

当 $t\geqslant2$ 时，$2\varepsilon(t+2)-3\varepsilon(t-2)=2\times1-3\times1=-1$.

对应图形如图 1-15 所示.

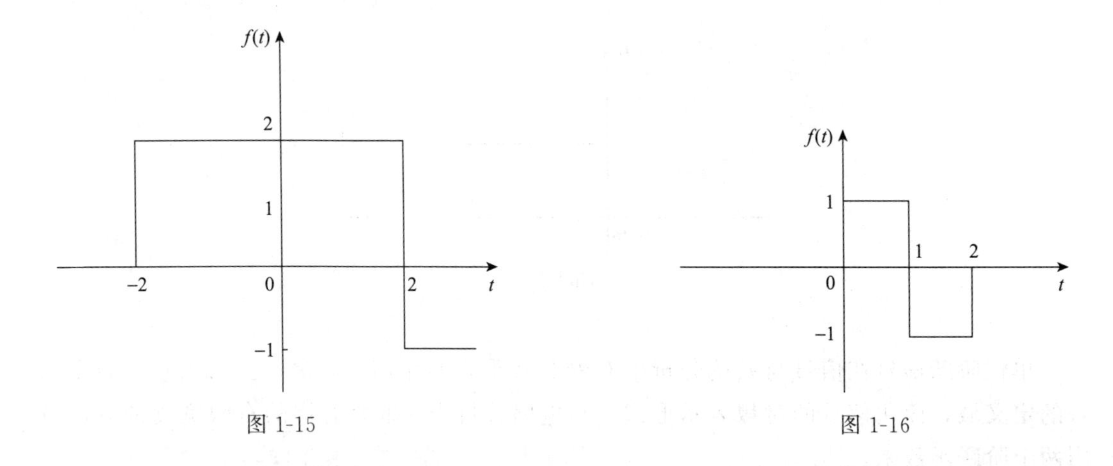

图 1-15　　图 1-16

【例 7】 用单位阶跃信号的组合表示图 1-16 所示的函数.

解：如图 1-16 所示，(0,1)区间上的函数可表示为如下组合

$$\varepsilon(t)-\varepsilon(t-1)$$

这可以从信号 $\varepsilon(t)-\varepsilon(t-1)$图像的对应区间上的差看出来.

类似地，(1,2)区间上的函数可表示为如下组合

$$-[\varepsilon(t-1)-\varepsilon(t-2)]$$

所以，图 1-16 所示的函数可以表示为

$$f(t)=\varepsilon(t)-\varepsilon(t-1)-[\varepsilon(t-1)-\varepsilon(t-2)]=\varepsilon(t)-2\varepsilon(t-1)+\varepsilon(t-2)$$

除此以外，在控制工程中还有实指数信号、复指数信号、采样信号以及单位冲激信号等.

四、反函数

定义 2　设 $y=f(x)$是定义在数集 D 上关于 x 的函数，其值域为 M，如果对于 M 中的每一个 y 的值，都有一个确定的且满足 $y=f(x)$的 x 值与之对应，则得到一个定义在 M 上以 y 为自变量，x 为因变量的新函数 $x=\varphi(y)$，则称它为 $y=f(x)$的**反函数**，记作

$$x=f^{-1}(y)$$

其定义域为 M，值域为 D，并称 $f(x)$为**直接函数**.

当然也可以说 $y=f(x)$是 $x=f^{-1}(y)$的反函数，就是说，它们互为反函数. 显然，由定义可知，单调函数一定有反函数. 习惯上，我们总是用字母 x 表示自变量，而用字母 y 表示函数，所以通常把 $x=f^{-1}(y)$改写为 $y=f^{-1}(x)$.

若在同一坐标平面上作出直接函数 $y=f(x)$和反函数 $y=f^{-1}(x)$的图形，则这两个图形关于直线 $y=x$ 对称. 例如，函数 $y=2^x$ 和它的反函数 $y=\log_2 x$ 的图形就关于直线 $y=x$ 对称，如图 1-17 所示.

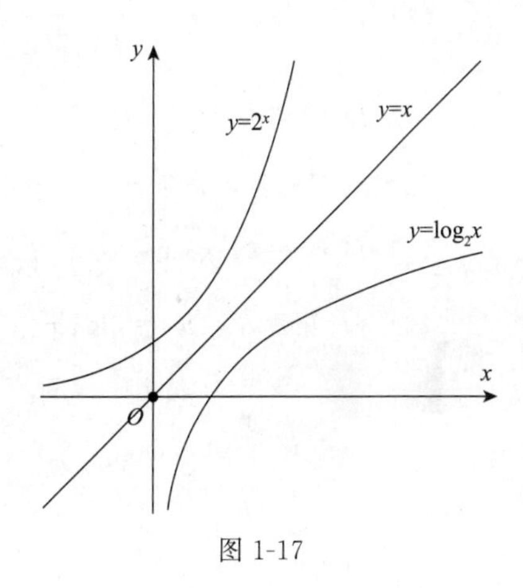

图 1-17

【例 8】　求 $y=\dfrac{1}{2}x+3$ 的反函数.

解：在函数 $y=\dfrac{1}{2}x+3$ 的定义域$(-\infty,+\infty)$内，它是单调函数. 由 $y=\dfrac{1}{2}x+3$ 解出 x，得

$$x=2y-6$$

将其中 x 换成 y，y 换成 x，便得 $y=\dfrac{1}{2}x+3$ 的反函数为

$$y=2x-6\quad x\in(-\infty,+\infty)$$

【例 9】　求 $y=\lg(x-2)$的反函数.

解：在函数 $y=\lg(x-2)$的定义域$(2,+\infty)$内，它是单调函数，故有反函数. 方程两边同时取以 10 为底的指数函数，得

$$10^y=10^{\lg(x-2)}$$

$$10^y=x-2$$

$$x=10^y+2$$

将其中 x 换成 y，y 换成 x，便得 $y=\lg(x-2)$的反函数为

$$y=10^x+2 \quad x\in(-\infty,+\infty)$$

数学思想小火花

世界上的一切事物都是运动变化的，作为变量之间依赖关系的一种常见的反映形式——函数，它既是中学代数的主线，也是高等数学的主要研究对象，已经渗透到科学研究几乎所有的领域. 人们需要掌握运动变化的规律，需要正确的掌握“函数”的概念与性质，以便更好地为生产生活服务.

习题 1-1

1. 确定下列函数的定义域：

(1) $y=\lg(2x-1)+\sqrt{\dfrac{-1}{2x-4}}$；(2) $y=\ln(3x-1)+7e^x$；(3) $y=\dfrac{1}{x^2-4x+3}+\sqrt{2x+1}$；

(4) $f(x)=\lg\left(\dfrac{1-x}{1+x}\right)$；　(5) $y=\dfrac{1}{\lg(x+3)}$；　(6) $y=\ln(2x+1)+\dfrac{1}{x^2-4}$.

2. 判断下列函数是否是同一个函数？并说明理由.

(1) $f(x)=x$，$g(x)=\sqrt{x^2}$；　(2) $f(x)=x$，$g(x)=(\sqrt{x})^2$；

(3) $y=\lg x^2$，$g(x)=2\lg|x|$；　(4) $f(x)=\dfrac{x^2-1}{x+1}$，$g(x)=x-1$.

3. 已知函数 $y=\begin{cases}2x+3 & -1\leqslant x<1\\ 0 & 1\leqslant x<3\\ -x & x\geqslant 3\end{cases}$，求 $f\left(\dfrac{1}{2}\right)$和 $f(5)$.

4. 判断下列函数奇偶性：

(1) $f(x)=\dfrac{1-x^2}{\sin x}$；(2) $y=\sqrt{x^2-3x+2}$；(3) $y=\sin x+\cos x$；(4) $f(x)=\sin x+e^x-e^{-x}$.

5. 设 $f(x)=\begin{cases}x-1, -2\leqslant x<0,\\ x+1, 0\leqslant x\leqslant 2\end{cases}$，求 $f(-1)$，$f(0)$，$f(1)$.

6. 画出单位阶跃信号 $\varepsilon(-t)$、$\varepsilon(t-1)$、$\varepsilon(t+2)$以及 $\varepsilon(t-t_0)$的图形.

7. 用阶跃函数表示图 1-18 所示的函数.

8. 画出下列信号的图形.

(1) $3\varepsilon(t-3)-5\varepsilon(t-5)$；　(2) $4[\varepsilon(t)+\varepsilon(t-1)-2\varepsilon(t-3)]$.

9. 用单位阶跃信号表示图 1-19 所示的信号.

10. 求下列函数的反函数，并求其定义域：

(1) $y=5x+3$；　(2) $y=\sqrt{x}+3$；　(3) $y=2e^x-6$；

(4) $y=2\log_2(3x-1), x\in\left(\dfrac{1}{3},+\infty\right)$；　(5) $y=\dfrac{2^x}{2^x+1}$.

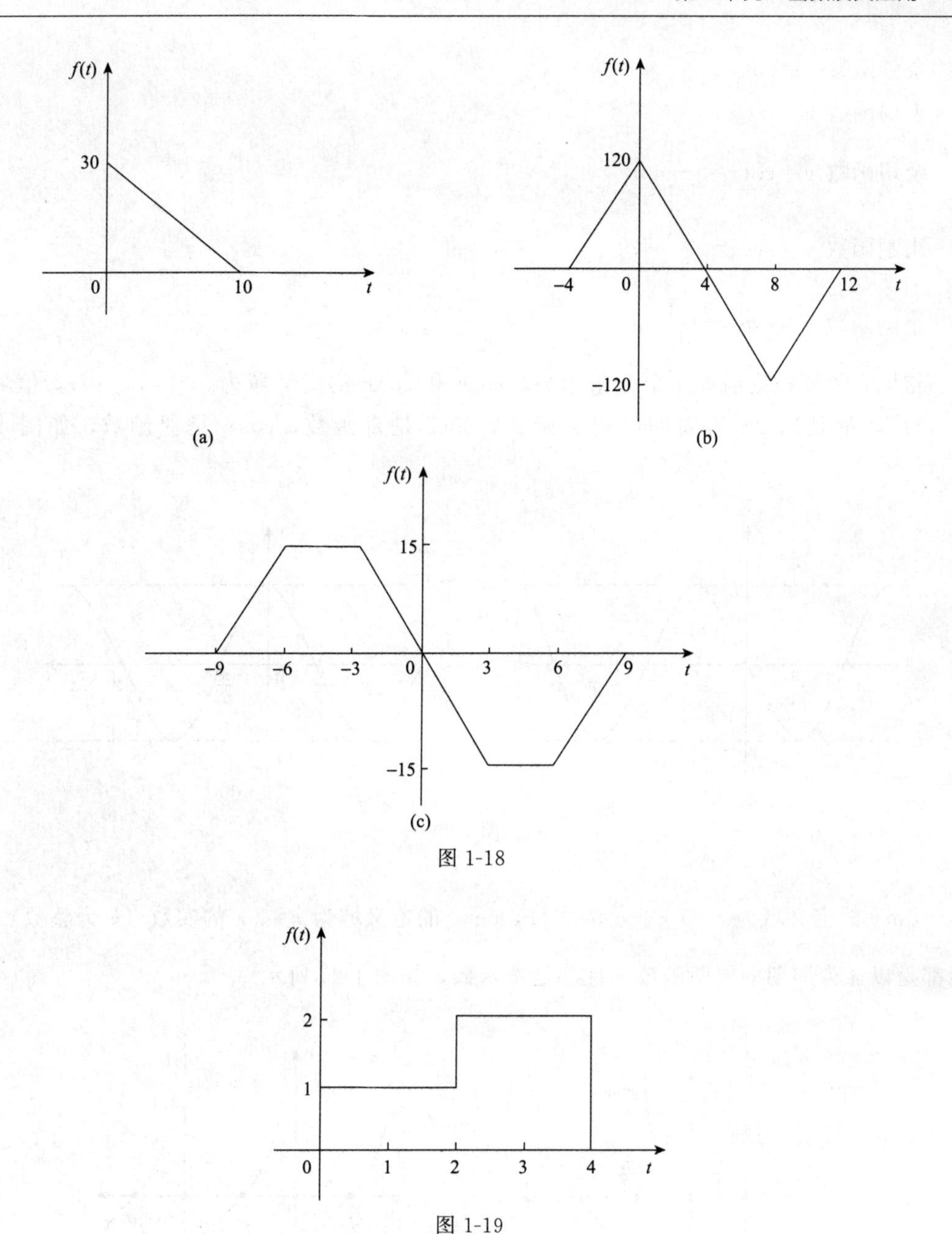

图 1-18

图 1-19

第二节　三角函数及反三角函数

一、三角函数

三角函数在建模周期现象和许多其他应用中是很重要的，常见的三角函数包括以下六类：

正弦函数 $y=\sin x$；

余弦函数 $y=\cos x$；

正切函数 $y=\tan x$；

余切函数 $y=\cot x=\dfrac{1}{\tan x}$；

正割函数 $y=\sec x=\dfrac{1}{\cos x}$；

余割函数 $y=\csc x=\dfrac{1}{\sin x}$.

这里，主要讨论前面4个三角函数. $\sin x$ 和 $\cos x$ 的定义域为$(-\infty,+\infty)$，值域为$[-1,1]$，都是以 2π 为周期的周期函数，$\sin x$ 是奇函数，$\cos x$ 是偶函数，如图1-20所示.

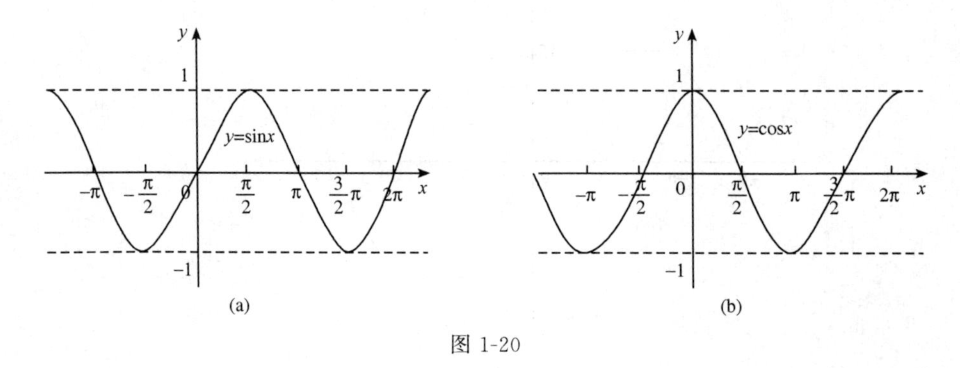

图 1-20

$\tan x$ 的定义域为 $x\neq k\pi+\dfrac{\pi}{2}$ 的实数，$\cot x$ 的定义域为 $x\neq k\pi$ 的实数（k 为整数）. 它们都是以 π 为周期的周期函数，且都是奇函数，如图1-21所示.

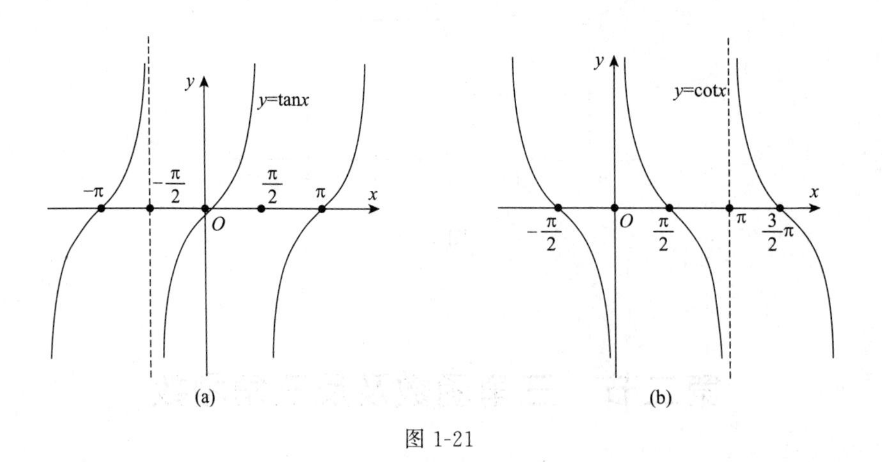

图 1-21

由于 x 取值范围不同，以上三角函数的正负也不同. 在此，将不同情况下三角函数的正负列于表1-2中.

为了用起来方便，将经常用到的特殊角所对应的三角函数值制成表，列于表1-3中.

表 1-2

三角函数	$x\in\left(0,\frac{\pi}{2}\right)$	$x\in\left(\frac{\pi}{2},\pi\right)$	$x\in\left(\pi,\frac{3\pi}{2}\right)$	$x\in\left(\frac{3\pi}{2},2\pi\right)$
$\sin x,\csc x$	+	+	−	−
$\cos x,\sec x$	+	−	−	+
$\tan x,\cot x$	+	−	+	−

表 1-3

三角函数	0	$\frac{\pi}{6}$	$\frac{\pi}{4}$	$\frac{\pi}{3}$	$\frac{\pi}{2}$	$\frac{2\pi}{3}$	$\frac{3\pi}{4}$	$\frac{5\pi}{6}$	π
$\sin x$	0	$\frac{1}{2}$	$\frac{\sqrt{2}}{2}$	$\frac{\sqrt{3}}{2}$	1	$\frac{\sqrt{3}}{2}$	$\frac{\sqrt{2}}{2}$	$\frac{1}{2}$	0
$\cos x$	1	$\frac{\sqrt{3}}{2}$	$\frac{\sqrt{2}}{2}$	$\frac{1}{2}$	0	$-\frac{1}{2}$	$-\frac{\sqrt{2}}{2}$	$-\frac{\sqrt{3}}{2}$	-1
$\tan x$	0	$\frac{\sqrt{3}}{3}$	1	$\sqrt{3}$	∞	$-\sqrt{3}$	-1	$-\frac{\sqrt{3}}{3}$	0

二、反三角函数

一般地说，三角函数是没有反函数的. 就正弦函数 $y=\sin x$ 来说，对自变量 x 的每一个值，都有唯一确定的 y 值与之对应；但反过来，对函数 $y=\sin x$ 值域中的每一个 y 值，却有不止一个 x 值与之对应. 但是，如果将自变量 x 的值限定在区间 $\left[-\frac{\pi}{2},\frac{\pi}{2}\right]$ 上时，对每一个 y 的值，就有唯一确定的 x 值与之对应. 因此，反三角函数是各三角函数在其特定的单调区间上的反函数.

(1) 反正弦函数 $y=\arcsin x$ 是正弦函数 $y=\sin x$ 在区间 $\left[-\frac{\pi}{2},\frac{\pi}{2}\right]$ 上的反函数. 定义域为$[-1,1]$，值域为 $\left[-\frac{\pi}{2},\frac{\pi}{2}\right]$，如图 1-22(a) 所示. 从图像上可以看出，反正弦函数是奇函数，$\arcsin(-x)=-\arcsin x$.

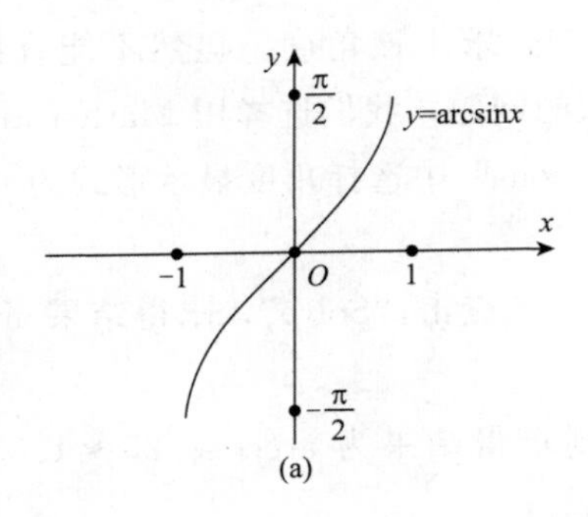

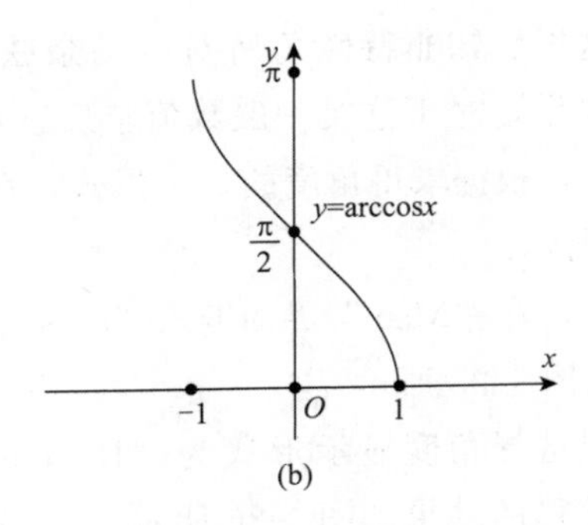

图 1-22

（2）反余弦函数 $y=\arccos x$ 是余弦函数 $y=\cos x$ 在区间$[0,\pi]$上的反函数．定义域为$[-1,1]$，值域为$[0,\pi]$，如图 1-22(b) 所示．从图像上可以看出，反余弦函数是非奇非偶函数，$\arccos(-x)=\pi-\arccos x$．

（3）反正切函数 $y=\arctan x$ 是正切函数 $y=\tan x$ 在区间$\left(-\frac{\pi}{2},\frac{\pi}{2}\right)$上的反函数．定义域为$(-\infty,\infty)$，值域为$\left(-\frac{\pi}{2},\frac{\pi}{2}\right)$，如图 1-23(a) 所示．从图像上可以看出，反正切函数是奇函数，$\arctan(-x)=-\arctan x$．

（4）反余切函数 $y=\operatorname{arccot} x$ 是余弦函数 $y=\cot x$ 在区间$(0,\pi)$上的反函数．定义域为$(-\infty,\infty)$，值域为$(0,\pi)$，如图 1-23(b) 所示．从图像上可以看出，反余切函数是非奇非偶函数，$\operatorname{arccot}(-x)=\pi-\operatorname{arccot} x$．

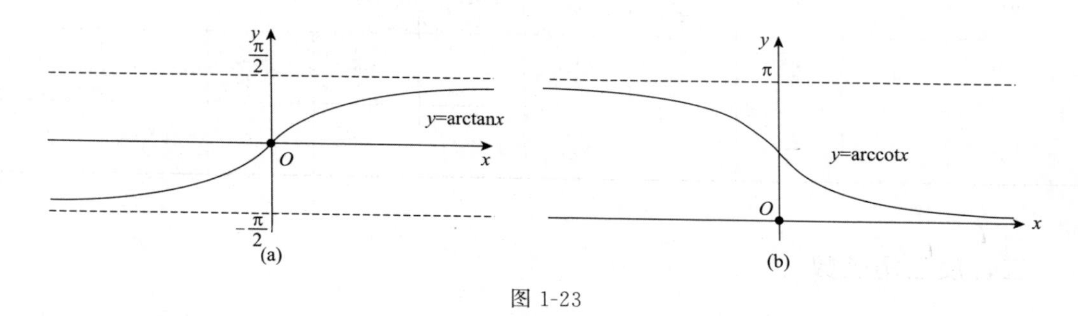

图 1-23

注意：三角函数都是周期函数，但其反函数都不是周期函数．

【例 1】 求下列反三角函数的值．

（1）$\arcsin\frac{\sqrt{2}}{2}$；（2）$\arccos\left(-\frac{1}{2}\right)$；（3）$\arctan\left(-\frac{\sqrt{3}}{3}\right)$；（4）$\arccos 0.25$．

解：（1）因为 $\sin 45°=\frac{\sqrt{2}}{2}$，所以 $\arcsin\frac{\sqrt{2}}{2}=45°$．

（2）$\arccos\left(-\frac{1}{2}\right)=\pi-\arccos\frac{1}{2}=\pi-\frac{\pi}{3}=\frac{2}{3}\pi=120°$．

（3）因为 $\arctan x$ 是奇函数，所以 $\arctan\left(-\frac{\sqrt{3}}{3}\right)=-\arctan\frac{\sqrt{3}}{3}=-\frac{\pi}{6}=-30°$．

（4）这里已知非特殊角所对应的余弦值 0.25，求出该角度．显然不能直接用表 1-3 所对应的关系，对于这类一般数值求反三角函数的问题，我们选择用 Mathstudio 解决．

第一步，根据求得角度的显示形式，在“Options”中选择角度显示形式为“Degrees”，如图 1-24 所示．

第二步，在“Main”界面输入“acos（0.25）”，点击“Solve”，求得结果 $\arccos 0.25\approx 75.52°$，如图 1-25 所示．

也可以选择角度显示形式为“Radians”，则求得结果为 $\arccos 0.25\approx 1.32$（弧度），其操作及求得的结果如图 1-26 所示．

Main
Catalog
Options
Search
Number Mode
Fractions
Decimals
Notation
Normal
Sci
Eng
Precision: 5
Complex Notation
Rectangular
Polar
Fraction Limit
1/1000
1E-6
1E-8
1E-10
Angle Mode
Radians
Degrees

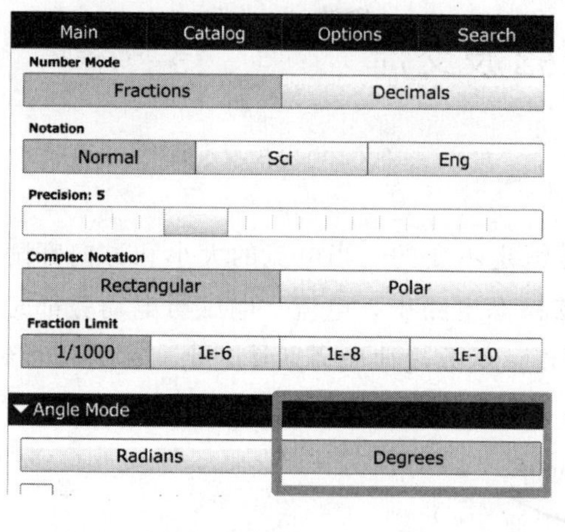

图 1-24

Main
Catalog
Options
Search
Number Mode
Fractions
Decimals
Notation
Normal
Sci
Eng
Precision: 5
Complex Notation
Rectangular
Polar
Fraction Limit
1/1000
1E-6
1E-8
1E-10
Radians
Degrees
Always graph in radians

(a)

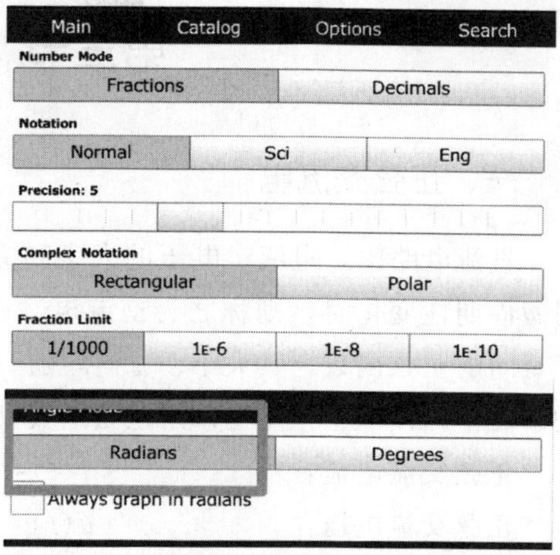

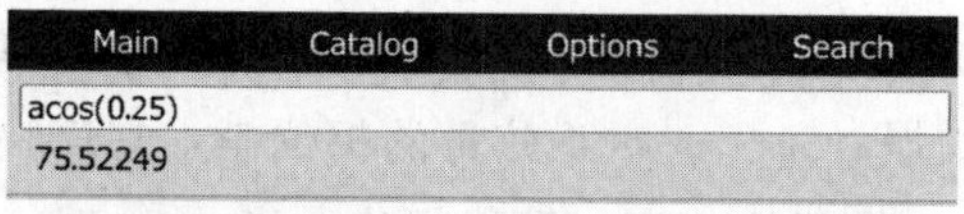

Main
Catalog
Options
Search
acos(0.25)
75.52249

图 1-25

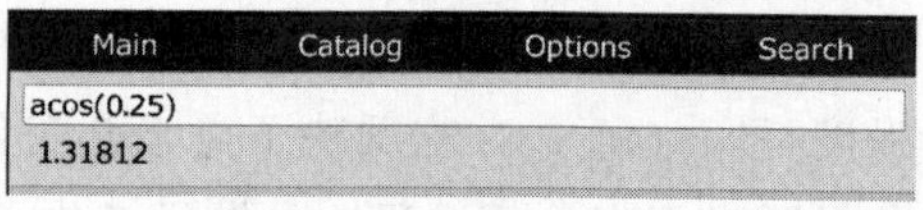

Main
Catalog
Options
Search
acos(0.25)
1.31812

(b)

图 1-26

注意：根据反三角函数的定义，这里所求出的反三角函数的值一定要在相应的主值区间之内.

数学思想小火花

在实际问题解决过程中遇到的三角函数不都是特殊角三角函数，对应的计算问题可以交给 Mathstudio、Matlab 或者在线三角函数计算器等相关计算软件，学会灵活借助信息技术手段，有助于提高解决问题的能力.

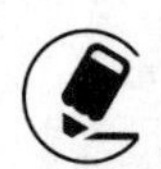

习题 1-2

1. 分别画出 $y=\sin x$，$y=\cos x$，$y=\tan x$ 和 $y=\cot x$ 的图像，并说出这四个三角函数的定义域、值域、单调性、奇偶性、周期性及有界性.

2. 求出下列反三角函数值，分别用角度和弧度表示其结果（精确到小数点后两位）.

(1) $\arcsin\left(-\frac{\sqrt{3}}{2}\right)$；　(2) $\arccos\frac{1}{2}$；　(3) $\arctan(-1)$；

(4) $\arcsin(-0.3)$；　(5) $\operatorname{arccot}(-\sqrt{3})$；　(6) $\operatorname{arccot}5$.

第三节 正弦波交流

一、正弦交流电

直流电路中，电流、电压的大小和方向是恒定不变的. 当电流的大小和方向都随时间做周期性变化时，则称之为**交流电**. 在正弦稳态电路中，电流、电压与电动势都是关于时间的正弦函数，其大小、方向均随时间按正弦函数规律做周期性变化. 在某一时刻 t 的瞬时值，以上正弦量可以用正弦函数表示如下

正弦交流电流： $i(t)=I_m\sin(\omega t+\varphi)$

正弦交流电压： $u(t)=U_m\sin(\omega t+\varphi)$

正弦交流电动势： $e(t)=E_m\sin(\omega t+\varphi)$

式中，I_m、U_m、E_m 分别叫作交流电流、电压、电动势的**振幅**（也叫峰值或最大值），电流的单位为安培（A），电压和电动势的单位为伏特（V）；ω 叫正弦量的**角频率**，单位为弧度/秒（rad/s），它反映了交流电变化的快慢；$\omega t+\varphi$ 叫正弦量的**相位角**，它反映了正弦量随时间变化的进程，决定了正弦变量每一瞬间的状态，简称**相位**，当 $t=0$ 时，正弦量的相位角为 φ，称为**初相位**，简称**初相**，单位为弧度（rad）或度（°），它表示初始时刻（$t=0$ 时）正弦交流电所处的电角度.

这里，我们重点讨论交流电压与交流电流之间的关系. 如图 1-27(a) 所示，在均匀磁场内，线圈 C 以一定的角频率（又称角速度）ω 旋转切割时，线圈从最初的位置 XX′旋转到 $\theta=\omega t$（t 为旋转所用的时间）的位置时，线圈 C 上被感应出的正弦交流电动势为

$$e(t)=E_m\sin\omega t$$

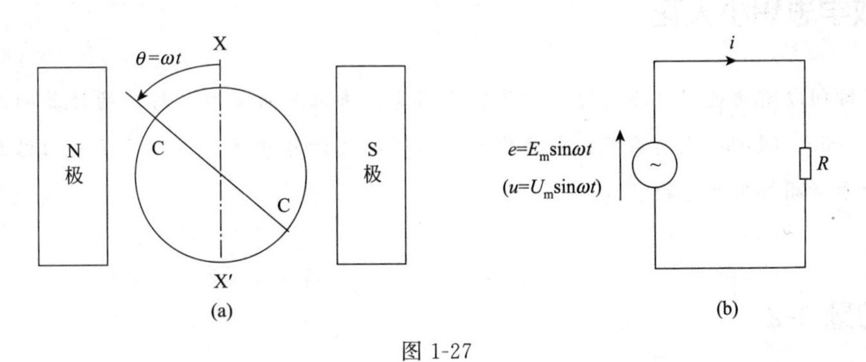

图 1-27

接着如图 1-27(b) 所示，线圈两端产生电压 $u(t)=e(t)$，我们把电压 $u(t)$加到电阻 $R(\Omega)$上时，就产生交流电流 $i(t)$，并流过电阻 R，则

$$i(t)=\frac{u(t)}{R}=\frac{U_m}{R}\sin\omega t=I_m\sin\omega t$$

振幅、角频率、初相叫作正弦交流电的三要素. 任何正弦量都具备三要素.

假设线圈 C 转一周所用的时间为 T（通常把 T 称为周期），那么 $\omega T=2\pi$，于是

$$T=\frac{2\pi}{\omega}$$

这表明，线圈旋转一周所用的时间 T 与角速度 ω 成反比．也就是说，角速度 ω 越大，周期 T 越小．引入符号 f，并令

$$T=\frac{1}{f}$$

上式中 f 称为正弦交流电的频率，其单位为赫兹（Hz）．于是有

$$\omega=2\pi f$$

为了直观地了解正弦交流电的情况，常需要作出函数的图像．在此，我们把 $u(t)$和 $i(t)$的图像画在横轴为相位角 ωt 和时间 t 的两种坐标轴上，如图 1-28 所示．

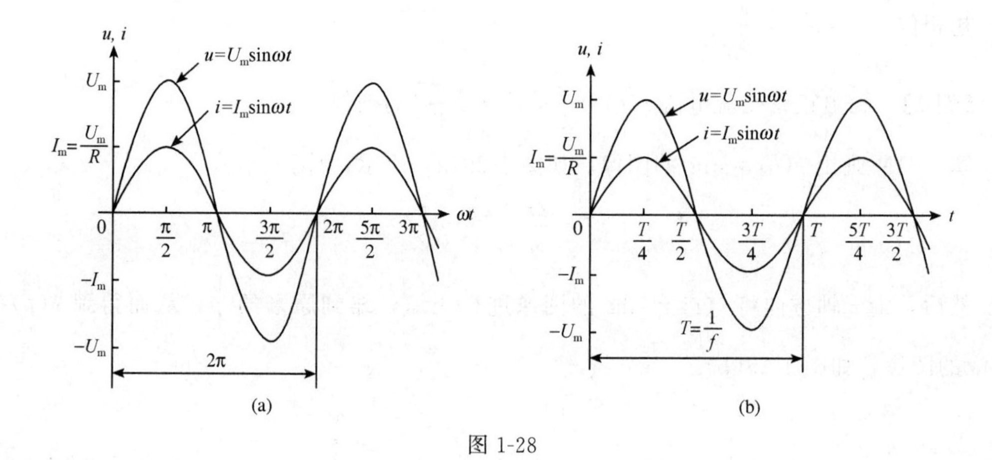

图 1-28

从图 1-28 中可以看出，在纯电阻电路中，$u(t)$和 $i(t)$是同相位的（从 0 时刻，同时到达正的最大值或同时通过零点）．此外，在电路分析中，常把正弦交流电从第一个最大值到第二个最大值之间的时间记为周期 T．

如何描绘函数 $i(t)=I_{m}\sin(\omega t+\varphi)$的图像，具体方法如下：

（1）把 $i(t)=\sin t$ 的图像沿 t 轴方向进行压缩（或放大），缩小（或扩大）到原来的 $\frac{1}{\omega}$，得到 $i(t)=\sin\omega t$ 图像．也就是，把 $i(t)=\sin t$ 的周期缩小（或扩大）为原来的$\frac{1}{\omega}$，得到 $i(t)=\sin\omega t$．

（2）令 $\omega t+\varphi=0$ 得

$$t=-\frac{\varphi}{\omega}$$

如果 $t>0$（即 $\varphi<0$），就把 $i(t)=\sin\omega t$ 的图像向右平移$\left|\frac{\varphi}{\omega}\right|$个单位；如果 $t<0$（即 $\varphi>0$），就把 $i(t)=\sin\omega t$ 的图像向左平移$\left|\frac{\varphi}{\omega}\right|$个单位．这时得到 $i(t)=\sin(\omega t+\varphi)$的图像．

（3）把 $i(t)=\sin(\omega t+\varphi)$的图像沿 i 轴方向进行压缩（或放大），缩小（或放大）到原来的 I_{m}，从而得到 $i(t)=I_{m}\sin(\omega t+\varphi)$的图像．

通过上述过程，大家对 I_m、ω、φ 等三要素是如何影响正弦波的应该有了清楚的认识.

【例 1】 计算正弦交流电压

$$u(t)=300\sin(1000t+30°)$$

的角频率、频率、周期、幅值、初相位.

解： 角频率 $\omega=1000$

频率 $f=\dfrac{\omega}{2\pi}=\dfrac{1000}{2\pi}=\dfrac{500}{\pi}$

周期 $T=\dfrac{1}{f}=\dfrac{\pi}{500}$

幅值 300

初相位 $\varphi_{u_0}=30°=\dfrac{\pi}{6}$

【例 2】 画出正弦交流电流 $i(t)=\dfrac{3}{2}\sin\left(4t-\dfrac{\pi}{3}\right)$ 的图像.

解：（1）画出 $i(t)=\sin t$ 的图像，如图 1-29(a) 所示，计算

$$T=\frac{2\pi}{\omega}=\frac{2\pi}{4}=\frac{\pi}{2}$$

然后，沿 t 轴方向将 $i(t)=\sin t$ 的图像进行压缩，缩到原来的$\dfrac{1}{4}$，从而得到 $i(t)=\sin 4t$ 的图像，如图 1-29(b).

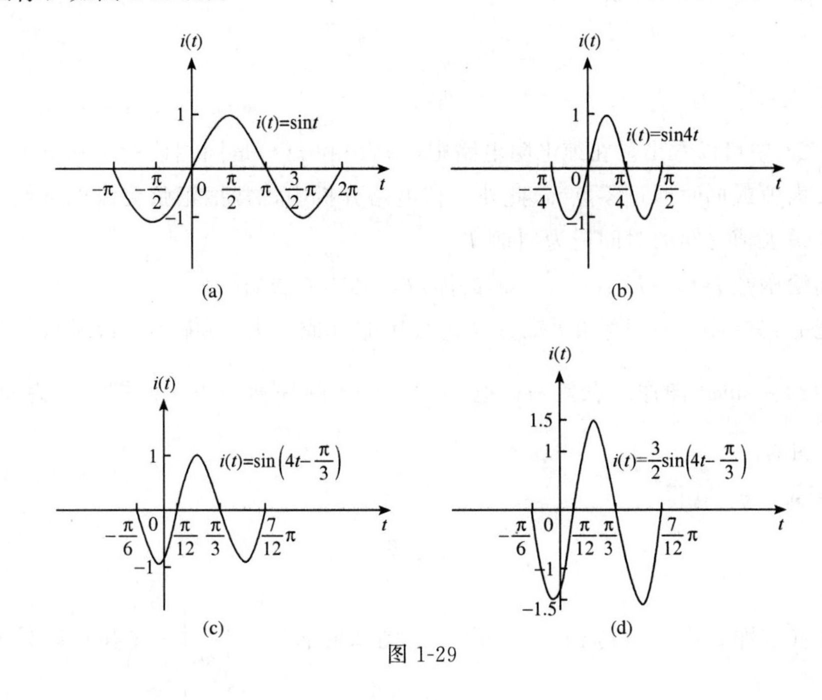

图 1-29

也就是把 $i(t)=\sin t$ 的周期从 2π 缩小到$\dfrac{\pi}{2}$，得到 $i(t)=\sin 4t$.

（2）由于 $\varphi_{i0}=-\dfrac{\pi}{3}<0$，所以把 $i(t)=\sin 4t$ 的图像向右平移$\dfrac{\pi}{12}$个单位，这时得到

$i(t)=\sin\left(4t-\frac{\pi}{3}\right)$的图像，如图 1-29(c).

(3) 把$i(t)=\sin\left(4t-\frac{\pi}{3}\right)$的图像沿 i 轴方向扩大到原来的$\frac{3}{2}$，从而得到$i(t)=\frac{3}{2}\sin\left(4t-\frac{\pi}{3}\right)$的图像，如图 1-29(d).

在实际正弦稳态电路分析中，我们也可以借助 Mathstudio 迅速画出$i(t)=\frac{3}{2}\sin\left(4t-\frac{\pi}{3}\right)$的图像.

(4) 在 Main 窗口输入函数$i(t)=\frac{3}{2}\sin\left(4t-\frac{\pi}{3}\right)$，点击 Plot，得如图 1-30 所示结果.

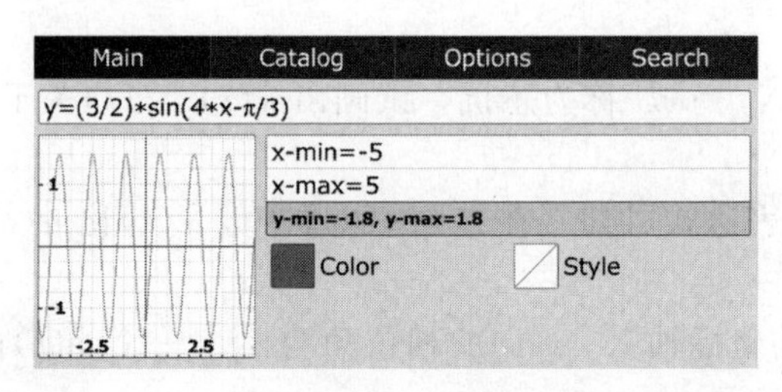

图 1-30

注意：在 Mathstudio 中，绘制静态函数的自变量一般可选用 x，因变量一般用 y.

【例 3】 已知正弦交流电压为

$$u(t)=311\sin(120\pi t-60^\circ)(\mathrm{V})$$

(1) 将此正弦函数沿着 ωt 轴向右移$\frac{\pi}{4}$，试求 $u(t)$的表达式；

(2) 将此正弦函数沿着时间轴向右移$\frac{125}{9}$ms，试求 $u(t)$的表达式；

(3) 要使原来的函数变为 $u(t)=311\sin(120\pi t-30^\circ)(\mathrm{V})$，原来的函数需要向哪边移？移多少毫秒？

解：(1) 将此正弦函数沿着 ωt 轴向右移$\frac{\pi}{4}$，也就是在相位角上减去$\frac{\pi}{4}$，得

$$u(t)=311\sin(120\pi t-60^\circ-45^\circ)=311\sin(120\pi t-105^\circ)$$

(2) 当正弦函数沿时间轴右移时，时间 t 要减去一个右移的时间量，于是

$$u(t)=311\sin\left[120\pi\left(t-\frac{125}{9}\times10^{-3}\right)-60^\circ\right]=311\sin(120\pi t-2\pi)$$

注意：这里是沿时间轴 t 平移，而不是沿 ωt 轴平移.

(3) 由题意得 $120\pi(t-t_0)-60^\circ=120\pi t-30^\circ$，得 $t_0=-\frac{25}{18}$ms

即

$$120\pi\left(t+\frac{25}{18}\times10^{-3}\right)-60^\circ=120\pi t-30^\circ$$

因此，原来的函数需要向左平移，移$\frac{25}{18}$ms.

二、RLC 电路中的正弦交流函数

根据电路知识，电感是一种阻碍电流变化的电子元件. 它由绕在磁性或非磁性材料支柱芯上的线圈组成. 电感线圈是基于电磁感应原理工作的. 当交流电流通过电感线圈时，线圈中会产生相应的感应电动势来阻碍电流的变化.

【例 4】 如图 1-31 所示，在电感 L 上施加正弦交流电压 $u(t)=U_{\mathrm{m}}\sin\omega t$ 时，将产生电流 $i(t)$，且

$$i(t)=I_{\mathrm{m}}\sin\left(\omega t-\frac{\pi}{2}\right)$$

上式中，$I_{\mathrm{m}}=\frac{U_{\mathrm{m}}}{X_L}$，而 $X_L=\omega L$ 称为感抗，试画出 $u(t)$、$i(t)$关于 ωt 的图形.

解： 从电流 $i(t)$的表达式可知，在纯电感电路中，$i(t)$比 $u(t)$滞后$\frac{\pi}{2}$相位. 也就是说，在以 ωt 为横坐标的坐标轴上，$i(t)$的相位角为 $\omega t-\frac{\pi}{2}$，$u(t)$的相位角为 ωt. 二者之差为 $\omega t-\frac{\pi}{2}-\omega t=-\frac{\pi}{2}$，相当于电压的图像向右平移了$\frac{\pi}{2}$个相位得到电流的图像. 根据 $u(t)$、$i(t)$表达式，可以画出它们关于 ωt 的图像，如图 1-32 所示.

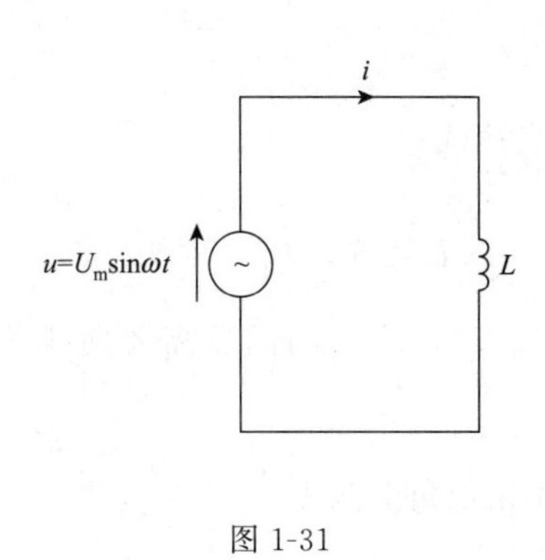

图 1-31

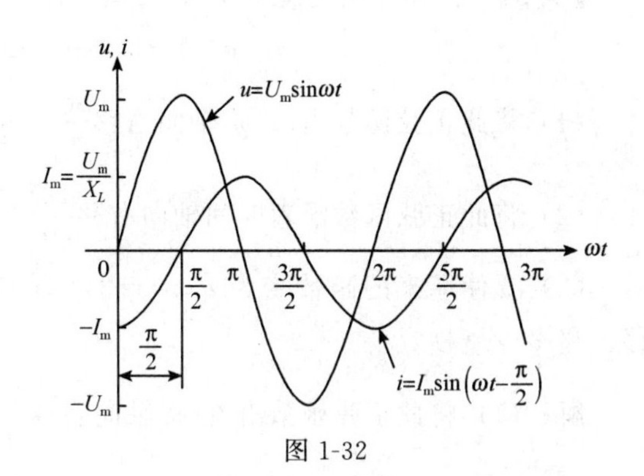

图 1-32

一般地，我们把两个同频率正弦量的相位角之差称为相位差，且相位差为正叫超前，为负叫滞后.

【例 5】 在如图 1-33 所示的电阻 R 和电感 L 的串联电路中，施加正弦交流电压 $u(t)=U_{\mathrm{m}}\sin\omega t$ 时，则产生正弦交流电流 $i(t)$，即

$$i(t)=\frac{U_{\mathrm{m}}}{|Z|}\sin(\omega t-\varphi)$$

上式中，$|Z|=\sqrt{R^2+X_L^2}$，$X_L=\omega L$，$\tan\varphi=\frac{X_L}{R}$，$\varphi>0$，其中的 Z 称为阻抗，φ 称

为功率因数角. 据此求解下列问题：

（1）当 $R=0$ 时，求 $i(t)$的瞬时表达式；

（2）当$\frac{X_L}{R}=\frac{1}{\sqrt{3}}$时，求 $i(t)$的瞬时表达式与功率因数 $\cos\varphi$，并给出 $u(t)$、$i(t)$关于 ωt 的图形.

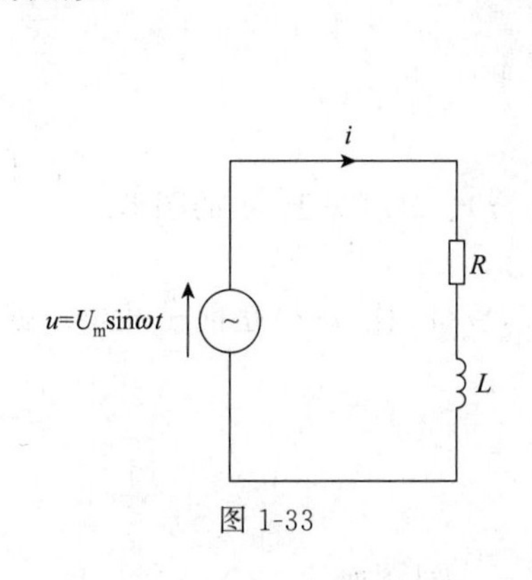

图 1-33

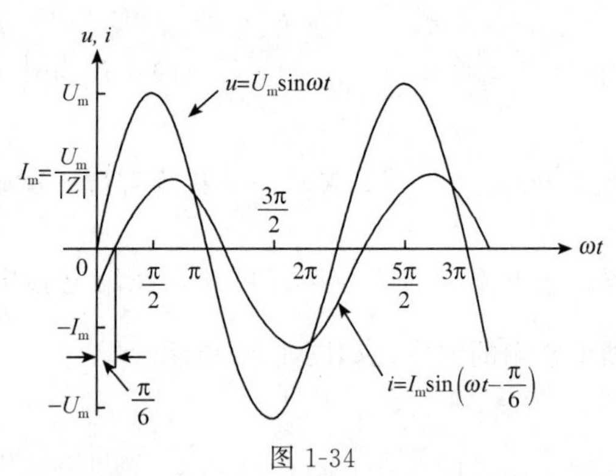

图 1-34

解：（1）令 $R=0$，由

$$\tan\varphi=\frac{X_L}{R}=\frac{X_L}{0}=\infty$$

得

$$\varphi=\frac{\pi}{2}$$

所以

$$i(t)=\frac{U_{\mathrm{m}}}{|Z|}\sin\left(\omega t-\frac{\pi}{2}\right)$$

记 $I_{\mathrm{m}}=\frac{U_{\mathrm{m}}}{|Z|}=\frac{U_{\mathrm{m}}}{X_L}$，则

$$i(t)=I_{\mathrm{m}}\sin\left(\omega t-\frac{\pi}{2}\right)$$

显然，这是只有电感的电路中流过的电流.

（2）根据已知，可得

$$\tan\varphi=\frac{X_L}{R}=\frac{1}{\sqrt{3}}\Rightarrow\varphi=\frac{\pi}{6}$$

所以

$$i(t)=I_{\mathrm{m}}\sin\left(\omega t-\frac{\pi}{6}\right)$$

其中，$I_{\mathrm{m}}=\frac{U_{\mathrm{m}}}{|Z|}$，$|Z|=\sqrt{R^2+X_L^2}=\frac{2}{\sqrt{3}}R=2X_L$

且 $\cos\varphi=\cos\frac{\pi}{6}=\frac{\sqrt{3}}{2}$.

函数 $u(t)$、$i(t)$关于 ωt 的图形如图 1-34 所示，$i(t)$滞后于 $u(t)$有$\frac{\pi}{6}$相位.

根据电路知识，电容也是一种电子元件．它是由绝缘体或电介质材料隔离的两个导体组成的．电容的特性基于电场的现象，电场的源是电荷的分离即电压．如果电压随时间变化，则电场也随时间变化．

【例 6】 如图 1-35 所示，在电容 C 上施加正弦交流电压 $u(t)=U_m\sin\omega t$ 时，将产生电流 $i(t)$，且

$$i(t)=I_m\sin\left(\omega t+\frac{\pi}{2}\right)$$

上式中，$I_m=\dfrac{U_m}{X_C}$，$X_C=\dfrac{1}{\omega C}$称为容抗．试画出 $u(t)$、$i(t)$关于 ωt 的图形．

解：从电流 $i(t)$的表达式可知，在纯电容电路中，$i(t)$比 $u(t)$超前$\dfrac{\pi}{2}$相位．据此，可以画出它们的图像，如图 1-36 所示．

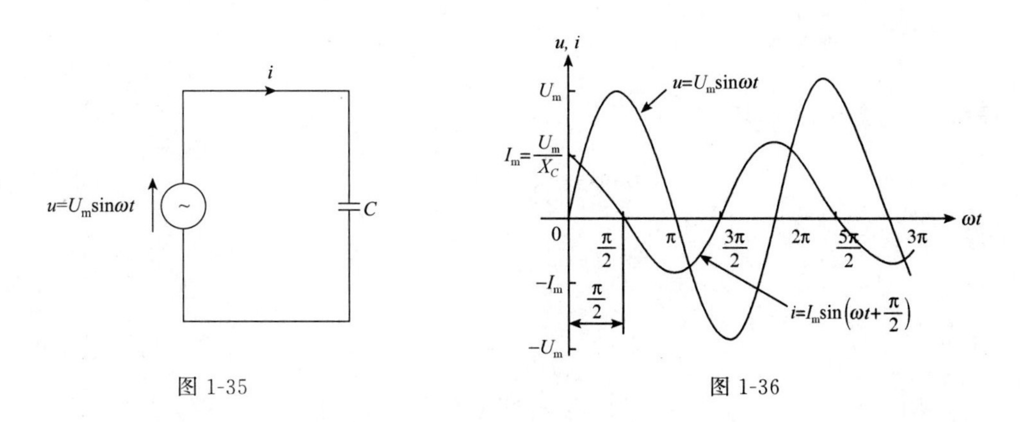

图 1-35　　　　图 1-36

【例 7】 在如图 1-37 所示的电阻 R 和电容 C 的串联电路中，施加正弦交流电压 $u(t)=U_m\sin\omega t$ 时，则产生正弦交流电流 $i(t)$，即

$$i(t)=I_m\sin(\omega t-\varphi)$$

上式中，$I_m=\dfrac{U_m}{|Z|}$，其中阻抗 $|Z|=\sqrt{R^2+X_C^2}$，$X_C=\dfrac{1}{\omega C}$，$\tan\varphi=-\dfrac{X_C}{R}$，$\varphi<0$，求解下列问题：

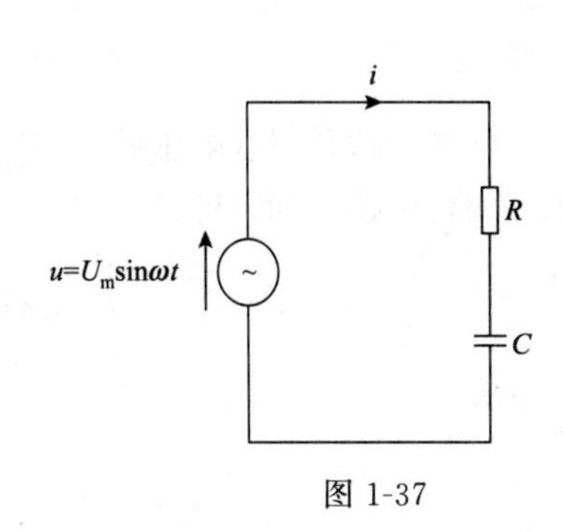

图 1-37

（1）当 $R=0$ 时，求 $i(t)$的瞬时表达式；

（2）当$\dfrac{X_C}{R}=1$ 时，求 $i(t)$的瞬时表达式与功率因数 $\cos\varphi$，并给出 $u(t)$、$i(t)$关于 ωt 的图形．

解：（1）令 $R=0$，由

$$\tan\varphi=-\frac{X_C}{R}=-\frac{X_C}{0}=-\infty$$

得

$$\varphi=-\frac{\pi}{2}$$

所以

$$i(t)=I_{\mathrm{m}}\sin\left(\omega t+\frac{\pi}{2}\right),\ I_{\mathrm{m}}=\frac{U_{\mathrm{m}}}{|Z|}=\frac{U_{\mathrm{m}}}{X_C}$$

显然，这是只有电容的电路中流过的电流.

(2) 根据已知，可得

$$\tan\varphi=-\frac{X_C}{R}=-1\Rightarrow\varphi=\arctan(-1)=-\frac{\pi}{4}$$

所以

$$i(t)=I_{\mathrm{m}}\sin\left(\omega t+\frac{\pi}{4}\right)$$

其中，$I_{\mathrm{m}}=\dfrac{U_{\mathrm{m}}}{|Z|},|Z|=\sqrt{R^2+X_C^2}=\sqrt{2}R=\sqrt{2}X_C$

于是 $\cos\varphi=\cos\left(-\dfrac{\pi}{4}\right)=\cos\dfrac{\pi}{4}=\dfrac{\sqrt{2}}{2}$，本例的情况是超前功率因数. 电压 $u(t)$和电流 $i(t)$关于 ωt 的图形如图 1-38 所示，电流 $i(t)$比电压 $u(t)$的相位超前$\dfrac{\pi}{4}$.

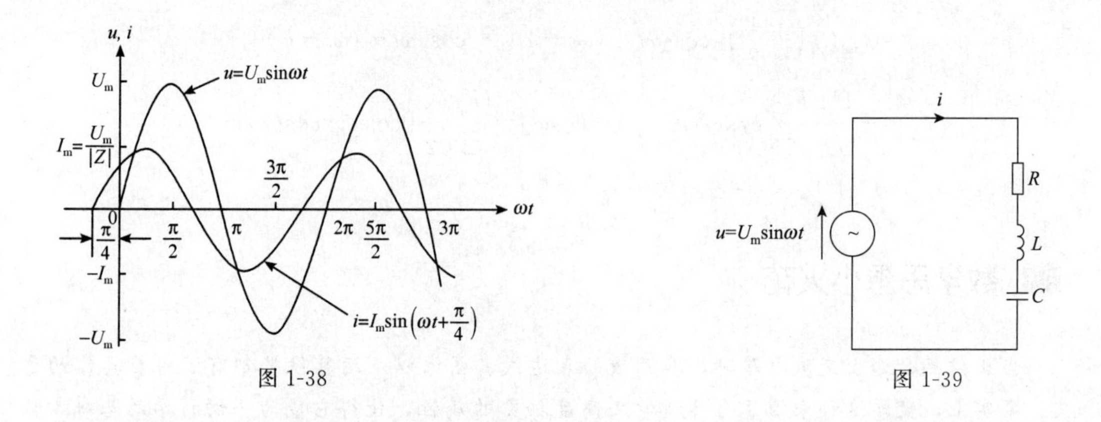

图 1-38　　　　图 1-39

【例 8】 如图 1-39 所示，在 R、L 和 C 的串联电路中加上电压 $u(t)=U_{\mathrm{m}}\sin\omega t$ 时，电流 $i(t)$为

$$i(t)=I_{\mathrm{m}}\sin(\omega t-\varphi)$$

上式的 $I_{\mathrm{m}}=\dfrac{U_{\mathrm{m}}}{|Z|}$，其中阻抗 $|Z|=\sqrt{R^2+X^2}, X=X_L-X_C, X_L=\omega L, X_C=\dfrac{1}{\omega C}$，$\tan\varphi=\dfrac{X}{R}$，求解下列问题：

(1) 滞后功率因数；

(2) 超前功率因数；

(3) 功率因数为 1［或 $u(t)$和 $i(t)$同相位］的条件.

解：(1) 当 $X_L>X_C$ 时，$X=X_L-X_C>0$，则

$$\tan\varphi=\frac{X}{R}>0$$

所以 $\varphi=\varphi_u-\varphi_i>0$，这表明电压超前于电流，或电流滞后于电压，是滞后功率因数.

（2）当 $X_L<X_C$ 时，$X=X_L-X_C<0$，则

$$\tan\varphi=\frac{X}{R}<0$$

所以 $\varphi=\varphi_u-\varphi_i<0$，这表明电压滞后于电流，或电流超前于电压，是超前功率因数.

（3）当 $X_L=X_C$ 时，$X=X_L-X_C=0$，从而 $\tan\varphi=0$，则 $\varphi=0$，此时 $\cos\varphi=1$，或称 $u(t)=U_m\sin\omega t$ 和 $i(t)=I_m\sin\omega t$ 具有同相位.

【例 9】 如图 1-40 所示，在某负载电路中加上正弦交流电压 $u(t)=U_m\sin\omega t$ 时，则有电流 $i(t)=I_m\sin(\omega t-\varphi)$ 流过，那么电路中被供给的瞬时电功率

$$P(t)=u(t)i(t)=U_eI_e[\cos\varphi-\cos(2\omega t-\varphi)]$$

其中，$U_e=\frac{U_m}{\sqrt{2}}$、$I_e=\frac{I_m}{\sqrt{2}}$ 分别称为 $u(t)$、$i(t)$ 的有效值.

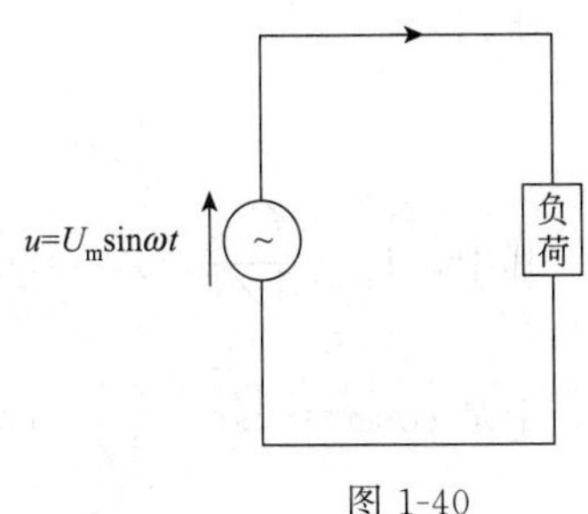

图 1-40

解： $P(t)=u(t)i(t)=U_m\sin\omega t\times I_m\sin(\omega t-\varphi)$

$$=U_mI_m\left(-\frac{1}{2}\right)\{\cos[\omega t+(\omega t-\varphi)]-\cos[\omega t-(\omega t-\varphi)]\}$$

$$=-\frac{U_m}{\sqrt{2}}\frac{I_m}{\sqrt{2}}[\cos(2\omega t-\varphi)-\cos\varphi]=\frac{U_m}{\sqrt{2}}\frac{I_m}{\sqrt{2}}[\cos\varphi-\cos(2\omega t-\varphi)]$$

$$=U_eI_e[\cos\varphi-\cos(2\omega t-\varphi)]$$

数学思想小火花

当正弦函数遇上交流电路时，其函数的表达式、图像以及运算结果都有了对应具体的意义. 事实上，数学这种来源于自然科学又高度抽象的属性，使得它成为一切科学的基础. 数学学习也成为其他学科学习的基础. 拿破仑曾说，一个国家只有数学蓬勃的发展，才能展现它国力的强大. 数学的发展和国家的繁荣昌盛密切相关.

习题 1-3

1. 已知正弦交流电流

$$i(t)=5\sin\left(\omega t+\frac{\pi}{6}\right)$$

的 $f=50\text{Hz}$，求在 $t=0.1\text{s}$ 时电流的瞬时值.

2. 已知正弦电压

$$u(t)=100\sin\left(240\pi t+\frac{\pi}{6}\right)(\text{V})$$

求：(1) 频率 $f(\mathrm{Hz})$；(2) 周期 $T(\mathrm{ms})$；(3) 幅值；(4) 求 $u(0)$的值；(5) 初相位；(6) 使 $u=0$ 的最小时间 ($t>0$).

3. 已知两个正弦交流电流分别是

$$i_1(t)=10\sin\left(\omega t+\frac{\pi}{4}\right)$$

$$i_2(t)=20\sin\left(\omega t-\frac{\pi}{6}\right)$$

试画出它们在一个周期的闭区间上的图形，并比较它们的相位关系.

4. 试求 $f=60\mathrm{Hz}$ 的正弦交流电的周期和角频率.

5. 已知一个交流电压的初相位为 $\frac{\pi}{4}$，频率为 50Hz，幅值为 311V，试写出电压与时间的瞬时表达式.

6. 对于正弦电压

$$u(t)=170\sin\left(120\pi t+\frac{\pi}{4}\right)\mathrm{V}$$

求 (1) 电压的幅值、角频率、频率、初相位、周期；

(2) 从 $t=0$ 开始第一次到达 $u=170\mathrm{V}$ 的时间；

(3) 正弦函数沿着时间轴右移 125/36ms，求 $u(t)$的表达式；

(4) 要使 $u=170\sin(120\pi t)(\mathrm{V})$，函数最少左移多少毫秒？

第四节　指数函数、对数函数及其应用

在电路分析中，除三角函数之外，指数函数和对数函数也是比较重要的两个函数，它们在许多地方都要用到. 下面先回顾这两类函数.

一、指数函数

指数函数 $y=a^x$ ($a>0,a\neq1$) 的定义域为$(-\infty,+\infty)$，值域为$(0,+\infty)$，图形都经过点$(0,1)$. 当 $a>1$ 时，$y=a^x$ 单调增加；当 $0<a<1$ 时，$y=a^x$ 单调递减.

指数函数图形都在 x 轴上方，如图 1-41 所示.

特别地，以 e 为底的指数函数写为

$$y=\mathrm{e}^x$$

其中，e 是自然常数，e=2.71828…

以$\frac{1}{\mathrm{e}}$为底的指数函数写为

$$y=\left(\frac{1}{\mathrm{e}}\right)^x=\mathrm{e}^{-x}$$

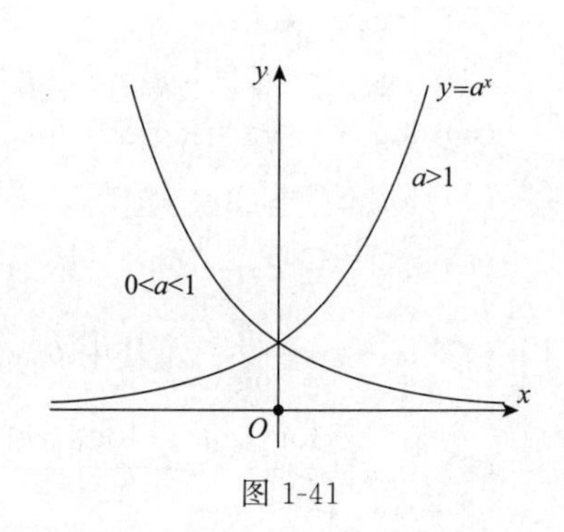

图 1-41

显然，$y=\mathrm{e}^x$ 在$(-\infty,+\infty)$上是单调增加的，$y=\mathrm{e}^{-x}$ 在$(-\infty,+\infty)$上是单调减少的.

以后，我们会经常用到下面的指数函数运算规则.

假设 x,y 为任意实数，则

（1）$a^0=1$；

（2）$a^n=\underbrace{a\cdot a\cdot a\cdot\cdots\cdot a}_{n}\quad(n=1,2\cdots)$；

（3）$a^x\cdot a^y=a^{x+y}$；

（4）$(a^x)^y=a^{xy}$；

（5）$(a\cdot b)^x=a^x\cdot b^x$.

二、对数函数

对数函数 $y=\log_a x(a>0,a\neq1)$是指数函数 $y=a^x$ 的反函数，由直接函数与反函数的关系可知，对数函数的定义域是$(0,+\infty)$，值域是$(-\infty,+\infty)$，图形经过点$(1,0)$，当 $a>1$ 时，$y=\log_a x$ 单调增加；当 $0<a<1$ 时，$y=\log_a x$ 单调减少. 对数函数图形都在 y 轴右方，与相对应的指数函数图形关于 $y=x$ 轴对称，如图 1-42 所示.

当 $a=\mathrm{e}$ 时，$y=\log_a x$ 简记为 $y=\ln x$，它是常见的对数函数，称为自然对数；当 $a=10$ 时，$y=\log_a x$ 简记为 $y=\lg x$.

函数 $y=\mathrm{e}^x$ 与其反函数 $y=\ln x$ 的关系如图 1-43 所示.

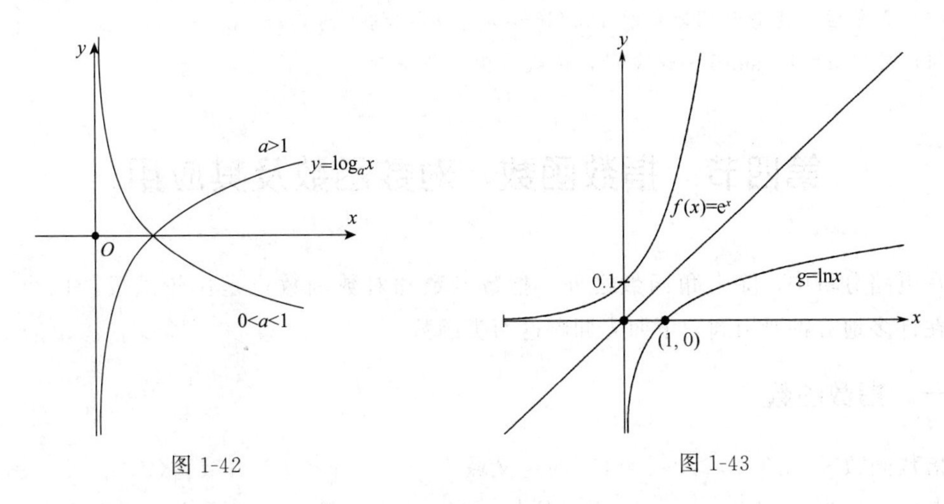

图 1-42　　图 1-43

下面的对数运算法则也是我们经常用到的.

（1）$\log_a 1=0$；

（2）$\log_a a^x=x$；

（3）$\log_a(x\cdot y)=\log_a x+\log_a y$；

（4）$\log_a(x/y)=\log_a x-\log_a y$；

（5）$\log_a x^n=n\log_a x$；

（6）$a^{\log_a x}=x$；

（7）$\log_a x=\dfrac{\log_b x}{\log_b a}$，其中 $b>0,b\neq1$（换底公式）；

（8）$\ln x=\dfrac{\log_{10}x}{\log_{10}\mathrm{e}}=\dfrac{\log_{10}x}{0.4342945}\approx2.303\lg x$；

(9) $y=a^{x}=e^{x\ln a}$.

【例1】 求下列各对数（lg2=0.3010,lg3=0.4771）

(1) $\log_{10}100$；(2) $\log_{10}0.2$；(3) $\log_{10}6$；(4) ln2.

解：根据对数的运算法则，有

(1) $\log_{10}100=\log_{10}10^{2}=2$；

(2) $\log_{10}0.2=\log_{10}\dfrac{2}{10}=\lg 2-\lg 10=0.3010-1=-0.699$；

(3) $\log_{10}6=\log_{10}(2\cdot 3)=\lg 2+\lg 3=0.7781$；

(4) $\ln 2=2.303\lg 2=2.303\times 0.3010=0.693203$.

借助 Mathstudio 进行对数计算，也可以很快地算出对应的结果，以（3）、（4）为例，在主界面分别寻找到 log 和 ln，在括号里输入相应的真数，点击“Solve”即可. 操作如图 1-44 所示.

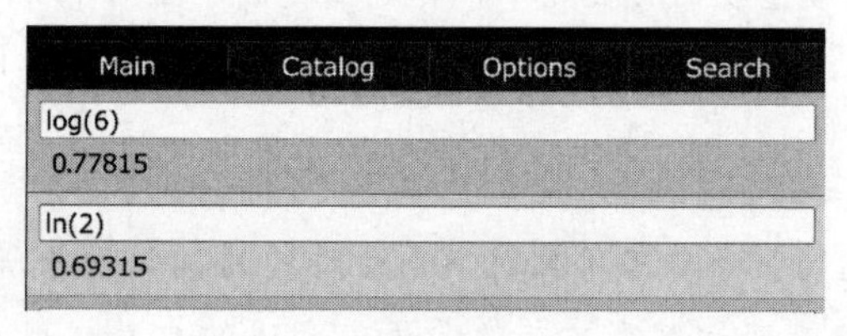

图 1-44

注意：Mathstudio 中 lg 默认输入格式为 log，求以其他常数为底的对数时，均可利用换底公式解决.

【例2】 把某线路的送电端的电功率设为 P_1，受电端的电功率设为 P_2 时，线路的输送增益（或损失）b 表示如下：美国和日本以使用 b（分贝 dB）$=10\lg\dfrac{P_1}{P_2}$为主；欧洲等国以使用 b_n（奈贝 Np）$=\dfrac{1}{2}\ln\dfrac{P_1}{P_2}$为主. 求解下列问题：

(1) 当送电端的阻抗 R_1 等于受电端的阻抗 R_2 时，分别用送电端、受电端的电流 I_1 和 I_2，或者送电端和受电端的电压 U_1 和 U_2 来表示 b；

(2) 当$\dfrac{P_1}{P_2}=2$时，求 b；

(3) 如果送电端与受电端的阻抗相等，并且 $b=b_n$，求 Np 与 dB 之间的转换关系.

解：(1) 由 $P_1=I_1^2R_1=\dfrac{U_1^2}{R_1},P_2=I_2^2R_2=\dfrac{U_2^2}{R_2},R_1=R_2$，可得

$$b=10\lg\frac{P_1}{P_2}=10\lg\frac{I_1^2R_1}{I_2^2R_2}=10\lg\left(\frac{I_1}{I_2}\right)^2=20\lg\frac{I_1}{I_2}(\text{dB})$$

或者

$$b=10\lg\frac{P_1}{P_2}=10\lg\frac{U_1^2/R_1}{U_2^2/R_2}=10\lg\left(\frac{U_1}{U_2}\right)^2=20\lg\frac{U_1}{U_2}(\text{dB})$$

（2）$b=10\lg\frac{P_1}{P_2}=10\lg2\approx10\times0.3=3(\mathrm{dB})$

（3）$b_{\mathrm{n}}=\frac{1}{2}\ln\frac{P_1}{P_2}=\frac{1}{2}\times2.303\lg\frac{P_1}{P_2}=1.15\lg\frac{P_1}{P_2}(\mathrm{Np})$

令 $b=b_{\mathrm{n}}$，则

$$10\lg\frac{P_1}{P_2}(\mathrm{dB})=1.15\lg\frac{P_1}{P_2}(\mathrm{Np})$$

所以

$$10\mathrm{dB}=1.15\mathrm{Np}$$

数学思想小火花

自然常数 e 是数学中最重要的常数之一，其地位类似于圆周率 π，自然常数 e 的存在性与取值通常用极限式

$$\lim_{x\to\infty}\left(1+\frac{1}{x}\right)^x=\mathrm{e}$$

来说明，即自然常数就是增长的极限单位时间内，持续的翻倍增长所能达到的极限值. 它与自然科学特别是物理学有着密切联系，在数学语言表述的自然规律中频频活跃着 e 的身影，如鹦鹉螺的外壳、羊的触角、向日葵种子的排列、宇宙中的螺线状星云都是包含着 e 的对数螺线，就连能克服地球引力，进入太空飞行的火箭也离不开神奇常数 e 的鼎力相助. 此外，在电感（电容）充放电暂态过程、放射性现象中、利用剩余原子核数与时间的数学关系推算物质年龄等各类自然现象中，常数 e 都担当着重要角色.

习题 1-4

1. 试借助 $\lg2=0.3010$，$\lg3=0.4771$ 或 Mathstudio 求解下列各对数.

（1）$\lg0.4$；（2）$\lg2.4$；（3）$\lg60$；（4）$\ln8$；（5）$\ln3.95$；（6）$\ln60$.

2. 一台扩音机的输入功率为 0.125×10^{-5}W，输出功率为 20W，求此扩音机的输送增益为多少 dB?

第五节　初等函数

一、基本初等函数

先来回顾在中学时学习过的常值函数和幂函数.

1. 常值函数

常值函数 $y=C$，其中 C 为常数，其定义域为$(-\infty,+\infty)$，对应规则为对于任何 x 的取值，函数值 y 都恒等于常数 C，其图形为平行于 x 轴的直线，如图 1-45 所示.

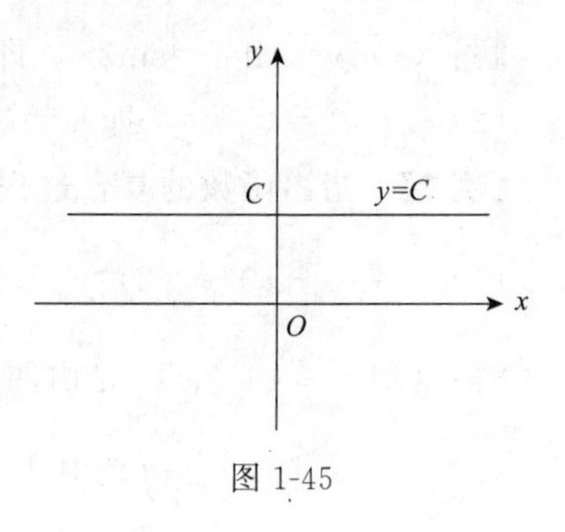

图 1-45

2. 幂函数

幂函数 $y=x^{\alpha}$（α 为任意常数），定义域和值域因 α 的不同而不同，但在 $(0,+\infty)$ 内都有定义，且图形都经过点 $(1,1)$，具体给出几种 α 为不同值的图形，如图 1-46 所示.

我们把常值函数、幂函数和前面学过的三角函数、反三角函数、指数函数和对数函数这六类函数统称为基本初等函数.

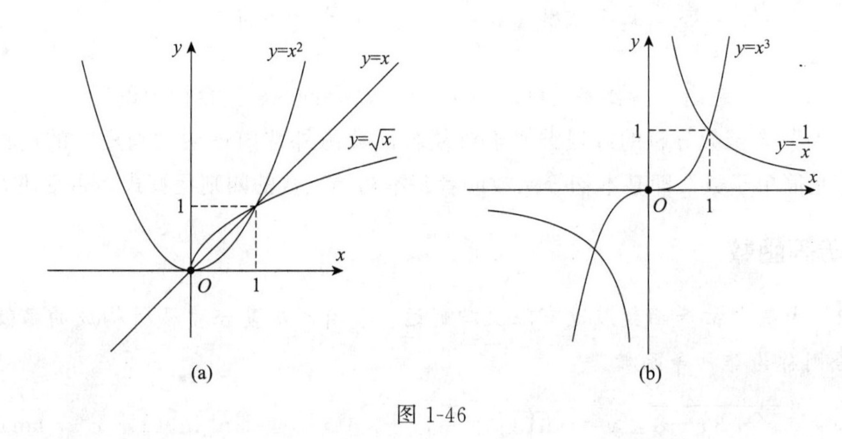

图 1-46

二、复合函数

在实际问题中，有时会遇到由几个较简单的函数组合成较复杂的函数的情况．例如，由函数 $y=u^2$ 和 $u=\sin x$ 可以组合成 $y=\sin^2 x$；又如，由函数 $y=\ln u$ 和 $u=e^x$ 可以组合成 $y=\ln e^x$，这种组合称为函数的复合.

定义 1　设函数 $y=f(u)$ 的定义域为 D，函数 $u=\varphi(x)$ 的值域为 M，若 $D\cap M\neq\varnothing$，那么 y 通过 u 构成 x 的函数，称为由函数 $y=f(u)$ 和 $u=\varphi(x)$ 复合而成的函数，简称为**复合函数**，记作

$$y=f[\varphi(x)]$$

其中，u 称作**中间变量**.

例如，函数 $y=\sqrt{u}$ 与 $u=1-x^2$ 可以复合成 $y=\sqrt{1-x^2}$；函数 $y=\arcsin u$ 与 $u=\ln x$ 可以复合成函数 $y=\arcsin(\ln x)$.

注意：不是任何两个函数都可以复合成一个函数，如 $y=\arcsin u$ 和 $u=2+x^2$ 就不能复合，因为对于 $u=2+x^2$ 中的任何 u 值，都不能使 $y=\arcsin u$ 有意义；另外，两个以上的函数也可复合成一个函数，如 $y=\ln u$、$u=\sin v$ 及 $v=\sqrt{x}$ 可以复合成函数 $y=\ln\sin\sqrt{x}$.

【例 1】　试将下列各函数表示成复合函数.

(1) $y=\sin u$，$u=2x$；　　　　(2) $y=u^2$，$u=e^x$.

解：（1）$y=\sin u=\sin 2x$，即 $y=\sin 2x$；

（2）$y=u^2=(e^x)^2$，即 $y=(e^x)^2$.

【例 2】 指出函数的复合过程.

（1）$y=(1+x)^5$；（2）$y=\tan\left(2x+\frac{\pi}{4}\right)$；（3）$y=\frac{1}{(1-x^2)^3}$；（4）$y=3^{2\cos^2 x}$.

解：（1）$y=(1+x)^5$ 是由两个函数 $y=u^5$，$u=1+x$ 复合而成的；

（2）$y=\tan\left(2x+\frac{\pi}{4}\right)$是由两个函数 $y=\tan u$，$u=2x+\frac{\pi}{4}$复合而成的；

（3）$y=\frac{1}{(1-x^2)^3}$是由两个函数 $y=\frac{1}{u^3}$，$u=1-x^2$ 复合而成的；

（4）$y=3^{2\cos^2 x}$ 是由三个函数 $y=3^u$，$u=2v^2$，$v=\cos x$ 复合而成的.

注意：对复合函数分解的过程类似于对复合函数由外往内逐层“剥皮”的过程，并且要求每层都是简单函数，即基本初等函数或者基本初等函数的四则运算式，否则还需分解.

三、初等函数

定义 2 由基本初等函数经过有限次四则运算和有限次复合步骤所构成的函数称为**初等函数**，否则称为非初等函数.

例如 $y=\sqrt{x^2+3x-8}$，$y=\tan\left(3x+\frac{\pi}{5}\right)^2+\sin^3 x$，$y=\ln[\ln^2(1+x^2+\tan x)]$等都是初等函数. 基本初等函数都是用一个式子表示的，所以由基本初等函数构成的初等函数也都能用一个式子表示. 本书中，除分段函数外，所涉及的大部分函数都是初等函数.

【例 3】 $f(x)=\operatorname{sgn}x=\begin{cases}1, & x>0\\ 0, & x=0\\ -1, & x<0\end{cases}=\begin{cases}\frac{x}{|x|}, & x\neq 0\\ 0, & x=0\end{cases}$，这个函数称为**符号函数**，定义域为 **R**.

注意：符号函数不是初等函数，但有的分段函数却是初等函数.

【例 4】 $y=|x|=\begin{cases}x & ,x\geqslant 0\\ -x & ,x<0\end{cases}$是一个分段函数，但是由于 $y=|x|=\sqrt{x^2}$，因此，$y=|x|$是初等函数，同理，$y=|\sin x|$、$y=\ln|x^2-1|$都既是分段函数，也是初等函数.

初等函数是在工程技术中应用非常广泛的函数，它也是微积分研究的主要对象.

数学思想小火花

简单函数复合时，要求内层函数的值域全部或部分包含在外层函数的定义域里；复合函数拆分时，从外到里，一层一层将其拆分为简单函数. 将函数准确地复合与拆分，是后续函数求导与求积分过程中的重要环节. 因此，严格按照函数的复合与拆分规则进行能力训练，开头即养成良好的规则意识，可以为后续顺利学习奠定坚实基础.

习题 1-5

1. 将下列各题中的 y 表示成 x 的函数：

(1) $y=(u-2)^2, u=\sin x$；　(2) $y=\log_a 2u, u=v^2, v=3x-1$；

(3) $y=3u^2-2u, u=\sqrt{v}, v=2x$；　(4) $y=\sin u, u=v^3+4, v=2x-1$.

2. 下列各函数是由哪些简单函数复合而成的：

(1) $y=(2x-1)^2$；(2) $y=e^{3x+8}$；(3) $y=\sqrt{1-\ln x^2}$；(4) $y=[\arcsin(ax+b)]^3$.

第六节　Mathstudio 与函数模型

Mathstudio 能绘制直角坐标系函数图形、极坐标系函数图形、参数方程图形、隐函数图形和向量图，以及散点图、条形图、等高线图、波特图和各种波形图，并且在 Plot 函数绘图中可以用指令设置图形的属性.

一、用 Plot 简单绘图

在指令框输入函数方程，然后点击功能区的 Plot 键即可，这只能绘制直角坐标系的函数图像，并且不能在指令框用语句设置图形属性. 点击颜色设置可以改变图形显示的颜色，点击显示类型设置可以切换图形的显示方式. 具体操作如本单元第三节例 1 用 Mathstudio 绘制 $i(t)=\frac{3}{2}\sin\left(4t-\frac{\pi}{3}\right)$ 的图像，如图 1-47 所示.

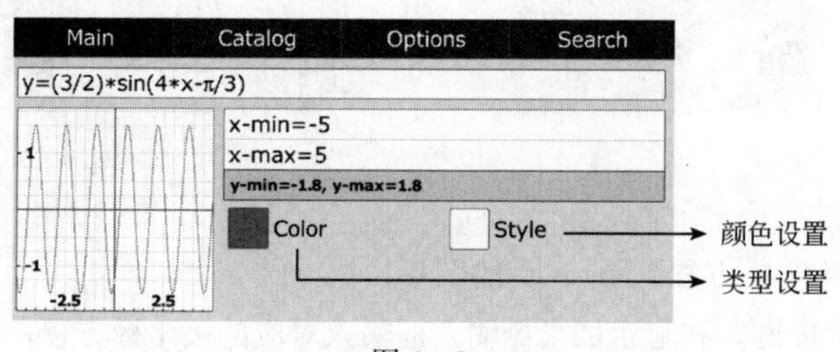

图 1-47

当一个图形绘制好了后，不管是二维还是三维图形，双击图形界面可以全屏显示图形. 此外，以下选项显示出一些图形的特性.

Move：用手指可以拖动和放大缩小图形；

Zoom：用手指上下移动可放大缩小图形；

Trace：可以追踪线上的点的坐标；

Focus：选择某一部分进行放大；

Table：显示变量值和函数值的表；

Zeros：显示零点；

Minima：显示极小值；

Maxima：显示极大值；

Intersections：显示交点.

二、用绘图键盘绘制各种图形

除了绘制常规的显性函数图像外，Mathstudio 还提供绘制各种形式函数的绘图功能，将主键盘向下滑动即可切换至绘图键盘，点击按键选择对应绘图类型，如图 1-48 所示.

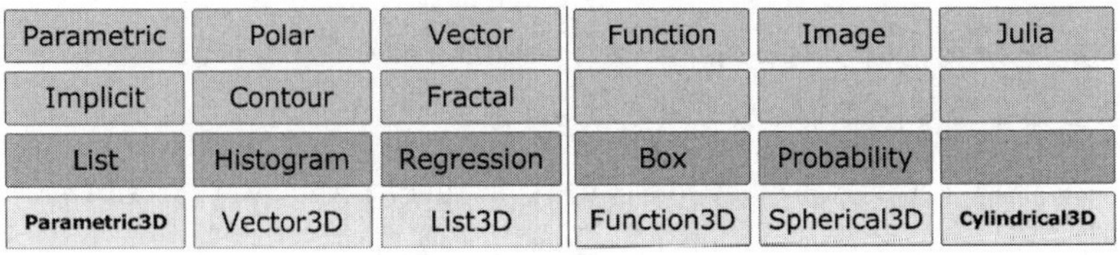

Parametric
Polar
Vector
Function
Image
Julia
Implicit
Contour
Fractal
List
Histogram
Regression
Box
Probability
Parametric3D
Vector3D
List3D
Function3D
Spherical3D
Cylindrical3D

图 1-48

Parametric：用参数方程绘制图形，单击即可显示参数函数输入指令框，输入 x 和 y 关于参数 u 的方程就可绘制参数方程图形.

【例 1】 绘制参数方程 $\begin{cases} x=\sin(u) \\ y=\cos(u) \end{cases}$ 的图形.

解： 单击 Parametric 按键，在显示的指令框输入对应参数函数，结果如图 1-49 所示.

Polar：在极坐标系内绘制图形，在指令框输入关于变量 r 和 θ 的极坐标方程，就可以绘制极坐标函数图形.

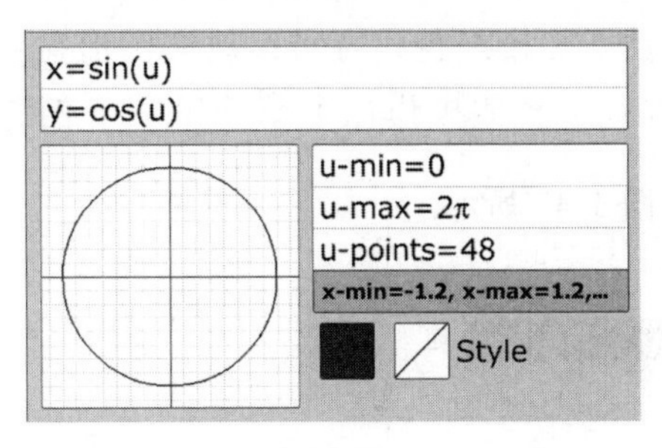

x=sin(u)
y=cos(u)
u-min=0
u-max=2π
u-points=48
x-min=-1.2, x-max=1.2,...
Style

图 1-49

sin(3θ)
θ-min=0
θ-max=2π
θ-points=100
x-min=-1.1, x-max=1.1,...
Style

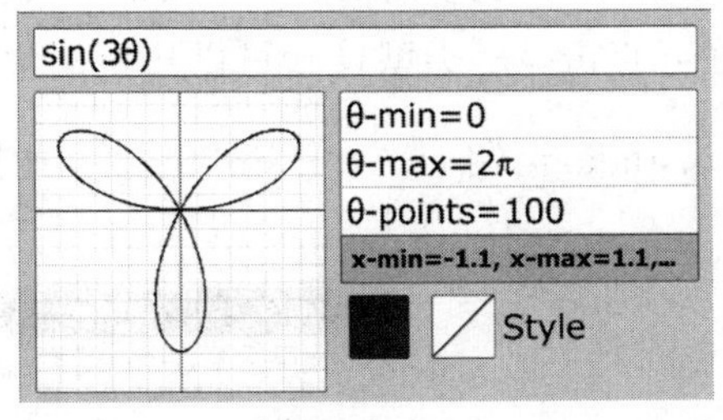

图 1-50

【例 2】 绘制极坐标方程 $r=\sin 3\theta$ 的图形.

解： 单击 Polar 按键，在显示的指令输入框输入对应的极坐标方程，结果如图 1-50 所示.

Implicit：绘制隐函数图形，在指令框输入 x 与 y 的关系方程，就可以绘制关于 x 与 y 的隐函数图形.

【例 3】 绘制隐函数 $x^2+y^2=9$ 的图形.

解： 单击 Implicit 按键，在显示的指令输入框输入对应的隐函数方程，结果如图 1-51 所示.

Contour：绘制等高线图，在指令框内输入函数即可绘制.

【例 4】 绘制 $z=x^2+y^2$ 的等高线.

解： 单击 Contour 按键，在显示的指令输入框输入对应的方程，结果如图 1-52 所示.

除此以外，我们还关注通过分析已知散点数据规律，给出其对应的数学模型，Mathstudio 中常用的分析散点数据规律的键盘按键有以下几种：

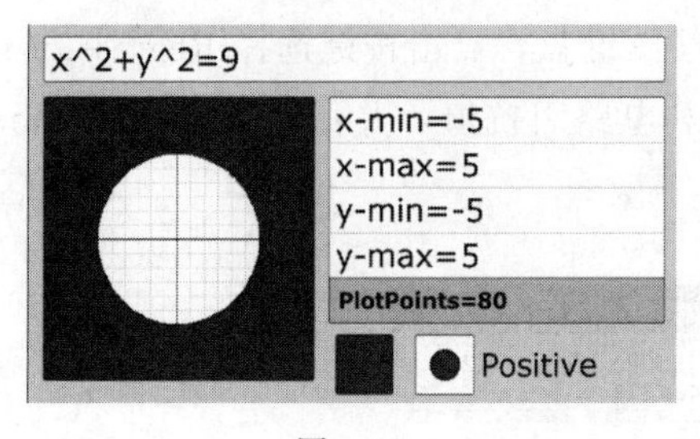

图 1-51

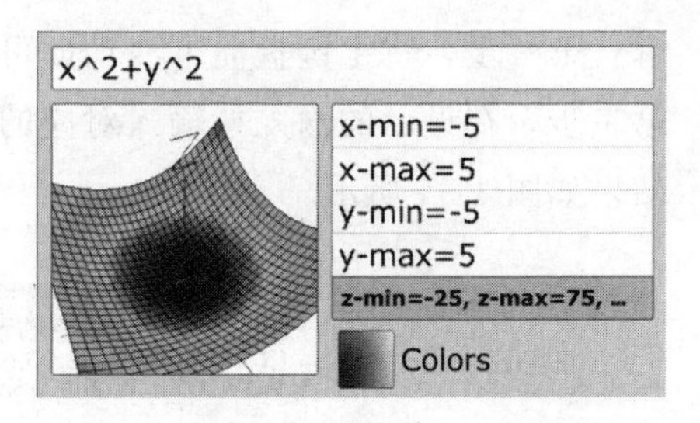

图 1-52

List：绘制坐标点，输入格式为［x _ list，y _ list］，x _ list 为所有点的 x 坐标值数组，y _ list 为所有点的 y 坐标值数组.

Histogram：绘制条形统计图，输入格式为［x _ list，y _ list］，x _ list 为所有点的 x 坐标值数组，y _ list 为所有点的 y 坐标值数组.

Regression：作散点图，并进行回归方程分析，输入各点的坐标，输入方式跟上面一样，设置散点和回归曲线的显示方式跟前面所说的一样，在图像显示的下面选择对象回归曲线方程，在方程选择栏下面是各回归曲线参数. 表 1-4 为不同对象回归曲线方程含义.

表 1-4

Function	含义	Function	含义	Function	含义
Cubic	三次方程	Logarithmic	自然对数方程	Quartic	四次方程
e	E 指数方程	Logistic	逻辑回归	Power	幂函数
Exponential	指数方程	Median-Median	中央方程	Sinusoidal	正弦方程
Linear	线性方程	Quadratic	二次方程	Custom	自定义

【例 5】 在一般模拟电路中，电路阻抗值的大小由电容、电阻和电感的大小及其连接方式所决定. 为了便于研究，假定电阻和电容都已确定，则电感成为影响电路阻抗的主要因素. 以图 1-53 为例，电路中匹配电阻标称值为 7.5kΩ，匹配电容标称值为 0.22μF，电感 L 的值约为 6.3mH. 将电感 L（用导线绕制而成的）作为自变量，用 x 表示；整个电路的阻抗 Z 因电感量而变，用 y 表示，来建立一元线性回归方程. 表 1-5 为使用 LCR 测试电桥（HP4263B）测得该电路 10 个电感的电感量和线圈电路阻抗值的 10 组数据（修约后）. 试给出电路阻抗和电感量之间的函数关系.

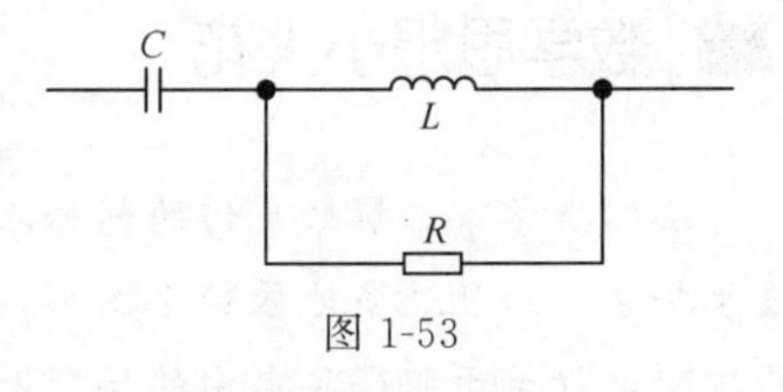

图 1-53

表 1-5

编号	电感量/mH	阻抗值/Ω	编号	电感量/mH	阻抗值/Ω
1	6.2	392.5	6	6.3	397.8
2	6.3	395.9	7	6.3	400.6
3	6.3	396.2	8	6.2	389.2
4	6.3	398.7	9	6.2	394.7
5	6.2	392.6	10	6.7	424.2

解：第一步，将主键盘向下滑动即可切换至绘图键盘，点击按键选择 Regression；

第二步，在显示的输入栏输入对应的电感量和电路阻抗值，并点击按键选择 Linear，显示结果如图 1-54 所示.

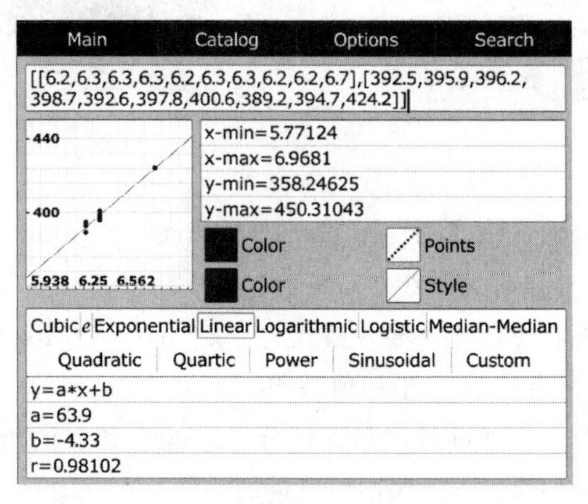

图 1-54

其中，图形显示区域显示出了十组数据的散点分布情况和回归为线性函数的函数图像. 回归方程为

$$y=63.9x-4.33$$

相关系数 r 值代表样本量中自变量与因变量之间的线性相关性的强弱程度，且 $|r|\leqslant 1$. 其中 $|r|$ 越接近 1，说明自变量与因变量之间的线性相关性越强，此案例中 $r=0.98102$ 接近 1，说明回归效果显著.

数学思想小火花

法国数学家，解析几何的创始人笛卡尔在他的著作《几何》一书中提到：希腊人的几何过于抽象，而且过多地依赖于图形，总是要寻求一些奇妙的想法. 代数却完全受法则和公式的控制，以至于阻碍了自由的思想和创造. 他同时看到了几何的直观与推理的优势和代数机械化运算的力量，首次提出沟通代数与几何，实现了代数与几何的数形结合. 华罗庚先生曾言，“数缺形时少直观，形少数时难入微，数形结合百般好，割裂分家万事休.” 数形结合是一种很好的数学学习方法，准确给出函数的图形有助于直观理解抽象的函数解析式，所形成的函数直观印象又对训练抽象能力有很大的帮助.

习题 1-6

1. 用数学软件 Mathstudio 画下列函数的图形.

(1) $y=2+3\sin x$；　　(2) $y=\mathrm{e}^{(x^2+2x+3)}$；

(3) $y=x^3+3x^2+x+1$；　　(4) $y=\begin{cases}1-x^2, & -1\leqslant x<3 \\ 3+\sin x, & 3\leqslant x\leqslant 10\end{cases}$.

2. 根据表 1-6 中的数据用 Mathstudio 拟合出合适的函数关系.

表 1-6

x	0	0.1	0.2	0.3	0.4	0.5	0.6	0.7	0.8	0.9	1.0
y	−0.447	1.978	3.28	6.16	7.08	7.34	7.66	9.56	9.48	9.30	11.2

3. 合金的强度 y 与其中的碳含量 x 有比较密切的关系，现从生产中收集了一批数据如表 1-7 所示，请用 Mathstudio 软件拟合出合适的 y 与 x 之间的函数关系.

表 1-7

x/%	0.10	0.11	0.12	0.13	0.14	0.15	0.16	0.17	0.18	0.20	0.22	0.24
y/(kgf/mm^2)	41.0	42.5	45.0	45.0	45.0	47.5	49.0	51.0	50.0	55.0	57.5	59.5

注：1kgf=9.8N.

第二单元

向量与复数

单元引导

复数最早是由意大利米兰学者卡当在十六世纪引出的，法国数学家笛卡儿在此基础上提出了“虚数”这一名称，后经达朗贝尔、棣莫弗、欧拉、高斯等许多数学家的不懈努力，复数理论才比较完整和系统地建立起来. 向量表示是从复数的表示和计算中引申出来的. “向量”一词来自力学、解析几何中的有向线段. 最先用有向线段表示向量的是英国著名科学家牛顿. 电虽然是一种看不见摸不着的物理量，但是它极大地影响了我们的生产生活. 如果采用瞬时表达式表示的交流电量来分析计算交流电路，其求解过程十分繁杂，而用向量法表示交流电量进行求解，过程简便、直观，电量的大小、相位角度一目了然.

本单元主要介绍向量和复数概念，向量和复数的运算法则及其在电路分析中的应用. 希望学完本单元后，你能够：

- 熟练描述向量的概念、表示方法及运算法则
- 准确说出旋转向量和正弦量之间的联系
- 熟练描述复数的概念、表达形式及运算方法
- 清晰阐述复数阻抗和棣莫弗定理的概念及其意义
- 能应用复数和棣莫弗定理解决常见电路分析案例和实际问题

第一节　向量及其运算

一、向量的概念

在自然科学和工程技术中经常会遇到一类既有大小又有方向的量，例如，力、加速度、位移、电场强度等，这种既有大小又有方向的量叫作**向量**（或**矢量**）；另一类为只有

大小的量，如，长度、质量、温度、面积等，这种只有大小的量叫作**数量**（或**标量**）.

空间的一条线段，以它的一个端点为起点，另一端点为终点，并规定以起点指向终点为线段的方向，这样规定了方向的线段叫作**有向线段**. 在数学上常用有向线段表示向量，有向线段的长度表示向量的大小，有向线段的方向表示向量的方向. 例如 A 为起点，B 为终点的有向线段表示的向量，记为 $\overrightarrow{AB}$，如图 2-1 所示，或用小写黑体字母 $\boldsymbol{a}$、$\boldsymbol{b}$、$\boldsymbol{c}$ 等表示，或用字母上面加箭头表示向量，例如 $\vec{a}$、$\vec{b}$、$\vec{F}$ 等.

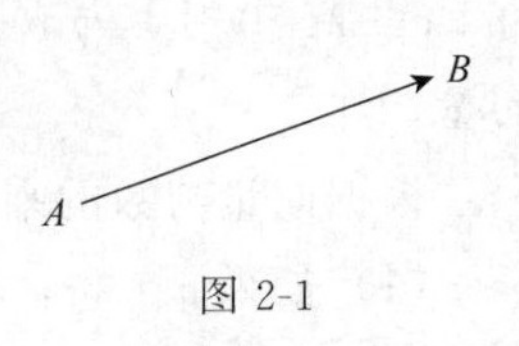

图 2-1

向量 $\vec{a}$ 的大小叫作向量的**模**（或向量的长度），记为 $|\vec{a}|$. 模为零的向量称作**零向量**，记为 $\vec{0}$，零向量没有确定的方向. 模为 1 的向量称作**单位向量**. 与向量 $\vec{a}$ 大小相等而方向相反的向量称为 $\vec{a}$ 的**负向量**（或**反向量**），记作 $-\vec{a}$.

如果两个向量 $\vec{a}$ 与 $\vec{b}$ 大小相等方向相同，则称这两个向量**相等**，记为 $\vec{a}=\vec{b}$. 根据这个规定，一个向量和它经过平行移动后所得的向量都是相等的. 这种保持大小和方向而可以自由平移的向量称作**自由向量**. 今后，我们只讨论自由向量（简称向量）.

二、向量的线性运算

1. 向量的加法与减法

由物理学知道，如果有两个力 $\vec{F}_1$ 和 $\vec{F}_2$ 作用在同一质点上，那么它们的合力 $\vec{F}$ 可按平行四边形法则求得. 如图 2-2 所示，过空间任意一点 O，作 $\vec{a}=\overrightarrow{OA}$，$\vec{b}=\overrightarrow{OB}$，以 $\overrightarrow{OA}$、$\overrightarrow{OB}$ 为邻边作平行四边形，那么对角线向量 $\overrightarrow{OC}=\vec{c}$ 就表示为向量 $\vec{a}$ 与 $\vec{b}$ 的**和**，记为

$$\vec{c}=\vec{a}+\vec{b}$$

这种求两个向量的和的方法称为向量加法的**平行四边形法则**. 由于向量可以平行移动，所以，如果把向量 $\vec{b}$ 平行移动，使其起点与 $\vec{a}$ 的终点重合，那么从 $\vec{a}$ 的起点到 $\vec{b}$ 的终点的向量即为 $\vec{a}$ 与 $\vec{b}$ 的和，这种求向量和的方法称为向量加法的**三角形法则**. 如图 2-3 所示.

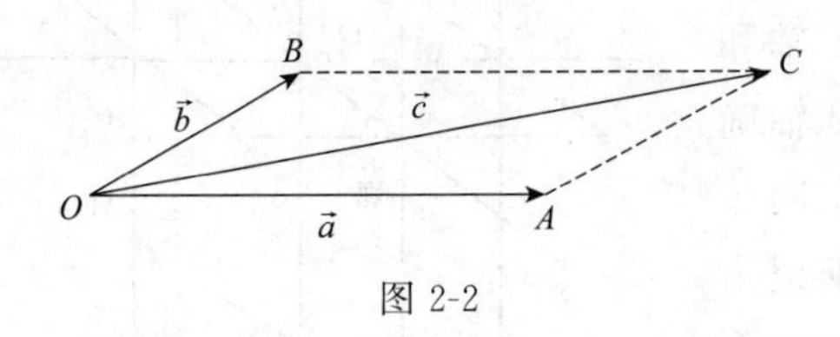

图 2-2

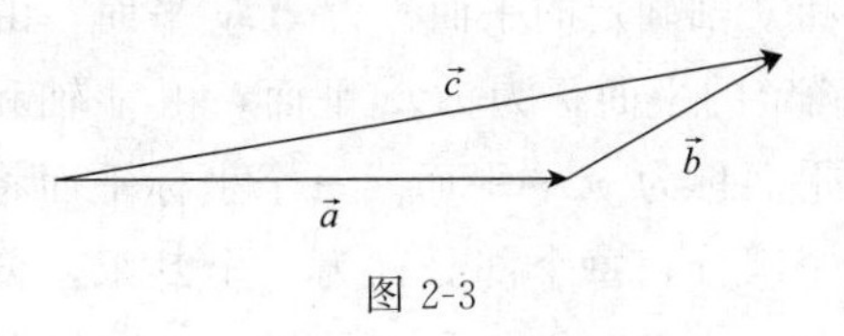

图 2-3

向量的减法我们可定义为

$$\vec{a}-\vec{b}=\vec{a}+(-\vec{b})$$

如图 2-4，过空间任意一点 O，作 $\vec{a}=\overrightarrow{OA}$、$\vec{b}=\overrightarrow{OB}$，则向量 $\overrightarrow{BA}$ 就是向量 $\vec{a}$ 减向量 $\vec{b}$ 的差，这种求 $\vec{a}-\vec{b}$ 的方法称为向量减法的**三角形法则**.

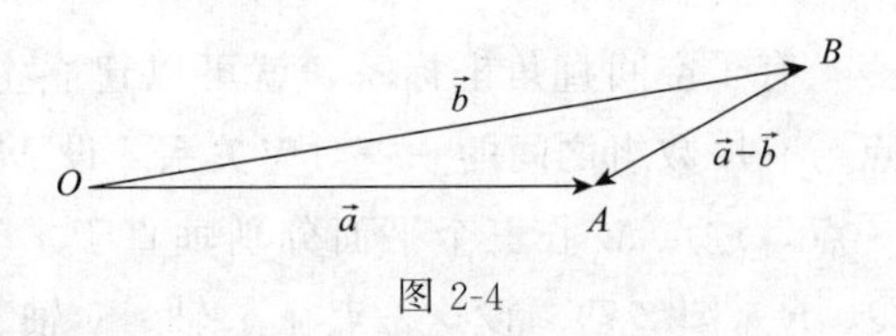

图 2-4

2. 向量与数的乘法

定义　数量λ与向量$\vec{a}$的乘积，记为$\lambda\vec{a}$，它是这样一个向量：它的模为$|\lambda\vec{a}|=|\lambda|\cdot|\vec{a}|$；当$\lambda>0$时，与$\vec{a}$的方向相同，当$\lambda<0$时，与$\vec{a}$的方向相反，当$\lambda=0$时，$\lambda\vec{a}$为零向量，即$\lambda\vec{a}=\vec{0}$.

根据向量与数的乘法的定义容易得到：

（1）如果$\vec{a}=\lambda\vec{b}$，λ为数量，那么向量$\vec{a}$与$\vec{b}$平行（也称为两向量共线）；反之，如果向量$\vec{a}$与$\vec{b}$平行，那么$\vec{a}=\lambda\vec{b}$，其中λ为某一数量．这就是说，两个向量$\vec{a}$与$\vec{b}$平行的充要条件是存在一个实数λ，使得$\vec{a}=\lambda\vec{b}$.

（2）与向量$\vec{a}$同方向的单位向量称作$\vec{a}$的单位向量．$\vec{a}$的单位向量记作$\vec{a}_0$，则$\vec{a}_0=\dfrac{\vec{a}}{|\vec{a}|}$（图 2-5）.

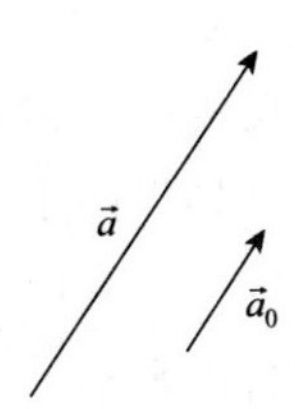

图 2-5

向量的加法与向量的乘法有下列运算规律：

（1）交换律：$\vec{a}+\vec{b}=\vec{b}+\vec{a}$；

（2）结合律：$(\vec{a}+\vec{b})+\vec{c}=\vec{a}+(\vec{b}+\vec{c})$，$\lambda(\mu\vec{a})=(\lambda\mu)\vec{a}=\mu(\lambda\vec{a})$；

（3）分配律：$(\lambda+\mu)\vec{a}=\lambda\vec{a}+\mu\vec{a}$，$\lambda(\vec{a}+\vec{b})=\lambda\vec{a}+\lambda\vec{b}$.

三、空间直角坐标系

在讨论向量的坐标表示前，我们先引进空间直角坐标系．过空间取一定点O，作三条互相垂直的数轴，它们都以O为原点，这三条轴分别叫做x轴、y轴、z轴，统称为**坐标轴**，点O称为**坐标原点**．三条坐标轴的正方向符合**右手法则**，即用右手握住z轴，当右手的四指从x轴正向以$\dfrac{\pi}{2}$角度转向y轴正向时，大拇指的指向就是z轴正向．这样的三条坐标轴构成了一个**空间直角坐标系**，记为$Oxyz$. 每两条坐标轴确定的一个平面，称为**坐标平面**．由x轴和y轴确定的平面称为xOy平面，由x轴和z轴确定的平面称为xOz平面，由y轴和z轴确定的平面称为yOz平面．三个坐标平面将空间分成八个部分，每个部分称为一个**卦限**，分别记为第Ⅰ、Ⅱ、Ⅲ、Ⅳ、Ⅴ、Ⅵ、Ⅶ、Ⅷ卦限，如图 2-6 所示.

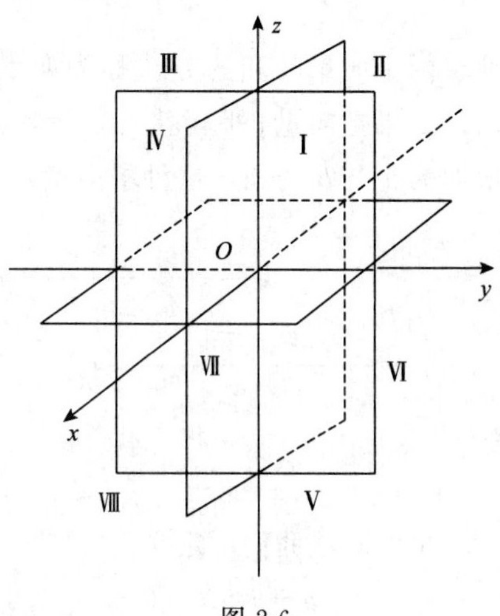

图 2-6

有了空间直角坐标系，就可以建立空间上的点与有序数组之间的一一对应关系．设M为空间一点，过点M作三个平面分别垂直于x轴、y轴和z轴，并与三坐标轴分别交于点P、Q、R（图 2-7）．设这三点在x轴、y轴、z轴上的坐标依次取为x、y、z，从空间一点M就唯一确定了一个有序数组(x,y,z)；反过来，已知一个有序数组(x,y,z)，在x轴上取坐标为x的点P，在y轴上取坐标为y的点Q，在z轴上取坐标为z的点R，然后通

过 P、Q、R 分别作垂直于 x 轴、y 轴、z 轴的平面，这三个平面的交点 M 便是有序数组(x,y,z)所唯一确定的点．这样，就建立了空间上的点 M 与有序数组(x,y,z)之间的一一对应关系．因此，称该有序数组(x,y,z)为点 M 的**坐标**，记为 $M(x,y,z)$，称 x、y、z 分别为点 M 的**横坐标、纵坐标、竖坐标**．显然，坐标原点 O 的坐标为$(0,0,0)$；x 轴上的点的坐标为$(x,0,0)$，y 轴上的点的坐标为$(0,y,0)$，z 轴上的点的坐标为$(0,0,z)$；xOy 面上的点的坐标为$(x,y,0)$，yOz 面上的点的坐标为$(0,y,z)$，xOz 面上的点的坐标为$(x,0,z)$．

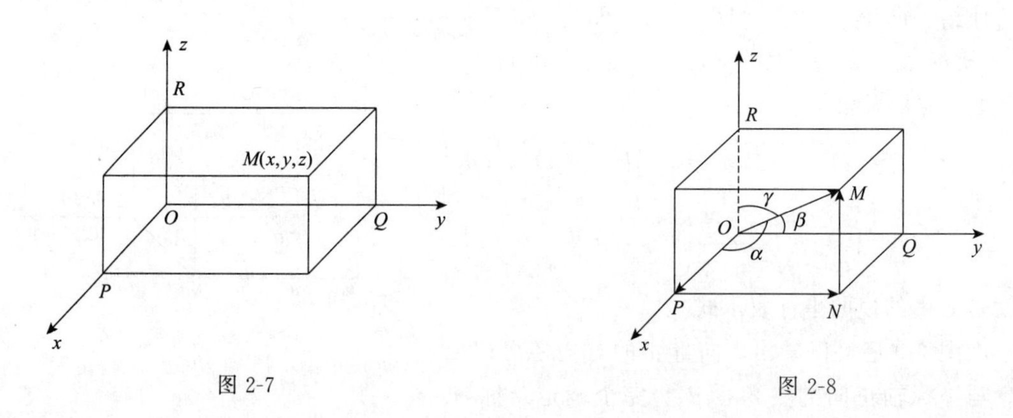

图 2-7　　　　图 2-8

四、向量的坐标表示式

设有一个起点为坐标原点，而终点为 $M(x,y,z)$的向量 $\overrightarrow{OM}$（图 2-8），用 $\vec{i}$、$\vec{j}$、$\vec{k}$ 分别表示沿 x 轴、y 轴和 z 轴正向的单位向量（称为**基本单位向量**）．则由向量的加法，得

$$\overrightarrow{OM}=\overrightarrow{OP}+\overrightarrow{PN}+\overrightarrow{NM}=\overrightarrow{OP}+\overrightarrow{OQ}+\overrightarrow{OR}.$$

由于 $\overrightarrow{OP}=x\vec{i}$、$\overrightarrow{OQ}=y\vec{j}$、$\overrightarrow{OR}=z\vec{k}$，于是 $\overrightarrow{OM}=x\vec{i}+y\vec{j}+z\vec{k}$．上式为 $\overrightarrow{OM}$ 按基本单位向量分解的**分解式**，或称向量 $\overrightarrow{OM}$ 的**坐标表示式**，简记为 $\overrightarrow{OM}=\{x,y,z\}$，称 x、y、z（即 $\vec{i}$，$\vec{j}$，$\vec{k}$ 的系数）为向量 $\overrightarrow{OM}$ 的**坐标**．

由于有序数组(x,y,z)与点 M 是一一对应的，所以有序数组(x,y,z)与起点在 O，终点在 M 的向量 $\overrightarrow{OM}$ 也有一一对应关系．有了向量的坐标表示式，就可以把由几何所规定的向量的线性运算转变为向量坐标之间的数量运算．

设 $\vec{a}=\{x_1,y_1,z_1\}$，$\vec{b}=\{x_2,y_2,z_2\}$，则有

$$\vec{a}\pm\vec{b}=(x_1\pm x_2)\vec{i}+(y_1\pm y_2)\vec{j}+(z_1\pm z_2)\vec{k}$$

$$\lambda\vec{a}=\lambda x_1\vec{i}+\lambda y_1\vec{j}+\lambda z_1\vec{k}$$

即

$$\vec{a}\pm\vec{b}=\{x_1\pm x_2,y_1\pm y_2,z_1\pm z_2\}$$

$$\lambda\vec{a}=\{\lambda x_1,\lambda y_1,\lambda z_1\}$$

并且，若 $\vec{a}=\vec{b}$，则有

$$x_1=x_2，\ y_1=y_2，\ z_1=z_2$$

【例 1】 设 $\vec{a}=3\vec{i}+2\vec{j}-\vec{k}$，$\vec{b}=2\vec{i}-3\vec{j}+4\vec{k}$，求 $\vec{a}-\vec{b}$ 及 $3\vec{a}+2\vec{b}$.

解： $\vec{a}-\vec{b}=(3\vec{i}+2\vec{j}-\vec{k})-(2\vec{i}-3\vec{j}+4\vec{k})=\vec{i}+5\vec{j}-5\vec{k}$

$3\vec{a}+2\vec{b}=3(3\vec{i}+2\vec{j}-\vec{k})+2(2\vec{i}-3\vec{j}+4\vec{k})=(9\vec{i}+6\vec{j}-3\vec{k})+(4\vec{i}-6\vec{j}+8\vec{k})=13\vec{i}+5\vec{k}$

五、向量的模与方向余弦的表示式

向量可以用它的模及方向表示（即几何表示），也可以用它的坐标表示（即代数表示），那么，又如何用向量的坐标表示它的模和方向呢？

任给一向量

$$\vec{a}=\{x,y,z\}$$

由图 2-9 容易看出

$$|\vec{a}|=|\overrightarrow{OM}|=\sqrt{ON^2+NM^2}=\sqrt{OP^2+OQ^2+OR^2}$$

即

$$|\vec{a}|=\sqrt{x^2+y^2+z^2}$$

这就是向量的模的坐标表示式.

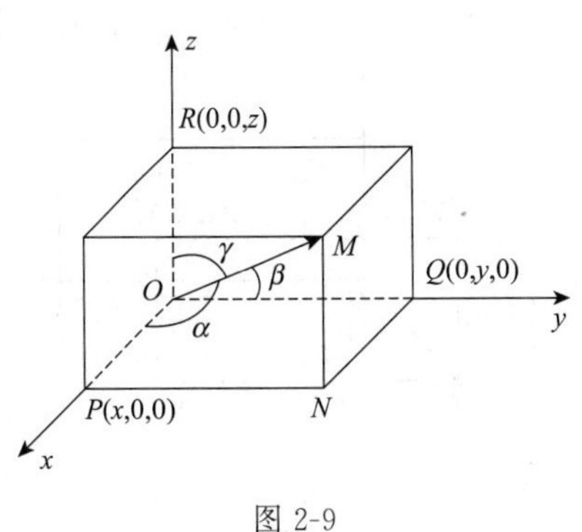

图 2-9

由图 2-9 还可以看出，向量 $\vec{a}$ 的方向还可以由向量与坐标轴正向的夹角 α、β、γ 完全确定. 称 α、β、γ 为向量 $\vec{a}$ **的方向角**. 并规定

$$0\leqslant\alpha\leqslant\pi,\ 0\leqslant\beta\leqslant\pi,\ 0\leqslant\gamma\leqslant\pi$$

因为 $\angle MOP=\alpha$ 且 $MP\perp OP$，所以

$$x=|\vec{a}|\cos\alpha$$

同理

$$y=|\vec{a}|\cos\beta$$

$$z=|\vec{a}|\cos\gamma$$

称 $\cos\alpha$、$\cos\beta$、$\cos\gamma$ 为向量 $\vec{a}$ **的方向余弦**. 显然当方向余弦确定后，方向角 α、β、γ 就确定了，从而向量的方向也就确定了. 由此可得

$$\cos\alpha=\frac{x}{|\vec{a}|}=\frac{x}{\sqrt{x^2+y^2+z^2}}$$

$$\cos\beta=\frac{y}{|\vec{a}|}=\frac{y}{\sqrt{x^2+y^2+z^2}}$$

$$\cos\gamma=\frac{z}{|\vec{a}|}=\frac{z}{\sqrt{x^2+y^2+z^2}}$$

上式称为方向余弦的坐标表示式，且

$$\cos^2\alpha+\cos^2\beta+\cos^2\gamma=1$$

【例 2】 设 $\vec{a}=\{2,-2,3\}$，求与 $\vec{a}$ 同方向的单位向量及其方向余弦.

解： $|\vec{a}|=\sqrt{2^2+(-2)^2+3^2}=\sqrt{17}$，于是，与 $\vec{a}$ 同方向的单位向量 $\vec{a}_0$ 为

$$\vec{a}_0=\frac{\vec{a}}{|\vec{a}|}=\frac{2}{\sqrt{17}}\vec{i}-\frac{2}{\sqrt{17}}\vec{j}+\frac{3}{\sqrt{17}}\vec{k}$$

方向余弦为

$$\cos\alpha=\frac{2}{\sqrt{17}}，\cos\beta=-\frac{2}{\sqrt{17}}，\cos\gamma=\frac{3}{\sqrt{17}}$$

【例 3】 如图 2-10 所示，在点 O 处有一点电荷 Q，求在 $\overrightarrow{OP}$ 的 P 点上产生的电场强度 E(V/m)，其中 $|\overrightarrow{OP}|=r$，假设周围空气的介电常数为 ε_0.

解： 若在点 P 有点电荷 Q'，则 Q 与 Q'之间有相互作用的库仑力. 根据库仑定理，F 可以写为

$$F=\overrightarrow{OP}\frac{QQ'}{4\pi\varepsilon_0 r^3}=\overrightarrow{OP_0}\frac{QQ'}{4\pi\varepsilon_0 r^2},\text{其中}\overrightarrow{OP}=r\overrightarrow{OP_0}$$

当 $Q'=1\text{C}$（库仑）时，作用在其上的力就是 P 点的电场强度 E，所以

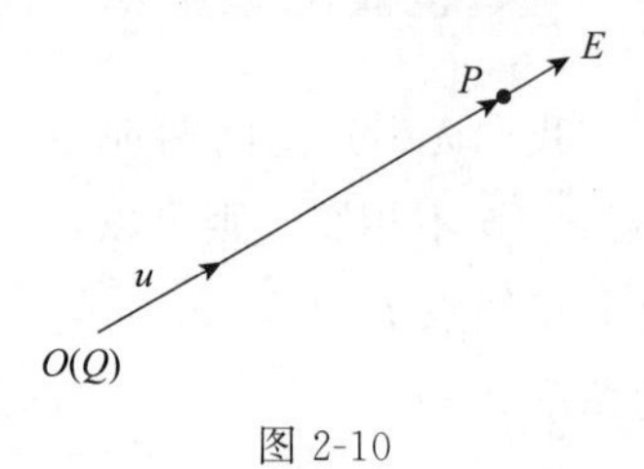

图 2-10

$$E=\frac{F}{Q'}=\frac{F}{1}=\overrightarrow{OP_0}\frac{QQ'}{4\pi\varepsilon_0 r^2}$$

当 $Q>0$ 时，E 的方向和 $\overrightarrow{OP_0}$ 的方向相同；当 $Q<0$ 时，E 的方向和 $\overrightarrow{OP_0}$ 的方向相反.

数学思想小火花

借助空间直角坐标系的建立，我们可以清晰地将空间内的点的位置、向量的大小和方向等表达出来. 我国古代智慧与文化的结晶《易经》中记载道“太极生两仪，两仪生四象，四象生八卦”. 因有了万物化生，就产生出阴阳两大类别；因阴阳有别所以就产生了春、夏、秋、冬这四个不同的季节变化，春冬寒凉（即是阴），夏秋炎热（即是阳）；因有了四季，古代的劳动人民就掌握了春耕秋收的各种季节规律，也知道如何区分方向了，他们先将方向按东、南、西、北分，再将这四个方向进行进一步的细分，分为东南、西南、东北、西北这四个方向，最后将它们合为地之八方并为每一方定一个卦象，这样就能作为记录劳作规律的手段了. 可见，在现实世界建立有序的基本准则对认识世界有很大的帮助.

习题 2-1

1. 在空间直角坐标系中，指出下列各点在哪个卦限？
$A(1,-2,3)$；$B(2,3,-4)$；$C(2,-3,-4)$；$D(-2,-3,1)$.
2. 指出下列各点在哪个坐标面上或坐标轴上？
$A(3,4,0)$；$B(0,4,3)$；$C(3,0,0)$；$D(0,-1,0)$.
3. 求点(a,b,c)关于（1）各坐标面；（2）各坐标轴；（3）坐标原点的对称点的坐标.
4. 自点 $P_0(x_0,y_0,z_0)$分别作各坐标面和各坐标轴的垂线，写出各垂足的坐标.
5. 设 $\vec{a}=3\vec{i}+5\vec{j}-4\vec{k}$、$\vec{b}=2\vec{i}+\vec{j}+8\vec{k}$，求 $\vec{a}-\vec{b}$ 及 $3\vec{a}+2\vec{b}$.
6. 求平行于向量 $\vec{a}=\{6,7,-6\}$的单位向量.
7. 已知两点 $A(4,0,5)$和 $B(7,1,3)$，求与 $\overrightarrow{AB}$ 同方向的单位向量.
8. 已知点 $M_1(4,\sqrt{2},1)$和 $M_2(3,0,2)$. 计算向量 $\overrightarrow{M_1M_2}$ 的模、方向余弦和方向角.

9. 设向量$\vec{a}$的方向角$\alpha=45°$、$\beta=60°$，且$|\vec{a}|=6$，求$\vec{a}$.

第二节　向量的数量积与向量积

一、向量的数量积

我们先引进空间两向量的夹角的概念. 设有两个不平行的向量$\vec{a}$、$\vec{b}$相交于一点P（若$\vec{a}$、$\vec{b}$不相交，则可以将其中一个向量平移，使它们相交），如图 2-11 所示，使其中一个向量绕点P在$\vec{a}$、$\vec{b}$所在的平面上旋转，使其正向与另一向量的正向重合，这样所转过的角度θ（限定$0<\theta<\pi$）称为两向量$\vec{a}$、$\vec{b}$的**夹角**，记为

$$\langle\vec{a},\vec{b}\rangle$$

即$\langle\vec{a},\vec{b}\rangle=\theta$. 如果$\vec{a}$、$\vec{b}$平行且同向，则规定夹角$\theta=0$，如果$\vec{a}$、$\vec{b}$平行且反向，则规定夹角$\theta=\pi$.

数量积是两个向量的一种乘积，它是从物理问题抽象出来的. 如图 2-12 所示，设物体在力$\vec{F}$的作用下沿直线从点M_1移到点M_2，用$\vec{s}$表示位移向量$\overrightarrow{M_1M_2}$，力$\vec{F}$在位移方向$\vec{s}$上的分力大小为$|\vec{F}|\cos\theta$，力$\vec{F}$所做的功为

$$W=|\vec{F}||\vec{s}|\cos\theta$$

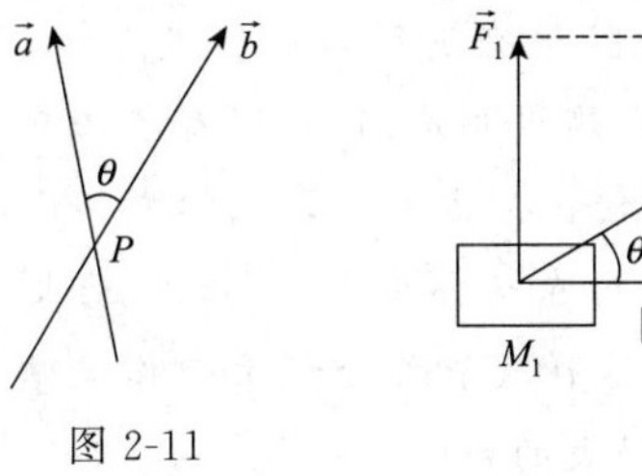

图 2-11

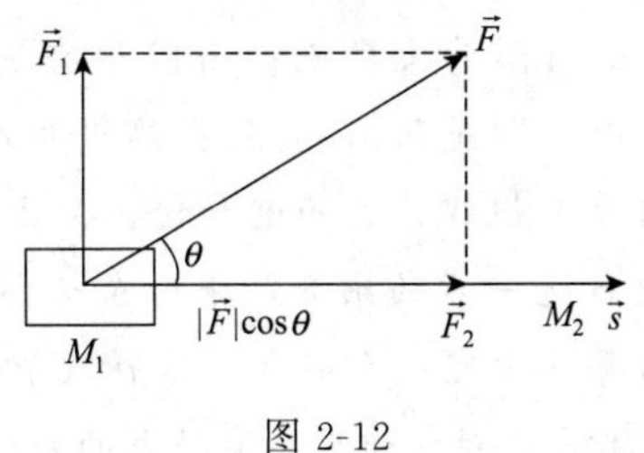

图 2-12

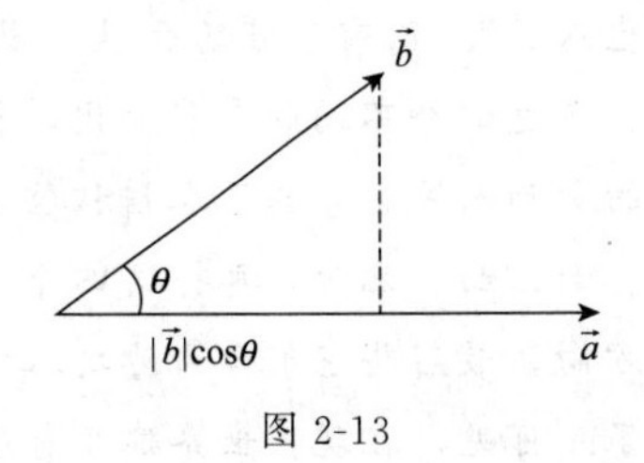

图 2-13

像这种已知两个向量，要求它们的模及夹角余弦的乘积，在实际问题中还会经常遇到，由此我们给出两向量的数量积的定义：

定义 1　两个向量$\vec{a}$和$\vec{b}$的模及它们的夹角余弦的乘积，称作向量$\vec{a}$和$\vec{b}$的**数量积**，记作$\vec{a}\cdot\vec{b}$，

即

$$\vec{a}\cdot\vec{b}=|\vec{a}||\vec{b}|\cos\theta$$

因为用符号“·”来表示乘积，因此数量积又称**点积**（也称**内积**）.

据此定义，上述问题中力所做的功W是力$\vec{F}$与位移$\vec{s}$的数量积，即$W=\vec{F}\cdot\vec{s}$.

如图 2-13 所示，因为$|\vec{b}|\cos\theta$是向量$\vec{b}$在向量$\vec{a}$方向上的投影，若用$\text{prj}_{\vec{a}}\vec{b}$来表示这个投影，便有

$$\vec{a}\cdot\vec{b}=|\vec{a}|\cdot\text{prj}_{\vec{a}}\vec{b}$$

类似有

$$\vec{a}\cdot\vec{b}=|\vec{b}|\cdot \mathrm{prj}_{\vec{b}}\vec{a}$$

这表明:两向量的数量积等于其中一向量的模与另一向量在该向量方向上的投影的乘积.由数量积的定义容易看出，数量积是一个数量，当 θ 是锐角时，为正数；当 θ 是钝角时，为负数. 由数量积的定义还可以得到：

(1) $\vec{a}\cdot\vec{a}=|\vec{a}||\vec{a}|\cos 0°=|\vec{a}|^2$.

这就是说，向量 $\vec{a}$ 的模的平方等于它自身的点积.

(2) 对于两个非零向量 $\vec{a}$、$\vec{b}$ 来说，如果 $\vec{a}$ 垂直于 $\vec{b}$，那么 $\vec{a}\cdot\vec{b}=|\vec{a}||\vec{b}|\cos\dfrac{\pi}{2}=0$，反之，如果 $\vec{a}\cdot\vec{b}=0$，那么 $\cos\theta=0$，即 $\theta=\dfrac{\pi}{2}$，从而 $\vec{a}$ 垂直于 $\vec{b}$. 这就是说，两个非零向量互相垂直的充要条件是它们的数量积为零.

(3) 数量积有下列运算规律：

① $\vec{a}\cdot\vec{b}=\vec{b}\cdot\vec{a}$(交换律)；

② $\lambda(\vec{a}\cdot\vec{b})=(\lambda\vec{a})\vec{b}=\vec{a}\cdot(\lambda\vec{b})$ (数乘结合律)；

③ $(\vec{a}+\vec{b})\cdot\vec{c}=\vec{a}\cdot\vec{c}+\vec{b}\cdot\vec{c}$(分配律).

下面，我们来推导数量积的坐标表示式.

设 $\vec{a}=x_1\vec{i}+y_1\vec{j}+z_1\vec{k}$，$\vec{b}=x_2\vec{i}+y_2\vec{j}+z_2\vec{k}$，则

$$\begin{aligned}\vec{a}\cdot\vec{b}&=(x_1\vec{i}+y_1\vec{j}+z_1\vec{k})\cdot(x_2\vec{i}+y_2\vec{j}+z_2\vec{k})\\&=x_1x_2\vec{i}\cdot\vec{i}+y_1x_2\vec{j}\cdot\vec{i}+z_1x_2\vec{k}\cdot\vec{i}+x_1y_2\vec{i}\cdot\vec{j}+y_1y_2\vec{j}\cdot\vec{j}+\\&\quad z_1y_2\vec{k}\cdot\vec{j}+x_1z_2\vec{i}\cdot\vec{k}+y_1z_2\vec{j}\cdot\vec{k}+z_1z_2\vec{k}\cdot\vec{k}\end{aligned}$$

因为 $\vec{i}$、$\vec{j}$、$\vec{k}$ 是互相垂直的基本单位向量，所以

$$\vec{i}\cdot\vec{i}=\vec{j}\cdot\vec{j}=\vec{k}\cdot\vec{k}=1$$

$$\vec{i}\cdot\vec{j}=\vec{j}\cdot\vec{k}=\vec{k}\cdot\vec{i}=0$$

因此，得到

$$\vec{a}\cdot\vec{b}=x_1x_2+y_1y_2+z_1z_2$$

这就是两个向量的数量积的坐标表示式. 当 $\vec{a}$、$\vec{b}$ 是两个非零向量时，有

$$\cos\langle\vec{a},\vec{b}\rangle=\frac{\vec{a}\cdot\vec{b}}{|\vec{a}||\vec{b}|}=\frac{x_1x_2+y_1y_2+z_1z_2}{\sqrt{x_1^2+y_1^2+z_1^2}\sqrt{x_2^2+y_2^2+z_2^2}}$$

这就是两个向量夹角的余弦的坐标表示式. 由此，我们又得到用坐标表示的两个非零向量 $\vec{a}=\{x_1,y_1,z_1\}$、$\vec{b}=\{x_2,y_2,z_2\}$ 互相垂直的充要条件是

$$x_1x_2+y_1y_2+z_1z_2=0$$

【例 1】 已知点 $A(1,1,1)$、$B(2,2,1)$、$C(2,1,2)$，求 $\overrightarrow{AB}$ 与 $\overrightarrow{AC}$ 间的夹角 θ.

解：因为 $\overrightarrow{AB}=\{2-1,2-1,1-1\}=\{1,1,0\}$

$$\overrightarrow{AC}=\{2-1,1-1,2-1\}=\{1,0,1\}$$

所以

$$\cos\theta=\frac{\overrightarrow{AB}\cdot\overrightarrow{AC}}{|\overrightarrow{AB}||\overrightarrow{AC}|}=\frac{1\times1+1\times0+0\times1}{\sqrt{1^2+1^2+0^2}\sqrt{1^2+0^2+1^2}}=\frac{1}{2}$$

于是，得

$$\theta=\frac{\pi}{3}$$

【**例 2**】 设 $\vec{a}=2\vec{i}+x\vec{j}-\vec{k}$，$\vec{b}=3\vec{i}-\vec{j}+2\vec{k}$ 且 $\vec{a}\perp\vec{b}$，求 x 的值.

解：因为 $\vec{a}\perp\vec{b}$，所以

$$2\times3+(-1)x+(-1)\times2=0$$

解得

$$x=4$$

【**例 3**】 设有一质点开始位于点 $P(1,2,-1)$，今有一方向角分别为 60°、60°、45°，大小为 100N 的力 $\vec{F}$ 作用于该质点，求质点从点 P 做直线运动至点 $M(2,5,-1+3\sqrt{2})$ 时，力 $\vec{F}$ 所做的功（坐标轴的单位为 m）.

解：因力 $\vec{F}$ 的方向角为 60°、60°、45°，所以与力 $\vec{F}$ 同向的单位向量为

$$\vec{F}_0=\{\cos60°,\cos60°,\cos45°\}=\{\frac{1}{2},\frac{1}{2},\frac{\sqrt{2}}{2}\}$$

所以

$$\vec{F}=\{50,50,50\sqrt{2}\}$$

又因为

$$\overrightarrow{PM}=\{2-1,5-2,-1+3\sqrt{2}+1\}=\{1,3,3\sqrt{2}\}$$

所以

$$W=\vec{F}\cdot\overrightarrow{PM}=\{50,50,50\sqrt{2}\}\cdot\{1,3,3\sqrt{2}\}=500\ (\mathrm{J})$$

二、向量的向量积定义

向量积是两个向量的另一种乘积，也是从物理问题抽象出来的. 例如，取一根一个单位长的导线放在磁场强度为 $\vec{B}$ 的匀强磁场中（图 2-14），当导线中有电流强度为 $\vec{I}$ 的直流电通过时，磁场中就产生一个力 $\vec{F}$ 作用在导线上（如果改变电流的方向，那么作用力 $\vec{F}$ 也改变方向），而这力 $\vec{F}$ 的大小为 $|\vec{F}|=|\vec{I}||\vec{B}|\sin\langle\vec{I},\vec{B}\rangle$，$\vec{F}$ 的方向垂直于 $\vec{I}$ 与 $\vec{B}$ 所在的平面，且符合右手法则：即 $\vec{I}$ 以右手握拳转向 $\vec{B}$ 时（其转角是 $\vec{I}$ 与 $\vec{B}$ 的夹角），大拇指的指向就是力 $\vec{F}$ 的方向.

这种按上述法则由两个向量确定另一个向量的问题，在物理学和其他学科中还会经常遇到.

定义 2　由向量 $\vec{a}$ 与 $\vec{b}$ 确定一个新向量 $\vec{c}$，使 $\vec{c}$ 满足：

(1) $\vec{c}$ 的大小为 $|\vec{c}|=|\vec{a}||\vec{b}|\sin\langle\vec{a},\vec{b}\rangle$；

(2) $\vec{c}$ 的方向垂直于向量 $\vec{a}$、$\vec{b}$ 所确定的平面，且其正向按由 $\vec{a}$ 到 $\vec{b}$ 的右手法则确定（图 2-15），这样确定的向量 $\vec{c}$ 称为向量 $\vec{a}$ 与 $\vec{b}$ 的**向量积**，记作

$$\vec{c}=\vec{a}\times\vec{b}$$

因为用符号“×”来表示乘积，因此，向量积又称为**叉积**（也称**外积**）.

由向量积的定义可知，通电导线在磁场中所受的作用力 $\vec{F}$ 是电流强度 $\vec{I}$ 和磁场强度 $\vec{B}$ 的向量积，即

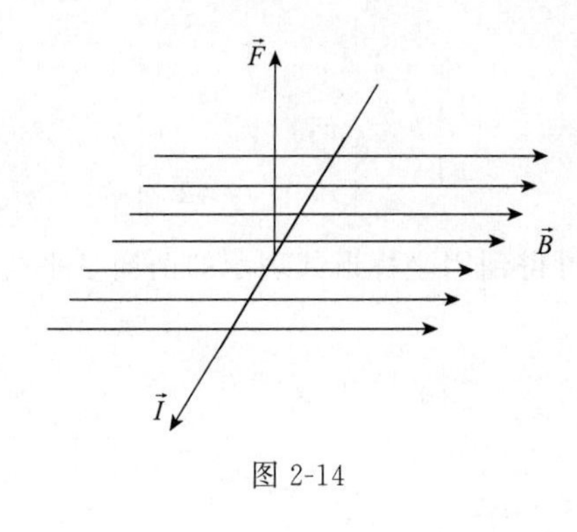

图 2-14

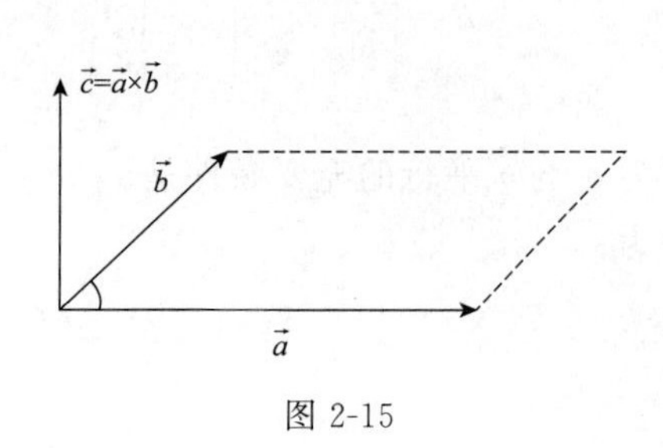

图 2-15

$$\vec{F}=\vec{I}\times\vec{B}$$

向量积的模有明显的几何意义. 在图 2-15 中可以看出，以 $\vec{a}$、$\vec{b}$ 为邻边的三角形面积为$\frac{1}{2}|\vec{a}||\vec{b}|\sin\langle\vec{a},\vec{b}\rangle$，因此$|\vec{a}\times\vec{b}|=|\vec{a}||\vec{b}|\sin\langle\vec{a},\vec{b}\rangle$就是以 $\vec{a}$、$\vec{b}$ 为邻边的平行四边形的面积.

由向量积的定义可以得到：

(1) 对于两个非零向量 $\vec{a}$、$\vec{b}$，如果 $\vec{a}\times\vec{b}=\vec{0}$，由于$|\vec{a}|\neq 0$、$|\vec{b}|\neq 0$，那么必有 $\sin\langle\vec{a},\vec{b}\rangle=0$，于是$\langle\vec{a},\vec{b}\rangle=0$ 或$\langle\vec{a},\vec{b}\rangle=\pi$，即 $\vec{a}$ 与 $\vec{b}$ 平行；反之，如果 $\vec{a}$ 与 $\vec{b}$ 平行，那么$\langle\vec{a},\vec{b}\rangle=0$ 或$\langle\vec{a},\vec{b}\rangle=\pi$，于是$|\vec{a}\times\vec{b}|=0$，即 $\vec{a}\times\vec{b}=\vec{0}$.

这就是说，两个非零向量互相平行的充要条件是它们的向量积为零，即 $\vec{a}\times\vec{b}=\vec{0}$.

(2) 向量积有下列的运算规律：

① $\vec{b}\times\vec{a}=-(\vec{a}\times\vec{b})$；

② $(\lambda\vec{a})\times\vec{b}=\vec{a}\times(\lambda\vec{b})=\lambda(\vec{a}\times\vec{b})$（数乘结合律）；

③ $(\vec{a}+\vec{b})\times\vec{c}=\vec{a}\times\vec{c}+\vec{b}\times\vec{c}$

$\vec{c}\times(\vec{a}+\vec{b})=\vec{c}\times\vec{a}+\vec{c}\times\vec{b}$（分配律）.

要注意，向量积不满足交换律.

下面我们来推导向量积的坐标表示式.

若 $\vec{a}=\{x_1,y_1,z_1\}$、$\vec{b}=\{x_2,y_2,z_2\}$，则

$$\begin{aligned}\vec{a}\times\vec{b}&=(x_1\vec{i}+y_1\vec{j}+z_1\vec{k})\times(x_2\vec{i}+y_2\vec{j}+z_2\vec{k})\\&=x_1x_2(\vec{i}\times\vec{i})+x_1y_2(\vec{i}\times\vec{j})+x_1z_2(\vec{i}\times\vec{k})+y_1x_2(\vec{j}\times\vec{i})+y_1y_2(\vec{j}\times\vec{j})+\\&\quad y_1z_2(\vec{j}\times\vec{k})+z_1x_2(\vec{k}\times\vec{i})+z_1y_2(\vec{k}\times\vec{j})+z_1z_2(\vec{k}\times\vec{k})\end{aligned}$$

由于基本单位向量 $\vec{i}$、$\vec{j}$、$\vec{k}$ 满足下列关系

$$\vec{i}\times\vec{i}=\vec{0},\vec{j}\times\vec{j}=\vec{0},\vec{k}\times\vec{k}=\vec{0}$$

$$\vec{i}\times\vec{j}=-\vec{j}\times\vec{i}=\vec{k},\vec{j}\times\vec{k}=-\vec{k}\times\vec{j}=\vec{i},\vec{k}\times\vec{i}=-\vec{i}\times\vec{k}=\vec{j}$$

所以

$$\vec{a}\times\vec{b}=(y_1z_2-y_2z_1)\vec{i}+(z_1x_2-z_2x_1)\vec{j}+(x_1y_2-x_2y_1)\vec{k}$$

为了便于记忆，把上式写成行列式的形式

$$\vec{a}\times\vec{b}=\begin{vmatrix} y_1 & z_1 \\ y_2 & z_2 \end{vmatrix}\vec{i}-\begin{vmatrix} x_1 & z_1 \\ x_2 & z_2 \end{vmatrix}\vec{j}+\begin{vmatrix} x_1 & y_1 \\ x_2 & y_2 \end{vmatrix}\vec{k}=\begin{vmatrix} \vec{i} & \vec{j} & \vec{k} \\ x_1 & y_1 & z_1 \\ x_2 & y_2 & z_2 \end{vmatrix}$$

因为$\vec{a}$与$\vec{b}$平行的充要条件是$\vec{a}\times\vec{b}=\vec{0}$，故可得到用坐标形式表示的两向量平行的充要条件为

$$y_1z_2-y_2z_1=0，z_1x_2-z_2x_1=0，x_1y_2-x_2y_1=0$$

或

$$\frac{x_1}{x_2}=\frac{y_1}{y_2}=\frac{z_1}{z_2}$$

数学思想小火花

把空间的性质与向量运算联系起来，使向量成了具有一套优良运算通性的数学体系，也使得向量成为用数学的方法讨论相应物理量的重要工具.

习题 2-2

1. 设$\vec{a}=3\vec{i}-\vec{j}-2\vec{k}$，$\vec{b}=\vec{i}+2\vec{j}-\vec{k}$. 求：(1) $\vec{a}\cdot\vec{b}$；(2) $\vec{a}\times\vec{b}$；(3) $(-2\vec{a})\cdot 3\vec{b}$；(4) $\vec{a}\times 2\vec{b}$；(5) $\vec{a}$、$\vec{b}$ 夹角的余弦.

2. 已知$\vec{a}=2\vec{i}-3\vec{j}+\vec{k}$、$\vec{b}=\vec{i}-\vec{j}+3\vec{k}$和$\vec{c}=\vec{i}-2\vec{j}$，计算：
(1) $(\vec{a}\cdot\vec{b})\cdot\vec{c}-(\vec{a}\cdot\vec{c})\cdot\vec{b}$；(2) $(\vec{a}+\vec{b})\times(\vec{b}+\vec{c})$；(3) $(\vec{a}\times\vec{b})\cdot\vec{c}$.

3. 设质量为 100kg 的物体从点 $M_1(3,1,8)$沿直线移动到点 $M_2(1,4,2)$，计算重力所做的功（长度单位为 m，重力方向为 z 轴负方向）.

4. 求向量$\vec{a}=\{4,-3,4\}$在向量$\vec{b}=\{2,2,1\}$上的投影.

5. 求 m 的值，使$\vec{a}=2\vec{i}-3\vec{j}+5\vec{k}$与$\vec{b}=3\vec{i}+m\vec{j}-2\vec{k}$互相垂直.

6. 设$\vec{a}=\{3,5,-2\}$、$\vec{b}=\{2,1,4\}$，问 λ 与 μ 有怎样的关系，能使得 $\lambda\vec{a}+\mu\vec{b}$ 与 z 轴垂直？

第三节　旋转向量与正弦量

正弦交流电路稳态分析中存在着许多正弦量，运算时比较复杂. 在此介绍一种处理正弦量的方法，把正弦量（或正弦函数）转换成旋转向量. 以正弦交流电压 $u=U_m\sin(\omega t+\varphi)$为例.

首先在平面直角坐标系上做一个圆，使其半径等于正弦交流电压的幅值 U_m，再在此圆内作一向径，使其与横轴正方向所成的角等于正弦交流电压的初相位 φ，如图 2-16 所示. 假设该向量以角速度 ω 沿逆时针方向旋转，则该向量在纵轴上的投影即为正弦交流电压的瞬时值 e.

经过时间 t 后，该向量与横轴的夹角为$(\omega t+\varphi)$，则它在纵轴上的投影为 $u=U_m\sin$

$(\omega t+\varphi)$. 当时间 t 取不同的值时，旋转向量在纵轴上便会有不同的投影长度 u，这样就得到一系列的点（t，u），用光滑曲线把这些点连接起来，即得到图 2-16 中右边的正弦曲线，所以一个正弦量对应着一个旋转向量. 旋转向量的模对应于正弦量的幅值，旋转向量的初始方向对应于正弦量的初相位，旋转向量的转速对应于正弦量的角频率. 可以说，旋转向量直观地反映了正弦量的三个要素：幅值、初相位和角频率.

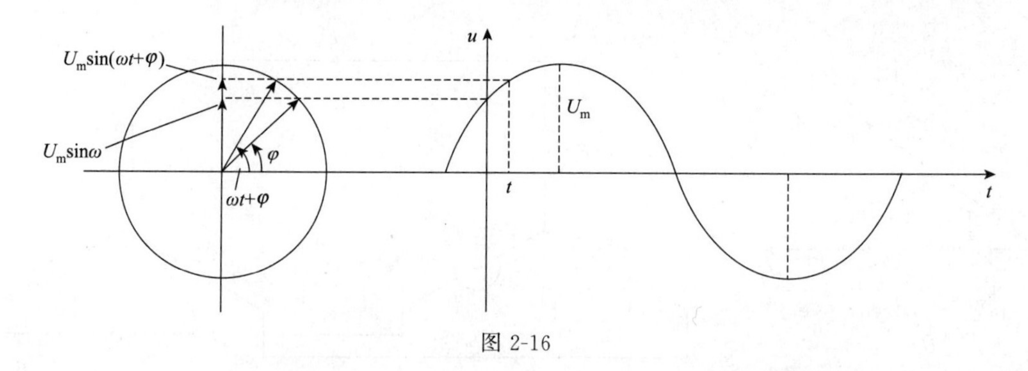

图 2-16

可以证明，在纯电阻电路（也称为线性电路）中，如果激励（输入信号）是一定频率的正弦波函数，则电路的稳态响应（输出信号）也将是同一频率的正弦波函数，所以在正弦稳态分析中可以暂时不考虑角频率，而只考虑它们的幅值（或有效值）和初相位. 正是基于这样的考虑，正弦量可以用相应的向量来表示，向量的模对应于正弦量的幅值（或有效值），向量的方向对应于正弦量的初相位. 在电路分析中正弦量 $u=U_m\sin(\omega t+\varphi)$所对应的向量就可以记为

$$\dot{U}=U_m\angle\varphi$$

这里用在 U 上加一黑点表示正弦交流电压所对应的向量，今后对正弦交流电流也采用类似的记法. 这种表示方法在电路分析中非常普遍.

把正弦量转换成向量表示可以记为

$$\zeta\{U_m\sin(\omega t+\varphi)\}=\dot{U}=U_m\angle\varphi$$

反过来表示为

$$u=U_m\sin(\omega t+\varphi)=\zeta^{-1}\{U_m\angle\varphi\}$$

【例 1】 用向量表示下列正弦波，并画出其对应的向量图.

（1）$u=12\sin\left(\omega t+\frac{\pi}{4}\right)$，（2）$u=8\sin\left(\omega t-\frac{\pi}{3}\right)$，（3）$u=220\sin\left(\omega t+\frac{2\pi}{3}\right)$.

解：(1) $\dot{U}=12\angle\frac{\pi}{4}$，(2) $\dot{U}=8\angle-\frac{\pi}{3}$，(3) $\dot{U}=220\angle\frac{2\pi}{3}$. 对应的向量图如图 2-17 所示.

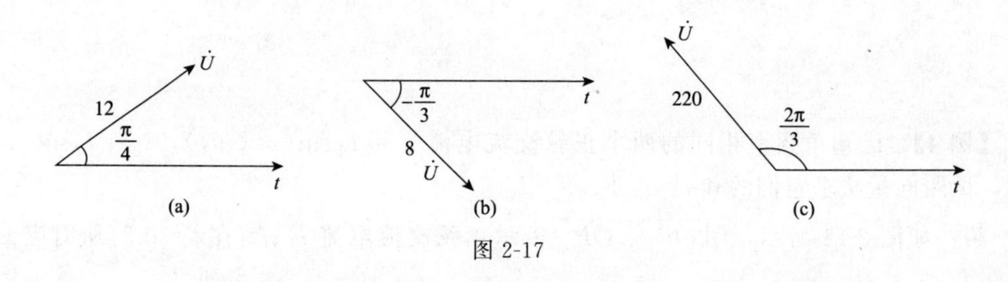

图 2-17

【例 2】 画出下列两个正弦交流电压 $u_1=20\sin\left(\omega t+\dfrac{\pi}{4}\right)$，$u_2=10\sin\left(\omega t-\dfrac{\pi}{3}\right)$. 所对应的向量图，并求它们的相位差.

解： u_1 和 u_2 所对应的向量图如图 2-18 所示. 相位差为$\dfrac{\pi}{4}-\left(-\dfrac{\pi}{3}\right)=\dfrac{7\pi}{12}$.

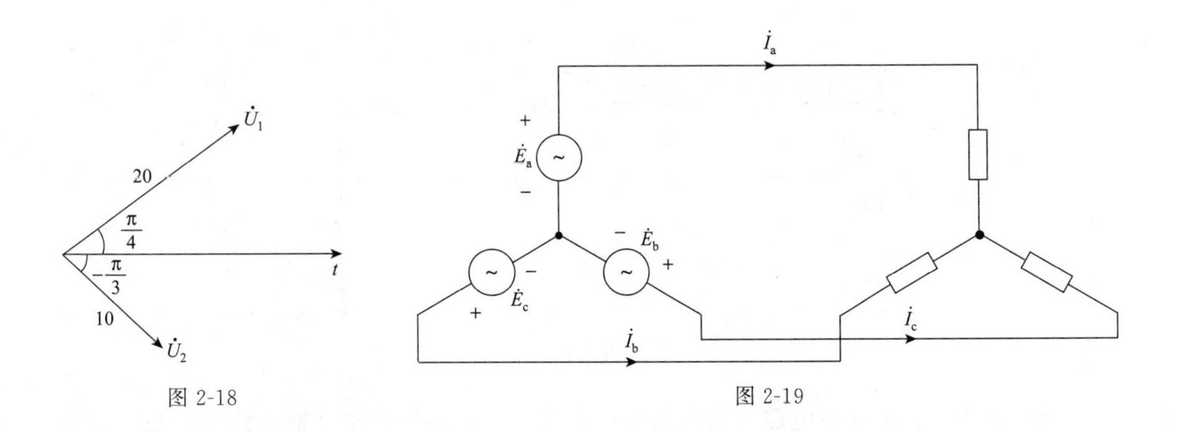

图 2-18　　　　图 2-19

【例 3】 如图 2-19 所示为 Y 形连接的三相对称交流电源带 Y 形连接的三相对称负载电路，a、b、c 各相的交流电动势和电流分别为

$$\dot{E}_a=E\angle 0,\ \dot{E}_b=E\angle-\frac{2\pi}{3},\ \dot{E}_c=E\angle-\frac{4\pi}{3}$$

$$\dot{I}_a=I\angle-\varphi,\ \dot{I}_b=I\angle\left(-\frac{2\pi}{3}-\varphi\right),\ \dot{I}_c=I\angle\left(-\frac{4\pi}{3}-\varphi\right)$$

试画出这些电动势、电流的向量图.

解： 电压、电流的向量图如图 2-20 所示.

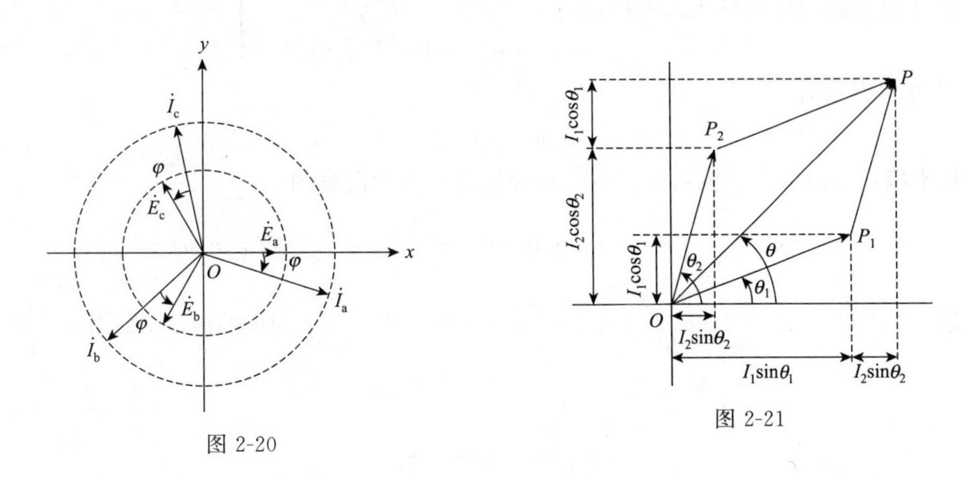

图 2-20　　　　图 2-21

【例 4】 已知角频率相同的两个正弦交流电流 $i_1=I_1\sin(\omega t+\theta_1)$，$i_2=I_2\sin(\omega t+\theta_2)$，试用向量法求它们的和 $i=i_1+i_2$.

解： 如图 2-21 所示，用 $\overrightarrow{OP_1}$、$\overrightarrow{OP_2}$ 表示正弦交流电流 i_1、i_2 在 $t=0$ 时所对应的向

量，i 对应的向量 $\overrightarrow{OP}=\overrightarrow{OP_1}+\overrightarrow{OP_2}$.

因这两个正弦交流电流的角速度 ω 相等，因此 $\overrightarrow{OP_1}$ 与 $\overrightarrow{OP_2}$ 的夹角 $\theta_2-\theta_1$ 不会随时间 t 变化，从而向量 $\overrightarrow{OP}=\overrightarrow{OP_1}+\overrightarrow{OP_2}$ 也以相同角频率 ω 沿逆时针方向做匀角速转动，所以 $\overrightarrow{OP}$ 也是一个角频率为 ω 的正弦交流电流.

根据图 2-21 中的关系，由勾股定理，容易得到向量 $\overrightarrow{OP}$ 的模为

$$|\overrightarrow{OP}|=I=\sqrt{(I_1\cos\theta_1+I_2\cos\theta_2)^2+(I_1\sin\theta_1+I_2\sin\theta_2)^2}=\sqrt{I_1^2+I_2^2+2I_1I_2\cos(\theta_1-\theta_2)}$$

向量 $\overrightarrow{OP}$ 与横轴正方向的夹角正切为

$$\tan\theta=\frac{I_1\sin\theta_1+I_2\sin\theta_2}{I_1\cos\theta_1+I_2\cos\theta_2}$$

可得 $i=I\sin(\omega t+\theta)$

请读者思考，如果正弦波函数为 $i_1=I_1\cos(\omega t+\theta_1)$，$i_2=I_2\cos(\omega t+\theta_2)$时，如何计算它们的和 $i=i_1+i_2$.

【例 5】 已知两个正弦交流电流 $i_1=10\sin\left(\omega t+\frac{\pi}{2}\right)$，$i_2=10\sin\left(\omega t-\frac{\pi}{6}\right)$. 求 $i=i_1+i_2$ 三角函数表达式.

解： $I=\sqrt{I_1^2+I_2^2+2I_1I_2\cos(\theta_1-\theta_2)}=\sqrt{10^2+10^2+2\times10\times10\cos\left(\frac{\pi}{2}+\frac{\pi}{6}\right)}$

$$=\sqrt{200+200\cos\frac{2\pi}{3}}=10$$

$$\tan\theta=\frac{I_1\sin\theta_1+I_2\sin\theta_2}{I_1\cos\theta_1+I_2\cos\theta_2}=\frac{10\sin\frac{\pi}{2}+10\sin\left(-\frac{\pi}{6}\right)}{10\cos\frac{\pi}{2}+10\cos\left(-\frac{\pi}{6}\right)}=\frac{\sqrt{3}}{3}$$

$$\theta=\frac{\pi}{6}$$

因此可得 $i=10\sin\left(\omega t+\frac{\pi}{6}\right)$

数学思想小火花

将正弦量转换为旋转向量进行分析，既保留了正弦量的主要特征，又极大地化简了计算和证明难度，这是向量价值的重要体现，也反映了数学思维的灵活性.

习题 2-3

1. 用向量表示下列正弦波，并画出其对应的向量图.

(1) $u=220\sqrt{2}\sin\left(314t+\frac{\pi}{4}\right)$；(2) $u=311\sin\left(314t-\frac{\pi}{6}\right)$；(3) $u=200\sin(\omega t)$；

（4）$i=15\sin\left(100t+\frac{\pi}{2}\right)$；（5）$i=30\sin\left(\omega t+\frac{2\pi}{3}\right)$；（6）$i=20\sqrt{2}\sin\left(314t+\frac{\pi}{3}\right)$.

2. 把下列向量改写为正弦量表达形式.

（1）$\dot{U}=8\angle-\frac{\pi}{4}$；（2）$\dot{I}=3\angle\frac{\pi}{3}$；（3）$\dot{E}=10\sqrt{2}\angle\frac{3\pi}{4}$.

3. 已知两个正弦交流电流 $i_1=10\sin(314t+45°)$，$i_2=30\sin(314t-60°)$，求 $i=i_1+i_2$ 的三角函数表达式.

4. 已知两个正弦交流电压 $u_1=220\sin\left(314t+\frac{\pi}{4}\right)$，$u_2=100\sin(314t)$，求 $u=u_1+u_2$ 的三角函数表达式.

第四节　复数的表示及运算

一、复数的表示

在实数范围里，方程

$$x^2+1=0$$

是无解的，因为没有一个实数的平方等于－1. 为了解决这个问题，人们引入了一个新数 j，称为虚数单位，并规定

$$\mathrm{j}^2=-1 \text{ 或 } \mathrm{j}=\sqrt{-1}$$

j 是方程 $x^2+1=0$ 的一个根.

注意：在一般数学书中通常用 i 表示$\sqrt{-1}$，但是在本书中与电流的符号相同，容易引起混淆，所以用 j 表示$\sqrt{-1}$.

j 具有以下特性

$\mathrm{j}^1=\mathrm{j}$，$\mathrm{j}^2=-1$，$\mathrm{j}^3=\mathrm{j}^2\cdot\mathrm{j}=-\mathrm{j}$，$\mathrm{j}^4=\mathrm{j}^2\cdot\mathrm{j}^2=1$，$\mathrm{j}^5=\mathrm{j}^4\cdot\mathrm{j}=\mathrm{j}$，$\mathrm{j}^6=\mathrm{j}^4\cdot\mathrm{j}^2=-1$……

可以得出，如果 n 为正整数，那么

$$\mathrm{j}^{4n}=1,\ \mathrm{j}^{4n+1}=\mathrm{j},\ \mathrm{j}^{4n+2}=-1,\ \mathrm{j}^{4n+3}=-\mathrm{j}$$

可以看出来，j 的整数次幂的变化周期是 4.

定义　对于任意两个实数 x、y，称

$$z=x+\mathrm{j}y$$

为**复数**，其中 x 是实部，y 是虚部，记作

$$x=\mathrm{Re}(z),\ y=\mathrm{Im}(z)$$

当 $x=0$ 时，$z=\mathrm{j}y$ 称为纯虚数；当 $y=0$ 时，$z=x$，这时 z 就是实数.

注意：复数与实数存在不同之处. 例如，两个复数只有它们的实部和虚部分别相等才能相等；同样复数只有实部和虚部同时等于 0 时才等于 0；实数可以比较大小；复数是不能比较大小的.

显然，复数 $z=x+\mathrm{j}y$ 是由实数对 (x,y) 来确定的，如图 2-22 所示，在直角坐标系

xOy 中，复数 $z=x+\mathrm{j}y$ 与坐标平面中的点 $P(x,y)$ 一一对应，平面上的每一个点都可以用一个复数来表示，我们称这个平面为复平面或高斯（Gauss）平面，x 轴称为实轴，y 轴称为虚轴.

另外，称复数

$$\bar{z}=x-\mathrm{j}y$$

为 $z=x+\mathrm{j}y$ 的共轭复数.

复数在复平面上有不同的表示方法：代数形式、三角形式、极坐标形式、指数形式. 形如

$$z=x+\mathrm{j}y$$

称为复数 z 的代数形式.

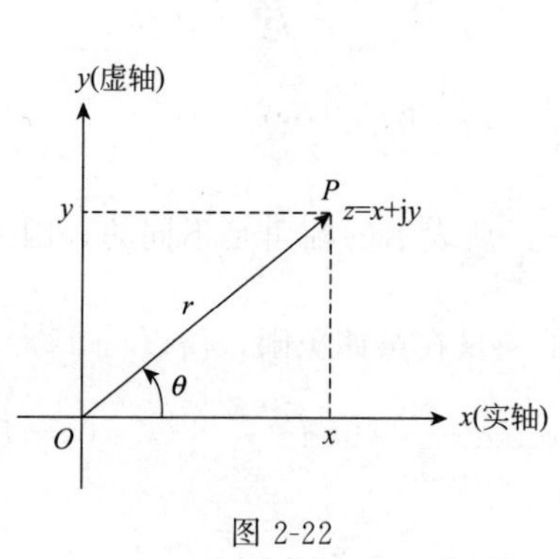

图 2-22

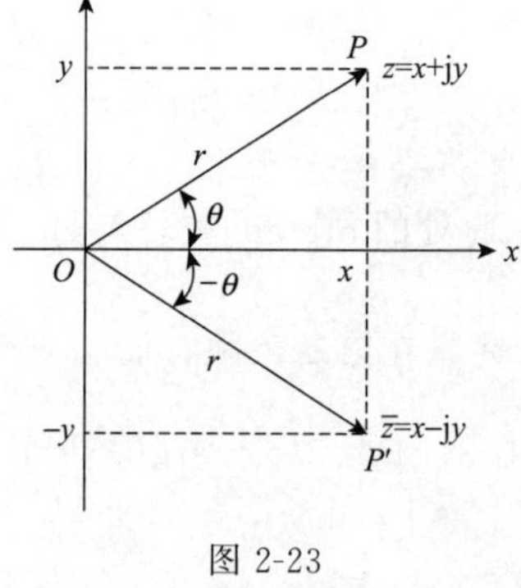

图 2-23

如图 2-23 所示，在复平面上任取一点 $P(x,y)$，P 关于 x 轴的对称点为 P'，且 $\overline{OP}=\overline{OP'}=r>0$. 通常规定：角 θ 逆时针方向为正，顺时针方向为负. 则

$$x=r\cos\theta,\ y=r\sin\theta$$

于是，z 可以表示如下

$$z=x+\mathrm{j}y=r(\cos\theta+\mathrm{j}\sin\theta)=r\angle\theta$$

$$\bar{z}=x-\mathrm{j}y=r(\cos\theta-\mathrm{j}\sin\theta)=r[\cos(-\theta)+\mathrm{j}\sin(-\theta)]=r\angle-\theta$$

上式中的 r 称为复数 z 的**绝对值或模**，θ 称为**幅角或相角**. 它们由下式确定

$$r=|z|=\sqrt{x^2+y^2}$$

$$\theta=\arctan\frac{y}{x}=\mathrm{Arg}(z)$$

一般地，称

$$z=r(\cos\theta+\mathrm{j}\sin\theta)$$

为复数 z 的三角形式.

称

$$z=r\angle\theta$$

为复数 z 的极坐标形式.

任何一个复数 $z\neq0$ 都有无穷多个幅角，如果 θ 是其中的一个，那么式子

$$\mathrm{Arg}(z)=2k\pi+\theta\quad(k\ 为任意整数)$$

就给出了复数 z 的全部幅角（无穷多个）. 在复数 $z\neq 0$ 的所有幅角中，将满足 $-\pi<\theta<\pi$ 的 θ 称为幅角的主值，记为 $\arg(z)$.

注意：当 $z=0$ 时，幅角是不能确定的.

【例 1】 求下列复数的幅角.（1）$z=8-\mathrm{j}6$；（2）$z=-\sqrt{3}+\mathrm{j}$；（3）$z=5+\mathrm{j}5$.

解：求复数的所有幅角时，得先求幅角的主值，再加上 $2k\pi$.

$$(1)\ \mathrm{Arg}(8-\mathrm{j}6)=2k\pi+\arg(8-\mathrm{j}6)=2k\pi+\arctan\frac{-6}{8}$$

$$=2k\pi-\arctan\frac{3}{4}\quad(k=0,\pm1\cdots)$$

$$(2)\ \mathrm{Arg}(-\sqrt{3}+\mathrm{j})=2k\pi+\arg(-\sqrt{3}+\mathrm{j})=2k\pi+\arctan\frac{1}{-\sqrt{3}}$$

$$=2k\pi+\pi-\frac{\pi}{6}=2k\pi+\frac{5\pi}{6}\quad(k=0,\pm1\cdots)$$

注意：此处的 $\arctan\dfrac{1}{-\sqrt{3}}$ 与另一个 $\arctan\dfrac{-1}{\sqrt{3}}$ 所表示的幅角是不同的，因为 $(-\sqrt{3}+\mathrm{j})$ 所表示的向量在第二象限，而 $(\sqrt{3}-\mathrm{j})$ 所表示的向量在第四象限，所以

$$\mathrm{Arg}(\sqrt{3}-\mathrm{j})=2k\pi+\arg(\sqrt{3}-\mathrm{j})=2k\pi+\arctan\frac{-1}{\sqrt{3}}=2k\pi-\frac{\pi}{6}\quad(k=0,\pm1\cdots)$$

$$(3)\ \mathrm{Arg}(5+\mathrm{j}5)=2k\pi+\arg(5+\mathrm{j}5)=2k\pi+\arctan\frac{5}{5}=2k\pi+\frac{\pi}{4}\quad(k=0,\pm1\cdots)$$

在高中代数里，曾学过欧拉公式

$$\mathrm{e}^{\mathrm{j}\theta}=\cos\theta+\mathrm{j}\sin\theta$$

而在高等数学里则可以证明欧拉公式. 下面的证明在学习了幂级数之后就能看明白.

令 $x=\mathrm{j}\theta$，并代入 e 的麦克劳林展开式，得

$$\mathrm{e}^{x}=\mathrm{e}^{\mathrm{j}\theta}=1+\frac{\mathrm{j}\theta}{1!}+\frac{(\mathrm{j}\theta)^2}{2!}+\frac{(\mathrm{j}\theta)^3}{3!}+\frac{(\mathrm{j}\theta)^4}{4!}+\frac{(\mathrm{j}\theta)^5}{5!}+\cdots$$

$$=1+\mathrm{j}\frac{\theta}{1!}+\mathrm{j}^2\frac{\theta^2}{2!}+\mathrm{j}^3\frac{\theta^3}{3!}+\mathrm{j}^4\frac{\theta^4}{4!}+\mathrm{j}^5\frac{\theta^5}{5!}+\cdots$$

$$=1-\frac{\theta^2}{2!}+\frac{\theta^4}{4!}-\cdots+\mathrm{j}\left(\theta-\frac{\theta^3}{3!}+\frac{\theta^5}{5!}-\cdots\right)$$

因为 $\quad\cos\theta=1-\dfrac{\theta^2}{2!}+\dfrac{\theta^4}{4!}-\cdots,\ \sin\theta=\theta-\dfrac{\theta^3}{3!}+\dfrac{\theta^5}{5!}-\cdots$

所以 $\quad\mathrm{e}^{\mathrm{j}\theta}=\cos\theta+\mathrm{j}\sin\theta$

根据欧拉公式，我们可以将复数的三角形式改写为

$$z=r\angle\theta=r(\cos\theta+\mathrm{j}\sin\theta)=r\mathrm{e}^{\mathrm{j}\theta}$$

$$\bar{z}=r\angle-\theta=r\left[\cos(-\theta)+\mathrm{j}\sin(-\theta)\right]=r(\cos\theta-\mathrm{j}\sin\theta)=r\mathrm{e}^{-\mathrm{j}\theta}$$

上式称为复数 z 的指数形式.

【例 2】 将下列代数形式的复数改写为三角形式、极坐标形式、指数形式.

（1）$-3\mathrm{j}$；（2）-3；（3）$2+\mathrm{j}2\sqrt{3}$；（4）$-2-\mathrm{j}2\sqrt{3}$.

解：(1) 因为$-j3=0-j3$，所以

$$r=\sqrt{0^2+(-3)^2}=3$$

$$\theta=\arctan\frac{-3}{0}=-\frac{\pi}{2}$$

所以
$$-j3=3\left[\cos\left(-\frac{\pi}{2}\right)+j\sin\left(-\frac{\pi}{2}\right)\right]=3\angle-\frac{\pi}{2}=3e^{-j\left(\frac{\pi}{2}\right)}$$

(2) 同理$-3=-3+j0$

$$r=\sqrt{(-3)^2+0^2}=3$$

$$\theta=\arctan\frac{0}{-3}=\pi$$

所以
$$-3=3(\cos\pi+j\sin\pi)=3\angle\pi=3e^{j\pi}$$

(3) 对于$2+j2\sqrt{3}$

$$r=\sqrt{2^2+(2\sqrt{3})^2}=4$$

$$\theta=\arctan\frac{2\sqrt{3}}{2}=\frac{\pi}{3}$$

所以
$$2+j2\sqrt{3}=4\left(\cos\frac{\pi}{3}+j\sin\frac{\pi}{3}\right)=4\angle\frac{\pi}{3}=4e^{j\frac{\pi}{3}}$$

(4) 对于$-2-j2\sqrt{3}$

$$r=\sqrt{(-2)^2+(-2\sqrt{3})^2}=4$$

$$\theta=\arctan\frac{-2\sqrt{3}}{-2}=-\frac{2\pi}{3}$$

$$-2-2\sqrt{3}j=4\left[\cos\left(-\frac{2\pi}{3}\right)+j\sin\left(-\frac{2\pi}{3}\right)\right]=4\angle-\frac{2\pi}{3}=3e^{-j\left(\frac{2\pi}{3}\right)}$$

【例 3】 把下列复数改写成代数形式.

(1) $3e^{j\left(\frac{\pi}{6}\right)}$；(2) $2e^{-j\left(\frac{\pi}{6}\right)}$；(3) $5\angle\frac{\pi}{4}$；(4) $6\angle\arctan\frac{1}{3}$

解：(1) $3e^{j\left(\frac{\pi}{6}\right)}=3\left(\cos\frac{\pi}{6}+j\sin\frac{\pi}{6}\right)=\frac{3\sqrt{3}}{2}+j\frac{3}{2}$

(2) $2e^{-j\left(\frac{\pi}{6}\right)}=2\left[\cos\left(-\frac{\pi}{6}\right)+j\sin\left(-\frac{\pi}{6}\right)\right]=\sqrt{3}-j$

(3) $5\angle\frac{\pi}{4}=5\left(\cos\frac{\pi}{4}+j\sin\frac{\pi}{4}\right)=\frac{5\sqrt{2}}{2}+j\frac{5\sqrt{2}}{2}$

(4) $6\angle\arctan\frac{1}{3}=6\left(\cos\left(\arctan\frac{1}{3}\right)+j\sin\left(\arctan\frac{1}{3}\right)\right)=6\left(\frac{3}{\sqrt{10}}+j\frac{1}{\sqrt{10}}\right)=\frac{18}{\sqrt{10}}+j\frac{6}{\sqrt{10}}$

请读者思考上式中的$\sin\left(\arctan\frac{1}{3}\right)$是如何求出的.

前面的欧拉公式，它给出了正弦函数和余弦函数的另一种表示方法：将余弦函数作为指数函数的实部，正弦函数作为指数函数的虚部. 即

$$\cos\theta=\mathrm{Re}(\mathrm{e}^{\mathrm{j}\theta}),\ \sin\theta=\mathrm{Im}(\mathrm{e}^{\mathrm{j}\theta})$$

上述两个式子需要根据正弦稳态分析中所使用的函数（余弦或正弦）来选择.

例如，在正弦稳态分析过程中，如果正弦交流电压是由正弦波 $u=U_{\mathrm{m}}\sin(\omega t+\varphi)$表示的，那么

$$\begin{aligned}u&=U_{\mathrm{m}}\sin(\omega t+\varphi)=U_{\mathrm{m}}\cdot\mathrm{Im}[\mathrm{e}^{\mathrm{j}(\omega t+\varphi)}]\\&=U_{\mathrm{m}}\cdot\mathrm{Im}(\mathrm{e}^{\mathrm{j}\omega t}\cdot\mathrm{e}^{\mathrm{j}\varphi})=\mathrm{Im}(\mathrm{e}^{\mathrm{j}\omega t}\cdot E\mathrm{e}^{\mathrm{j}\varphi})\end{aligned}$$

或者，如果交流电压是由正弦波 $u=U_{\mathrm{m}}\cos(\omega t+\varphi)$表示的，那么

$$\begin{aligned}u&=U_{\mathrm{m}}\cos(\omega t+\varphi)=U_{\mathrm{m}}\cdot\mathrm{Re}[\mathrm{e}^{\mathrm{j}(\omega t+\varphi)}]\\&=U_{\mathrm{m}}\cdot\mathrm{Re}(\mathrm{e}^{\mathrm{j}\omega t}\cdot\mathrm{e}^{\mathrm{j}\varphi})=\mathrm{Re}(\mathrm{e}^{\mathrm{j}\omega t}\cdot E\mathrm{e}^{\mathrm{j}\varphi})\end{aligned}$$

这说明，一个实数范围的正弦函数与一个复数范围的复指数函数是一对一的.

由于正弦稳态分析中正弦波的角频率都是相同的，因此上式中的 $\mathrm{e}^{\mathrm{j}\omega t}$ 可以暂时不考虑，而只考虑 $E\mathrm{e}^{\mathrm{j}\varphi}$，它是一个包含给定正弦函数的幅值与初相位的复数，这个复数是给定正弦波函数所对应的向量，即

$$u=U_{\mathrm{m}}\sin(\omega t+\varphi)\leftrightarrow\dot{U}=U_{\mathrm{m}}\mathrm{e}^{\mathrm{j}\varphi}=U_{\mathrm{m}}\angle\varphi=U_{\mathrm{m}}(\cos\varphi+\mathrm{j}\sin\varphi)$$

前面曾把这种对应简记为

$$\zeta\{U_{\mathrm{m}}\sin(\omega t+\varphi)\}=\dot{U}=U_{\mathrm{m}}\angle\varphi=U_{\mathrm{m}}\mathrm{e}^{\mathrm{j}\varphi}=U_{\mathrm{m}}(\cos\varphi+\mathrm{j}\sin\varphi)$$

把时域上的正弦波函数转换成复数域（有时也称为频率域）上的复数或向量，再对 $\dot{E}$ 用复数运算进行处理.

很明显，这与用旋转向量进行转换的结果是一致的. 而这里清晰地告诉了我们向量 $U_{\mathrm{m}}\angle\varphi$ 的运算方法.

接下来，我们还需要一个相反的转换：把运算的结果（一个复数或向量）改写成相对应的正弦交流函数. 比如，$\zeta^{-1}\{\dot{U}\}=\zeta^{-1}\left\{50\angle\frac{\pi}{6}\right\}=50\left(\cos\frac{\pi}{6}+\mathrm{j}\sin\frac{\pi}{6}\right)$，其对应的正弦交流表达式为 $u=50\sin\left(\omega t+\frac{\pi}{6}\right)$，或者 $u=50\cos\left(\omega t+\frac{\pi}{6}\right)$. 由于向量或复数中仅仅包含幅值和初相位信息，不能从向量中推导出 ω 的值，此时只要在转换时自动加上 ωt 就可以了.

上述的这种方法称为**向量变换法**. 它在电路分析中非常有用，因为它将求解正弦稳态响应的幅值和相位角的过程简化成了相应的复数运算过程. 例如，已知 $i=i_1+i_2+i_3$，其中 i_1、i_2、i_3 是相同频率的正弦电流，那么

$$\dot{I}=\dot{I}_1+\dot{I}_2+\dot{I}_3$$

即总向量是所有分向量之和.

【例 4】 已知 $i_1=30\cos(\omega t+60°)$，$i_2=40\cos(\omega t-30°)$，求 $i=i_1+i_2$.

解：（1）用三角函数的基本公式求解

$$\begin{aligned}i=i_1+i_2&=30\cos(\omega t+60°)+40\cos(\omega t-30°)\\&=30\cos\omega t\cos60°-30\sin\omega t\sin60°+40\cos\omega t\cos30°+40\sin\omega t\sin30°\\&=(30\cos60°+40\cos30°)\cos\omega t+(40\sin30°-30\sin60°)\sin\omega t\\&=49.64\cos\omega t-5.98\sin\omega t\end{aligned}$$

$$=50\times\left(\frac{49.64}{50}\cos\omega t-\frac{5.98}{50}\sin\omega t\right)$$
$$=50\times(\cos 6.87^\circ\cos\omega t-\sin 6.87^\circ\sin\omega t)$$
$$=50\cos(\omega t+6.87^\circ)$$

（2）用向量法求解

$$\dot I=\dot I_1+\dot I_2=30\angle 60^\circ+40\angle -30^\circ$$
$$=30\left[(\cos 60^\circ+\mathrm{j}\sin 60^\circ)\right]+40\left[\cos(-30^\circ)+\mathrm{j}\sin(-30^\circ)\right]$$
$$=30\left(\frac{1}{2}+\mathrm{j}\frac{\sqrt{3}}{2}\right)+40\left(\frac{\sqrt{3}}{2}-\mathrm{j}\,\frac{1}{2}\right)$$
$$=(15+20\sqrt{3})+\mathrm{j}(15\sqrt{3}-20)=49.64+\mathrm{j}5.98$$
$$=\sqrt{49.64^2+5.98^2}\left(\frac{49.64}{\sqrt{49.64^2+5.98^2}}+\mathrm{j}\,\frac{5.98}{\sqrt{49.64^2+5.98^2}}\right)$$
$$=50(\cos 6.87^\circ+\mathrm{j}\sin 6.87^\circ)=50\angle 6.87^\circ$$

根据向量写出相应的余弦函数，得

$$i=50\cos(\omega t+6.87^\circ)$$

显然，上述的向量法比三角函数方法简捷些.

二、复数的运算

假设两个复数 z_1、z_2 如下：

$$z_1=x_1+\mathrm{j}y_1=r_1(\cos\theta_1+\mathrm{j}\sin\theta_1)=r_1\mathrm{e}^{\mathrm{j}\theta_1}=r_1\angle\theta_1$$
$$z_2=x_2+\mathrm{j}y_2=r_2(\cos\theta_2+\mathrm{j}\sin\theta_2)=r_2\mathrm{e}^{\mathrm{j}\theta_2}=r_2\angle\theta_2$$

如果

$$x_1=x_2,\ y_1=y_2$$

或

$$r_1=r_2,\ \theta_1=\theta_2$$

我们可以定义这两个复数 z_1 与 z_2 相等，记作

$$z_1=z_2$$

与在实数集里可以进行加、减、乘、除等运算类似，复数也可进行一些代数运算. 例如

（1）和运算：

$$z=z_1+z_2=(x_1+x_2)+\mathrm{j}(y_1+y_2)$$
$$=(r_1\cos\theta_1+r_2\cos\theta_2)+\mathrm{j}(r_1\sin\theta_1+r_2\sin\theta_2)$$

（2）差运算：

$$z=z_1-z_2=(x_1-x_2)+\mathrm{j}(y_1-y_2)$$
$$=(r_1\cos\theta_1-r_2\cos\theta_2)+\mathrm{j}(r_1\sin\theta_1-r_2\sin\theta_2)$$

（3）积运算：

$$z=z_1z_2=(x_1x_2-y_1y_2)+\mathrm{j}(x_1y_2+x_2y_1)$$
$$=r_1r_2\left[\cos(\theta_1+\theta_2)+\mathrm{j}\sin(\theta_1+\theta_2)\right]$$
$$=r_1r_2\mathrm{e}^{\mathrm{j}(\theta_1+\theta_2)}=r_1r_2\angle(\theta_1+\theta_2)$$

证明：

$$
\begin{aligned}
z &= z_1 z_2 = (x_1 + \mathrm{j} y_1)(x_2 + \mathrm{j} y_2) \\
&= x_1 x_2 + \mathrm{j} x_1 y_2 + \mathrm{j} x_2 y_1 + \mathrm{j}^2 y_1 y_2 \\
&= (x_1 x_2 - y_1 y_2) + \mathrm{j}(x_1 y_2 + x_2 y_1) \\
&= [(r_1 \cos\theta_1)(r_2 \cos\theta_2) - (r_1 \sin\theta_1)(r_2 \sin\theta_2)] \\
&\quad + \mathrm{j}\,[(r_1 \cos\theta_1)(r_2 \sin\theta_2) + (r_2 \cos\theta_2)(r_1 \sin\theta_1)] \\
&= r_1 r_2\,[(\cos\theta_1 \cos\theta_2 - \sin\theta_1 \sin\theta_2) + \mathrm{j}(\sin\theta_1 \cos\theta_2 + \cos\theta_1 \sin\theta_2)] \\
&= r_1 r_2\,[\cos(\theta_1 + \theta_2) + \mathrm{j}\sin(\theta_1 + \theta_2)] = r_1 r_2 \mathrm{e}^{\mathrm{j}(\theta_1 + \theta_2)} = r_1 r_2 \angle(\theta_1 + \theta_2)
\end{aligned}
$$

也可用如下方法证明：

$$
\begin{aligned}
z &= z_1 z_2 = r_1 \mathrm{e}^{\mathrm{j}\theta_1} r_2 \mathrm{e}^{\mathrm{j}\theta_2} = r_1 r_2 \mathrm{e}^{\mathrm{j}(\theta_1 + \theta_2)} \\
&= r_1 r_2\,[\cos(\theta_1 + \theta_2) + \mathrm{j}\sin(\theta_1 + \theta_2)] = r_1 r_2 \angle(\theta_1 + \theta_2)
\end{aligned}
$$

（4）商运算：$z = \dfrac{z_1}{z_2} = \dfrac{x_1 x_2 + y_1 y_2}{x_2^2 + y_2^2} + \mathrm{j}\,\dfrac{x_2 y_1 - x_1 y_2}{x_2^2 + y_2^2}$

$$
\begin{aligned}
&= \frac{r_1}{r_2}\,[\cos(\theta_1 - \theta_2) + \mathrm{j}\sin(\theta_1 - \theta_2)] \\
&= \frac{r_1}{r_2} \mathrm{e}^{\mathrm{j}(\theta_1 - \theta_2)} = \frac{r_1}{r_2} \angle(\theta_1 - \theta_2)
\end{aligned}
$$

证明：$z = \dfrac{z_1}{z_2} = \dfrac{x_1 + \mathrm{j} y_1}{x_2 + \mathrm{j} y_2} = \dfrac{x_1 + \mathrm{j} y_1}{x_2 + \mathrm{j} y_2} \times \dfrac{x_2 - \mathrm{j} y_2}{x_2 - \mathrm{j} y_2}$

$$
\begin{aligned}
&= \frac{x_1 x_2 - \mathrm{j} x_1 y_2 + \mathrm{j} x_2 y_1 - \mathrm{j}^2 y_1 y_2}{x_2^2 - \mathrm{j} x_2 y_2 + \mathrm{j} y_2 x_2 - \mathrm{j}^2 y_2^2} \\
&= \frac{(x_1 x_2 + y_1 y_2) + \mathrm{j}(x_2 y_1 - x_1 y_2)}{x_2^2 + y_2^2} \\
&= \{[(r_1 \cos\theta_1)(r_2 \cos\theta_2) + (r_1 \sin\theta_1)(r_2 \sin\theta_2)] + \\
&\quad \mathrm{j}[(r_2 \cos\theta_2)(r_1 \sin\theta_1) - (r_1 \cos\theta_1)(r_2 \sin\theta_2)]\} / [(r_2 \cos\theta_2)^2 + (r_2 \sin\theta_2)^2] \\
&= \frac{r_1 r_2}{r_2^2}\,[(\cos\theta_1 \cos\theta_2 + \sin\theta_1 \sin\theta_2) + \mathrm{j}(\sin\theta_1 \cos\theta_2 - \cos\theta_1 \sin\theta_2)] \\
&= \frac{r_1}{r_2}\,[\cos(\theta_1 - \theta_2) + \mathrm{j}\sin(\theta_1 - \theta_2)] \\
&= \frac{r_1}{r_2} \mathrm{e}^{\mathrm{j}(\theta_1 - \theta_2)} = \frac{r_1}{r_2} \angle(\theta_1 - \theta_2)
\end{aligned}
$$

用如下方法也可证明：

$$
\begin{aligned}
z &= \frac{z_1}{z_2} = \frac{r_1 \mathrm{e}^{\mathrm{j}\theta_1}}{r_2 \mathrm{e}^{\mathrm{j}\theta_2}} = \frac{r_1}{r_2} \mathrm{e}^{\mathrm{j}\theta_1 - \mathrm{j}\theta_2} = \frac{r_1}{r_2} \mathrm{e}^{\mathrm{j}(\theta_1 - \theta_2)} \\
&= \frac{r_1}{r_2}[\cos(\theta_1 - \theta_2) + \mathrm{j}\sin(\theta_1 - \theta_2)]
\end{aligned}
$$

通过分析发现：在进行复数加、减运算时，必须将复数表示为代数形式才能进行；

在进行复数乘法和除法运算时，虽然也可以用代数形式，但极坐标形式或指数形式会更方便一些.

【例 5】 计算

(1) $(3+\mathrm{j}2)+(-4+\mathrm{j}3)$；(2) $(1+\mathrm{j}2)(5-\mathrm{j}3)$；(3) $\dfrac{2-\mathrm{j}}{-3+\mathrm{j}4}$；(4) $8\mathrm{e}^{\mathrm{j}\frac{\pi}{2}}+2\mathrm{e}^{\mathrm{j}\pi}$.

解：(1) $(3+\mathrm{j}2)+(-4+\mathrm{j}3)=-1+\mathrm{j}5$

(2) $(1+\mathrm{j}2)(5-\mathrm{j}3)=5-\mathrm{j}3+\mathrm{j}2\times5-\mathrm{j}2\times\mathrm{j}3=11+\mathrm{j}7$

(3) $\dfrac{2-\mathrm{j}}{-3+\mathrm{j}4}=\dfrac{2-\mathrm{j}}{-3+\mathrm{j}4}\cdot\dfrac{-3-\mathrm{j}4}{-3-\mathrm{j}4}=\dfrac{-2\times3-2\times\mathrm{j}4+\mathrm{j}\times3+\mathrm{j}\times\mathrm{j}4}{(-3)^2+4^2}=-\dfrac{2}{5}-\mathrm{j}\,\dfrac{1}{5}$

(4) $8\mathrm{e}^{\mathrm{j}\frac{\pi}{2}}+2\mathrm{e}^{\mathrm{j}\pi}=8\left(\cos\dfrac{\pi}{2}+\mathrm{j}\sin\dfrac{\pi}{2}\right)+2(\cos\pi+\mathrm{j}\sin\pi)=\mathrm{j}8+2\times(-1)=-2+\mathrm{j}8$

【例 6】 已知：$z_1=10\angle\dfrac{2\pi}{3}$，$z_2=5\angle-\dfrac{\pi}{3}$，计算下列式子. (1) z_1+z_2；(2) $z_1\cdot z_2$；(3) $\dfrac{z_1}{z_2}$.

解：(1)
$$\begin{aligned} z_1+z_2&=10\left(\cos\frac{2\pi}{3}+\mathrm{j}\sin\frac{2\pi}{3}\right)+5\left[\cos\left(-\frac{\pi}{3}\right)+\mathrm{j}\sin\left(-\frac{\pi}{3}\right)\right]\\ &=10\left(-\frac{1}{2}+\mathrm{j}\frac{\sqrt{3}}{2}\right)+5\left(\frac{1}{2}-\mathrm{j}\frac{\sqrt{3}}{2}\right)\\ &=-\frac{5}{2}+\mathrm{j}\,\frac{5\sqrt{3}}{2}\end{aligned}$$

(2) $z_1\cdot z_2=10\angle\dfrac{2\pi}{3}\cdot5\angle-\dfrac{\pi}{3}=50\angle\dfrac{\pi}{3}$

(3) $\dfrac{z_1}{z_2}=\dfrac{10\angle\dfrac{2\pi}{3}}{5\angle-\dfrac{\pi}{3}}=2\angle\pi$

与实数类似，复数的运算也满足一些基本定律. 例如：

(1) 加法交换律

$$z_1+z_2=z_2+z_1$$

(2) 乘法交换律

$$z_1\cdot z_2=z_2\cdot z_1$$

(3) 加法结合律

$$z_1+(z_2+z_3)=(z_1+z_2)+z_3$$

(4) 乘法结合律

$$z_1\cdot(z_2\cdot z_3)=(z_1\cdot z_2)\cdot z_3$$

(5) 分配律

$$z_1\cdot(z_2+z_3)=z_1\cdot z_2+z_1\cdot z_3$$

对于这些定律，大家可以进行验证.

而对于复数与共轭复数，也容易验证以下结果.

（1）和运算：$z+\bar{z}=2x \rightarrow x=\dfrac{z+\bar{z}}{2}=\mathrm{Re}(z)$

（2）差运算：$z-\bar{z}=\mathrm{j}2y \rightarrow y=\dfrac{z-\bar{z}}{\mathrm{j}2}=\mathrm{Im}(z)$

（3）积运算：$z \cdot \bar{z}=x^2+y^2=|z|^2 \rightarrow |z|=\sqrt{x^2+y^2}$

（4）商运算：$\dfrac{z}{\bar{z}}=\dfrac{x^2-y^2}{x^2+y^2}-\mathrm{j}\dfrac{2xy}{x^2+y^2}$

（5）$\overline{z_1 \pm z_2}=\overline{z_2} \pm \overline{z_1}$

（6）$\overline{z_1 \cdot z_2}=\overline{z_2} \cdot \overline{z_1}$

（7）$\overline{\left(\dfrac{z_1}{z_2}\right)}=\dfrac{\overline{z_1}}{\overline{z_2}} \quad (z_2 \neq 0)$

（8）$\bar{\bar{z}}=z$

【例 7】 设 $z=\dfrac{2-\mathrm{j}2}{3+\mathrm{j}4}$，求 $\mathrm{Re}(z)$、$\mathrm{Im}(z)$、$z \cdot \bar{z}$.

解：

$$z=\frac{2-\mathrm{j}2}{3+\mathrm{j}4}=\frac{2-\mathrm{j}2}{3+\mathrm{j}4} \cdot \frac{3-\mathrm{j}4}{3-\mathrm{j}4}=\frac{-2-\mathrm{j}14}{25}$$

$$\mathrm{Re}(z)=-\frac{2}{25}，\ \mathrm{Im}(z)=-\frac{14}{25}$$

$$z \cdot \bar{z}=\frac{-2-\mathrm{j}14}{25} \cdot \frac{-2+\mathrm{j}14}{25}=\frac{8}{25}$$

在实际中，复数与其他函数之间的关系也经常被应用.

（1）复数与三角函数

例如，把欧拉公式中的 θ 更换为 $\pm x$ 时

$$\cos x+\mathrm{j}\sin x=\mathrm{e}^{\mathrm{j}x}$$

$$\cos x-\mathrm{j}\sin x=\mathrm{e}^{-\mathrm{j}x}$$

因此

$$\sin x=\frac{\mathrm{e}^{\mathrm{j}x}-\mathrm{e}^{-\mathrm{j}x}}{2\mathrm{j}}$$

$$\cos x=\frac{\mathrm{e}^{\mathrm{j}x}+\mathrm{e}^{-\mathrm{j}x}}{2}$$

（2）复数与对数

令 $z=x+\mathrm{j}y=r\mathrm{e}^{\mathrm{j}\theta}$，对其两边取对数，得

$$\ln z=\ln(r\mathrm{e}^{\mathrm{j}\theta})=\ln r+\mathrm{j}\theta\ln\mathrm{e}=\ln r+\mathrm{j}\theta$$

其中，$r=\sqrt{x^2+y^2}$，$\theta=\arctan\left(\dfrac{y}{x}\right)$.

（3）复数与指数函数

以复数 $z=x+\mathrm{j}y$ 为变量的指数函数是

$$e^{z}=e^{x+jy}=e^{x}(\cos y+j\sin y)=e^{x}\cos y+je^{x}\sin y$$

由于 x、y 是实数，所以 e^{x}、$\cos y$、$\sin y$ 也是实数，因此，e^{x+jy} 是复数，例如：

$$e^{3+j\frac{\pi}{2}}=e^{3}\left(\cos\frac{\pi}{2}+j\sin\frac{\pi}{2}\right)=je^{3}\text{（是纯虚数）}$$

$$e^{3+j\pi}=e^{3}(\cos\pi+j\sin\pi)=-e^{3}\text{（是实数）}$$

数学思想小火花

在电路分析中，向量变换法将求解正弦稳态响应的幅值和相位角的过程简化成了相应的复数运算过程，降低了电路分析难度，简化了分析过程．这一变换法有效提高了解决问题的效率，很好地体现了《易经》中的变通思想．

习题 2-4

1. 计算 j^{5}，j^{112}，j^{1021}．

2. 写出下列复数的共轭复数，并在复平面上表示出来．

（1）$4+j5$；（2）$-2-j3$；（3）$\sqrt{2}-j2$；（4）$-j6$．

3. 求下列复数的模与幅角．

（1）$4+j3$；（2）$-1-j3$；（3）$\sqrt{2}-j\sqrt{2}$；（4）$-j2$；（5）$-\sqrt{3}-j$；（6）$1-j\sqrt{3}$．

4. 试把下列复数写成其他的 3 种形式．

（1）$j2$；（2）$\sqrt{3}-j$；（3）$5\angle\frac{\pi}{3}$；（4）$4e^{j\left(\frac{5\pi}{6}\right)}$；（5）$2\angle-\frac{2\pi}{3}$；（6）$6e^{-j\left(\frac{3\pi}{4}\right)}$；

（7）$2\angle\arctan\frac{2}{3}$；（8）$1-j3$．

5. 指出满足下列条件的复数 z 所对应的点 Z 的集合是什么图形．

（1）$|z|=4$；（2）$2<|z|<5$．

6. 用向量变换法求下列表达式的和．

（1）$i=40\cos(\omega t+60°)+30\cos(\omega t-30°)$；（2）$i=60\sin\left(314t-\frac{\pi}{4}\right)+50\sin\left(314t+\frac{\pi}{4}\right)$；

（3）$e=100\sin\left(\omega t+\frac{\pi}{3}\right)+80\sin\omega t$．

7. 已知某电路的电压、电流分别为 $e=100\sin\left(314t+\frac{\pi}{6}\right)$，$i=5\sin\left(314t-\frac{\pi}{3}\right)$

（1）试画出它们的波形图和向量图．

（2）求 $\frac{\dot{E}}{\dot{I}}$．

8. 计算下列式子，并将结果表示为其他（代数、三角、极坐标、指数）形式．

（1）$\frac{2+j2}{-3+j2}$；（2）$\frac{-\sqrt{3}+j}{3-j4}$；（3）$5\angle\frac{\pi}{2}+\left(10\angle-\frac{\pi}{6}\right)$；（4）$4\angle\frac{\pi}{3}+6\angle\frac{\pi}{4}$；

（5）$\dfrac{12\angle 75^\circ}{3\angle 20^\circ}$；（6）$6\angle\dfrac{2\pi}{3}\cdot 3\angle \arctan\dfrac{\sqrt{3}}{2}$；（7）$3\mathrm{e}^{-\mathrm{j}\frac{\pi}{6}}\cdot 2\mathrm{e}^{\mathrm{j}\frac{2\pi}{3}}$；（8）$\dfrac{5\mathrm{e}^{\mathrm{j}\frac{3\pi}{4}}}{6\mathrm{e}^{\mathrm{j}\frac{\pi}{3}}}$.

9. 已知复数 z_1，z_2.

（1）$z_1=5\left(\cos\dfrac{2\pi}{3}+\mathrm{j}\sin\dfrac{2\pi}{3}\right)$，$z_2=2\left[\cos\left(-\dfrac{\pi}{3}\right)+\mathrm{j}\sin\left(-\dfrac{\pi}{3}\right)\right]$；

（2）$z_1=6\left(\cos\dfrac{\pi}{6}+\mathrm{j}\sin\dfrac{\pi}{6}\right)$，$z_2=4\left(\cos\dfrac{\pi}{4}+\mathrm{j}\sin\dfrac{\pi}{4}\right)$.

试求 $z_1\cdot z_2$、$\dfrac{z_1}{z_2}$，并将它们表示为其他（代数、三角、极坐标、指数）形式.

第五节　复数阻抗与棣莫弗定理

一、复数阻抗

在正弦交流电路中，如果将电流和电压用向量表示，那么电压向量与电流向量的比值称为复阻抗，通常用 Z 表示，阻抗的单位为欧姆（Ω），简称欧.

1. 仅有电阻 R 的回路

由欧姆定律可知，当电阻上通过的是正弦交流电流时，即 $i=I_\mathrm{m}\sin(\omega t+\theta)$，则电阻两端的电压为

$$u=Ri=RI_\mathrm{m}\sin(\omega t+\theta)$$

那么电压向量为

$$\dot{U}=RI_\mathrm{m}\mathrm{e}^{\mathrm{j}\theta}=R\cdot I_\mathrm{m}\angle\theta$$

因 $\dot{I}=I_\mathrm{m}\mathrm{e}^{\mathrm{j}\theta}=I_\mathrm{m}\angle\theta$ 是电流向量,所以上式可写为

$$\dot{U}=R\cdot\dot{I}$$

即电阻两端的电压向量等于电阻乘以电流向量,同时也表明电阻两端的电压和电流之间相位差为 0，这时电压和电流同相.

2. 仅有电感 L 的回路

在电感线圈 L 上施加一正弦交流电流，产生的相应电压为

$$u=L\frac{\mathrm{d}i}{\mathrm{d}t}$$

假设所加电流为 $i=I_\mathrm{m}\sin(\omega t+\theta)$，则线圈两端的电压为

$$u=L\frac{\mathrm{d}i}{\mathrm{d}t}=\omega LI_\mathrm{m}\cos(\omega t+\theta)=\omega LI_\mathrm{m}\sin\left(\omega t+\theta+\frac{\pi}{2}\right)$$

用向量表示为

$$\dot{U}=\omega L\cdot I_\mathrm{m}\mathrm{e}^{\mathrm{j}\left(\theta+\frac{\pi}{2}\right)}=\omega L\cdot I_\mathrm{m}\mathrm{e}^{\mathrm{j}\theta}\mathrm{e}^{\mathrm{j}\frac{\pi}{2}}=\mathrm{j}\omega L\cdot I_\mathrm{m}\mathrm{e}^{\mathrm{j}\theta}$$

即

$$\dot{U}=\mathrm{j}\omega L\cdot\dot{I}=\mathrm{j}X_L\cdot\dot{I}$$

其中 $X_L=\omega L$，称为感抗.

在上述推导过程中，$e^{j\frac{\pi}{2}}=\cos\frac{\pi}{2}+j\sin\frac{\pi}{2}=j$.

可以明显看出，电感两端的电压向量等于 $j\omega L$ 与电流向量之积，也可以改写为如下表达式

$$\dot{U}=\omega L\angle\frac{\pi}{2}\cdot\dot{I}=\omega L\angle\frac{\pi}{2}\cdot I_{m}\angle\theta=\omega LI_{m}\angle\left(\theta+\frac{\pi}{2}\right)$$

由这个表达式可以得出：纯电感电路中两端电压在相位上超前电流$\frac{\pi}{2}$，或者电流滞后电压$\frac{\pi}{2}$.

3. 仅有电容 *C* 的回路

在电容 C 两端加一正弦交流电压 $u=U_{m}\sin(\omega t+\theta)$，则通过的电流为

$$i=C\frac{du}{dt}$$

将 u 代入可得

$$i=C\frac{du}{dt}=\omega CU_{m}\cos(\omega t+\theta)=\omega CU_{m}\sin\left(\omega t+\theta+\frac{\pi}{2}\right)$$

即

$$\dot{I}=\omega C\cdot U_{m}e^{j\left(\theta+\frac{\pi}{2}\right)}=\omega C\cdot U_{m}e^{j\theta}e^{j\frac{\pi}{2}}=j\omega C\cdot U_{m}e^{j\theta}=j\omega C\cdot\dot{U}$$

如果将电压表示为电流的函数，就有 $\dot{U}=\frac{1}{j\omega C}\cdot\dot{I}=-jX_{C}\cdot\dot{I}$，其中 $X_{C}=\frac{1}{\omega C}$，称为容抗.

$$\dot{U}=-jX_{C}\cdot\dot{I}=X_{C}\angle-\frac{\pi}{2}\cdot I_{m}\angle\theta=X_{C}I_{m}\angle\left(\theta-\frac{\pi}{2}\right)$$

上式表明：电容两端电压滞后于电流$\frac{\pi}{2}$，或电流超前于电压$\frac{\pi}{2}$.

上述三种情况可以用一个表达式总结为

$$\dot{U}=Z\cdot\dot{I}$$

其中的 Z 就称为复阻抗，其中电阻为 R，感抗为 ωL，容抗为$\frac{1}{\omega C}$.

4. 含有 *RLC* 的串联回路

如图 2-24 所示为 R、L、C 串联电路，在电路两端施加电压 $\dot{U}$ 时，则有相同电流 $\dot{I}$ 通过 R、L、C 两端的电压分别记作 U_{R}、U_{L}、U_{C}，通过前面的分析可得

$$\dot{U}_{R}=R\dot{I}，\dot{U}_{L}=jX_{L}\dot{I}，\dot{U}_{C}=-jX_{C}\dot{I}$$

由基尔霍夫电压定律，得

$$\dot{U}=\dot{U}_{R}+\dot{U}_{L}+\dot{U}_{C}$$

即

$$\dot{U}=R\dot{I}+jX_{L}\dot{I}+(-jX_{C}\dot{I})=[R+j(X_{L}-X_{C})]\dot{I}$$

令 $X=X_{L}-X_{C}=\omega L-\frac{1}{\omega C}$，则上式变为

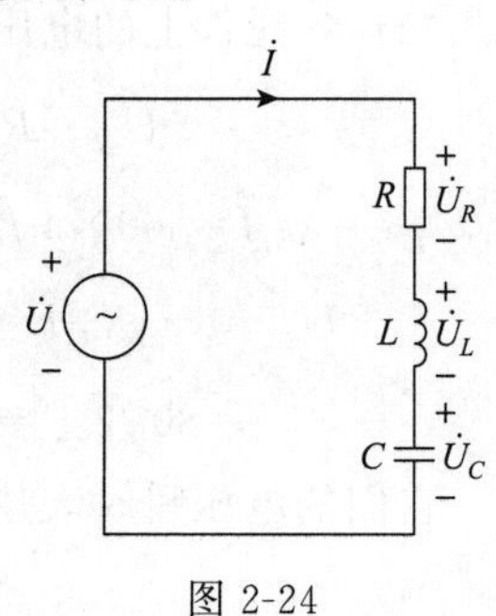

图 2-24

$$\dot{U}=[R+\mathrm{j}X]\dot{I}$$

再令 $Z=R+\mathrm{j}X$ 就得到RLC 串联电路的欧姆定律

$$\dot{U}=Z\cdot\dot{I}$$

Z 的实部和虚部分别记为

$$\mathrm{Re}(Z)=R\ \text{（称为电阻）},\ \mathrm{Im}(Z)=X=X_L-X_C\ \text{（称为电抗）}$$

其中，当 $X>0$ 时，X 为感性阻抗；当 $X<0$ 时，X 为容性阻抗.

Z 的模$|Z|$为

$$|Z|=\sqrt{R^2+X^2}=\sqrt{R^2+(X_L-X_C)^2}=\sqrt{R^2+\left(\omega L-\frac{1}{\omega C}\right)^2}$$

阻抗相位角 φ

$$\varphi=\mathrm{Arg}\left(\frac{\dot{E}}{\dot{I}}\right)=\mathrm{Arg}(Z)=\arctan\frac{X}{R}=\arctan\frac{X_L-X_C}{R}$$

当 $X_L>X_C$ 时，$\varphi>0$，则 $\dot{U}$ 超前 $\dot{I}$ 有 φ 相位角；当 $X_L=X_C$ 时，$\varphi=0$，则 $\dot{U}$ 与 $\dot{I}$ 同相位；当 $X_L<X_C$ 时，$\varphi<0$，则 $\dot{U}$ 滞后 $\dot{I}$ 有 φ 相位角.

【例 1】 已知 RLC 串联电路如图 2-24 所示，其中 $R=30\Omega$，$L=12\text{mH}$，$C=10\mu\text{F}$，$u=200\sqrt{2}\sin(5000t)\text{V}$，试求：

（1）电路中的电流 i；

（2）各元件上的电压瞬时表达式.

解：（1）电路的电压向量为

$$\dot{U}=200\sqrt{2}\angle 0^\circ$$

电路的感抗为 $X_L=\omega L=5000\times12\times10^{-3}=60(\Omega)$

容抗为 $X_C=\dfrac{1}{\omega C}=\dfrac{1}{5000\times10\times10^{-6}}=20(\Omega)$

复阻抗为 $Z=R+\mathrm{j}(X_L-X_C)=30+\mathrm{j}(60-20)=30+\mathrm{j}40=50\angle 53.13^\circ(\Omega)$

电流向量为

$$\dot{I}=\frac{\dot{U}}{Z}=\frac{200\sqrt{2}\angle 0^\circ}{50\angle 53.13^\circ}=4\sqrt{2}\angle -53.13^\circ(\text{A})$$

电流的瞬时表达式为

$$i=4\sqrt{2}\sin(5000t-53.13^\circ)(\text{A})$$

（2）各元件上的电压向量分别为

$$\dot{U}_R=R\dot{I}=30\times4\sqrt{2}\angle -53.13^\circ=120\sqrt{2}\angle -53.13^\circ(\text{V})$$

$$\dot{U}_L=\mathrm{j}X_L\dot{I}=\mathrm{j}60\times4\sqrt{2}\angle -53.13^\circ=60\angle 90^\circ\times4\sqrt{2}\angle -53.13^\circ=240\sqrt{2}\angle 36.87^\circ(\text{V})$$

$$\begin{aligned}\dot{U}_C&=-\mathrm{j}X_C\dot{I}=-\mathrm{j}20\times4\sqrt{2}\angle -53.13^\circ=20\angle(-90^\circ)\times4\sqrt{2}\angle -53.13^\circ\\&=80\sqrt{2}\angle -143.13^\circ(\text{V})\end{aligned}$$

它们的电压瞬时表达式分别为

$$u_R=120\sqrt{2}\sin(5000t-53.13^\circ)(\text{V})$$

$$u_L=240\sqrt{2}\sin(5000t+36.87°)(\mathrm{V})$$

$$u_C=80\sqrt{2}\sin(5000t-143.13°)(\mathrm{V})$$

【例 2】 如图 2-25(a)、图 2-25(b) 所示为 RL 串联电路和 RC 串联电路，求在电路中分别施加交流正弦电压 $u=U_{\mathrm{m}}\sin(\omega t+\theta)$ 时的欧姆定律、电路的阻抗 Z 和 $|Z|$ 以及阻抗相位角.

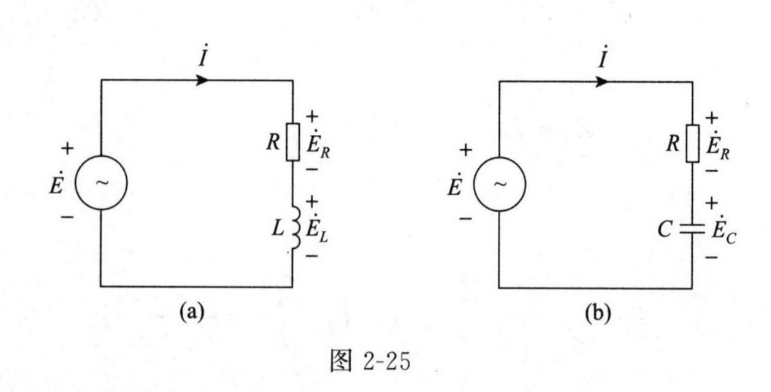

图 2-25

解：(1) 在图 2-25(a) 中的欧姆定律如下

$$\dot{U}=\dot{U}_R+\dot{U}_L=(R+\mathrm{j}X_L)\dot{I}$$

其中 $X_L=\omega L$，阻抗为

$$Z=R+\mathrm{j}X_L，\ |Z|=\sqrt{R^2+X_L{}^2}$$

阻抗相位角为

$$\varphi=\mathrm{Arg}(Z)=\mathrm{Arg}\left(\frac{\dot{E}}{\dot{I}}\right)=\arctan\frac{X_L}{R}$$

(2) 在图 2-25(b) 中的欧姆定律如下

$$\dot{U}=\dot{U}_R+\dot{U}_C=(R-\mathrm{j}X_C)\dot{I}$$

其中 $X_C=\dfrac{1}{\omega C}$，阻抗为

$$Z=R-\mathrm{j}X_C，\ |Z|=\sqrt{R^2+X_C{}^2}$$

阻抗相位角为

$$\varphi=\mathrm{Arg}(Z)=\mathrm{Arg}\left(\frac{\dot{E}}{\dot{I}}\right)=-\arctan\frac{X_C}{R}$$

【例 3】 如图 2-26 所示电路中，两个阻抗 Z_1 和 Z_2 串联连接，$\dot{U}$ 为正弦交流电压，试求 Z_1、Z_2 串联后的等效阻抗 Z.

解：根据已知条件可得

$$\dot{U}=\dot{U}_1+\dot{U}_2，\dot{U}_1=Z_1\dot{I}，\dot{U}_2=Z_2\dot{I}$$

$$\dot{U}=Z_1\dot{I}+Z_2\dot{I}$$

合成阻抗为

$$Z=\frac{\dot{U}}{\dot{I}}=Z_1+Z_2$$

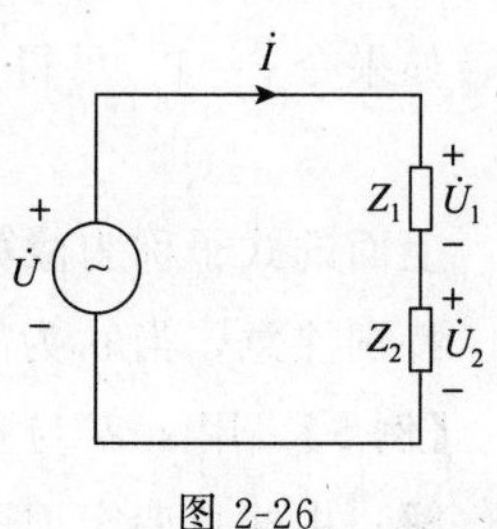

图 2-26

【例 4】 如图 2-27 所示，两个阻抗 Z_1 和 Z_2 并联在电路中，U 为正弦交流电压，求 Z_1、Z_2 并联后的等效阻抗，以及各支路中的电流.

解：根据已知条件可知

$$\dot{I}=\dot{I}_1+\dot{I}_2,\ \dot{U}=Z_1\dot{I}_1+Z_2\dot{I}_2$$

$$\dot{I}=\frac{\dot{U}}{Z_1}+\frac{\dot{U}}{Z_2}=\left(\frac{1}{Z_1}+\frac{1}{Z_2}\right)\dot{U}=\frac{Z_1+Z_2}{Z_1Z_2}\dot{U}$$

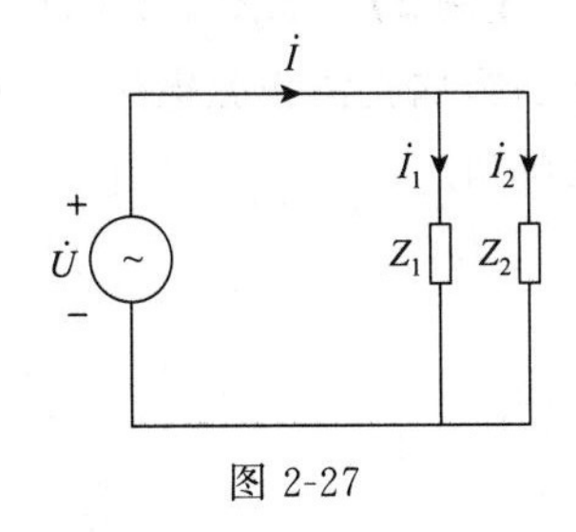

图 2-27

等效阻抗

$$Z=\frac{Z_1+Z_2}{Z_1Z_2}$$

各支路电流为

$$\dot{I}_1=\frac{\dot{U}}{Z_1}=\frac{Z_2}{Z_1+Z_2}\dot{I},\ \dot{I}_2=\frac{\dot{U}}{Z_2}=\frac{Z_1}{Z_1+Z_2}\dot{I}$$

二、棣莫弗定理

现在介绍任意正整数个复数乘积的运算方法. 假设 n 个复数 z_l、z_2、…、z_n 分别为

$$z_1=r_1(\cos\theta_1+\mathrm{j}\sin\theta_1)=r_1\mathrm{e}^{\mathrm{j}\theta_1}=r_1\angle\theta_1$$

$$z_2=r_2(\cos\theta_2+\mathrm{j}\sin\theta_2)=r_2\mathrm{e}^{\mathrm{j}\theta_2}=r_2\angle\theta_2$$

……

$$z_n=r_n(\cos\theta_n+\mathrm{j}\sin\theta_n)=r_n\mathrm{e}^{\mathrm{j}\theta_n}=r_n\angle\theta_n$$

时，则 z_1、z_2、…、z_n 的乘积表示为

$$\begin{aligned}z_1z_2\cdots z_n&=r_1r_2\cdots r_n(\cos\theta_1+\mathrm{j}\sin\theta_1)(\cos\theta_2+\mathrm{j}\sin\theta_2)\cdots(\cos\theta_n+\mathrm{j}\sin\theta_n)\\&=r_1r_2\cdots r_n[\cos(\theta_1+\theta_2+\cdots+\theta_n)+\mathrm{j}\sin(\theta_1+\theta_2+\cdots+\theta_n)]\\&=r_1r_2\cdots r_n\mathrm{e}^{\mathrm{j}(\theta_1+\theta_2+\cdots+\theta_n)}\\&=r_1r_2\cdots r_n\angle(\theta_1+\theta_2+\cdots+\theta_n)\end{aligned}$$

当 $z_1=z_2=\cdots=z_n=z$ 时，则有

$$r_1=r_2=\cdots=r_n=r,\ \theta_1=\theta_2=\cdots=\theta_n=\theta$$

那么

$$z_1z_2\cdots z_n=z^n=r^n(\cos\theta+\mathrm{j}\sin\theta)^n=r^n(\cos n\theta+\mathrm{j}\sin n\theta)=r^n\mathrm{e}^{\mathrm{j}n\theta}=r^n\angle n\theta$$

如果令 $r=1$，可得

$$(\cos\theta+\mathrm{j}\sin\theta)^n=\cos n\theta+\mathrm{j}\sin n\theta$$

上面的式子称为棣莫弗定理.

特别注意，当 n 为零或负整数时，定理也成立.

【例 5】 用 $\sin\theta$ 与 $\cos\theta$ 表示出 $\sin3\theta$ 与 $\cos3\theta$.

解：由棣莫弗定理可得

$$
\begin{aligned}
(\cos 3\theta + j\sin 3\theta) &= (\cos\theta + j\sin\theta)^3 \\
&= \cos^3\theta + 3j\cos^2\theta\sin\theta - 3\cos\theta\sin^2\theta - j\sin^3\theta \\
&= \cos^3\theta - 3\cos\theta\sin^2\theta + 3j\cos^2\theta\sin\theta - j\sin^3\theta
\end{aligned}
$$

利用公式 $\sin^2\theta = 1-\cos^2\theta$，得

$$\sin 3\theta = 3\cos^2\theta\sin\theta - \sin^3\theta = 3\sin\theta - 4\sin^3\theta$$

$$\cos 3\theta = \cos^3\theta - 3\cos\theta\sin^2\theta = 4\cos^3\theta - 3\cos\theta$$

【例 6】 求$(2-j2)^4$.

解：因 $2-j2 = 2\sqrt{2}\left[\cos\left(-\dfrac{\pi}{4}\right) + j\sin\left(-\dfrac{\pi}{4}\right)\right]$，所以

$$
\begin{aligned}
(2-j2)^4 &= (2\sqrt{2})^4\left\{\cos\left[\left(-\frac{\pi}{4}\right)\times 4\right] + j\sin\left[\left(-\frac{\pi}{4}\right)\times 4\right]\right\} \\
&= 64\left[\cos(-\pi) + j\sin(-\pi)\right] = -64
\end{aligned}
$$

有时候，我们要求复数 $z=e^{j\theta}$ 的 n 次方根，即假设 $\tau^n = z$，求次方程的根 τ. 一般地，有如下结论：

$$
\begin{aligned}
\tau &= \sqrt[n]{z} = z^{\frac{1}{n}} \\
&= \left[r(\cos\theta + j\sin\theta)\right]^{\frac{1}{n}} = \sqrt[n]{r}\left(\cos\frac{\theta+2k\pi}{n} + j\sin\frac{\theta+2k\pi}{n}\right) = \sqrt[n]{r}\,e^{j\frac{\theta+2k\pi}{n}} = \sqrt[n]{r}\angle\frac{\theta+2k\pi}{n}
\end{aligned}
$$

其中，$k=0,\pm1,\pm2,\cdots,\pm(n-1)$.

下面对此结论进行证明.

假设 $\tau = \rho(\cos\varphi + j\sin\varphi)$，则

$$\left[\rho(\cos\varphi + j\sin\varphi)\right]^n = r(\cos\theta + j\sin\theta)$$

根据棣莫弗定理可得

$$\rho^n(\cos n\varphi + j\sin n\varphi) = r(\cos\theta + j\sin\theta)$$

于是

$$\rho^n = r,\ \cos n\varphi = \cos\theta,\ \sin n\varphi = \sin\theta$$

故

$$\rho = \sqrt[n]{r},\ n\varphi = \theta + 2k\pi\quad (k=0,\pm1,\pm2\cdots)$$

因此

$$\tau = z^{\frac{1}{n}} = \sqrt[n]{r}\left(\cos\frac{\theta+2k\pi}{n} + j\sin\frac{\theta+2k\pi}{n}\right)$$

当 $k=0,1,2,\cdots,n-1$ 时，可以得到 n 个相异的根

$$\tau_0 = \sqrt[n]{r}\left(\cos\frac{\theta}{n} + j\sin\frac{\theta}{n}\right)$$

$$\tau_1 = \sqrt[n]{r}\left(\cos\frac{\theta+2\pi}{n} + j\sin\frac{\theta+2\pi}{n}\right)$$

$$\cdots$$

$$\tau_{n-1} = \sqrt[n]{r}\left(\cos\frac{\theta+2(n-1)\pi}{n} + j\sin\frac{\theta+2(n-1)\pi}{n}\right)$$

当 k 以其他的整数值代入时，这些根又重复出现. 例如，当 $k=n$ 时

$$\tau_n=\sqrt[n]{r}\left(\cos\frac{\theta+2n\pi}{n}+\mathrm{j}\sin\frac{\theta+2n\pi}{n}\right)=\sqrt[n]{r}\left(\cos\frac{\theta}{n}+\mathrm{j}\sin\frac{\theta}{n}\right)=\tau_0$$

从几何上看，$\sqrt[n]{z}$ 的 n 个值就是以原点为中心，$\sqrt[n]{r}$ 为半径的圆内 n 边形的 n 个顶点.

【例 7】 当 n 是正整数时，试求（1）$z^n=1$ 的根；（2）在 z 平面上画出 $n=3$ 的图形.

解：（1）因为

$$z^n=1=\cos 0+\mathrm{j}\sin 0$$

所以

$$z=\cos\frac{0+2k\pi}{n}+\mathrm{j}\sin\frac{0+2k\pi}{n}=\cos\frac{2k\pi}{n}+\mathrm{j}\sin\frac{2k\pi}{n}\quad(k=0,1,2,\cdots,n-1)$$

即，$z=\sqrt[n]{1}=\cos\dfrac{2k\pi}{n}+\mathrm{j}\sin\dfrac{2k\pi}{n}\quad(k=0,1,2,\cdots,n-1)$

注意：方程 $z^n=1$ 在实数范围里最多只有两个不同的根，在复数范围里有 n 个不同的根.

（2）当 $n=3$ 时，在上式中取 $k=0$、1、2 时，则可得如下三个根：

$$z_1=\cos 0+\mathrm{j}\sin 0=1=\mathrm{e}^{\mathrm{j}0}$$

$$z_2=\cos\frac{2\pi}{3}+\mathrm{j}\sin\frac{2\pi}{3}=-\frac{1}{2}+\mathrm{j}\frac{\sqrt{3}}{2}=\mathrm{e}^{\mathrm{j}\frac{2\pi}{3}}$$

$$z_3=\cos\frac{4\pi}{3}+\mathrm{j}\sin\frac{4\pi}{3}=-\frac{1}{2}-\mathrm{j}\frac{\sqrt{3}}{2}=\mathrm{e}^{\mathrm{j}\frac{4\pi}{3}}$$

这三个根在 z 平面上表示如图 2-28 所示.

实际上，当 n 是正整数时，$z^n=1$ 的根还可以表示为

$$z=\mathrm{e}^{-\mathrm{j}\frac{2k\pi}{n}}=\cos\frac{2k\pi}{n}-\mathrm{j}\sin\frac{2k\pi}{n}$$

$$(k=0,1,2,\cdots,n-1)$$

根据函数的周期性，容易得到

$$\mathrm{e}^{-\mathrm{j}0}=\mathrm{e}^{\mathrm{j}0},\ \mathrm{e}^{-\mathrm{j}\frac{2\pi}{n}}=\mathrm{e}^{\mathrm{j}\frac{2(n-1)\pi}{n}},\ \cdots,\ \mathrm{e}^{-\mathrm{j}\frac{2(n-1)\pi}{n}}=\mathrm{e}^{\mathrm{j}\frac{2\pi}{n}}$$

这表明它们也是 $z^n=1$ 的 n 个根.

尤其，当 $n=3$ 时，对应的三个立方根经常在三相交流电的运算中用到.

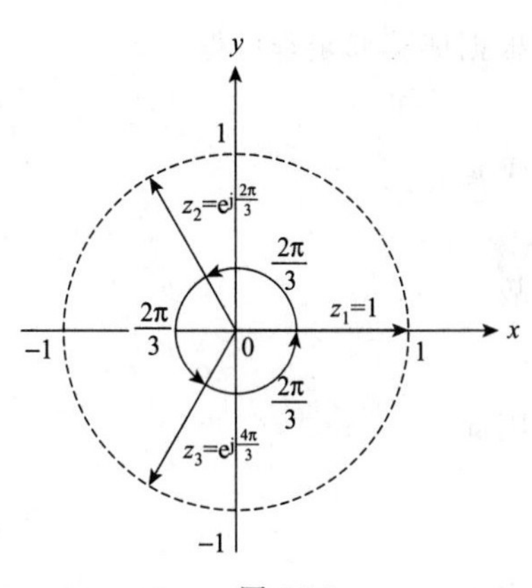

图 2-28

【例 8】 计算$(1-\mathrm{j}\sqrt{3})^{\frac{2}{3}}$的所有值.

解：因 $1-\mathrm{j}\sqrt{3}=2\left(\cos\dfrac{\pi}{3}-\mathrm{j}\sin\dfrac{\pi}{3}\right)=2\left[\cos\left(-\dfrac{\pi}{3}\right)+\mathrm{j}\sin\left(-\dfrac{\pi}{3}\right)\right]$，由棣莫弗定理可得

$$(1-\mathrm{j}\sqrt{3})^2=\left\{2\left[\cos\left(-\frac{\pi}{3}\right)+\mathrm{j}\sin\left(-\frac{\pi}{3}\right)\right]\right\}^2=4\left[\cos\left(-\frac{2\pi}{3}\right)+\mathrm{j}\sin\left(-\frac{2\pi}{3}\right)\right]$$

所以

$$(1-j\sqrt{3})^{\frac{2}{3}}=\sqrt[3]{4}\left(\cos\frac{-\frac{2\pi}{3}+2k\pi}{3}+j\sin\frac{-\frac{2\pi}{3}+2k\pi}{3}\right)$$

当 $k=0、1、2$ 时，其根分别为

$$\tau_0=\sqrt[3]{4}\left(\cos\frac{-\frac{2\pi}{3}}{3}+j\sin\frac{-\frac{2\pi}{3}}{3}\right)=\sqrt[3]{4}\left(\cos\frac{2\pi}{9}-j\sin\frac{2\pi}{9}\right)$$

$$\tau_1=\sqrt[3]{4}\left(\cos\frac{-\frac{2\pi}{3}+2\pi}{3}+j\sin\frac{-\frac{2\pi}{3}+2\pi}{3}\right)=\sqrt[3]{4}\left(\cos\frac{4\pi}{9}+j\sin\frac{4\pi}{9}\right)$$

$$\tau_2=\sqrt[3]{4}\left(\cos\frac{-\frac{2\pi}{3}+4\pi}{3}+j\sin\frac{-\frac{2\pi}{3}+4\pi}{3}\right)=\sqrt[3]{4}\left(\cos\frac{10\pi}{9}+j\sin\frac{10\pi}{9}\right)$$

【例 9】 计算 $\sqrt[4]{1-j}$ 的所有值.

解： 因 $1-j=\sqrt{2}\left[\cos\left(-\frac{\pi}{4}\right)+j\sin\left(-\frac{\pi}{4}\right)\right]$，所以

$$\sqrt[4]{1-j}=\sqrt[8]{2}\left(\cos\frac{-\frac{\pi}{4}+2k\pi}{4}+j\sin\frac{-\frac{\pi}{4}+2k\pi}{4}\right)$$

即

$$\tau_0=\sqrt[8]{2}\left(\cos\frac{\pi}{16}-j\sin\frac{\pi}{16}\right),\ \tau_1=\sqrt[8]{2}\left(\cos\frac{7\pi}{16}+j\sin\frac{7\pi}{16}\right)$$

$$\tau_2=\sqrt[8]{2}\left(\cos\frac{15\pi}{16}+j\sin\frac{15\pi}{16}\right),\ \tau_3=\sqrt[8]{2}\left(\cos\frac{23\pi}{16}+j\sin\frac{23\pi}{16}\right)$$

【例 10】 当 $a=e^{\pm j\frac{2\pi}{n}}$，求证 $1+a+a^2+\cdots+a^{n-1}=0$，$n=2,3,\cdots$

证明： 当 $a=e^{j\frac{2\pi}{n}}$ 时，可知

a 是 $z^n=1$ 的一个根，所以 $a^n=1$

于是，$1-a^n=(1-a)(1+a+a^2+\cdots+a^{n-1})=0$

从而

$$1+a+a^2+\cdots+a^{n-1}=0$$

对于 $a=e^{-j\frac{2\pi}{n}}$ 的情况，请自行证明.

数学思想小火花

运用数学手段对电路中电阻、电感和电容等元件进行分析时，可以清晰地看出元件两端电压与通过的电流之间的关系，尤其当负载包含多种元件时，数学方法的介入，使得电路分析过程更简单、直观. 因此，数学的量化表示是一切科学的基础，现代社会高度的科学化、精确化的要求，使得数学这一工具变得越来越重要，不可或缺.

习题 2-5

1. 30mH 电感上的电流为 $i=20\sin(4000t+60^\circ)$mA，计算（1）电感的感抗；（2）电感两端电压的向量 $\dot{U}$；（3）$u(t)$ 的瞬时表达式.

2. 有一 22μF 电容两端所加电压为 $u=25\sin(4000t-45^\circ)$V，求（1）电容的容抗；（2）流过电容电流的向量 $\dot{I}$；（3）$i(t)$ 的瞬时表达式.

3. 在正弦交流电压源的电路中，求下列情况下的等效阻抗.（1）R、L 并联的电路；（2）R、C 并联的电路；（3）R、L、C 并联的电路.

4. 计算下列各式

（1）$(1+\mathrm{j}\sqrt{3})^2$；（2）$(1-\mathrm{j})^4$；（3）$(1+\mathrm{j}\sqrt{3})^{\frac{2}{3}}$；（4）$\sqrt{3-\mathrm{j}3}$；

（5）$\sqrt[5]{-\mathrm{j}6}$；（6）$(2\sqrt{3}+\mathrm{j}2)^3$.

5. 解方程 $z^5+1=0$.

第三单元

极限及其应用

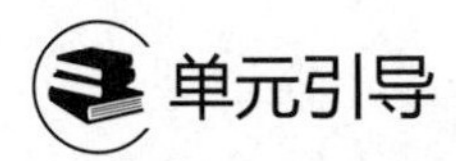

战国时期，哲学著作《庄子·天下篇》中引进了惠施的著名命题：“一尺之棰，日取其半，万世不竭”，它可以写成一个无穷等比递减数列

$$1,\frac{1}{2},\frac{1}{2^2},\cdots,\frac{1}{2^n}\cdots$$

当 n 无限增大（$n=1,2,3\cdots$）时，$\frac{1}{2^n}$ 可取无限小的数，它的极限为 0．这一论述借助实物将极限思想的概念形象地表述出来．魏晋时期数学家刘徽指出：“割之弥细，所失弥少，割之又割，以至于不可割，则与圆合体而无所失矣”，且利用这一极限思想求得了圆周率的近似值，独立地创造出了著名的“割圆术”．

极限是高等数学中最重要的概念之一，也是研究微积分的重要工具，掌握极限的思想和方法是学好微积分的前提．作为微积分的重要组成部分，极限这一理论在电流分析中有广泛的应用．

本单元主要介绍极限的概念、求极限的方法、极限在电路分析中的应用、用极限来讨论函数连续性以及如何用数学软件 Mathstudio 求极限，学完本单元后，希望你能够：

- 准确描述极限的概念及其意义
- 熟练运用求极限的运算法则、技巧求极限
- 准确表达两个重要极限的结论及其应用举例
- 熟练运用 Mathstudio 进行极限计算
- 应用极限思想和方法解决电路分析案例和实际问题
- 能用极限的方法讨论函数连续性
- 理解极限中蕴含的无限趋近的数学思想与哲学原理

第一节 极限概念

正如电池剩余电量会随时间的流逝趋近于零一样，极限主要研究自变量在某一变化过程中函数的变化趋势.

我们首先讨论数列（整标函数）$x_n=f(n)$，$x\in N$的极限，然后再讨论一般函数$y=f(x)$的极限.

一、数列的极限

考察下面两个数列的变化趋势：

(1) 1，$-\frac{1}{2}$，$\frac{1}{3}$，$-\frac{1}{4}$，…，$(-1)^{n-1}\frac{1}{n}$，…；

(2) $\frac{1}{2}$，$\frac{2}{3}$，$\frac{3}{4}$，$\frac{4}{5}$，…，$\frac{n}{n+1}$，….

为清楚起见，现将这两个数列的前 n 项分别在数轴上表示出来（图 3-1，图 3-2）.

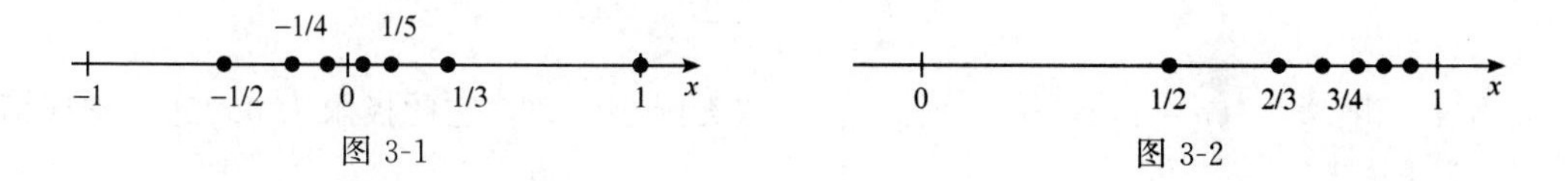

图 3-1　　图 3-2

由图 3-1 可以看出，当 n 无限增大时，表示数列 $x_n=(-1)^{n-1}\frac{1}{n}$的点逐渐密集在 $x=0$ 的附近，即数列 x_n 无限接近于 0；由图 3-2 可以看出，当 n 无限增大时，表示数列 $x_n=\frac{n}{n+1}$的点逐渐密集在 $x=1$ 的左侧，即数列 x_n 无限接近于 1.

上述的两个数列反映出数列的变化趋势是：当 n 无限增大时，x_n 都分别无限接近于一个确定的常数. 对此有如下定义.

定义 1　如果当 n 无限增大时，数列 x_n 无限接近于一个确定的常数 A，那么 A 就叫作数列 x_n 的**极限**，记为

$$\lim_{n\to\infty}x_n=A \quad 或当 \quad n\to\infty 时, x_n\to A$$

由定义知，数列（1）的极限是 0，可记为$\lim\limits_{n\to\infty}(-1)^{n-1}\frac{1}{n}=0$；数列（2）的极限是 1，可记为$\lim\limits_{n\to\infty}\frac{n}{n+1}=1$.

应当指出，“数列 x_n 无限接近一个确定的常数 A”，是指随着 n 的无限增大，x_n 与 A 的距离$|x_n-A|$无限减小. 如果 $n\to\infty$时，x_n 无限接近的常数 A 不存在，则 x_n 的极限就不存在，如$\lim\limits_{n\to\infty}[1+(-1)^n]$不存在.

【例 1】　观察下列数列的变化趋势，写出它们的极限：

（1）$x_n=2+\frac{(-1)^n}{n}$；（2）$x_n=-\frac{1}{3^n}$.

解：表 3-1 考察这两个数列的前 n 项，及当 $n\to\infty$ 时，它们的变化趋势.

表 3-1

n	1	2	3	4	5	…	$\to\infty$
$x_n=2+\frac{(-1)^n}{n}$	$2-\frac{1}{1}$	$2+\frac{1}{2}$	$2-\frac{1}{3}$	$2+\frac{1}{4}$	$2-\frac{1}{5}$	…	$\to 2$
$x_n=-\frac{1}{3^n}$	$-\frac{1}{3}$	$-\frac{1}{9}$	$-\frac{1}{27}$	$-\frac{1}{81}$	$-\frac{1}{243}$	…	$\to 0$

由表 3-1 中两个数列的变化趋势及数列极限的定义可知：

（1）$\lim\limits_{n\to\infty}x_n=\lim\limits_{n\to\infty}\left[2+\frac{(-1)^n}{n}\right]=2$；

（2）$\lim\limits_{n\to\infty}x_n=\lim\limits_{n\to\infty}\left(-\frac{1}{3^n}\right)=0$.

由数列极限的定义不难得出下面的结论：

（1）$\lim\limits_{n\to\infty}q^n=0\quad(|q|<1)$；

（2）$\lim\limits_{n\to\infty}C=C\quad$（$C$ 为常数）.

二、函数的极限

为了方便，先做如下规定：当 x 取正值且无限增大时，记作 $x\to+\infty$；当 x 取负值且 $|x|$ 无限增大时，记作 $x\to-\infty$；当 $|x|$ 无限增大时，记作 $x\to\infty$（包含 $x\to-\infty$ 和 $x\to+\infty$）；当 x 从 x_0 左边无限接近于 x_0 时，记作 $x\to x_0^-$（或 $x\to x_0-0$）；当 x 从 x_0 右边无限接近于 x_0 时，记作 $x\to x_0^+$（或 $x\to x_0+0$）；当 x 从 x_0 左右两边无限接近于 x_0 时，记作 $x\to x_0$（包含 $x\to x_0^-$ 和 $x\to x_0^+$）.

1. 当 $x\to\infty$ 时，函数 $f(x)$ 的极限

定义 2　如果当 $|x|$ 无限增大（即 $x\to\infty$）时，函数 $f(x)$ 无限趋近于一个确定的常数 A，则 A 称为函数 $f(x)$ 当 $x\to\infty$ 时的极限，记为

$$\lim_{x\to\infty}f(x)=A\quad[\text{或 } f(x)\to A\text{，当 } x\to\infty\text{ 时}]$$

类似可定义当 $x\to+\infty$ 或 $x\to-\infty$ 时函数的极限.

如图 3-3 所示，当 $|x|$ 无限增大时，曲线 $y=\frac{1}{x}$ 无限接近于 x 轴. 即 $\lim\limits_{x\to\infty}\frac{1}{x}=0$.

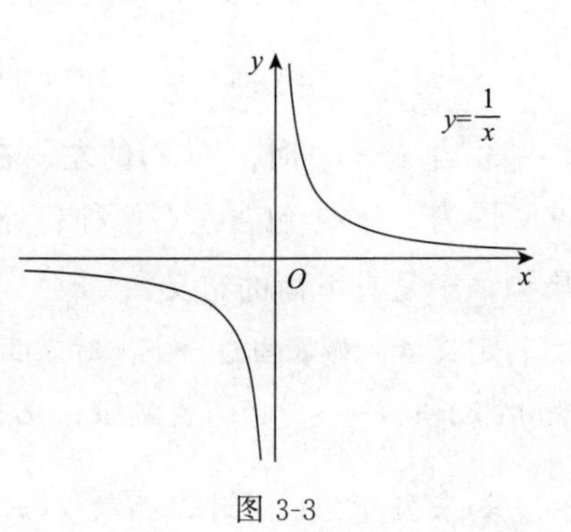

图 3-3

【例 2】　讨论当 $x\to\infty$ 时，函数 $y=\arctan x$ 的极限.

解：由图 3-4 可以看出，$\lim\limits_{x\to+\infty}\arctan x=\frac{\pi}{2}$，$\lim\limits_{x\to-\infty}\arctan x=-\frac{\pi}{2}$. 由于当 $x\to+\infty$ 和 $x\to-\infty$ 时，函数 $y=\arctan x$ 不能无限趋近于同一个确定的常数，所以 $\lim\limits_{x\to\infty}\arctan x$ 不存在.

由此，可得出下面的定理：

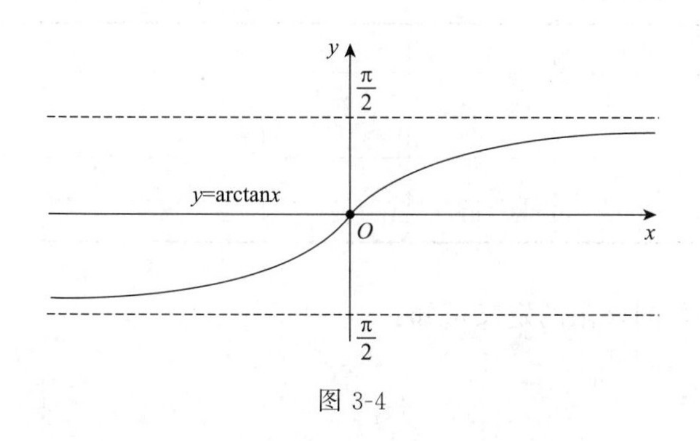

图 3-4

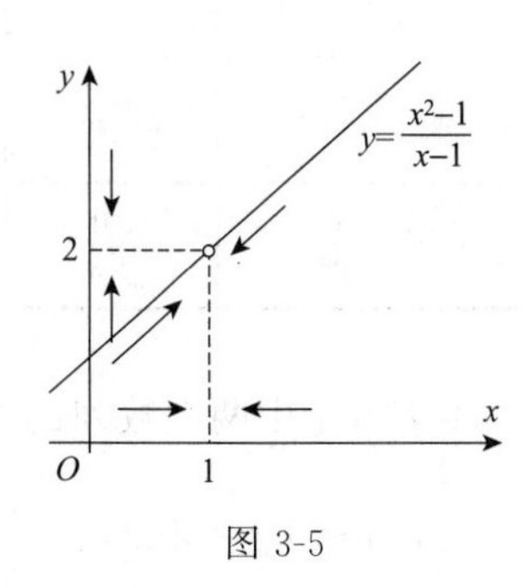

图 3-5

定理 1 $\lim\limits_{x\to\infty}f(x)=A$ 的充要条件是：$\lim\limits_{x\to+\infty}f(x)=\lim\limits_{x\to-\infty}f(x)=A$（证明略）.

2. 当 $x\to x_0$ 时，函数 $f(x)$ 的极限

观察函数 $y=\dfrac{x^2-1}{x-1}$ 的图像（图 3-5），分析该函数当自变量 x 无限接近于 1（但 x 不等于 1）时函数值的变化趋势.

可以发现，当 $x\to1$ 时，函数 $y=\dfrac{x^2-1}{x-1}$ 的函数值无限接近于 2，即 $\lim\limits_{x\to1}\dfrac{x^2-1}{x-1}=2$.

定义 3 设函数 $y=f(x)$ 在点 x_0 的近旁（点 x_0 本身可以除外）有定义，如果当 x 趋于 x_0（但 $x\neq x_0$）时，函数 $f(x)$ 无限趋近于一个确定的常数 A，那么 A 称为函数 $f(x)$ 当 $x\to x_0$ 时的极限，记为

$$\lim_{x\to x_0}f(x)=A\ [\text{或}\ f(x)\to A，\text{当}\ x\to x_0\ \text{时}]$$

注意：函数 $f(x)$ 的极限与函数 $f(x)$ 在点 x_0 是否有定义无关，极限讨论的是函数值 $f(x)$ 随自变量 x 的变化趋势，并不要求函数在该点一定要取值.

【例 3】 考察极限 $\lim\limits_{x\to x_0}C$（C 为常数）和极限 $\lim\limits_{x\to x_0}x$.

解：因为当 $x\to x_0$ 时，$f(x)$ 的值恒为 C，所以 $\lim\limits_{x\to x_0}f(x)=\lim\limits_{x\to x_0}C=C$.

因为当 $x\to x_0$ 时，$\varphi(x)=x$ 的值无限接近于 x_0，所以 $\lim\limits_{x\to x_0}\varphi(x)=\lim\limits_{x\to x_0}x=x_0$.

3. 当 $x\to x_0$ 时，$f(x)$ 的左、右极限

因为 $x\to x_0$ 包含左右两种趋势，而当 x 仅从某一侧趋于 x_0 时，只需讨论函数的单边趋势，于是有下面的定义：

定义 4 如果当 $x\to x_0^-$ 时，函数 $f(x)$ 无限趋近于一个确定的常数 A，则 A 称为函数 $f(x)$ 当 $x\to x_0$ 时的左极限，记为 $\lim\limits_{x\to x_0^-}f(x)=A$ [或 $f(x_0-0)=A$].

如果当 $x\to x_0^+$ 时，函数 $f(x)$ 无限趋近于一个确定的常数 A，则 A 称为函数 $f(x)$

当 $x \to x_0$ 时的右极限，记为 $\lim\limits_{x \to x_0^+} f(x)=A$ [或 $f(x_0+0)=A$].

根据定义 3 和定义 4 及定理 1 可得以下定理：

定理 2 $\lim\limits_{x \to x_0} f(x)=A$ 的充要条件是：$\lim\limits_{x \to x_0^-} f(x)=\lim\limits_{x \to x_0^+} f(x)=A$（证明略）.

【例 4】 讨论函数 $f(x)=\begin{cases} x-1 & x<0 \\ 0 & x=0 \\ x+1 & x>0 \end{cases}$ 当 $x \to 0$ 时的极限.

解：该函数图像如图 3-6 所示，由图像可知：

$$\lim_{x \to 0^-} f(x)=\lim_{x \to 0^-}(x-1)=-1,$$

$$\lim_{x \to 0^+} f(x)=\lim_{x \to 0^+}(x+1)=1.$$

因此，当 $x \to 0$ 时，$f(x)$的左、右极限存在但不相等，由定理 2 知，极限 $\lim\limits_{x \to 0} f(x)$ 不存在.

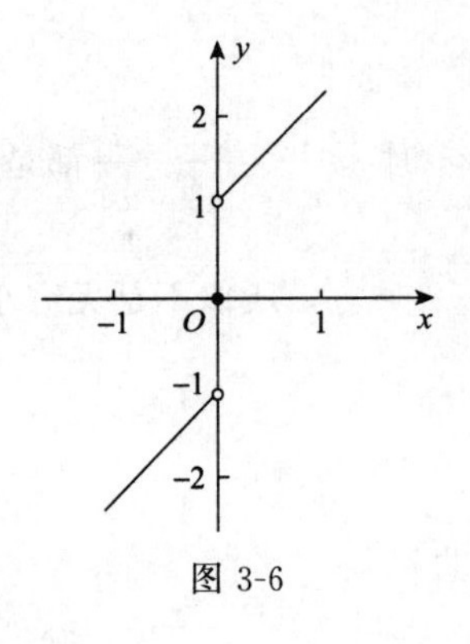

图 3-6

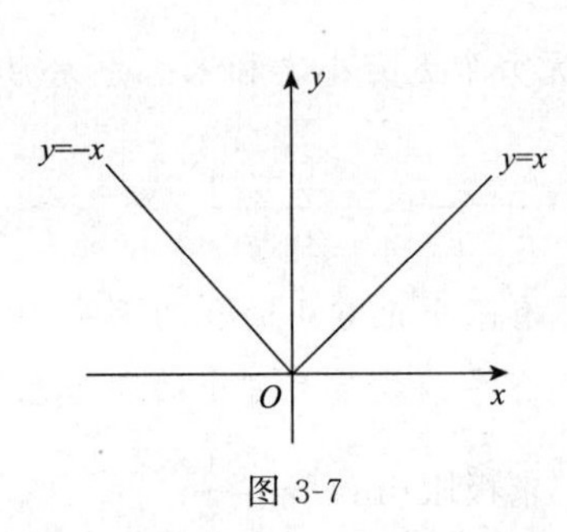

图 3-7

【例 5】 研究当 $x \to 0$ 时，$f(x)=|x|$ 的极限.

解：函数

$$f(x)=|x|=\begin{cases} -x & x<0 \\ x & x \geqslant 0 \end{cases}$$

该函数图像如图 3-7 所示，由图像可知：

$$\lim_{x \to 0^-} f(x)=\lim_{x \to 0^-}(-x)=0,$$

$$\lim_{x \to 0^+} f(x)=\lim_{x \to 0^+} x=0.$$

所以当 $x \to 0$ 时，$f(x)$的左、右极限都存在且相等. 由定理 2 可知 $\lim\limits_{x \to 0}|x|=0$.

三※、无穷小量

实际问题中，常有极限为零的变量. 例如，电容器放电时，其电压随着时间的增加而逐渐减小并趋近于零. 对于这样的变量，有下面的定义.

1. 无穷小量的定义

定义 5 极限为零的变量称为无穷小量，简称为无穷小.

如果$\lim\limits_{x \to x_0} \alpha(x)=0$，则变量$\alpha(x)$是$x \to x_0$时的无穷小，如果$\lim\limits_{x \to \infty}\beta(x)=0$，则称$\beta(x)$是$x \to \infty$时的无穷小，类似的还有$x \to x_0^+$、$x \to x_0^-$、$x \to +\infty$、$x \to -\infty$等情形下的无穷小.

例如，因为$\lim\limits_{x \to \infty} \dfrac{1}{x^2}=0$，所以$\dfrac{1}{x^2}$是$x \to \infty$时的无穷小量；因为$\lim\limits_{x \to 2}(x-2)=0$，所以$x-2$是$x \to 2$时的无穷小量.

注意：(1) 称一个函数为无穷小量必须指明自变量的变化趋势，如$x \to -2$时，x^2-4是无穷小量；$x \to 0$时x^2-4并非无穷小量.

(2)"无穷小"表达的是量的变化趋势，而不是量的大小. 无穷小量是以零为极限的变量（函数），不是一个固定的很小的非零数. 只有0是无穷小量中唯一的常值函数.

无穷小是有极限的变量中最简单且最重要的一类，在数学史上，很多数学家都致力于"无穷小分析".

2. 无穷小量的性质

性质1 有限个无穷小的代数和为无穷小.

注意：无穷个无穷小之和未必是无穷小，如$x \to \infty$时，$\dfrac{1}{x^2}$、$\dfrac{2}{x^2}$、$\dfrac{x}{x^2}$都是无穷小，但是$\dfrac{1}{x^2}+\dfrac{2}{x^2}+\cdots+\dfrac{x}{x^2}=\dfrac{x(x+1)}{2x^2}$，当$x \to \infty$时，$\dfrac{x(x+1)}{2x^2} \to \dfrac{1}{2}$，所以不是无穷小.

性质2 有限个无穷小的积为无穷小.

性质3 有界函数与无穷小的积为无穷小.

【例6】 求极限$\lim\limits_{x \to 0} x^2 \sin\dfrac{1}{x}$.

解：因为$\lim\limits_{x \to 0} x^2=0$，所以$x^2$是$x \to 0$时的无穷小量；而$\left|\sin\dfrac{1}{x}\right| \leqslant 1$，可见$\sin\dfrac{1}{x}$是有界函数. 所以$x^2\sin\dfrac{1}{x}$是$x \to 0$时的无穷小量. 故$\lim\limits_{x \to 0} x^2 \sin\dfrac{1}{x}=0$.

3. 函数极限与无穷小的关系

设$\lim\limits_{x \to x_0} f(x)=A$，即$x \to x_0$时$f(x)$无限接近于常数$A$，有$f(x)-A$就接近于零，即$f(x)-A$是$x \to x_0$时的无穷小，若记$\alpha(x)=f(x)-A$，于是有：

定理3 （极限与无穷小的关系）$\lim\limits_{x \to x_0} f(x)=A$的充分必要条件是$f(x)=A+\alpha(x)$，其中$\alpha(x)$是$x \to x_0$的无穷小.

例如$\dfrac{x+1}{x} \to 1$当$x \to \infty$时，有$\dfrac{x+1}{x}=1+\dfrac{1}{x}$，其中$\dfrac{1}{x}$就是$x \to \infty$时的无穷小.

四※、无穷大量

1. 无穷大的定义

定义6 若当$x \to x_0$（$x \to \infty$）时，函数$f(x)$的绝对值无限增大，则称函数$f(x)$为

当 $x \to x_0$（或 $x \to \infty$）时的**无穷大**.

函数 $f(x)$ 当 $x \to x_0$（或 $x \to \infty$）时为无穷大，它的极限是不存在的，但为了便于描述函数的这种变化趋势，我们也说“函数的极限为无穷大”，并记为

$$\lim_{x \to x_0} f(x) = \infty \quad 或 \quad \lim_{x \to \infty} f(x) = \infty$$

例如，当 $x \to 0$ 时，$\frac{1}{x}$ 是一个无穷大，又例如，当 $x \to +\infty$ 时，e^x 是一个无穷大.

注意：说一个函数 $f(x)$ 是无穷大，必须指明自变量 x 的变化趋向；无穷大是一个变量，而不是一个绝对值很大的常数.

2. 无穷大与无穷小的关系

我们知道，当 $x \to 2$ 时，$x-2$ 是无穷小，$\frac{1}{x-2}$ 是无穷大；当 $x \to \infty$ 时，x 是无穷大，$\frac{1}{x}$ 是无穷小.

一般地，在自变量的同一变化过程中，如果 $f(x)$ 为无穷大，则 $\frac{1}{f(x)}$ 是无穷小；反之，如果 $f(x)$ 为无穷小，且 $f(x) \neq 0$，则 $\frac{1}{f(x)}$ 是无穷大.

利用这个关系，可以求一些函数的极限.

【例 7】 求极限 $\lim\limits_{x \to 1} \frac{x+3}{x-1}$.

解：因为 $\lim\limits_{x \to 1} \frac{x-1}{x+3} = 0$，由无穷大与无穷小的关系，所以 $\lim\limits_{x \to 1} \frac{x+3}{x-1} = \infty$.

数学思想小火花

极限思想作为反映客观事物在运动、变化过程中由量变转化为质变时的数量关系或空间形式，能够通过旧质的量的变化规律去计算新质的量，揭示了变量与常量、无限与有限的对立统一关系，是唯物辩证法的对立统一规律在数学领域中的应用. 借助极限思想，人们可以从有限认识无限，从“不变”认识“变”，从直线形认识曲线形，从量变认识质变，从近似认识精确. 因此，极限理论是建立微积分学的基础和研究微积分学的基本手段.

习题 3-1

1. 观察下列数列、函数在指定变化过程中的变化趋势，并用极限记号表示出来.

(1) $x_n = \left(\frac{4}{5}\right)^n$，$n \to \infty$；　　(2) $x_n = 1 - \left(\frac{1}{2}\right)^n$，$n \to \infty$；

(3) $f(x) = 2 + x$，$x \to -1$；　　(4) $f(x) = x^2$，$x \to 2$.

2. 利用函数图像，观察函数的变化趋势，并写出其极限.

(1) $\lim\limits_{x \to \infty} \frac{1}{x^2}$；(2) $\lim\limits_{x \to -\infty} 2^x$；(3) $\lim\limits_{x \to +\infty} \left(\frac{1}{10}\right)^x$；(4) $\lim\limits_{x \to \infty} \left(2 + \frac{1}{x}\right)$.

3. 求下列函数的极限.

（1）$\lim\limits_{x \to \infty} \dfrac{\sin x}{x}$；（2）$\lim\limits_{x \to 0} x\cos\dfrac{1}{x}$；（3）$\lim\limits_{x \to 1} \dfrac{x}{x-1}$；（4）$\lim\limits_{x \to 2} \dfrac{x^3+2x^2}{(x-2)^2}$.

4. 设 $f(x)=\begin{cases} 2+x, & x \geqslant 0 \\ -2, & x<0 \end{cases}$，求 $f(x)$ 在 $x \to 0$ 时的左、右极限，并说明极限 $\lim\limits_{x \to 0} f(x)$ 是否存在.

5. 设函数 $f(x)=\begin{cases} x^2-1 & x \leqslant 0 \\ x-1 & x>0 \end{cases}$，试画出 $f(x)$ 的图像，并求极限 $\lim\limits_{x \to 0} f(x)$.

6. 设函数 $f(x)=\begin{cases} x^2, x \geqslant -1 \\ 1, x<-1 \end{cases}$，作出它的图像，求出当 $x \to -1$ 时，$f(x)$ 的左极限、右极限，并判断当 $x \to -1$ 时，$f(x)$ 的极限是否存在？

7. 设函数 $f(x)=\dfrac{x^2-1}{1-x}$，求 $\lim\limits_{x \to 0} f(x)$，$\lim\limits_{x \to 1} f(x)$.

8. 已知函数 $f(x)=\begin{cases} x+1 & -5<x<0 \\ \dfrac{3}{x+3} & 0 \leqslant x<2 \\ 2 & 2<x<5 \end{cases}$，求极限 $\lim\limits_{x \to 0} f(x)$，$\lim\limits_{x \to 2} f(x)$ 及 $\lim\limits_{x \to 3} f(x)$.

9※. 观察下列函数的变化趋势，指出哪些是无穷小？哪些是无穷大？

（1）$y=\mathrm{e}^{-x}$，$x \to +\infty$；　　（2）$y=x^2-2$，$x \to \infty$；

（3）$y=\dfrac{1}{2^x-1}$，$x \to 0$；　　（4）$y=\dfrac{\cos x}{x^3}$，$x \to \infty$.

10※. 当自变量怎样变化时下列函数是无穷小？是无穷大？

（1）$y=\dfrac{1}{x^3}$；（2）$y=3^x-1$；（3）$y=\ln x$.

第二节　极限的运算及应用

一、函数极限的运算法则

定理 1　设 $\lim\limits_{x \to x_0} f(x)=A$，$\lim\limits_{x \to x_0} g(x)=B$，则

（1）$\lim\limits_{x \to x_0} [f(x) \pm g(x)]=\lim\limits_{x \to x_0} f(x) \pm \lim\limits_{x \to x_0} g(x)=A \pm B$；

（2）$\lim\limits_{x \to x_0} [f(x) \cdot g(x)]=\lim\limits_{x \to x_0} f(x) \cdot \lim\limits_{x \to x_0} g(x)=AB$；

特别地，有 $\lim\limits_{x \to x_0} [Cf(x)]=C\lim\limits_{x \to x_0} f(x)=CA$（$C$ 为任意常数）；

$$\lim_{x \to x_0} [f(x)]^n=[\lim_{x \to x_0} f(x)]^n=A^n \ (n \text{ 为正整数})；$$

（3）$\lim\limits_{x \to x_0} \dfrac{f(x)}{g(x)}=\dfrac{\lim\limits_{x \to x_0} f(x)}{\lim\limits_{x \to x_0} g(x)}=\dfrac{A}{B}$（$B \neq 0$）.

注意：(1) 上述极限四则运算法则对自变量在其他变化过程（如 $x\to\infty$）下的极限同样成立.

(2) 上述法则可以推广到有限个函数的代数和及有限个函数的乘积情形.

(3) 上述法则要求参与运算的“各个函数极限均存在”，且法则 (3) 还必须满足“分母的极限不为 0”；否则，不能直接使用法则.

【例 1】 求极限$\lim\limits_{x\to 2}(2x^3-3x+1)$.

解：$\lim\limits_{x\to 2}(2x^3-3x+1)=2\lim\limits_{x\to 2}x^3-3\lim\limits_{x\to 2}x+\lim\limits_{x\to 2}1=2\times 2^3-3\times 2+1=11$

【例 2】 求极限$\lim\limits_{x\to 2}\dfrac{x^2-1}{x^3+3x-1}$.

解：$\lim\limits_{x\to 2}\dfrac{x^2-1}{x^3+3x-1}=\dfrac{\lim\limits_{x\to 2}(x^2-1)}{\lim\limits_{x\to 2}(x^3+3x-1)}=\dfrac{2^2-1}{2^3+3\times 2-1}=\dfrac{3}{13}$

【例 3】 求极限$\lim\limits_{x\to 3}\dfrac{x-3}{x^2-9}$.

解：本题分子分母的极限皆为零，但它们有公因式 $x-3$，则

$$\lim_{x\to 3}\frac{x-3}{x^2-9}=\lim_{x\to 3}\frac{x-3}{(x+3)(x-3)}=\lim_{x\to 3}\frac{1}{x+3}=\frac{1}{6}$$

【例 4】 求极限$\lim\limits_{x\to 0}\dfrac{\sqrt{x+1}-1}{x}$.

解：本题分子分母的极限皆为零，分子上有根式，可以考虑分子有理化.

$$\lim_{x\to 0}\frac{\sqrt{x+1}-1}{x}=\lim_{x\to 0}\frac{(\sqrt{x+1}-1)(\sqrt{x+1}+1)}{x(\sqrt{x+1}+1)}=\lim_{x\to 0}\frac{x+1-1}{x(\sqrt{x+1}+1)}=\frac{1}{2}$$

较为复杂的函数求极限可以用 Mathstudio 实现，其基本形式是：

$$\text{Limit}[f(x),x,a]$$

其中，$f(x)$是函数的表达式，a 是自变量 x 的变化趋势.

【例 5】 用 Mathstudio 求极限 $\lim\limits_{x\to -1}\left(\dfrac{1}{x+1}-\dfrac{3}{x^3+1}\right)$.

解：第一步：打开 Mathstudio，向左滑动数字键盘，点击求极限符号“Limit”，如图 3-8 所示.

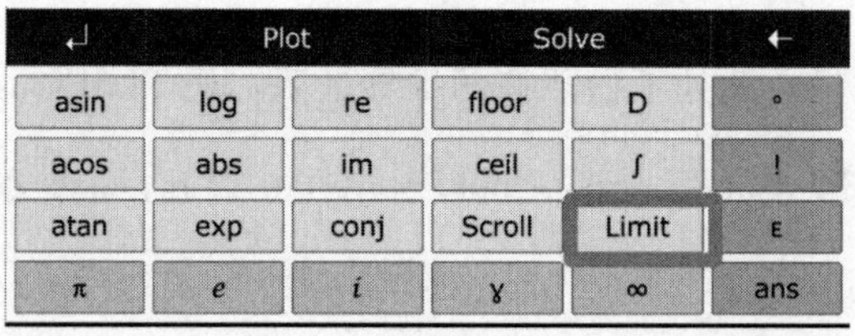

图 3-8

第二步：在括号里输入函数，变量和变化趋势，并单击 Solve 键，如图 3-9 所示.

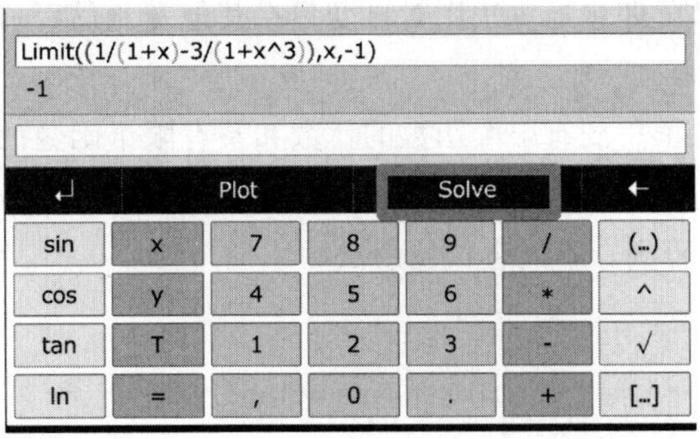

图 3-9

可得：$\lim\limits_{x \to -1}\left(\frac{1}{x+1}-\frac{3}{x^3+1}\right)=-1$

注：此题也可通过手动计算求得（先通分，再化简），有兴趣的同学可以试试.

【例 6】 求极限 $\lim\limits_{x \to \infty}\frac{4x^3+2x^2-1}{3x^4+1}$.

解：分子分母极限均不存在，不能直接运用法则. 分子分母同除以 x^4，则

$$\lim_{x \to \infty}\frac{4x^3+2x^2-1}{3x^4+1}=\lim_{x \to \infty}\frac{\frac{4}{x}+\frac{2}{x^2}-\frac{1}{x^4}}{3+\frac{1}{x^4}}=0$$

一般地，当 $a_0 \neq 0$，$b_0 \neq 0$，m 和 n 为非负整数时，有

$$\lim_{x \to \infty}\frac{a_0x^n+a_1x^{n-1}+\cdots+a_n}{b_0x^m+b_1x^{m-1}+\cdots+b_m}=\begin{cases}0, & m>n \\ \frac{a_0}{b_0}, & m=n \\ \infty, & m<n\end{cases}$$

二、两个重要极限

在计算函数极限时，有时需要利用 $\lim\limits_{x \to 0}\frac{\sin x}{x}$ 和 $\lim\limits_{x \to \infty}\left(1+\frac{1}{x}\right)^x$ 这两个重要的极限.

1. $\lim\limits_{x \to 0}\frac{\sin x}{x}=1$

对于 $\lim\limits_{x \to 0}\frac{\sin x}{x}$ 的结果，此处不做严格的推导证明，用 Mathstudio 画出函数 $y=\frac{\sin x}{x}$ 在 $[-20, 20]$ 之间的图形（如图 3-10），可以看出在 0 附近，函数的值趋近于 1. 即

$$\lim_{x \to 0}\frac{\sin x}{x}=1$$

一般地，若在某极限过程中，$\lim\limits_{x \to x_0}\varphi(x)=0$，则在该过程中有

$$\lim_{x \to x_0}\frac{\sin\varphi(x)}{\varphi(x)}=1$$

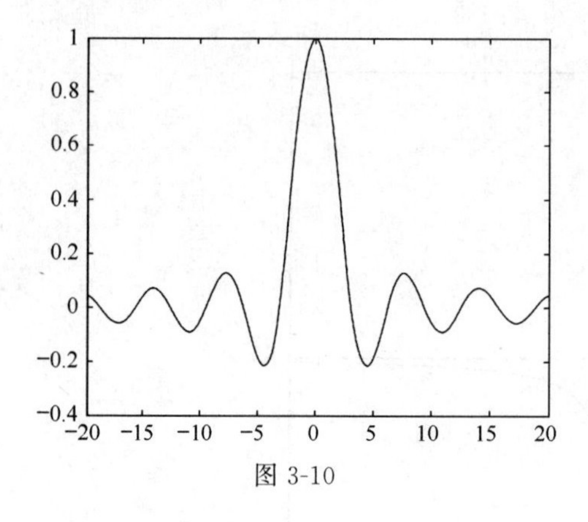

图 3-10

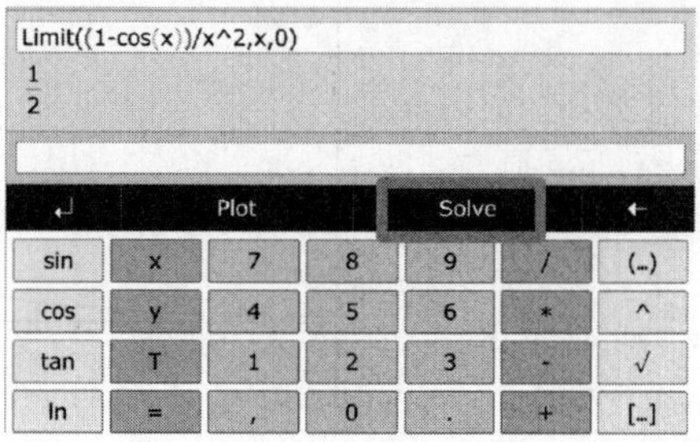

图 3-11

【例 7】 求极限$\lim\limits_{x\to0}\dfrac{\sin2x}{x}$.

解：$\lim\limits_{x\to0}\dfrac{\sin2x}{x}=\lim\limits_{x\to0}2\cdot\dfrac{\sin2x}{2x}=2\lim\limits_{2x\to0}\dfrac{\sin2x}{2x}=2\times1=2.$

【例 8】 求极限$\lim\limits_{x\to0}\dfrac{\tan x}{x}$.

解：$\lim\limits_{x\to0}\dfrac{\tan x}{x}=\lim\limits_{x\to0}\dfrac{\sin x}{x}\cdot\dfrac{1}{\cos x}=\lim\limits_{x\to0}\dfrac{\sin x}{x}\cdot\lim\limits_{x\to0}\dfrac{1}{\cos x}=1\times1=1.$

【例 9】 用 Mathstudio 求极限$\lim\limits_{x\to0}\dfrac{1-\cos x}{x^2}$.

解：操作过程如图 3-11 所示．即$\lim\limits_{x\to0}\dfrac{1-\cos x}{x^2}=\dfrac{1}{2}$.

2. $\lim\limits_{x\to\infty}\left(1+\dfrac{1}{x}\right)^x=\mathrm{e}$

对于$\lim\limits_{x\to\infty}\left(1+\dfrac{1}{x}\right)^x$的结果，如表 3-2 所示，可以观察到当$|x|$不断增大时，$\left(1+\dfrac{1}{x}\right)^x$的值趋近于 2.71828.

表 3-2

x	10^2	10^3	10^4	10^5	10^6	$\cdots\to+\infty$
$\left(1+\frac{1}{x}\right)^x$	2.70481	2.71692	2.71815	2.71827	2.71828	$\to\mathrm{e}$
x	-10^2	-10^3	-10^4	-10^5	-10^6	$\cdots\to-\infty$
$\left(1+\frac{1}{x}\right)^x$	2.73200	2.71964	2.71842	2.71830	2.71828	$\to\mathrm{e}$

另一方面，用 Mathstudio 画出函数$y=\left(1+\dfrac{1}{x}\right)^x$在［−20，20］之间的图形与$y=\mathrm{e}$的图形（如图 3-12）.

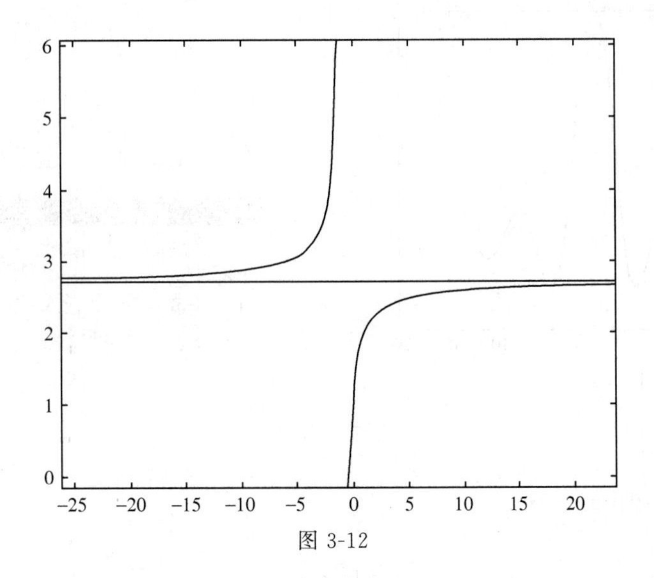

图 3-12

也可以看出，当 $x\to\infty$时，函数$\left(1+\frac{1}{x}\right)^x\to e$，即

$$\lim_{x\to\infty}\left(1+\frac{1}{x}\right)^x=e$$

利用代换 $y=\frac{1}{x}$，则当 $x\to\infty$时，$y\to 0$ 因此有

$$\lim_{x\to\infty}\left(1+\frac{1}{x}\right)^x=\lim_{y\to 0}(1+y)^{\frac{1}{y}}=e$$

于是得到该极限的另一种常用形式：

$$\lim_{x\to 0}(1+x)^{\frac{1}{x}}=e$$

上述公式可以推广为：

$$\lim_{\varphi(x)\to 0}[1+\varphi(x)]^{\frac{1}{\varphi(x)}}=e$$

【例 10】 求极限 $\lim\limits_{x\to\infty}\left(1-\frac{2}{x}\right)^x$.

解： 为了利用重要极限的结论，作恒等变形

$$\lim_{x\to\infty}\left(1-\frac{2}{x}\right)^x=\lim_{x\to\infty}\left(1+\frac{1}{-\frac{x}{2}}\right)^x=\lim_{x\to\infty}\left(1+\frac{1}{-\frac{x}{2}}\right)^{-\frac{x}{2}\times(-2)}=\lim_{x\to\infty}\left[\left(1+\frac{1}{-\frac{x}{2}}\right)^{-\frac{x}{2}}\right]^{-2}=e^{-2}$$

【例 11】 求极限 $\lim\limits_{x\to 0}(1+2x)^{\frac{1}{x}}$.

解： 令 $t=2x$，当 $x\to 0$ 时，$t\to 0$，所以

$$\lim_{x\to 0}(1+2x)^{\frac{1}{x}}=\lim_{t\to 0}(1+t)^{\frac{2}{t}}=\lim_{t\to 0}[(1+t)^{\frac{1}{t}}]^2=e^2.$$

【例 12】 用 Mathstudio 求极限 $\lim\limits_{x\to\infty}\left(\frac{x}{1+x}\right)^{2x}$.

解：计算过程如图 3-13 所示．即 $\lim\limits_{x\to\infty}\left(\dfrac{x}{1+x}\right)^{2x}=0.13534\approx0.1353$.

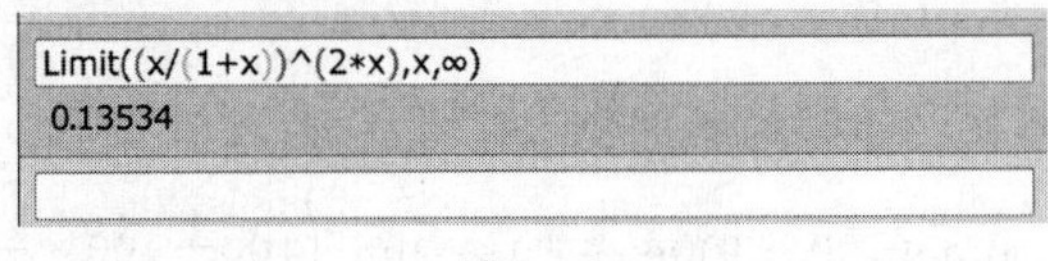

图 3-13

三、极限的应用

【例 13】 求 RC 串联电路中电压的极限值.

如图 3-14 所示的 RC 串联电路，已知在 $t=0$ 瞬间将开关 S 合上，接通直流电源，其电压为 u_S，电压开始对电容元件充电，电容 C 上的电压 u_C 升高，若 $u_S=20\text{V}$，电容 $C=0.5\text{F}$，电阻 $R=4.8\Omega$，$u_C(0)=0\text{V}$，则电压 u_C 随时间 t 变化的规律为：$u_C=20(1-\mathrm{e}^{-\frac{5}{12}t})\text{V}$，试求充电后 u_C 的极限值.

解：应用求极限的方法求解 RC 串联电路中电压的极限值为

$$\lim_{t\to+\infty}u_C=\lim_{t\to+\infty}20(1-\mathrm{e}^{-\frac{5}{12}t})=\lim_{t\to+\infty}20\left(1-\frac{1}{\mathrm{e}^{\frac{5}{12}t}}\right)=20\text{V}$$

也可用 Mathstudio 求解，过程如图 3-15 所示.

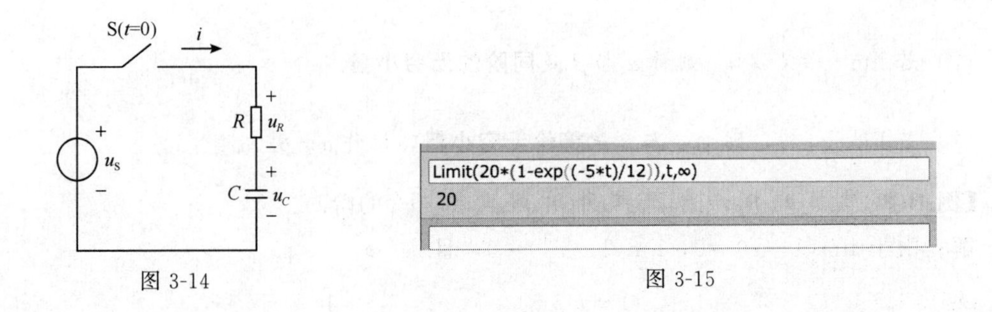

图 3-14　　图 3-15

【例 14】 球的回弹问题.

一只球从 100m 的高空掉下，每次回弹的高度为前一次高度的 $\dfrac{2}{3}$，一直这样运动下去．试分析球的运动规律，研究长时间后，球回弹的高度的变化趋势.

解：分析题意可知，第一次回弹的高度为 $100\times\dfrac{2}{3}$，第二次回弹的高度为 $100\times\left(\dfrac{2}{3}\right)^2\cdots$，则第 n 次回弹的高度为 $100\times\left(\dfrac{2}{3}\right)^n$.

$$\lim_{n\to\infty}100\times\left(\frac{2}{3}\right)^n=0$$

可知球最后的回弹高度为越来越趋近地面.

【例 15】 预测价格问题.

某品牌电容的价格是时间 t 的函数，$P(t)=100-100e^{-0.6t}$（单位：元），试预测该产品的长期价格.

解：用极限知识预测该产品的长期价格为

$$\lim_{t\to+\infty}P(t)=\lim_{t\to+\infty}(100-100e^{-0.6t})=\lim_{t\to+\infty}\left(100-100\times\frac{1}{e^{0.6t}}\right)=100$$

可知该产品的长期价格为 100 元.

四※、无穷小量的比较

由无穷小的性质，我们知道两个无穷小的和、差及乘积仍是无穷小．但两个无穷小的商却会出现不同的情况．例如，当 $x\to0$ 时，$2x$、x^2、$\sin x$ 均为无穷小，而 $\lim\limits_{x\to0}\frac{x^2}{2x}=0$，$\lim\limits_{x\to0}\frac{2x}{x^2}=\infty$，$\lim\limits_{x\to0}\frac{\sin x}{x}=1$. 两个无穷小之比的极限的不同情况，反映了不同的无穷小趋向于零的“快慢”程度.

一般地，对于两个无穷小之比有下面定义：

定义 设 α 和 β 都是同一过程的两个无穷小量，即 $\lim\alpha=0$、$\lim\beta=0$，则：

(1) 若 $\lim\frac{\alpha}{\beta}=0$，则称 α 是 β 的**高阶无穷小量**，记作 $\alpha=o(\beta)$，此时也称 β 是 α 的**低阶无穷小量**.

(2) 若 $\lim\frac{\alpha}{\beta}=C\neq0$，则称 α 与 β 是**同阶的无穷小量**.

(3) 若 $\lim\frac{\alpha}{\beta}=1$，则称 α 与 β 是**等价无穷小量**，记作 $\alpha\sim\beta$.

【例 16】 当 $x\to1$ 时，比较无穷小 $1-x$ 与 $1-x^3$ 的阶.

解：由于 $\lim\limits_{x\to1}(1-x)=0$，$\lim\limits_{x\to1}(1-x^3)=0$，且

$$\lim_{x\to1}\frac{1-x}{1-x^3}=\lim_{x\to1}\frac{1}{1+x+x^2}=\frac{1}{3}$$

所以当 $x\to1$ 时，$1-x$ 与 $1-x^3$ 是同阶无穷小.

等价无穷小还可以化简部分极限的运算，具体定理如下：

定理 2 若 $f(x)\sim g(x)$ 当 $x\to x_0$ 时，且 $\lim\limits_{x\to x_0}f(x)h(x)=A$，则

$$\lim_{x\to x_0}g(x)h(x)=A$$

即：在求两个函数乘积的极限时，往往可以用等价的无穷小量来代替，以简化计算.

【例 17】 求极限 $\lim\limits_{x\to0}\frac{\tan4x}{\sin6x}$.

解：由于在 0 点 $\tan4x\sim4x$，$\sin6x\sim6x$，所以根据定理有

$$\lim_{x\to0}\frac{\tan4x}{\sin6x}=\lim_{x\to0}\frac{4x}{6x}=\frac{2}{3}$$

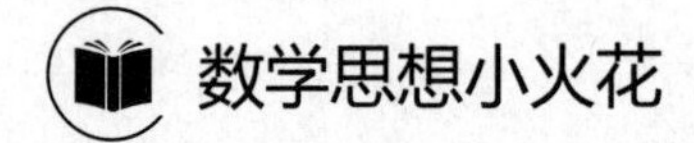

数学思想小火花

在含有极限思想的数学模型建立过程中，结合应用问题的背景，抓住其中蕴含的动态趋向过程，形成有极限表达的数学模型，再进一步思考求解方法. 求极限时，若函数与两个重要极限对应函数的结构很接近，优先考虑用两个重要极限的结论去处理.

习题 3-2

1. 求下列极限：

(1) $\lim\limits_{x\to -1}(2x^3+3x+4)$；　(2) $\lim\limits_{x\to\sqrt{3}}\dfrac{x^2-3}{x^4+x^2+1}$；　(3) $\lim\limits_{x\to 1}\dfrac{1-x^2}{2x^2-3x+1}$；

(4) $\lim\limits_{x\to\infty}\dfrac{x^2+1}{2x^2+2x-1}$；　(5) $\lim\limits_{x\to\infty}\dfrac{6x^3+4}{2x^4+3x^2}$；　(6) $\lim\limits_{x\to\infty}\dfrac{x^3+5}{2x^2-9}$.

2. 求下列极限，并用 Mathstudio 验证：

(1) $\lim\limits_{x\to 0}\dfrac{\sin 5x}{3x}$；(2) $\lim\limits_{x\to 2}\dfrac{\sin(x-2)}{x^2-2x}$；(3) $\lim\limits_{x\to 0}\dfrac{\tan 3x}{2x}$；(4) $\lim\limits_{x\to\infty}\left(1+\dfrac{2}{x}\right)^x$；

(5) $\lim\limits_{x\to\infty}x\sin\dfrac{1}{x}$；(6) $\lim\limits_{x\to\infty}\left(1+\dfrac{1}{3x}\right)^x$；(7) $\lim\limits_{x\to 0}\dfrac{\sin nx}{\cos mx}$；(8) $\lim\limits_{x\to 0}(1+3x)^{\frac{1}{x}}$.

3. 用 Mathstudio 求下列极限：

(1) $\lim\limits_{t\to 0}\dfrac{(x+t)^3-x^3}{t}$；　(2) $\lim\limits_{x\to +\infty}\dfrac{e^x+e^{-x}}{e^x-e^{-x}}$；　(3) $\lim\limits_{x\to 0}\dfrac{\sin^2 2x}{x^2\cos x}$；

(4) $\lim\limits_{x\to\infty}\left(\dfrac{3x-1}{3x+1}\right)^x$；　(5) $\lim\limits_{x\to\infty}\dfrac{x+\sin x}{x-\sin x}$；　(6) $\lim\limits_{x\to 1}\left(\dfrac{1}{1-x}-\dfrac{3x}{1-x^3}\right)$；

(7) $\lim\limits_{x\to\infty}\left(\dfrac{1+x}{x}\right)^{2x}$；　(8) $\lim\limits_{x\to 0}\dfrac{(1-\cos x)\sin 2x}{x^3}$.

4.【电压变化趋势问题】在 RC 电路的充电过程中，电容器两端电压 $U(t)$ 与时间 t 的关系是 $U(t)=E(1-e^{-\frac{t}{RC}})$（$E,R,C$ 都是常数），研究长时间后，电压 $U(t)$ 的变化趋势.

5※. 当 $x\to 1$ 时，无穷小 $1-x$ 与 $1-x^3$、$1-x$ 与 $\dfrac{1-x^2}{2}$ 是否同阶？是否等价？

6※. 利用等价无穷小量求下列极限：

(1) $\lim\limits_{x\to 0}\dfrac{\tan 3x}{\ln(1+2x)}$；　(2) $\lim\limits_{x\to 0}\dfrac{1-\cos x}{\sin^2 x}$.

第三节※　函数的连续性

自然界中有许多现象，如气温的变化、河水的流动、植物的生长等，都是连续变化着的. 这些现象抽象到数学上就是函数的连续性.

一、函数的增量

如果函数 $y=f(x)$在点 x_0 及其近旁有定义，当自变量 x 从 x_0 变到 $x_0+\Delta x$ 时，函数 y 相应地从 $f(x_0)$变到 $f(x_0+\Delta x)$，此时称 $f(x_0+\Delta x)$与 $f(x_0)$的差为函数的增量，记为 Δy，即

$$\Delta y=f(x_0+\Delta x)-f(x_0)$$

【例 1】 设函数 $f(x)=x^2+2x-3$，求函数 x 由 2 变到 $2+\Delta x$ 的增量.

解： $\Delta y=f(2+\Delta x)-f(2)=[(2+\Delta x)^2+2(2+\Delta x)-3]-[2^2+2\times2-3]=6\Delta x+(\Delta x)^2$

二、函数的连续性

1. 函数 $y=f(x)$在 x_0 点的连续性

现在从函数的图像来考察给定点 x_0 处及其左、右近旁函数的变化情况，如图 3-16 所示，曲线在点 x_0 处没有断开，即当 x_0 保持不变，让 Δx 趋近零时，曲线上的点 N 沿曲线趋近于点 M，这时 Δy 趋近于 0. 下面我们给出函数在点 x_0 处连续的定义：

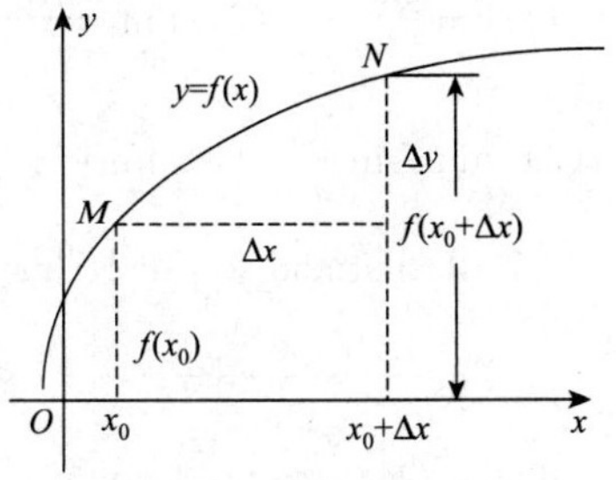

图 3-16

定义 1 设函数 $y=f(x)$在点 x_0 处及其左、右近旁有定义，如果当自变量 x 在 x_0 处的增量 $\Delta x=x-x_0$ 趋于零时，函数的增量 $\Delta y=f(x_0+\Delta x)-f(x_0)$也趋于零，即

$$\lim_{\Delta x\to0}\Delta y=0$$

则称函数 $y=f(x)$在点 x_0 处**连续**.

定义 2 设函数 $y=f(x)$在点 x_0 处及左右近旁有定义，若当 $x\to x_0$ 时，$f(x)$的极限存在，且等于它在 x_0 处的函数值，即 $\lim\limits_{x\to x_0}f(x)=f(x_0)$，则称函数在 x_0 处**连续**.

【例 2】 讨论函数 $f(x)=2x^2-x+1$ 在点 $x=-1$ 处的连续性.

解： 因为函数 $f(x)$的定义域为$(-\infty,+\infty)$，且

$$\lim_{x\to-1}f(x)=\lim_{x\to-1}(2x^2-x+1)=2(-1)^2-(-1)+1=4=f(-1)$$

所以函数 $f(x)=2x^2-x+1$ 在点 $x=-1$ 处连续.

注意： 函数在某点极限存在是函数在该点连续需满足的三个条件之一，并非极限存在就连续，但连续一定可以判断极限存在.

2. 函数 $y=f(x)$在区间 $[a,b]$ 上的连续性

定义 3 若函数 $f(x)$在区间(a,b)内的每一点都是连续的，则称函数 $f(x)$在区间(a,b)内连续，区间(a,b)称为函数 $y=f(x)$的连续区间.

设函数 $f(x)$在区间$(a,b]$内有定义，如果左极限 $\lim\limits_{x\to b^-}f(x)$存在且等于 $f(b)$，即

$$\lim_{x \to b^-} f(x) = f(b)$$

那么称函数 $f(x)$在点 b **左连续**.

设函数 $f(x)$在区间$[a,b)$内有定义，如果右极限 $\lim\limits_{x \to a^+} f(x)$存在且等于 $f(a)$，即

$$\lim_{x \to a^+} f(x) = f(a)$$

那么称函数 $f(x)$在点 a **右连续**.

定义 4　如果 $f(x)$在$[a,b]$上有定义，在(a,b)内连续，且 $f(x)$在右端点 b 左连续，在左端点 a 右连续，即 $\lim\limits_{x \to b^-} f(x) = f(b)$，$\lim\limits_{x \to a^+} f(x) = f(a)$，那么就称函数 $f(x)$在$[a,b]$**上连续**.

连续函数的图像是一条连绵不断的曲线.

三、初等函数的连续性

利用函数连续性定义，可以得

定理 1　设函数 $f(x)$和 $g(x)$在点 x_0 处连续，则函数

$$f(x) \pm g(x),\ f(x) \cdot g(x),\ \frac{f(x)}{g(x)}\ [g(x_0) \neq 0]$$

在点 x_0 处连续（证明略）.

定理 2　设函数 $u = \varphi(x)$在点 x_0 处连续，$\varphi(x_0) = u_0$，函数 $y = f(u)$在点 u_0 处连续，则复合函数 $y = f[\varphi(x)]$在点 x_0 处连续（证明略）.

可知，**一切基本初等函数在其有定义的区间内都是连续的**，由初等函数的定义和上面的定理可知：**一切初等函数在其定义区间内都是连续的.**

这个结论很重要，因为今后讨论的主要是初等函数，而初等函数的连续区间就是它有定义的区间.

若函数 $f(x)$是初等函数，且 x_0 为其定义区间内的点，则 $f(x)$在点 x_0 处连续，即有 $\lim\limits_{x \to x_0} f(x) = f(x_0)$. 因此求初等函数 $f(x)$当 $x \to x_0$ 的极限时，只需计算 $f(x_0)$的值即可.

若函数 $f(x)$在点 x_0 处连续，则有

$$\lim_{x \to x_0} f(x) = f(x_0) = f(\lim_{x \to x_0} x)$$

这说明函数 $f(x)$在点 x_0 处连续的前提下，极限符号 $\lim\limits_{x \to x_0}$ 与函数符号 f 可以交换运算顺序，这一结论给我们求函数的极限带来很大方便.

【例 3】　求下列极限：

(1) $\lim\limits_{x \to 0} \ln\cos x$；　　(2) $\lim\limits_{x \to \frac{\pi}{2}} \dfrac{\ln(1+\cos x)}{\sin x}$.

解：(1) 因为 $y = \ln\cos x$ 是初等函数，其的定义域为$\left(2k\pi - \dfrac{\pi}{2},\ 2k\pi + \dfrac{\pi}{2}\right)$，$k \in \mathbf{Z}$，而 $0 \in \left(-\dfrac{\pi}{2}, \dfrac{\pi}{2}\right)$，所以

$$\lim_{x \to 0} \ln\cos x = \ln\cos 0 = \ln 1 = 0$$

（2）因为 $f(x)=\dfrac{\ln(1+\cos x)}{\sin x}$ 是初等函数，其定义域为：$x \neq (2k+1)\pi$，$k \in \mathbf{Z}$，所以

$$\lim_{x \to \frac{\pi}{2}} \frac{\ln(1+\cos x)}{\sin x} = \frac{\ln\left(1+\cos\dfrac{\pi}{2}\right)}{\sin\dfrac{\pi}{2}} = 0$$

四、闭区间上连续函数的性质

定理 3 （最值定理） 如果函数 $f(x)$ 在闭区间 $[a,b]$ 上连续，则它在这个区间上一定有最大值与最小值.

这就是说，如果函数 $f(x)$ 在闭区间 $[a,b]$ 上连续，如图 3-17 所示，那么在 $[a,b]$ 上至少有一点 $\xi_1(a \leqslant \xi_1 \leqslant b)$，使得 $f(\xi_1)$ 为最大，即 $f(\xi_1) \geqslant f(x)(a \leqslant x \leqslant b)$；又至少有一点 $\xi_2(a \leqslant \xi_2 \leqslant b)$，使得 $f(\xi_2)$ 为最小，即 $f(\xi_2) \leqslant f(x)(a \leqslant x \leqslant b)$.

定理 4 （介值定理） 如果函数 $f(x)$ 在闭区间 $[a,b]$ 上连续，且在这区间的端点取不同的函数值 $f(a)=A$ 与 $f(b)=B$，如图 3-18 所示，那么不论 C 是 A 与 B 之间的怎样一个数，在开区间 (a,b) 内至少有一点 ξ，使得 $f(\xi)=C(a<\xi<b)$（证明略）.

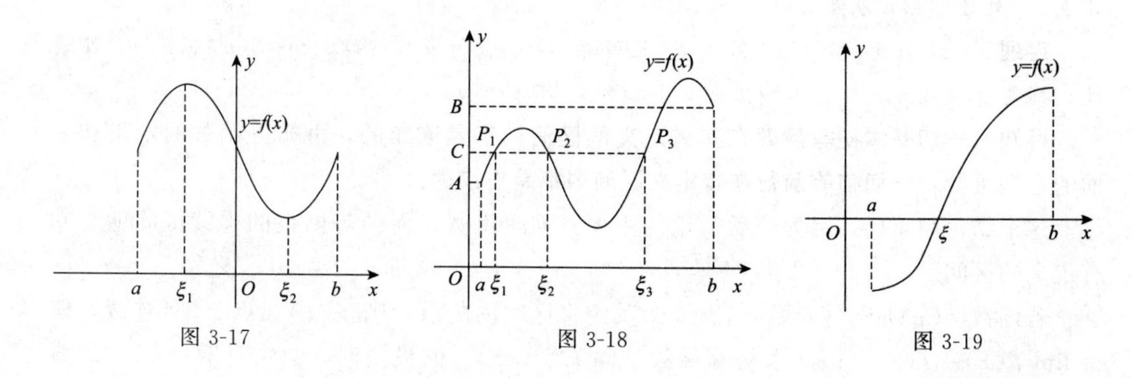

图 3-17　　图 3-18　　图 3-19

推论 如果函数 $f(x)$ 在闭区间 $[a,b]$ 上连续，且 $f(a)$ 与 $f(b)$ 异号，那么在 (a,b) 内至少存在一点 ξ，使得

$$f(\xi)=0(a<\xi<b) \text{（证明略）}$$

如图 3-19 所示，连续曲线 $y=f(x)$ $[f(a)<0, f(b)>0]$ 与 x 轴相交于点 ξ 处，即 $f(\xi)=0$.

由这个性质可知，在闭区间上连续的函数必取得介于最大值与最小值之间的任何值.

【例 4】 证明方程 $x^3+3x^2-1=0$ 在 $(0,1)$ 内至少有一个根.

证： 设 $f(x)=x^3+3x^2-1$，它在 $[0,1]$ 上是连续的，并且在区间端点的函数值为 $f(0)=-1<0$，$f(1)=3>0$，根据介值定理的推论可知，在 $(0,1)$ 内至少有一点 ξ，使得

$$f(\xi)=0$$

即

$$\xi^3+3\xi^2-1=0 \quad (0<\xi<1)$$

这说明方程 $x^3+3x^2-1=0$ 在(0,1)内至少有一个根 ξ.

数学思想小火花

连续是一种整体感觉，但从数学的角度研究连续概念时是从点连续开始定义，再到区间连续，这种从微观到宏观的研究方式是认识世界的一种严谨有效的手段；连续是建立在极限基础上的概念，函数在某点的连续性，又为求该点的极限带来了便利，因为连续函数在一点的极限值等于该点的函数值，这形成了一种有效的作用与反作用关系.

习题 3-3

1. 已知函数 $f(x)=\begin{cases}\dfrac{\sqrt{x+4}-2}{x}, & x\neq 0\\ 2, & x=0\end{cases}$，试问：$f(x)$在点 $x=0$ 附近是否有定义？$f(x)$在点 $x=0$ 处的极限是否存在？$f(x)$在点 $x=0$ 处是否连续？为什么？

2. 求函数 $f(x)=\dfrac{3}{\sqrt{1-x^2}}$ 的连续区间.

3. 求下列极限并用 Mathstudio 验证：

(1) $\lim\limits_{x\to 2}\dfrac{2x}{x^2+x-2}$；　(2) $\lim\limits_{x\to 0}\sqrt{3+2x-x^2}$；　(3) $\lim\limits_{x\to 0}\dfrac{x^3-5x+4}{e^{x-1}-\ln(1+x)}$；

(4) $\lim\limits_{x\to\infty}x\ln\left(1+\dfrac{1}{x}\right)$；　(5) $\lim\limits_{x\to 0}\sqrt{x^2-2x+3}$；　(6) $\lim\limits_{x\to\frac{\pi}{4}}(\sin 2x)^3$；

(7) $\lim\limits_{x\to\frac{\pi}{4}}\ln(2\cos x)$；　(8) $\lim\limits_{x\to 0}\dfrac{\sqrt{x+1}-1}{x}$；　(9) $\lim\limits_{x\to 1}\dfrac{\sqrt{5x-4}-\sqrt{x}}{x-1}$；

(10) $\lim\limits_{x\to 0}\dfrac{\ln(1+x)}{x}$；　(11) $\lim\limits_{x\to\infty}\left(1+\dfrac{1}{x}\right)^{\frac{x}{2}}$；　(12) $\lim\limits_{x\to 0}\ln\dfrac{\sin x}{x}$.

4. 设函数 $f(x)=\begin{cases}\dfrac{x^2-9}{x-3}, & x\neq 3,\\ a, & x=3.\end{cases}$，试问：当 a 为何值时，函数 $f(x)$在$(-\infty,+\infty)$内连续？

第四单元

导数及其应用

单元引导

17 世纪上半叶，天文学、力学等领域的发展推动着微积分的发展. 伽利略将他制成的第一台天文望远镜对准星空得到了令人惊奇不已的新发现，促使科学家们研究天文学的热情高涨. 1619 年开普勒通过观测归纳出运动的三大定律，对定律进行证明成为当时最中心的课题之一，1638 年伽利略建立自由落体定律、动量定律等，他本人竭力倡导自然科学数学化，他的著作激起了人们对他确立的动力学概念与定律做精确的数学表述的巨大热情. 凡此一切，标志着自文艺复兴以来在资本主义生产力刺激下蓬勃发展的自然科学迈入综合与突破的阶段，这种综合与突破所面临的数学困难，使微分学的基本问题成为人们关注的焦点：确定非匀速运动物体的速度与加速度使瞬时变化率问题的研究成为当务之急；望远镜的光程设计需要确定透镜曲面上任一点的法线，这又使求任意一点切线问题变得不可回避，这一切都酝酿着微积分的产生.

微分学是微积分的重要组成部分，它的基本概念是导数与微分. 其中导数反映的是函数相对于自变量的变化快慢程度，而微分则反映出当自变量有微小变化时，函数大体上的变化量. 本单元主要讨论导数和微分的概念、计算及在电学中的应用. 学完本单元后，希望你能够：

- 阐明导数概念及其本质涵义
- 清晰地陈述出导数的几何意义和物理意义
- 简要阐述微分的概念及其内涵
- 熟练背诵基本的求导公式
- 运用人工手算和 Mathstudio 进行导数计算
- 借助导数的概念解释电学中相关概念和特征
- 掌握用导数解释、解决电学中相关问题的方法
- 领悟导数是反映因变量相对于自变量变化而变化的快慢程度这一本质意义

第一节　导数概念

学习函数的极限和连续，利用极限的思想，可以解决很多微小变化时函数的状态变化情况，从而来反映函数在瞬间变化的速度或者快慢，这也是导数产生的数理基础．导数是微分学最基本的概念，它刻画了函数因变量关于自变量的变化率．客观世界充满着运动和变化，描述变化就离不开变化率，在电学中，也常常面临求瞬间的电流强度或者磁感应强度等问题，因此深刻了解导数的概念尤为重要．下面从几个常见的引例出发探讨导数的概念．

一、导数的引例

1. 变速直线运动的瞬时速度

设某物体做变速直线运动，在$[0,t]$内所走过的路程为$s=s(t)$，其中$t>0$为时间，求物体在时刻t_0的瞬时速度$v=v(t_0)$．

当物体做匀速直线运动时，若物体所走过的路程为s，所用时间为t，则可知该段时间内的平均速度为

$$\bar{v}=\frac{s}{t}$$

由于是匀速运动，因此在t时刻的瞬时速度$v=\bar{v}$，但变速直线运动物体的速度$v(t)$是随时间的变化而变化的，不同时刻的速度可能都不同，因此平均速度$\bar{v}$不能很好地反映物体在时刻t_0的瞬时速度．

为解决此问题，先求出物体在$[t_0,t_0+\Delta t]$这一小段时间内的平均速度，因此有路程变化表达式

$$\Delta s=s(t_0+\Delta t)-s(t_0)$$

平均速度为

$$\bar{v}=\frac{\Delta s}{\Delta t}=\frac{s(t_0+\Delta t)-s(t_0)}{\Delta t}$$

通常速度在短时间内变化不会很大，因此这里的$\bar{v}$可以作为$v(t_0)$的近似值，容易看出，Δt越小，则$\bar{v}$越接近$v(t_0)$，试想，当Δt无限变小时，$\bar{v}$将无限接近$v(t_0)$，即

$$v(t_0)=\lim_{\Delta t\to 0}\bar{v}=\lim_{\Delta t\to 0}\frac{\Delta s}{\Delta t}=\lim_{\Delta t\to 0}\frac{s(t_0+\Delta t)-s(t_0)}{\Delta t}$$

2. 曲线的切线斜率

首先说明什么是曲线的切线，在中学，曾定义圆的切线为“与圆只有一个交点的直线”，但对于一般曲线而言，这一定义不合适，很明显，与一曲线只有一个交点的直线很多，但不是切线．

一般地，设连续曲线C及C上一点M如图4-1所示，在M点外任取一点$N\in C$，做

割线 MN，如果点 N 沿曲线 C 趋向 M 点时，割线 MN 趋向于它的极限位置 MT，则称直线 MT 为曲线 C 在 M 处的切线.

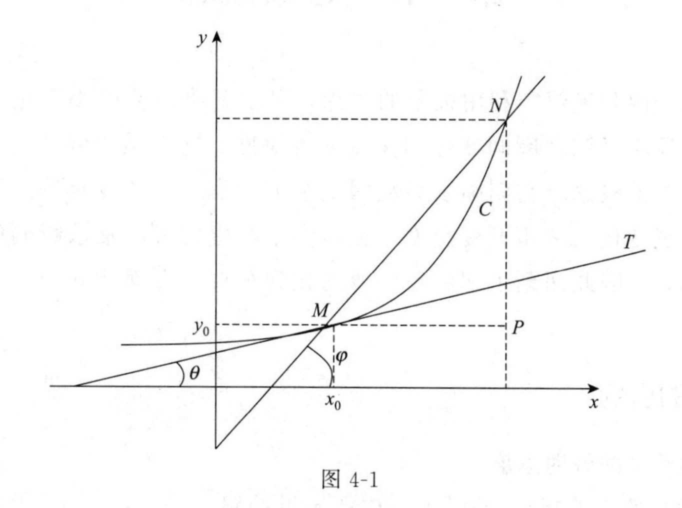

图 4-1

设 M 点的坐标为 (x_0, y_0)，则 N 点的坐标为 $(x_0+\Delta x, y_0+\Delta y)$，割线 MN 的倾角为 φ，切线 MT 的倾角为 θ，则割线 MN 的斜率

$$\bar{k}=\tan\varphi=\frac{NP}{MP}=\frac{\Delta y}{\Delta x}=\frac{f(x_0+\Delta x)-f(x_0)}{\Delta x}$$

当 $\Delta x \to 0$ 时，点 N 沿曲线 C 趋于 M，由切线的定义知 MN 趋于 MT，从而 $\varphi \to \theta$，有 $\tan\varphi \to \tan\theta$，即切线的斜率

$$k=\tan\theta=\lim_{\Delta x\to 0}\tan\varphi=\lim_{\Delta x\to 0}\frac{\Delta y}{\Delta x}=\lim_{\Delta x\to 0}\frac{f(x_0+\Delta x)-f(x_0)}{\Delta x}$$

以上两个问题，尽管实际意义不同，但是有着相同的本质，都是归结于要求函数的改变量与自变量的改变量的比值（当自变量的改变量趋于 0 时）的极限，可见这种形式的极限问题是非常重要的而且普遍存在，因此有必要将其抽象出来，进行重点讨论和研究，这种形式的极限就是函数的导数.

二、导数的定义

定义 1　设函数 $y=f(x)$ 在点 x_0 及附近有定义，当自变量 x 在点 x_0 有增量 Δx 时，函数 $f(x)$ 有相应的增量

$$\Delta y=f(x_0+\Delta x)-f(x_0)$$

当 $\Delta x \to 0$ 时，若 $\dfrac{\Delta y}{\Delta x}$ 的极限存在，即

$$\lim_{\Delta x\to 0}\frac{\Delta y}{\Delta x}=\lim_{\Delta x\to 0}\frac{f(x_0+\Delta x)-f(x_0)}{\Delta x}$$

存在，则称此极限值为函数 $f(x)$ 在点 x_0 处的**导数**，记作

$$f'(x_0),\ y'|_{x=x_0},\ \left.\frac{\mathrm{d}y}{\mathrm{d}x}\right|_{x=x_0},\ \left.\frac{\mathrm{d}f(x)}{\mathrm{d}x}\right|_{x=x_0}$$

$\frac{\Delta y}{\Delta x}=\frac{f(x_0+\Delta x)-f(x_0)}{\Delta x}$反映的是自变量 x 从 x_0 改变到 $x_0+\Delta x$ 时，函数 $f(x)$的平均变化速度，称为函数的**平均变化率**. 而导数 $f'(x_0)=\lim\limits_{\Delta x\to 0}\frac{\Delta y}{\Delta x}$则反映的是函数在 x_0 处的变化速度，称为函数在 x_0 处的**瞬时变化率**.

函数 $f(x)$在点 x_0 处有导数，则称函数 $f(x)$在点 x_0 处**可导**.

定义 2　如果函数 $f(x)$在区间(a,b)内每一点处都可导，则称 $f(x)$在区间(a,b)内可导. 此时，对于区间(a,b)内每一个确定的 x，都有一个导数的值与它对应，这样就定义了一个新的函数，称为函数 $y=f(x)$的**导函数**. 在不会发生混淆的情况下，导函数也简称为**导数**，记作

$$f'(x),\ y',\ \frac{\mathrm{d}y}{\mathrm{d}x},\ \frac{\mathrm{d}f(x)}{\mathrm{d}x}$$

显然

$$f'(x)=\lim_{\Delta x\to 0}\frac{\Delta y}{\Delta x}=\lim_{\Delta x\to 0}\frac{f(x+\Delta x)-f(x)}{\Delta x}$$

函数 $y=f(x)$在点 x_0 处的导数 $f'(x)$，就是导函数 $f'(x)$在点 x_0 处的函数值，即

$$f'(x_0)=f'(x)\big|_{x=x_0}$$

注意 $f'(x_0)$与$[f(x_0)]'$的区别：$f'(x_0)$表示函数 $f(x)$在点 x_0 处的导数，即函数在一点的导数；而$[f(x_0)]'$表示点 x_0 处函数值 $f(x_0)$的导数，即一个常数的导数，结果为零.

基于此，要求一个函数 $f(x)$在一个点 x_0 的导数，应先求出这个函数的导函数 $f'(x)$，再把点 x_0 代入即得 $f'(x_0)$.

三、与导数有关的问题

有了导数的定义，实际中很多问题都可以用导数来表示，导数引例中的两个问题可以分别用导数表示为：

(1) 变速直线运动的速度是路程 $s(t)$对时间 t 的导数，即

$$v(t)=\frac{\mathrm{d}s}{\mathrm{d}t}=s'(t)$$

(2) 函数 $y=f(x)$在点 x_0 处的导数 $f'(x_0)$是曲线 $y=f(x)$在点$[x_0,f(x_0)]$处的切线的斜率，即

$$k=f'(x_0)=\tan\alpha$$

其中，α 是切线的倾斜角，$\alpha\neq\frac{\pi}{2}$. 这也是**导数的几何意义**.

基于导数反映的是因变量随着自变量的变化而变化的快慢程度（即瞬时变化率）这一本质含义，在电路理论中，把电量 $q(t)$对时间 t 的导数$\frac{\mathrm{d}q}{\mathrm{d}t}$ 称为**电流**. 这是因为，在电路闭合后的一段时间 t 秒内，通过导线横截面积的电量为 q 库仑，那么 q 是 t 的一个函数，即

$$q=q(t)$$

那么从时刻 t_0 到 $t_0+\Delta t$ 的一段时间内，流过导线横截面积的电量为

$$\Delta q=q(t_0+\Delta t)-q(t_0)$$

如果电流是恒定（直流），那么在同一时间内流过导线横截面积的电量都相等，此时 $\frac{\Delta q}{\Delta t}$ 就是单位时间内流过导线横截面积的电量，是一个常数，称为电流强度.

如果电流不是恒定的（交流），那么 $\frac{\Delta q}{\Delta t}$ 称为在 Δt 时间内的平均电流强度，即

$$\frac{\Delta q}{\Delta t}=\frac{q(t_0+\Delta t)-q(t_0)}{\Delta t}$$

当 $\Delta t \to 0$ 时，上述平均电流强度就会变为在 t_0 时刻的电流强度，记为 $i(t_0)$，即

$$i(t_0)=\lim_{\Delta t\to 0}\frac{\Delta q}{\Delta t}=\lim_{\Delta t\to 0}\frac{q(t_0+\Delta t)-q(t_0)}{\Delta t}$$

除此以外，电压是由分离引起的单位电荷的能量，它可以表示为能量对电荷的导数

$$u=\frac{\mathrm{d}W}{\mathrm{d}q}$$

其中，u 是电压，W 是能量，q 是电荷量，C.

功率是释放或吸收的能量对时间的导数即

$$p=\frac{\mathrm{d}W}{\mathrm{d}t}$$

其中，p 是功率，W 是能量，t 是时间.

电感与电容是两个基本的电路元件，它们与其他量的关系也是通过导数联系起来的. 比如，电感元件的端电压与电感中的电流随时间的变化率成正比，即

$$u=L\ \frac{\mathrm{d}i}{\mathrm{d}t}$$

当电流随时间变化快（即 $\frac{\mathrm{d}i}{\mathrm{d}t}$ 很大时），感应电压就高；电流变化慢，感应电压就低. 如果电流是常数，理想电感的元件端电压为 0，因此恒定电流（直流），电感元件相当于短路（其感抗 $X_L=0$），可理解为一根导线. 这可以解释电感“通直阻交”这一特性. 另外，电感中电流不能跃变（在零时间内不能变成一个有限量），因为电流的跃变需要一个无穷大的电压，这是不可能存在的.

再比如，电容元件的电流与电压随时间的变化率成正比，即

$$i=C\ \frac{\mathrm{d}u}{\mathrm{d}t}$$

当元件上的电压发生剧变（即 $\frac{\mathrm{d}u}{\mathrm{d}t}$ 很大时），电流也很大；当电压不随时间变化（电压等于常量）时，电容的电流为 0. 原因是传导电流不能在电容的绝缘材料中建立，只有随时间变化的电压才能产生位移电流，因此电容对于常量电压表现为开路（其电阻 $R=\infty$），故电容元件有“通交隔直”的作用. 另外，电容两端的电压不能跃变，这将产生无穷大的电流，实际上是不可能存在的.

四、几个求导数实例

在中学数学学习中，已掌握了以下几个求导公式.

(1) $(x^{\alpha})'=\alpha x^{\alpha-1}$；

(2) $(\sin x)'=\cos x$；

(3) $(\cos x)'=-\sin x$；

(4) $(\log_a x)'=\dfrac{1}{x\ln a}$，特别地，当 $a=\mathrm{e}$ 时 $(\ln x)'=\dfrac{1}{x}$；

(5) $(a^x)'=a^x\ln a$，特别地，当 $a=\mathrm{e}$ 时，$(\mathrm{e}^x)'=\mathrm{e}^x$.

现在我们不加证明地直接引用这些公式的结果.

【例 1】 求抛物线 $y=x^2$ 在点 (2，4) 处的切线方程和法线方程.

解：因为 $y'=(x^2)'=2x$，所以所求切线的斜率为

$$k_1=y'|_{x=2}=2x|_{x=2}=4$$

于是，所求切线方程为

$$y-4=4(x-2)$$

即

$$4x-y-4=0$$

又因为所求法线的斜率为

$$k_2=-\frac{1}{k_1}=-\frac{1}{4}$$

所以所求法线方程为

$$y-4=-\frac{1}{4}(x-2)$$

即

$$x+4y-18=0$$

想一想：函数 $y=\sqrt[3]{x}$ 在 $x=0$ 处是否可导？曲线 $y=\sqrt[3]{x}$ 在 $x=0$ 处是否有切线？如有切线，切线有何特点？

【例 2】 电感电路如图 4-2 所示. 纯电感电路中，设电感中流过正弦电流 $i=I_{\mathrm{m}}\sin\omega t$，$u$ 为电压或自感电动势，L 为绕圈的自感系数，则电感两端电压为

$$u=L\frac{\mathrm{d}i}{\mathrm{d}t}=L\frac{\mathrm{d}I_{\mathrm{m}}\sin\omega t}{\mathrm{d}t}=\omega LI_{\mathrm{m}}\cos\omega t=\omega LI_{\mathrm{m}}\sin\left(\omega t+\frac{\pi}{2}\right)=U_{\mathrm{m}}\sin\left(\omega t+\frac{\pi}{2}\right)$$

这里的$\dfrac{\mathrm{d}i}{\mathrm{d}t}$是指电流对时间的变化率. 利用电流对时间的导数可以求出电感两端的电压. 以上式子还进一步说明，在纯电感电路中，电压超前电流$\dfrac{\pi}{2}$，即超前 90°. 它们的波形和向量关系如图 4-3 和图 4-4 所示，这与第一单元第三节例 4 的结论一致. 从以上可知，电感两端电压最大值为

$$U_{\mathrm{m}}=\omega LI_{\mathrm{m}}$$

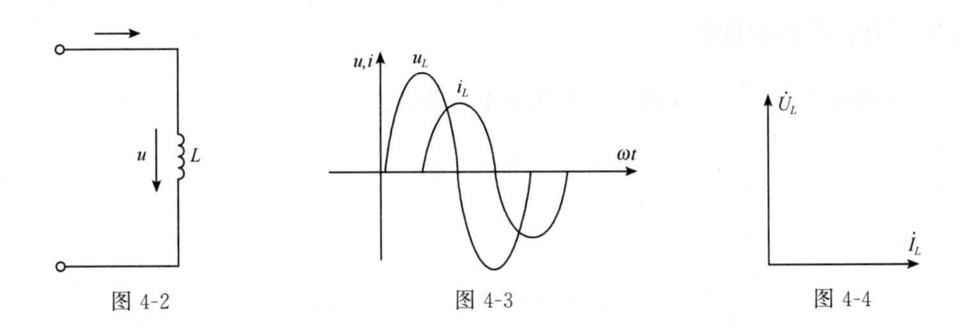

图 4-2　　图 4-3　　图 4-4

与电阻电路类似，电压除以电流得$\frac{U_m}{I_m}=\frac{U_m/\sqrt{2}}{I_m/\sqrt{2}}=\frac{U}{I}=\omega L=X_L$，式中 $\omega L=X_L$ 称为感抗，它具有“阻碍”电流通过的性质.

五※、可导与连续的关系

设函数 $y=f(x)$在点 x 可导，即有

$$\lim_{\Delta x\to 0}\frac{\Delta y}{\Delta x}=f'(x)$$

则由有极限的函数与无穷小的关系，得

$$\frac{\Delta y}{\Delta x}=f'(x)+\alpha$$

其中 α 是当 $\Delta x\to 0$ 时的无穷小，上式两端同乘以 Δx，得

$$\Delta y=f'(x)\Delta x+\alpha\Delta x$$

显然，当 $\Delta x\to 0$ 时，$\Delta y\to 0$. 由函数的连续性定义可知，函数 $y=f(x)$在点 x 处连续. 因此，我们有：

定理 1　如果函数 $y=f(x)$在点 x 可导，则函数 $y=f(x)$在点 x 处必连续.

注意：上述定理的逆定理是不成立的，即函数 $y=f(x)$在点 x 处连续，但在该点不一定可导.

【例 3】　考察函数 $y=|x|=\begin{cases}x, & x\geqslant 0\\ -x, & x<0\end{cases}$，在 $x=0$ 处的连续性与可导性.

解：如图 4-5，显然，函数在点 $x=0$ 处连续，因为

$$\Delta y=|0+\Delta x|-|0|=|\Delta x|$$

所以

$$\lim_{\Delta x\to 0^+}\frac{\Delta y}{\Delta x}=\lim_{\Delta x\to 0^+}\frac{|\Delta x|}{\Delta x}=\lim_{\Delta x\to 0^+}\frac{\Delta x}{\Delta x}=1$$

$$\lim_{\Delta x\to 0^-}\frac{\Delta y}{\Delta x}=\lim_{\Delta x\to 0^-}\frac{|\Delta x|}{\Delta x}=\lim_{\Delta x\to 0^-}\frac{-\Delta x}{\Delta x}=-1$$

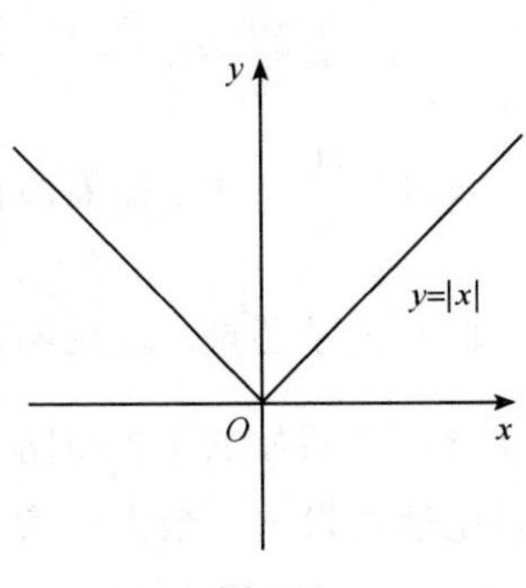

图 4-5

即当 $\Delta x\to 0$ 时，左、右极限存在但不相等，所以极限 $\lim\limits_{\Delta x\to 0}\frac{\Delta y}{\Delta x}$不存在. 这就是说函数 $y=|x|$在点 $x=0$ 处不

可导.

综上可知，函数在某点连续，是函数在该点可导的必要条件，而不是可导的充分条件.

函数的导数是表示函数在点 x 处的变化率，它表示函数在点 x 处的变化的快慢程度. 有时我们还需要了解函数在某一点当自变量取一个微小的增量 Δx 时，相应地，函数有多大变化的问题.

六※、微分的定义

一块正方形金属薄片受温度变化的影响，其边长由 x_0 变到 $x_0+\Delta x$（如图 4-6），问此薄片的面积改变了多少？

设正方形边长为 x，面积为 y，则 $y=f(x)=x^2$. 而金属薄片受温度变化的影响时，面积的改变量可以看作当自变量 x 在 x_0 取得增量 Δx 时，函数的增量

$$\Delta y=(x_0+\Delta x)^2-x_0^2=2x_0\Delta x+(\Delta x)^2$$

它由两部分组成，第一部分 $2x_0\Delta x$ 是 Δx 的线性函数，当 $\Delta x\to 0$ 时，它是 Δx 的同阶无穷小，是 Δy 的主要部分. 第二部分$(\Delta x)^2$，当 $\Delta x\to 0$ 时，它是较 Δx 的高阶无穷小，很明显，当 $|\Delta x|$ 很小时，$(\Delta x)^2$ 在 Δy 中所起的作用很小，可以忽略不计，因此

$$\Delta y\approx 2x_0\Delta x$$

而 $2x_0=f'(x_0)$，因此上式可改写成

$$\Delta y\approx f'(x_0)\Delta x$$

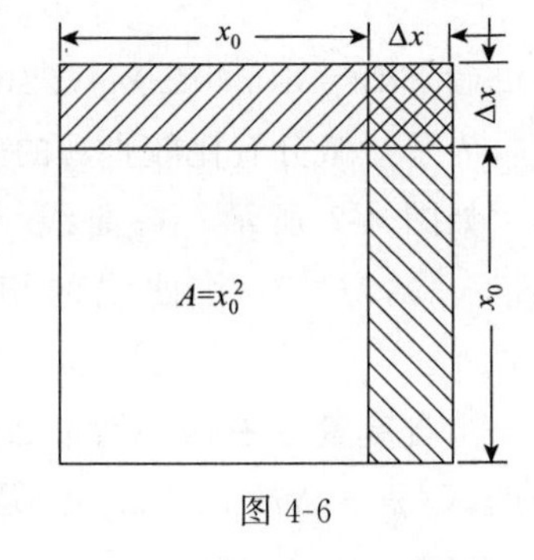

图 4-6

这里得到的简单关系，对一般可导函数也是成立的.

一般地，如果函数 $y=f(x)$ 在点 x_0 处可导，即 $\lim\limits_{\Delta x\to 0}\dfrac{\Delta y}{\Delta x}=f'(x_0)$，根据具有极限的函数与无穷小量的关系，得

$$\frac{\Delta y}{\Delta x}=f'(x_0)+\alpha\ \text{（其中 }\alpha\text{ 是当 }\Delta x\to 0\text{ 时的无穷小量）}$$

于是

$$\Delta y=f'(x_0)\Delta x+\alpha\Delta x$$

由上面的式子可知，函数的增量 Δy 是由 $f'(x_0)\Delta x$ 和 $\alpha\Delta x$ 两部分组成的. 当 $f'(x_0)\neq 0$ 时，$f'(x_0)\Delta x$ 是 Δx 的同阶无穷小，是 Δy 的主要部分，称 $f'(x_0)\Delta x$ 是 Δy 的线性主部，而 $\alpha\Delta x$ 是较 Δx 更高阶无穷小. 所以当 Δx 很小时，有

$$\Delta y\approx f'(x_0)\Delta x$$

定义 3　如果函数 $y=f(x)$在点 x_0 处有导数 $f'(x_0)$，则 $f'(x_0)\Delta x$ 称作函数 $y=f(x)$在点 x_0 处的**微分**，记为 $\mathrm{d}y\big|_{x=x_0}$，即

$$\mathrm{d}y\big|_{x=x_0}=f'(x_0)\Delta x$$

一般地，函数 $y=f(x)$在点 x 处的微分叫**函数的微分**，记为 $\mathrm{d}y$

$$\mathrm{d}y=f'(x)\Delta x$$

如果设 $y=x$，则有 $\mathrm{d}y=\mathrm{d}x=x'\Delta x=\Delta x$，即自变量的微分 $\mathrm{d}x$ 就是它的增量 Δx，于是函数的微分可写成

$$\mathrm{d}y=f'(x)\mathrm{d}x$$

即函数的微分就是函数的导数与自变量的微分之积，由上面式子亦可以看出函数的微分与自变量的微分之商，等于函数的导数，所以导数也叫**微商**.

【例 4】 求函数 $y=x^2$ 当 x 由 3 改变到 3.01 时的 $\mathrm{d}y$ 和 Δy.

解：因为 $\mathrm{d}y=2x\Delta x$，所以当 $x=3,\Delta x=0.01$ 时，

$$\mathrm{d}y=2\times3\times0.01=0.06$$

$$\Delta y=(x+\Delta x)^2-x^2=2x\Delta x+(\Delta x)^2=2\times3\times0.01+(0.01)^2=0.0601$$

【例 5】 求函数的微分.

（1）$y=\ln\sin x$；　　（2）$y=x\sin x$.

解：（1）$\mathrm{d}y=\mathrm{d}(\ln\sin x)=(\ln\sin x)'\mathrm{d}x=\dfrac{1}{\sin x}\cos x\,\mathrm{d}x=\cot x\,\mathrm{d}x$；

（2）$\mathrm{d}y=\mathrm{d}(x\sin x)=(x\sin x)'\mathrm{d}x=(\sin x+x\cos x)\mathrm{d}x$.

为了对微分有比较直观的了解，我们来说明微分的几何意义.

如图 4-7 所示，在曲线 $y=f(x)$上取一点 $M(x_0,y_0)$，过 M 作曲线的切线 MT，它的倾斜角为 α.

当自变量 x 有微小增量 Δx 时，就得到曲线上另一点 $N(x_0+\Delta x,y_0+\Delta y)$. 从图 4-7 可以看出

$MQ=\Delta x$，$QN=\Delta y$

$$QP=MQ\cdot\tan\alpha=\Delta x\cdot f'(x_0)$$

即

$\mathrm{d}y=QP$

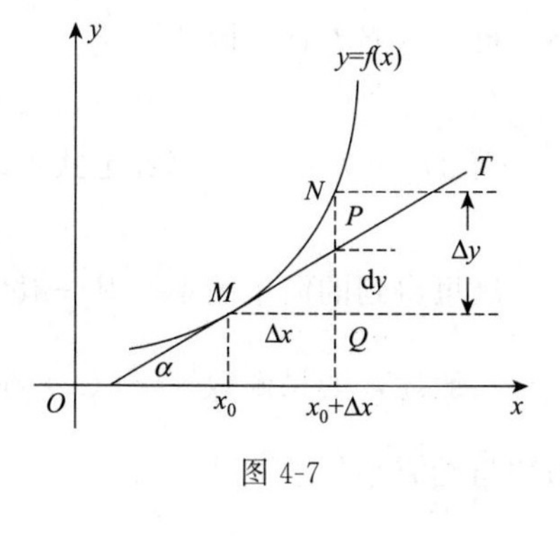

图 4-7

这就是说，函数 $y=f(x)$的微分 $\mathrm{d}y$，等于曲线 $y=f(x)$在点 $M(x_0,y_0)$的切线 MT 的纵坐标对应于 Δx 的增量，这就是微分的几何意义.

又因为 $|PN|=|QN-QP|=|\Delta y-\mathrm{d}y|$，当 $\Delta x\to0$ 时，PN 是比 Δx 的高阶无穷小，即当 $|\Delta x|$很小时，$|\Delta y-\mathrm{d}y|$比$|\Delta x|$小得多. 因而曲线弧 MN 与切线段 MP 将十分接近，因此在点 M 的邻近，我们可以用切线段 MP 来近似代替曲线弧 MN.

由函数微分的定义 $\mathrm{d}y=f'(x)\mathrm{d}x$ 可以知道，要求函数微分只要求出函数的导数 $f'(x)$再乘以自变量的微分 $\mathrm{d}x$ 就行了. 我们可以从导数的基本公式和运算法则直接导出微分的基本公式和运算法则.

1. 微分的基本公式

（1）$\mathrm{d}(C)=0$（C 为常数）　　（2）$\mathrm{d}(x^\mu)=\mu x^{\mu-1}\mathrm{d}x$

（3）$\mathrm{d}(a^x)=a^x\ln a\,\mathrm{d}x$　　（4）$\mathrm{d}(\mathrm{e}^x)=\mathrm{e}^x\mathrm{d}x$

(5) $d(\log_a x)=\frac{1}{x\ln a}dx$　　(6) $d(\ln x)=\frac{1}{x}dx$

(7) $d(\sin x)=\cos x\,dx$　　(8) $d(\cos x)=-\sin x\,dx$

(9) $d(\tan x)=\sec^2 x\,dx$　　(10) $d(\cot x)=-\csc^2 x\,dx$

(11) $d(\sec x)=\sec x\tan x\,dx$　　(12) $d(\csc x)=-\csc x\cot x\,dx$

(13) $d(\arcsin x)=\frac{1}{\sqrt{1-x^2}}dx$　　(14) $d(\arccos x)=-\frac{1}{\sqrt{1-x^2}}dx$

(15) $d(\arctan x)=\frac{1}{1+x^2}dx$　　(16) $d(\operatorname{arccot} x)=-\frac{1}{1+x^2}dx$

2. 函数的和、差、积、商微分法则

$d(u\pm v)=du\pm dv$　　$d(uv)=v\,du+u\,dv$

$d(Cu)=C\,du$（C 是常数）　　$d\left(\frac{u}{v}\right)=\frac{v\,du-u\,dv}{v^2}\quad(v\neq 0)$

3. 复合函数的微分法则（微分形式的不变性）

由函数 $y=f(u)$，$u=\varphi(x)$复合而成的函数 $y=f[\varphi(x)]$的微分为

$$dy=\{f[\varphi(x)]\}'dx=f'(u)\cdot\varphi'(x)dx$$

由于 $\varphi'(x)dx=du$，因此复合函数 $y=f[\varphi(x)]$的微分公式也可写为

$$dy=f'(u)du\quad 或\quad dy=y'_u du$$

这个公式与 $dy=f'(x)dx$ 在形式上完全一样. 由此可见，无论 u 是自变量，还是中间变量，$y=f(u)$的微分 dy 总可以用 $f'(u)du$ 来表示，这一性质称为**微分形式的不变性**.

【例 6】 用微分形式的不变性，求下列函数的微分：

(1) $y=\sin(3x^2+2)$；　　(2) $y=e^{ax+bx^2}$.

解：(1) $dy=\cos(3x^2+2)d(3x^2+2)=6x\cos(3x^2+2)dx$；

(2) $dy=e^{ax+bx^2}d(ax+bx^2)=(a+2bx)e^{ax+bx^2}dx$.

数学思想小火花

导数从物理上讲就是在相应时刻的瞬时速度. 在求一点切线斜率和相应时刻瞬时速度的过程中，都是先构造一段直线或位移，就产生了对原点或相应时刻的第一次否定，得到差 $\Delta t=t_1-t$ 和 $\Delta s=s_1-s$. 这一取差，就把一点的运动状态和它周围的运动状态联系了起来，即可在运动中把握运动. Δs 和 Δt 的比是局部的平均速度，为了求出瞬时速度，就必须使 t_1 再变回 t，这就是对运动位置、状态第一次否定的再否定，即第二次否定. 当 t_1 再变回 t 时，Δs 和 Δt 消失，但在消失过程中，它们的比却保持着，这个比就是所求时刻的瞬时速度.

马克思在《论导数概念》中曾对导数概念中蕴含的这一否定之否定的哲学思想给予肯定，他指出：“首先取差，然后再把它扬弃，这并不是简单地导致无，而是带来了实际结果，这个实际结果就是新的函数即导函数.”

习题 4-1

1. 物体做直线运动的方程为 $s=2t^2+3$，求：

（1）物体在 2 秒到 $2+\Delta t$ 秒的平均速度；　（2）物体在 2 秒时的瞬时速度；

（3）物体在 t_0 秒到 $t_0+\Delta t$ 秒的平均速度；　（4）物体在 t_0 秒时的瞬时速度.

2. 设 $f(x)=2\sqrt{x}$，根据导数定义求 $f'(4)$.

3. 求等边双曲线 $y=\dfrac{1}{x}$ 在点 $\left(\dfrac{1}{2},2\right)$ 处的切线的斜率，并写出在该点处的切线方程和法线方程.

4. 求曲线 $y=\ln x$ 在点 $(\mathrm{e},1)$ 处的切线与 y 轴的交点.

5. 函数 $f(x)=\begin{cases}\sin x, & x<0\\ x, & x\geqslant 0\end{cases}$ 在 $x=0$ 处是否可导？如可导，求其导数.

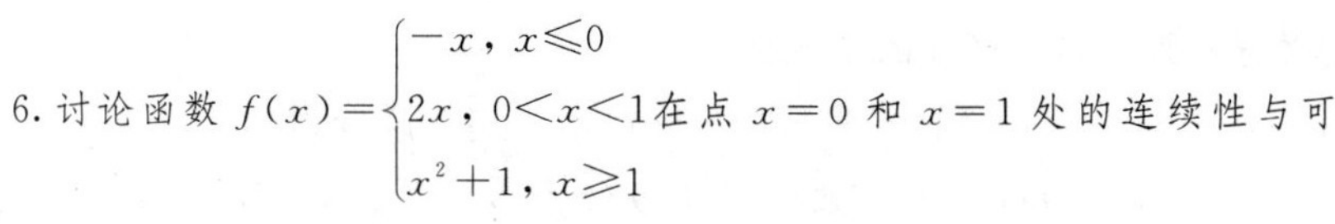

6. 讨论函数 $f(x)=\begin{cases}-x, & x\leqslant 0\\ 2x, & 0<x<1\\ x^2+1, & x\geqslant 1\end{cases}$ 在点 $x=0$ 和 $x=1$ 处的连续性与可导性.

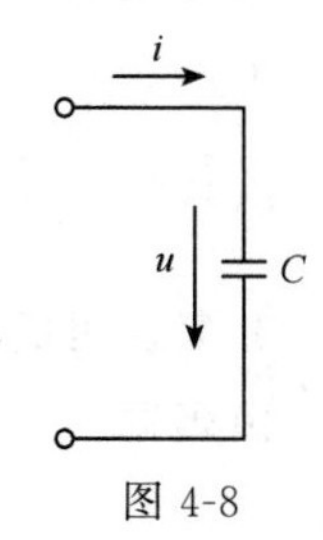

图 4-8

7. 已知每公斤铁由 0℃加热到 T℃所需的热量 $Q=0.1053T+0.0000712T^2$ $(0\leqslant T\leqslant 200)$，试求 T℃时铁的比热容.

8. **【电容电路中的导数概念应用】** 电容电路如图 4-8 所示. 纯电容电路中，电压和电流也是变化率的关系，即 $i=C\dfrac{\mathrm{d}u}{\mathrm{d}t}$（$C$ 为电容量，是常数），设电容两端的电压为 $u=U_{\mathrm{m}}\sin t$，计算电容电流.

9※. 求下列函数的微分：

（1）$y=x\sin 2x$；（2）$y=\dfrac{1}{x}+2\sqrt{x}$；（3）$y=\dfrac{x}{\sqrt{x^2+1}}$；（4）$y=\ln^2(1-x)$.

10. 将适当的函数填入下列括号内，使等式成立：

（1）$\mathrm{d}(\quad)=2\mathrm{d}x$；（2）$\mathrm{d}(\quad)=3x\mathrm{d}x$；（3）$\mathrm{d}(\quad)=\mathrm{e}^{-2x}\mathrm{d}x$；

（4）$\mathrm{d}(\quad)=\dfrac{1}{1+x}\mathrm{d}x$；（5）$\mathrm{d}(\quad)=\dfrac{1}{\sqrt{x}}\mathrm{d}x$；（6）$\mathrm{d}(\quad)=\mathrm{e}^{x^2}\mathrm{d}(x^2)$；

（7）$\mathrm{d}(\sin^2 x)=(\quad)\mathrm{d}(\sin x)$；（8）$\mathrm{d}[\ln(2x+3)]=(\quad)\mathrm{d}(2x+3)=(\quad)\mathrm{d}x$.

第二节　导数的计算

导数不仅仅是微积分中的基本概念，它的计算方法也是电路分析中一种重要的计算工具，本小节一起来学习与导数计算有关的法则、求导公式并掌握相应的求导技巧.

一、函数的和、差、积、商的求导法则

上面，我们利用导数的定义求出了一些简单函数的导数，但是当函数比较复杂时，

那么用导数的定义来求这些复杂函数的导数时就会变得相当麻烦．由于导数在数学形式上就是一种特殊的函数的极限，所以我们可以利用函数极限的四则运算法则导出函数求导的四则运算法则．

设 $u=u(x)$、$v=v(x)$在点 x 处具有导数 $u'=u'(x)$、$v'=v'(x)$．根据导数定义和函数极限的四则运算法则很容易得到下面函数的和、差、积、商的求导法则（证明略）．

法则 1　$(u\pm v)'=u'\pm v'$．

这个公式可以推广到有限多个函数代数和的情形

$$(u_1\pm u_2\pm u_3\pm\cdots\cdots\pm u_n)'=u'_1\pm u'_2\pm u'_3\pm\cdots\cdots\pm u'_n$$

法则 2　$(uv)'=u'v+uv'$．

法则 3　$(cv)'=cv'$（c 为常数）．

法则 4　$\left(\dfrac{u}{v}\right)'=\dfrac{u'v-uv'}{v^2}$（$v\neq0$）．

【例 1】　求函数 $y=(1-x^2)\ln x$ 的导数．

解： $y'=(1-x^2)'\ln x+(1-x^2)\ln' x=-2x\ln x+\dfrac{1-x^2}{x}=-2x\ln x+\dfrac{1}{x}-x$

【例 2】　求函数 $y=\dfrac{x^2-1}{x^2+1}$的导数．

解： $y'=\dfrac{(x^2-1)'(x^2+1)-(x^2-1)(x^2+1)'}{(x^2+1)^2}=\dfrac{2x(x^2+1)-2x(x^2-1)}{(x^2+1)^2}=\dfrac{4x}{(x^2+1)^2}$

【例 3】　求函数 $y=\tan x$ 的导数．

解： 因为 $\tan x=\dfrac{\sin x}{\cos x}$，所以

$$y'=\left(\frac{\sin x}{\cos x}\right)'=\frac{(\sin x)'\cos x-\sin x(\cos x)'}{\cos^2 x}=\frac{\sin^2 x+\cos^2 x}{\cos^2 x}=\frac{1}{\cos^2 x}=\sec^2 x$$

即

$$(\tan x)'=\sec^2 x$$

类似地，可以求出

$$(\cot x)'=-\csc^2 x$$

【例 4】　求函数 $y=\sec x$ 的导数．

解： 因为 $\sec x=\dfrac{1}{\cos x}$，所以

$$y'=\left(\frac{1}{\cos x}\right)'=\frac{(1)'\cos x-1(\cos x)'}{\cos^2 x}=\frac{\sin x}{\cos^2 x}=\sec x\tan x$$

即

$$(\sec x)'=\sec x\tan x$$

类似地，可以求出

$$(\csc x)'=-\csc x\cot x$$

【例 5】　一个可变电阻 R 的电路中的电压为$U=\dfrac{6R+25}{R+3}$，求在 $R=7\Omega$ 时电压 U 对可

变电阻 R 的变化率.

解：根据导数的本质可知，电压 U 关于可变电阻 R 的变化率为

$$U'=\left(\frac{6R+25}{R+3}\right)'=\frac{6(R+3)-(6R+25)}{(R+3)^2}=-\frac{7}{(R+3)^2}$$

$$U'\big|_{R=7}=-\frac{7}{10^2}=-0.07$$

即当 $R=7\Omega$ 时，电压关于可变电阻 R 的变化率为 -0.07.

二、反函数的导数

定理 1 设函数 $x=\varphi(y)$ 在 (a,b) 内单调、可导，且 $\varphi'(y)\neq 0$，则它的反函数 $y=f(x)$ 在对应的区间内也单调、可导，且

$$f'(x)=\frac{1}{\varphi'(y)} \quad 或 \quad y'_x=\frac{1}{x'_y}$$

证明略.

【例 6】 求函数 $y=\arcsin x(-1<x<1)$ 的导数.

解：因为 $y=\arcsin x$ 的反函数是 $x=\sin y\left(-\frac{\pi}{2}<y<\frac{\pi}{2}\right)$，且 $\frac{dx}{dy}=\cos y>0$，所以

$$\frac{dy}{dx}=\frac{1}{\frac{dx}{dy}}=\frac{1}{\cos y}=\frac{1}{\sqrt{1-\sin^2 y}}=\frac{1}{\sqrt{1-x^2}}$$

即

$$(\arcsin x)'=\frac{1}{\sqrt{1-x^2}}(-1<x<1)$$

类似地，可以求出

$$(\arccos x)'=-\frac{1}{\sqrt{1-x^2}}(-1<x<1)$$

【例 7】 求函数 $y=\arctan x\ (-\infty<x<\infty)$ 的导数.

解：因为 $y=\arctan x$ 的反函数是 $x=\tan y\left(-\frac{\pi}{2}<y<\frac{\pi}{2}\right)$，且 $\frac{dx}{dy}=\sec^2 y$，所以

$$\frac{dy}{dx}=\frac{1}{\frac{dx}{dy}}=\frac{1}{\sec^2 y}=\frac{1}{1+\tan^2 y}=\frac{1}{1+x^2}$$

即

$$(\arctan x)'=\frac{1}{1+x^2} \quad (-\infty<x<\infty)$$

类似地，可以求出

$$(\text{arccot}\, x)'=-\frac{1}{1+x^2} \quad (-\infty<x<\infty)$$

【例 8】 求函数 $y=a^x(a>0,a\neq 1)$ 的导数.

解：因为 $y=a^x$ 的反函数是 $x=\log_a y(0<y<+\infty)$，且 $\frac{dx}{dy}=\frac{1}{y\ln a}\neq 0$，所以

$$(a^x)'=\frac{1}{(\log_a y)'}=y\ln a=a^x\ln a$$

即

$$(a^x)'=a^x\ln a$$

特别地，指数函数 $y=e^x$ 的导数是

$$(e^x)'=e^x$$

为了方便学习，**将导数的求导法则和 16 个基本初等函数求导数公式归纳**如下：

1. 导数的四则运算法则

设函数 u,v 均可导，c 为常数，则

(1) $(u\pm v)'=u'\pm v'$；

(2) $(u\cdot v)'=u'v+uv'$；

(3) $(cu)'=cu'$；

(4) $\left(\frac{u}{v}\right)'=\frac{u'v-uv'}{v^2}\ (v\neq 0)$.

2. 导数的基本公式

(1) $(c)'=0$（c 为常量）；

(2) $(x^\alpha)'=\alpha x^{\alpha-1}$（$\alpha$ 为实数）；

(3) $(a^x)'=a^x\ln a\ (a>0$ 且 $a\neq 0)$；

(4) $(e^x)'=e^x$；

(5) $(\log_a x)'=\frac{1}{x\ln a}=\frac{1}{x}\log_a e\ (a>0$ 且 $a\neq 1)$；

(6) $(\ln x)'=\frac{1}{x}$；

(7) $(\sin x)'=\cos x$；

(8) $(\cos x)'=-\sin x$；

(9) $(\tan x)'=\sec^2 x$；

(10) $(\cot x)'=-\csc^2 x$；

(11) $(\sec x)'=\sec x\tan x$；

(12) $(\csc x)'=-\csc x\cot x$；

(13) $(\arcsin x)'=\frac{1}{\sqrt{1-x^2}}$；

(14) $(\arccos x)'=-\frac{1}{\sqrt{1-x^2}}$；

(15) $(\arctan x)'=\frac{1}{1+x^2}$；

(16) $(\text{arccot}\, x)'=-\frac{1}{1+x^2}$.

三、复合函数的导数

定理 2 设函数 $y=f[\varphi(x)]$ 是由 $y=f(u)$ 及 $u=\varphi(x)$ 复合而成的函数，如果 $u=\varphi(x)$ 在点 x 处有导数 $\frac{\mathrm{d}u}{\mathrm{d}x}=\varphi'(x)$，而 $y=f(u)$ 在对应点 $u=\varphi(x)$ 处有导数 $\frac{\mathrm{d}y}{\mathrm{d}u}=f'(u)$，则复合函数 $y=f[\varphi(x)]$ 在点 x 处的导数也存在，且

$$\frac{\mathrm{d}y}{\mathrm{d}x}=\frac{\mathrm{d}y}{\mathrm{d}u}\cdot\frac{\mathrm{d}u}{\mathrm{d}x}$$

或写成

$$y'(x)=f'(u)\cdot\varphi'(x) \text{或} y'_x=y'_u\cdot u'_x$$

其中，y'_x 表示 y 对 x 的导数，y'_u 表示 y 对中间变量 u 的导数，而 u'_x 表示中间变量 u 对自变量 x 的导数（证明略）.

复合函数的导数可以推广到有限次复合的函数情形.

例如 $y=f(u)$、$u=\varphi(v)$、$v=\omega(x)$，则 $y'=y'_u\cdot u'_v\cdot v'_x$，这样的复合函数的求导方法称为**链式法则**.

【例 9】 求函数 $y=(1-2x)^4$ 的导数.

解： 设 $y=u^4$，则 $u=1-2x$，因为 $y'_u=4u^3$、$u'_x=-2$，所以

$$y'_x=y'_u\cdot u'_x=4u^3\cdot(-2)=-8(1-2x)^3$$

当运算熟练后，求复合函数的导数时，就不必再写出中间变量，可以按照复合的前后次序，层层求导直接得出结果.

【例 10】 求 $y=\ln(1-x)$ 的导数.

解： $y'=[\ln(1-x)]'=\frac{1}{1-x}\cdot(1-x)'=\frac{1}{1-x}\cdot(-1)=\frac{1}{x-1}$

计算函数的导数时，有时需同时运用函数的和、差、积、商的求导法则和复合函数的求导法则.

【例 11】 纯电容电路中，电压和电流也是变化率的关系，即 $i=C\frac{\mathrm{d}u}{\mathrm{d}t}$（$C$ 为常系数），设电容两端的电压为 $u=U_{\mathrm{m}}\sin 5t$，计算电容电流.

解： $i=C\frac{\mathrm{d}u}{\mathrm{d}t}=C\frac{\mathrm{d}U_{\mathrm{m}}\sin(5t)}{\mathrm{d}t}=5CU_{\mathrm{m}}\cos 5t=5CU_{\mathrm{m}}\sin\left(5t+\frac{\pi}{2}\right)$

以上式子说明，在纯电容电路中，电流超前电压 $\frac{\pi}{2}$，即超前 90°. 这在波形和向量的关系中体现很明显.

对于更为复杂的函数求导问题，我们可以利用 Mathstudio 来解决. 事实上，Mathstudio 有强大的求导数功能，其对应的命令为

```
D(function,variable,n = 1)
Diff(funct,[var])
```

这两条命令中任一条都可以求函数的导数，区别在于 D 命令不仅可以求函数的一阶

导，还可以求高阶导.

【例 12】 用 Mathstudio 求 $y=\ln(1-x)$的导数.

解： 第一步，在 Catalog 目录下，点击 D 条目，如图 4-9 所示.

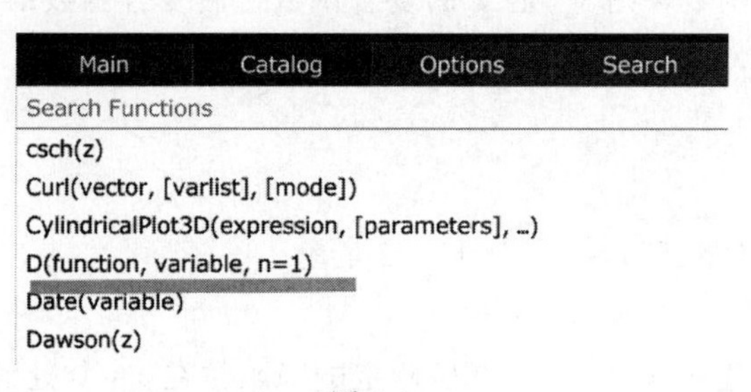

图 4-9

第二步，在指令区对话框输入相应的函数，明确自变量. 当所求的是 1 阶导数时，n 可以省略不输. 点击 Solve 按键，输出对应结果，如图 4-10 所示.

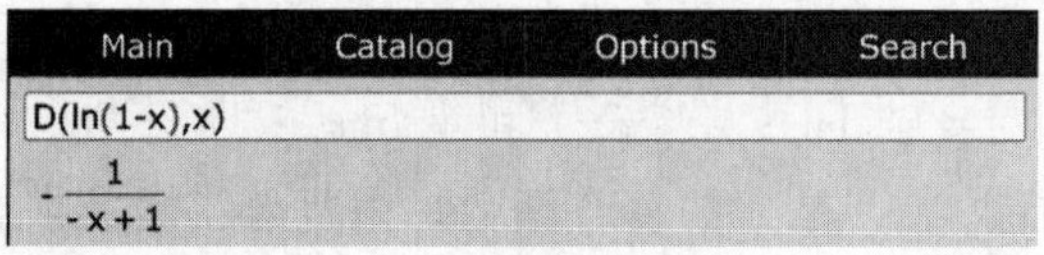

Main　Catalog　Options　Search

D(ln(1-x),x)

$-\frac{1}{-x+1}$

图 4-10

化简之后与例 10 的结果一致. 请大家自己尝试用 Diff 指令求解函数导数.

四、隐函数求导

例如 $y=\sin x$、$y=\ln x+\sqrt{1-x^2}$ 等，两个变量 y 与 x 之间的对应关系用 $y=f(x)$表示，用这种方式表达的函数称为**显函数**. 例如，方程 $x+y^3-1=0$ 表示一个函数，因为当变量 x 在$(-\infty,+\infty)$内取值时，变量 y 有确定的值与之对应. 这种由含 x 和 y 的方程 $F(x,y)=0$ 所确定的函数称为**隐函数**. 把一个隐函数化为显函数，叫做**隐函数的显化**.

例如从方程 $x+y^3-1=0$ 解出 $y=\sqrt[3]{1-x}$，就把隐函数化成了显函数. 但是隐函数的显化有时是有困难的，有时甚至是不可能的. 例如，要将函数 $xy+e^y=e$ 显化显然是不可能的. 但在实际问题中，有时需要计算隐函数的导数. 因此，我们希望有一种方法，不管隐函数能否显化，都能直接由方程算出它所确定的隐函数的导数来.

求隐函数 $F(x,y)=0$ 的导数时，可以两边逐项对 x 求导，$\frac{\mathrm{d}}{\mathrm{d}x}[F(x,y)]=0$. 遇到 y 时，就视 y 为 x 的函数，遇到 y 的函数时，就看成 x 的复合函数，y 为中间变量，然后从所得的等式中解出 y'，即得隐函数的导数.

【例 13】 求由方程 $x^2+y^2=r^2$ 所确定的隐函数的导数 y'.

解： 将方程 $x^2+y^2=r^2$ 的两边同时对 x 求导

$$\frac{\mathrm{d}}{\mathrm{d}x}(x^2+y^2)=\frac{\mathrm{d}}{\mathrm{d}x}(r^2)$$

即

$$\frac{\mathrm{d}}{\mathrm{d}x}(x^2)+\frac{\mathrm{d}}{\mathrm{d}x}(y^2)=0$$

注意到 y 是 x 的函数，则 y^2 是 x 的复合函数，由复合函数的求导法则，先求 y^2 对 y 的导数，然后乘以 y 对 x 的导数．所以上式可以写为

$$2x+2yy'=0$$

解出 y'，得

$$y'=-\frac{x}{y}$$

【例 14】 求由方程 $\mathrm{e}^y+xy-\mathrm{e}=0$ 所确定的隐函数在 $x=0$ 处的导数 $\left.\frac{\mathrm{d}y}{\mathrm{d}x}\right|_{x=0}$.

解： 两边对 x 求导，得

$$\frac{\mathrm{d}}{\mathrm{d}x}(\mathrm{e}^y+xy-\mathrm{e})=\frac{\mathrm{d}}{\mathrm{d}x}(0)$$

即

$$\frac{\mathrm{d}}{\mathrm{d}x}(\mathrm{e}^y)+\frac{\mathrm{d}}{\mathrm{d}x}(xy)-\frac{\mathrm{d}}{\mathrm{d}x}(\mathrm{e})=0$$

注意到 y 是 x 的函数，e^y 是 x 的复合函数，由复合函数的求导法则，得

$$\mathrm{e}^y\frac{\mathrm{d}y}{\mathrm{d}x}+y+x\frac{\mathrm{d}y}{\mathrm{d}x}=0$$

解出 $\frac{\mathrm{d}y}{\mathrm{d}x}$，得

$$\frac{\mathrm{d}y}{\mathrm{d}x}=-\frac{y}{x+\mathrm{e}^y}\quad(x+\mathrm{e}^y\neq 0)$$

因为 $x=0$，可求得 $y=1$，所以

$$\left.\frac{\mathrm{d}y}{\mathrm{d}x}\right|_{x=0}=-\frac{1}{\mathrm{e}}$$

【例 15】 求椭圆 $\frac{x^2}{9}+\frac{y^2}{4}=1$ 在点 $P\left(1,\frac{4\sqrt{2}}{3}\right)$ 处的切线方程.

解： 两边对 x 求导，得

$$\frac{2x}{9}+\frac{2y\cdot y'}{4}=0$$

解出 y'，得

$$y'=-\frac{4x}{9y}$$

把点 P 的坐标 $x=1$、$y=\frac{4\sqrt{2}}{3}$ 代入，得切线斜率为

$$k=\left.\frac{\mathrm{d}y}{\mathrm{d}x}\right|_{x=1}=-\frac{\sqrt{2}}{6}$$

从而所求切线方程为

$$y-\frac{4\sqrt{2}}{3}=-\frac{\sqrt{2}}{6}(x-1)$$

即

$$x+3\sqrt{2}y-9=0$$

我们也可以借助 Mathstudio 求解隐函数的导数，其对应的命令为：iDiff(funct,dvar,ivar,[n])：dvar 为因变量，ivar 为自变量，n 为求导的阶数.

【例 16】 求由方程 $x-y+\frac{1}{2}\sin y=0$ 所确定的隐函数的导数$\frac{\mathrm{d}y}{\mathrm{d}x}$.

解：第一步，在 Catalog 目录下，点击 iDiff 条目，如图 4-11 所示.

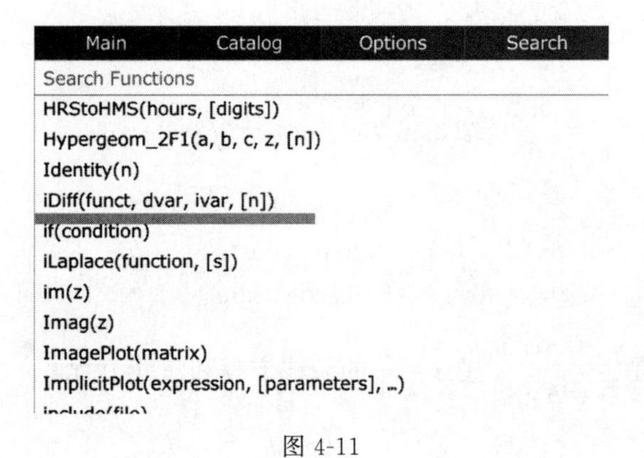

图 4-11

第二步，在指令区对话框输入相应的隐函数，明确因变量和自变量. 当所求的是 1 阶导数时，n 可以省略不输. 点击 Solve 按键，输出对应结果，如图 4-12 所示.

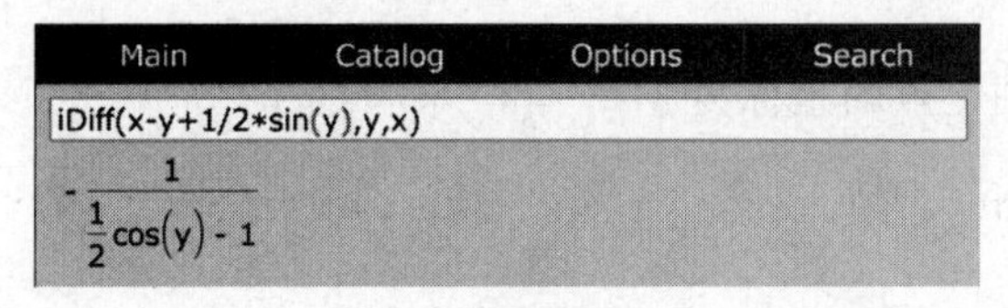

图 4-12

所以，隐函数 $x-y+\frac{1}{2}\sin y=0$ 的导数$\frac{\mathrm{d}y}{\mathrm{d}x}=-\frac{1}{\frac{1}{2}\cos(y)-1}$.

五、由参数方程所确定的函数的导数

一般情况下，参数方程$\begin{cases}x=\varphi(t)\\y=\psi(t)\end{cases}$ $(\alpha\leqslant t\leqslant\beta)$确定了 y 是 x 的函数关系，在参数方程中，如果函数 $x=\varphi(t)$具有单调连续的反函数 $t=\varphi^{-1}(x)$，则由参数方程所确定的函数 y 可以看成是由 $y=\psi(t)$和 $t=\varphi^{-1}(x)$复合而成的函数 $y=\psi[\varphi^{-1}(x)]$. 假定 $x=\varphi(t)$、$y=\psi(t)$都可导，且 $\varphi'(t)\neq0$，则由复合函数的求导法则和反函数的求导法则，得

$$\frac{\mathrm{d}y}{\mathrm{d}x}=\frac{\mathrm{d}y}{\mathrm{d}t}\cdot\frac{\mathrm{d}t}{\mathrm{d}x}=\frac{\mathrm{d}y}{\mathrm{d}t}\cdot\frac{1}{\frac{\mathrm{d}x}{\mathrm{d}t}}=\frac{\psi'(t)}{\varphi'(t)}$$

即

$$\frac{\mathrm{d}y}{\mathrm{d}x}=\frac{\psi'(t)}{\varphi'(t)}\quad\text{或}\quad\frac{\mathrm{d}y}{\mathrm{d}x}=\frac{\frac{\mathrm{d}y}{\mathrm{d}t}}{\frac{\mathrm{d}x}{\mathrm{d}t}}$$

【例 17】 求由参数方程所确定的函数 $\begin{cases}x=a\cos^3 t\\ y=b\sin^3 t\end{cases}$ 的导数.

解：

$$\frac{\mathrm{d}x}{\mathrm{d}t}=a(3\cos^2 t)(\cos t)'=-3a\cos^2 t\sin t$$

$$\frac{\mathrm{d}y}{\mathrm{d}t}=b(3\sin^2 t)(\sin t)'=3b\sin^2 t\cos t$$

则

$$\frac{\mathrm{d}y}{\mathrm{d}x}=\frac{\psi'(t)}{\phi'(t)}=\frac{3b\sin^2 t\cos t}{-3a\cos^2 t\sin t}=-\frac{b}{a}\tan t$$

【例 18】 求椭圆 $\begin{cases}x=a\cos t\\ y=b\sin t\end{cases}$ 在 $t=\frac{\pi}{4}$ 的切线方程和法线方程.

解：

$$\frac{\mathrm{d}y}{\mathrm{d}x}=\frac{y'(t)}{x'(t)}=\frac{b\cos t}{-a\sin t}=-\frac{b}{a}\cot t$$

则切线的斜率为

$$k=\frac{\mathrm{d}y}{\mathrm{d}x}\Big|_{t=\frac{\pi}{4}}=-\frac{b}{a}\cot\frac{\pi}{4}=-\frac{b}{a}$$

当 $t=\frac{\pi}{4}$ 时，椭圆上点的坐标为 $M_0\left(\frac{a\sqrt{2}}{2},\frac{b\sqrt{2}}{2}\right)$

过 M_0 的切线方程为

$$y-\frac{b\sqrt{2}}{2}=-\frac{b}{a}\left(x-\frac{a\sqrt{2}}{2}\right)$$

过 M_0 的法线方程为

$$y-\frac{b\sqrt{2}}{2}=\frac{a}{b}\left(x-\frac{a\sqrt{2}}{2}\right)$$

六、高阶导数

1. 高阶导数的定义

定义 如果函数 $y=f(x)$ 的导数 $f'(x)$ 仍是 x 的函数，若 $f'(x)$ 仍可求导，则称 $y'=f'(x)$ 的导数 $(y')'=[f'(x)]'$ 为函数 $f(x)$ 的**二阶导数**，记作

$$f''(x),\ y'',\ \frac{\mathrm{d}^2 y}{\mathrm{d}x^2}\quad\text{或}\quad\frac{\mathrm{d}^2 f(x)}{\mathrm{d}x^2}$$

相应地，把 $y=f(x)$ 的导数 $f'(x)$ 称作函数 $y=f(x)$ 的一阶导数.

类似地，如果函数 $f(x)$ 的二阶导数 $f''(x)$ 仍是 x 的函数，若 $f''(x)$ 仍可求导，则称 $f''(x)$ 的导数为函数 $f(x)$ 的**三阶导数**，记作

$$f'''(x),\ y''',\ \frac{d^3y}{dx^3}\ \text{或}\ \frac{d^3f(x)}{dx^3}$$

一般地，如果函数 $f(x)$ 的 $n-1$ 阶导数 $f^{(n-1)}(x)$ 仍是 x 的函数，若 $f^{(n-1)}(x)$ 仍可求导，则称 $f^{(n-1)}(x)$ 的导数为函数 $f(x)$ 的 n **阶导数**，记作

$$f^{(n)}(x),\ y^{(n)},\ \frac{d^ny}{dx^n}\ \text{或}\ \frac{d^nf(x)}{dx^n}$$

函数 $y=f(x)$ 具有 n 阶导数，也常说成函数 $f(x)$ 为 n 阶可导. 如果函数 $f(x)$ 在点 x 处具有 n 阶导数，那么 $f(x)$ 在点 x 的近旁内必定具有一切低于 n 阶的导数.

二阶及二阶以上的导数统称**高阶导数**. 根据高阶导数的定义，求 n 阶导数时，在 $n-1$ 阶导数的基础上仍用前面介绍的求导方法继续求导.

【例 19】 求下列函数的二阶导数.

（1）$y=e^x+\ln x+2$；（2）$y=\cos^2\dfrac{x}{2}$；（3）$y=x^2\sin 3x$.

解：（1）$y'=e^x+\dfrac{1}{x}$，$y''=e^x-\dfrac{1}{x^2}$.

（2）$y'=2\cos\dfrac{x}{2}\left(-\sin\dfrac{x}{2}\right)\cdot\dfrac{1}{2}=-\dfrac{1}{2}\sin x$，$y''=-\dfrac{1}{2}\cos x$.

（3）$y'=2x\sin 3x+3x^2\cos 3x$，

$y''=2\sin 3x+6x\cos 3x+6x\cos 3x-9x^2\sin 3x=(2-9x^2)\sin 3x+12x\cos 3x$.

【例 20】 求 $y=\sin x$ 的 n 阶导数.

解： $y'=\cos x=\sin\left(x+\dfrac{\pi}{2}\right)$，　　$y''=-\sin x=\sin\left(x+2\times\dfrac{\pi}{2}\right)$，

$y'''=-\cos x=\sin\left(x+3\times\dfrac{\pi}{2}\right)$，　　$y^{(4)}=\sin x=\sin\left(x+4\times\dfrac{\pi}{2}\right)$，

…….

依此类推，得

$$(\sin x)^{(n)}=\sin\left(x+n\times\frac{\pi}{2}\right)$$

同样 $y=\cos x$ 的 n 阶导数为　$(\cos x)^{(n)}=\cos\left(x+n\times\dfrac{\pi}{2}\right)$.

2. 二阶导数的物理意义

若某物体作变速直线运动，其运动方程为 $s=s(t)$，则物体运动的速度 v 是路程 s 对时间 t 的导数，即

$$v=s'(t)=\frac{ds}{dt}$$

此时若速度 v 仍是时间 t 的函数，我们可以求速度 v 对时间 t 的导数，用 a 表示，即

$$a=v'(t)=s''(t)=\frac{d^2 s}{dt^2}$$

物理学中，我们称 a 为加速度，也就是说物体运动的加速度 a 是路程 s 对时间 t 的二阶导数.

【例 21】 已知某物体作变速直线运动，其运动方程为 $s=A\cos(\omega t+\varphi)$（$A,\omega,\varphi$ 是常数)，求物体运动的加速度.

解： 因为 $s=A\cos(\omega t+\varphi)$

则

$$v=s'(t)=-A\omega\sin(\omega t+\varphi)$$
$$a=s''(t)=-A\omega^2\cos(\omega t+\varphi)$$

此外，也可以利用 Mathstudio 求解函数的高阶导数，其对应的命令为：

D(function,variable,n)，其中 n 可输入为所要求函数导数的阶数.

【例 22】 求 $y=\sin x$ 的 2 阶导数.

解： 第一步，在 Catalog 目录下，点击 D 条目，如图 4-13 所示.

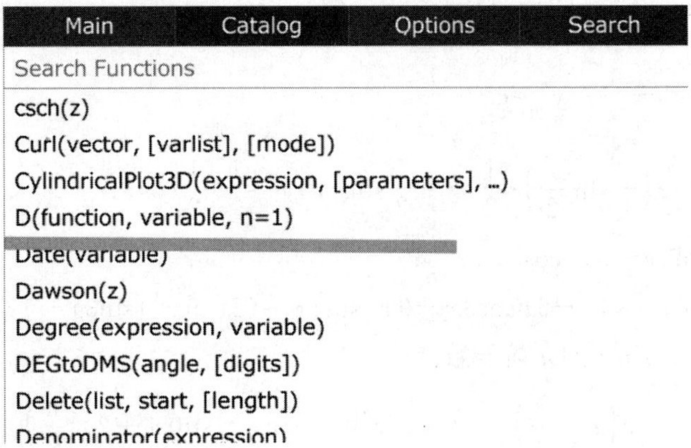

图 4-13

第二步，在指令区对话框输入相应的函数，明确自变量，在 n 的位置输入 2. 点击 Solve 按键，输出对应结果，如图 4-14 所示.

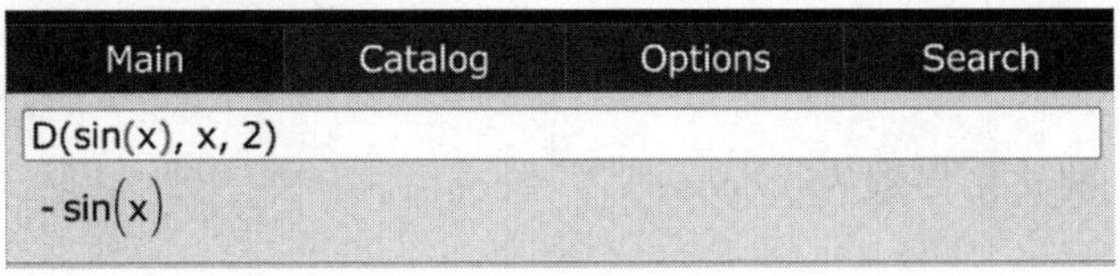

图 4-14

这与例 20 对应部分的结果一致.

注意： Mathstudio 的函数化简功能不是特别的完美，计算过于复杂函数的导数，尤其是高阶导数时，计算结果不会是最简单的形式，但结果是正确的.

数学思想小火花

熟练地掌握导数的计算方法是应用导数的重要环节，这里不仅训练计算能力，更有甄别求导类型、选择最优计算方法等逻辑思维能力的训练，既培养了思维严谨，也形成认真的态度和良好的规则意识，这是全人类共有的精神财富. 同时，养成关注并应用新科技发展成果来跨越导数计算难题的好习惯，可有效提高数学学习效率.

习题 4-2

1. 求下列函数的导数：

(1) $y=x^2+3x-\sin x$；　(2) $y=\dfrac{x^6+2\sqrt{x}-1}{x^3}$；　(3) $s=\sqrt{t}\sin t+\ln 2$；

(4) $y=x\cos x\cdot\ln x$；　(5) $y=\dfrac{x+1}{x-1}$；　(6) $y=\dfrac{e^x}{x^2+1}$.

2. 求下列函数在给定点的导数：

(1) $y=x^5+3\sin x$ 在 $x=0$ 及 $x=\dfrac{\pi}{2}$；(2) $y=3x^2+x\cos x-1$ 在 $x=-\pi$ 及 $x=\pi$.

3. 指出下列复合函数的复合过程，并求出其导数.

(1) $y=(3x^2+1)^{10}$；　(2) $y=\sqrt{1+x^2}$；　(3) $y=\cos\left(5x+\dfrac{\pi}{4}\right)$；

(4) $y=3\sin(3x+5)$；　(5) $y=\ln(1-x)$；　(6) $y=\sin^2 x$；

(7) $y=\ln(x^2+\sqrt{x})$；　(8) $y=\sqrt{\dfrac{x-1}{x+1}}$.

4. 求下列函数的导数并用 Mathstudio 验证：

(1) $y=\sin nx$；　(2) $y=(\ln x)^2$；　(3) $y=(x^2-2x+1)^{\frac{5}{3}}$；

(4) $y=\cos(3x+2)$；　(5) $y=\sqrt{1-x^2}$；　(6) $y=\ln(\ln x)$.

5. 曲线 $y=x^3-x+2$ 上哪一点的切线与直线 $2x-y-1=0$ 平行?

6. 过点(0,2)引抛物线 $y=1-x^2$ 的切线，求此切线方程，并画图.

7.【充电速度问题】对电容器充电的过程中，电容器充电电压为 $u_c=E(1-e^{-\frac{t}{RC}})$，讨论电容器的充电速度问题.

8. 求由下面的方程所确定的隐函数的导数，并用 Mathstudio 验证：

(1) $x^2-y^2=16$；　(2) $x\cos y=\sin(x+y)$；

(3) $y=\left(\dfrac{x}{1+x}\right)^x\ (x>0)$；　(4) $y=\dfrac{\sqrt{x+1}(3-x)^4}{(x+5)^3}$.

9. 求下列参数方程所确定的函数的导数 $\dfrac{dy}{dx}$，并用 Mathstudio 验证.

(1) $\begin{cases}x=t-t^2\\y=1-t^2\end{cases}$；　(2) $\begin{cases}x=a(t-\sin t)\\y=a(1-\cos t)\end{cases}$.

10. 求椭圆$\begin{cases}x=6\cos t\\y=4\sin t\end{cases}$在$t=\frac{\pi}{4}$相应点处的切线方程.

11. 求下列函数的二阶导数，并用 Mathstudio 验证.

(1) $y=x^{10}+3x^{5}+\sqrt{2}x^{3}+5$；　(2) $y=(x+3)^{5}$；　(3) $y=e^{2x}+x^{2e}$；

(4) $y=x\cos x$；　(5) $y=\ln(1-x^{2})$；　(6) $y=\frac{x^{2}}{\sqrt{1+x^{2}}}$；

(7) $y=x^{3}+8x-\cos x$；　(8) $y=(1+x^{2})\arctan x$.

12. 求下列函数的 n 阶导数，并用 Mathstudio 验证：

(1) $y=\sin^{2}x$；　(2) $y=\ln(x+1)$；　(3) $y=\frac{1}{x^{2}-1}$.

第三节　函数的极值

函数的极值（或最值）在电路分析中有广泛的应用，如求最大电流、最大电功率等. 下面，我们先从讨论函数的单调性入手，给出求函数极值的方法.

一、函数单调性的判定

在高中数学课程中，我们已经学习了函数单调性的判定方法，下面我们用导数来讨论函数的单调性.

定理 1（函数单调性的判定法） 设函数 $y=f(x)$在$[a,b]$上连续，在(a,b)内可导，则：

(1) 如果在(a,b)内 $f'(x)>0$，那么函数 $y=f(x)$在$[a,b]$上单调增加；

(2) 如果在(a,b)内 $f'(x)<0$，那么函数 $y=f(x)$在$[a,b]$上单调减少.

证明略.

【例 1】 判断函数 $f(x)=e^{x}-x-1$ 的单调性.

解：定义域为 $(-\infty,+\infty)$，求导得

$$f'(x)=e^{x}-1$$

当 $x=0$ 时，$f'(0)=0$；当 $x>0$ 时，$e^{x}>1$，因而 $f'(x)>0$，则 $f(x)$在 $(0,+\infty)$ 上单调增加；当 $x<0$ 时，$0<e^{x}<1$，因而 $f'(x)<0$，则 $f(x)$在 $(-\infty,0)$上单调减少，读者可以用 Mathstudio 绘出函数与其导数的图形直观验证上述结论.

【例 2】 确定 $f(x)=x^{3}-3x+2$ 的单调增减区间.

解：定义域是 $(-\infty,+\infty)$. 求导

$$f'(x)=3x^{2}-3=3(x+1)(x-1)$$

令 $f'(x)=0$，得 $x_1=-1, x_2=1$，因此定义区间 $(-\infty,+\infty)$ 被分成三个区间：

$$(-\infty,-1),\ (-1,1),\ (1,+\infty)$$

按顺序列出表 4-1，并考查这三个区间内 $f'(x)$符号，以确定函数的单调性.

表 4-1

x	$(-\infty,-1)$	-1	$(-1,1)$	1	$(1,+\infty)$
$f'(x)$	+	0	−	0	+
$f(x)$	单调增加	—	单调减少	—	单调增加

所以函数 $f(x)=x^3-3x$ 在区间$(-\infty,-1)\cup(1,+\infty)$单调增加，在区间 $(-1,1)$ 内单调减少，该函数的图形同样留给读者自己用 Mathstudio 画出，验证上述判断的正确性.

二、函数的极值

定义　设函数 $f(x)$在点 x_0 及其附近有定义，若对 x_0 附近的任意一点 $x(x\neq x_0)$均有 $f(x)<f(x_0)$ [或 $f(x)>f(x_0)$]，则称 $f(x_0)$是 $f(x)$的一个**极大值**（或**极小值**）.

函数的极大值与极小值统称为函数的**极值**，极大值点和极小值点统称为函数的**极值点**.

如图 4-15 所示，x_2 和 x_5 是 $f(x)$的极大值点，$f(x_2)$和 $f(x_5)$为 $f(x)$的极大值；x_1、x_4 和 x_6 是 $f(x)$的极小值点，$f(x_1)$、$f(x_4)$和 $f(x_6)$为 $f(x)$的极小值.

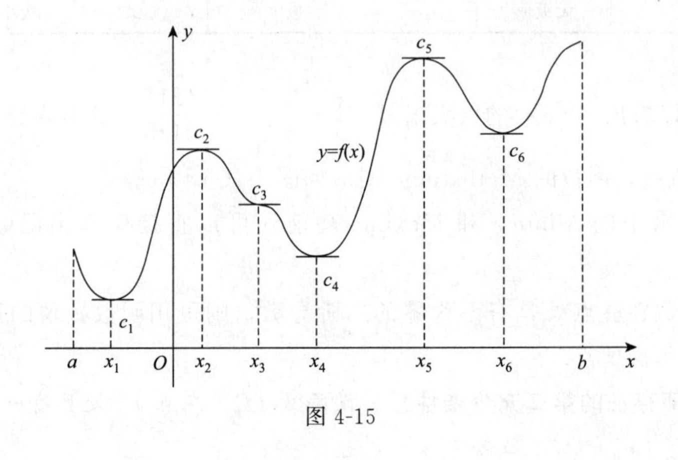

图 4-15

应当注意，函数的极值是一个局部性的概念，而不是整体性概念. 因而可能会出现函数的某一极大值小于另一极小值的情形. 如图 4-15 中极大值 $f(x_2)$就比极小值 $f(x_6)$要小.

由图 4-15 可以看出，可导函数 $f(x)$的极值点是函数由增到减或由减到增的分界点，在这一点曲线的切线是与 x 轴平行的，因此在极值点处切线的斜率等于 0，即 $f'(x)=0$.

定理 2（极值存在的必要条件）　如果函数 $f(x)$在点 x_0 处可导，并且在 x_0 处有极值，则必有 $f'(x_0)=0$.

使导数为零的点 [$f'(x)=0$ 的实根] 称为函数 $f(x)$的**驻点**.

注意：驻点只是可导函数 $f(x)$在点 x_0 处有极值的必要条件，即虽然有 $f'(x_0)=0$，但 x_0 不一定是极值点. 如图 4-15 中的点 c_3 处有水平切线，即有 $f'(x_3)=0$，点 x_3 是驻点，但 $f(x_3)$并不是函数的极值. 例如 $x=0$ 是函数 $f(x)=x^3$ 的驻点，却不是极值点.

定理 3（极值存在的第一充分条件） 设函数 $f(x)$在点 x_0 处连续，在点 x_0 附近可导（点 x_0 除外）.

(1) 如果在 x_0 的左侧附近，$f'(x)>0$，在 x_0 的右侧附近，$f'(x)<0$，则函数 $f(x)$在 x_0 处取得极大值 $f(x_0)$；

(2) 如果在 x_0 的左侧附近，$f'(x)<0$，在 x_0 的右侧附近，$f'(x)>0$，则函数 $f(x)$在 x_0 处取得极小值 $f(x_0)$；

(3) 如果在 x_0 的左、右两侧 $f'(x)$同号，则函数 $f(x)$在 x_0 处没有极值（证明略）.

【例 3】 求函数 $f(x)=(x-1)^2(x+3)^3$ 的极值.

解：函数 $f(x)$的定义域为$(-\infty,+\infty)$，$f'(x)=(x-1)(x+3)^2(5x+3)$，

令 $f'(x)=0$，得驻点：$x_1=x_2=-3$，$x_3=-\dfrac{3}{5}$，$x_4=1$. 列表 4-2 分析.

表 4-2

x	$(-\infty,-3)$	-3	$\left(-3,-\frac{3}{5}\right)$	$-\frac{3}{5}$	$\left(-\frac{3}{5},1\right)$	1	$(1,+\infty)$
$f'(x)$	+	0	+	0	−	0	+
$f(x)$	↗	无极值	↗	极大值	↘	极小值	↗

从表 4-2 可以看出，$f(x)$的极大值是 $f\left(-\dfrac{3}{5}\right)=35\dfrac{1217}{3125}$，极小值是 $f(1)=0$，驻点 $x=-3$ 不是极值点，函数的 Mathstudio 图形如图 4-16 所示.

点击图像编辑中的 Minima 和 Maxima 功能还可以直接显示出函数的极小值和极大值.

如果可导函数在驻点处具有不为零的二阶导数，则可用函数极值的第二充分条件来判定该驻点是否为极值点.

定理 4（极值存在的第二充分条件） 设函数 $f(x)$在点 x_0 处具有一、二阶导数，且 $f'(x_0)=0$，而 $f''(x_0)\neq 0$，如果

(1) 当 $f''(x_0)<0$ 时，$f(x)$在点 x_0 处取得极大值；

(2) 当 $f''(x_0)>0$ 时，$f(x)$在点 x_0 处取得极小值.

证明略.

【例 4】 求函数 $f(x)=\dfrac{1}{3}x^3-x$ 的极值.

解：函数 $f(x)$的定义域为$(-\infty,+\infty)$，$f'(x)=x^2-1$，令 $f'(x)=0$，得驻点 $x=\pm 1$. $f''(x)=2x$. 由于 $f'(-1)=0$，且 $f''(-1)=-2<0$，因此 $f(x)$在 $x=-1$ 处有极大值 $f(-1)=\dfrac{2}{3}$，由于 $f'(1)=0$，且 $f''(1)=2>0$，因此 $f(x)$在 $x=1$ 处有极小值 $f(1)=-\dfrac{2}{3}$，该函数的 Mathstudio 图形如图 4-17 所示.

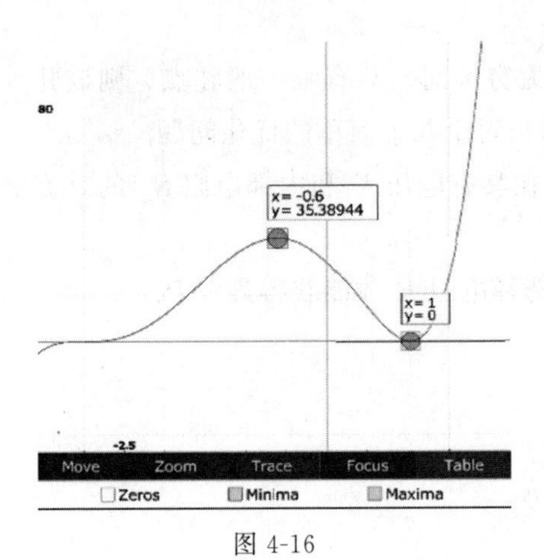

图 4-16

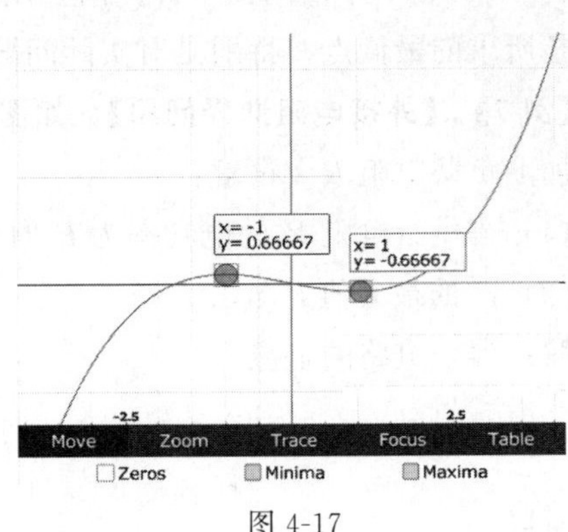

图 4-17

【例 5】 求函数 $f(x)=1-(x-2)^{\frac{2}{3}}$ 的极值.

解：定义域为 R，

$$f'(x)=-\frac{2}{3}\frac{1}{\sqrt[3]{x-2}}\quad (x\neq 2)$$

无驻点，但是在 $x=2$ 时导数不存在，不能利用第二个定理来判定，因此只能利用第一个定理.

当 $x<2$ 时，$f'(x)>0$；当 $x>2$ 时，$f'(x)<0$，所以 $f(2)=1$ 为函数的极大值.

由此可知函数在连续且不可导点也可能有极值，对求极值的步骤归纳如下：

(1) 求函数 $f(x)$的定义域，并求函数的导数 $f'(x)$；

(2) 解方程 $f'(x)=0$，确定函数的驻点和导数不存在的点；

(3) 用极值的第一充分条件或第二充分条件确定函数的极值点；

(4) 把极值点代入 $f(x)$，计算出函数的极值并指出是极大值还是极小值.

三、电路中的优化模型

电路中的优化模型大部分可以归结为数学中函数最值问题，最值问题是一个整体概念. 如果函数 $f(x)$在闭区间$[a,b]$上连续，则 $f(x)$在$[a,b]$上必有最大值和最小值. 显然，函数的最值可能在区间的端点取得，也有可能在(a,b)内部取得，若是在(a,b)内部取得，这样的点必然是函数的极值点，因此只需要找出极值可能出现的点和端点，代入函数求其函数值，最大的便是最大值，最小的便是最小值.

【例 6】 求函数 $f(x)=(x-1)\sqrt[3]{x^2}$ 在 $\left[-1,\frac{1}{2}\right]$ 上的最大值和最小值.

解：当 $x\neq 0$ 时，$f'(x)=\frac{5x-2}{3\sqrt[3]{x}}$. 由 $f'(x)=0$，得驻点 $x=\frac{2}{5}$. $x=0$ 为 $f'(x)$不存在的点. 由于

$$f(-1)=-2,\ f\left(\frac{1}{2}\right)=-\frac{1}{4}\sqrt[3]{2},\ f(0)=0,\ f\left(\frac{2}{5}\right)=-\frac{3}{5}\sqrt[3]{\frac{4}{25}}$$

所以，函数的最大值是 $f(0)=0$，最小值是 $f(-1)=-2$.

若 $f(x)$在一个区间内（开区间，闭区间或无穷区间）只有唯一的驻点，则该驻点很可能是所求的最值点，特别是对实际问题，下面来讨论几个简单的优化问题.

【例 7】【外接电阻选择问题】 如图 4-18，在具有电压 E 和内部电阻 R_i 的直流电源上，加上负载电阻 R. 试求：

（1）当供给电阻 R 的电功率为 P 时，如何选择电阻 R 才能获得最大 P.

（2）P 的最大值 P_{MAX}.

解：（1）电路的电流

$$I=\frac{E}{R_i+R}$$

所以

$$P=I^2R=\frac{E^2R}{(R_i+R)^2}$$

这里视 R 为自变量，求导数得：

$$\frac{\mathrm{d}P}{\mathrm{d}R}=E^2\ \frac{R'(R_i+R)^2-R[(R_i+R)^2]'}{[(R_i+R)^2]^2}=E^2\ \frac{(R_i+R)^2-R\cdot 2(R_i+R)}{(R_i+R)^4}=E^2\ \frac{R_i-R}{(R_i+R)^3}$$

令$\frac{\mathrm{d}P}{\mathrm{d}R}=0$，得 $R=R_i$（驻点）.

根据问题的实际意义，可知 当 $R=R_i$ 时，P 取得最大值.

（2）$P_{\mathrm{MAX}}=P|_{R=R_i}=\frac{E^2R_i}{(R_i+R_i)^2}=\frac{E^2}{4R_i}$

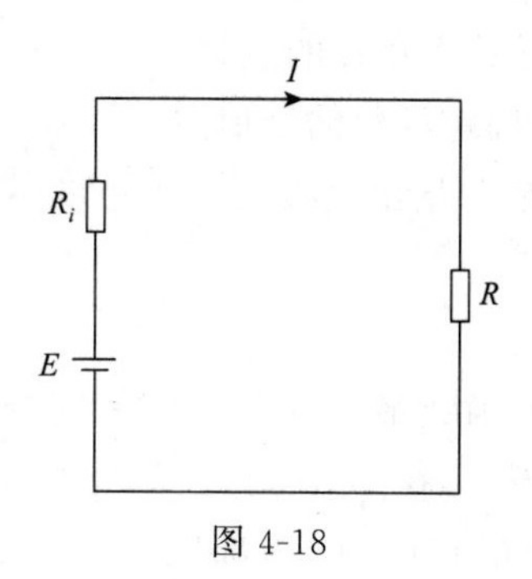

图 4-18

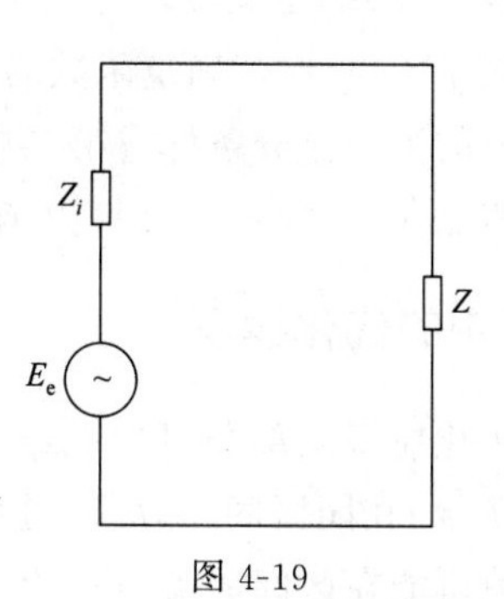

图 4-19

【例 8】【功率最大值问题】 如图 4-19 所示，在具有电压（实际值）E_{e}，内部阻抗 $Z_i=R_i+\mathrm{j}X_i$ 的交流电源上，加上外部负载阻抗 $Z=R+\mathrm{j}X$. 试求：

（1）当供给 R 的电功率 $P=\frac{E_{\mathrm{e}}^2R}{(R_i+R)^2+(X_i+X)^2}$为最大时的 Z 值；

（2）求 P 的最大值 $P_{\max}$.

解：（1）因为 X 是由电感或电容产生的阻抗，所以可以认为，R 与 X 无关. 于是$(R_i+R)^2$ 与$(X_i+X)^2$ 也是无关的两个量. 所以当$(X_i+X)^2=0$，即 $X=-X_i$ 时，P

会获得最大值 $P_{\max}$，即

$$P_{\max}=P|_{X=-X_i}=\frac{E_e^2R}{(R_i+R)^2}$$

令 $\frac{dP}{dR}=0$，得 $R=R_i$，此时 P 取得最大值 $P_{\max}$.

从而 $Z=R+jX=R_i-jX_i=\overline{Z_i}$（$Z_i$ 的共轭复数阻抗）.

（2）$P_{\max}=P|_{\substack{X=-X_i\\R=R_i}}=P_m|_{R=R_i}=\frac{E_e^2}{4R_i}$.

【例 9】　【电流最大值问题】某电路有电动势为 E、内部电阻为 R_i 的 n 个电池. 其中每 k 个电池先串联，然后再把 $n/k=l$ 个并联，在回路中流过外部电阻 R 的电流为 I. 为了使电流 I 最大，

（1）如何选取 k 和 l 值；

（2）试求 I 的最大值 $I_{\max}$.

解:（1）根据题意，在 R 上施加电压 $E_R=KE$，全部内阻的等效电阻为

$$kR_i/\frac{n}{k}=\frac{k^2R_i}{n}$$

所以

$$I=kE/\left(R+\frac{k^2R_i}{n}\right)=E/\left(\frac{R}{k}+\frac{kR_i}{n}\right)$$

欲使 I 最大,则要使上式含有 k 的分母为最小. 记

$$y=\frac{R}{k}+\frac{kR_i}{n}$$

令 $\frac{dy}{dk}=-\frac{R}{k^2}+\frac{R_i}{n}=0$ 得

$$k^2=\frac{nR}{R_i}，\text{即 } k=\sqrt{\frac{nR}{R_i}}$$

由于

$$\frac{d^2y}{dk^2}\Big|_{k=\sqrt{\frac{nR}{R_i}}}=-\left(-\frac{R}{2k^3}\right)\Big|_{k=\sqrt{\frac{nR}{R_i}}}=\frac{2R}{\left(\sqrt{\frac{nR}{R_i}}\right)^3}>0$$

所以当 $k=\sqrt{\frac{nR}{R_i}}$ 时，y 取最小值，这时 I 可获得最大值. 因此

$$k=\sqrt{\frac{nR}{R_i}},\ l=\frac{n}{k}=\frac{n}{\sqrt{\frac{nR}{R_i}}}=\sqrt{\frac{nR_i}{R}}$$

（2）根据（1）的结论，$I_{\max}=\dfrac{E}{\dfrac{R}{\sqrt{\frac{nR}{R_i}}}+\sqrt{\frac{nR}{R_i}}\dfrac{R_i}{n}}=\dfrac{E}{2\sqrt{\frac{RR_i}{n}}}$

【例 10】　【线芯半径选择问题】 电缆通电时，线芯和外层护层之间会产生电场，电场方向是从线芯向外的，电场对绝缘层有破坏的作用．想要使电场尽量均匀而且尽量小，就要确定线芯的半径（粗细）．如图 4-20 所示，线芯的半径为 a，铝皮的半径为 b 的单芯同轴电缆．当在线芯和铝皮之间加上电压 u 时，线芯表面的电场 E 为

$$E=\frac{u}{a\ln\frac{b}{a}}$$

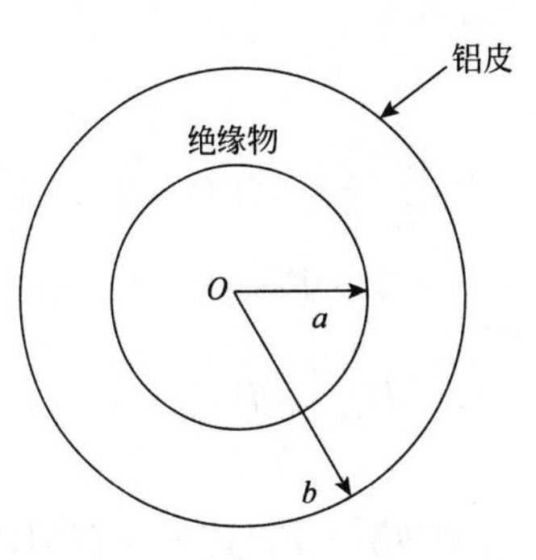

图 4-20

（1）如果 b 为固定数，试求当 E 为最小值时的 a 值；

（2）试求 E 的最小值 E_{MIN}．

解：（1）为了使 E 为最小，对于满足 $0<a<b$ 关系的 a，必须使分母为最大．令 $y=a\ln\frac{b}{a}=a(\ln b-\ln a)$，求 $\frac{\mathrm{d}y}{\mathrm{d}a}=0$ 时的 a

$$\frac{\mathrm{d}y}{\mathrm{d}a}=\ln b-\ln a-a\cdot\frac{1}{a}=\ln\frac{b}{a}-1=0$$

$$\ln\frac{b}{a}=1,\frac{b}{a}=\mathrm{e}$$

$$a=\frac{b}{\mathrm{e}}<b$$

并且 $\left.\frac{\mathrm{d}^2y}{\mathrm{d}a^2}\right|_{a=b/\mathrm{e}}=\left.\frac{\mathrm{d}}{\mathrm{d}a}(\ln b-\ln a-1)\right|_{a=b/\mathrm{e}}=-\left.\frac{1}{a}\right|_{a=\frac{b}{\mathrm{e}}}=-\frac{\mathrm{e}}{b}<0$

这说明，当 $a=\frac{b}{\mathrm{e}}$ 时，y 取得最大值，从而 E 就有最小值．

（2）$E_{\mathrm{MIN}}=E\big|_{a=\frac{b}{\mathrm{e}}}=u\Big/\left.\left(a\cdot\ln\frac{b}{a}\right)\right|_{a=\frac{b}{\mathrm{e}}}=\frac{u}{\frac{b}{\mathrm{e}}\ln\mathrm{e}}=\frac{\mathrm{e}u}{b}$

数学思想小火花

导数广泛应用到企业行业利润最大、成本最低、效率最高、效果最好等优化问题寻找可行解上，为我国经济建设、经济发展从粗放型到集约型的转变做出了巨大贡献．

习题 4-3

1. 确定函数 $y=2x^3-6x^2-18x-7$ 的单调区间．

2. 判定下列函数在指定区间内的单调性：

（1）$f(x)=\arctan x-x\ (-\infty,+\infty)$；　　（2）$f(x)=x+\cos x\ [0,2\pi]$．

3. 确定下列函数的单调区间：

(1) $f(x)=x^3-2x^2+x-3$；　　(2) $f(x)=2x^2-\ln x$；

(3) $f(x)=\ln(x+\sqrt{1+x^2})$；　　(4) $f(x)=(x-1)(x+1)^3$.

4. 求下列函数的极值：

(1) $f(x)=x^3+\dfrac{3}{x}$；　　(2) $f(x)=(x-4)\cdot\sqrt[3]{(x+1)^2}$.

5. 求下列函数的最大值、最小值：

(1) $f(x)=x^3-3x+1$，$x\in[-2,0]$；　　(2) $f(x)=x+\arctan x$，$x\in[0,1]$.

6. 如图 4-21 所示，进入上端的电荷表达式为

$$q=\frac{1}{a^2}-\left(\frac{t}{a}+\frac{1}{a^2}\right)e^{-at}$$

如果 $a=0.3679\text{s}^{-1}$，求流进电子电流的最大值.

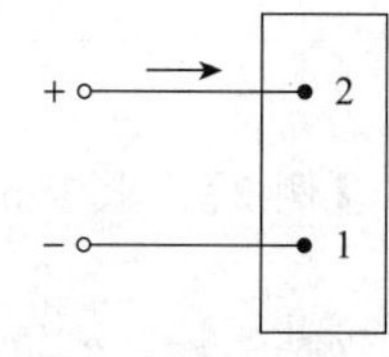

图 4-21

7. 正弦电流在 $t=150\mu\text{s}$ 时为 0，且以 $2\times10^4\text{A/s}$ 的速率上升，最大值为 10A. 求 i 的角频率与表达式.

8. 当 $t=-\dfrac{250}{6}\mu\text{s}$ 时正弦电压为 0，且有正向增大的趋势，电压下一个为 0 的时间点为 $t=\dfrac{1250}{6}\mu\text{s}$，并且知道当 $t=0$ 时电压值为 75V. 求 u 的频率与表达式.

9. 设变压器的效率为 η，表达式为

$$\eta=\frac{\text{输出功率}}{\text{输入功率}}=\frac{E_e I_e\cos\theta}{E_e I_e\cos\theta+R_e I_e^2+W_i}$$

试求，当 I_e 取何值时，η 最大，并求此 η 的最大值. 式中，E_e 是加在一次线圈上的电压值，R_e 是线圈的等价电阻，W_i 是铁损，$\cos\theta$ 是功率因数. 所有的这些参数与一次线圈的实际电流值 I_e 都没有关系.

第四节※　洛必达法则

如果两个函数 $f(x)$、$g(x)$，当 $x\to x_0$（或 $x\to\infty$）时，都趋于零或无穷大，那么极限 $\lim\limits_{x\to x_0}\dfrac{f(x)}{g(x)}$ 或 $\lim\limits_{x\to\infty}\dfrac{f(x)}{g(x)}$ 可能存在，也可能不存在，而且不能用商的极限法则进行计算，我们把这类极限称为“$\dfrac{0}{0}$”型或“$\dfrac{\infty}{\infty}$”型**未定式**. 对于这类极限我们将用一个简便且重要的计算方法，即洛必达法则.

1. “$\dfrac{0}{0}$”型未定式

定理 1　设函数 $f(x)$ 与 $g(x)$ 满足条件：

(1) $\lim\limits_{x\to x_0}f(x)=\lim\limits_{x\to x_0}g(x)=0$；

(2) $f(x)$，$g(x)$ 在点 x_0 的近旁（点 x_0 可除外）可导，且 $g'(x)\neq0$；

(3) $\lim\limits_{x\to x_0}\dfrac{f'(x)}{g'(x)}$ 存在（或为无穷大）.

则有

$$\lim_{x \to x_0} \frac{f(x)}{g(x)} = \lim_{x \to x_0} \frac{f'(x)}{g'(x)}$$

成立（证明略）.

【例 1】 求$\lim\limits_{x \to 0} \frac{(1+x)^4-1}{x}$.

解：这是“$\frac{0}{0}$”型未定式，应用洛必达法则，得

$$\lim_{x \to 0} \frac{(1+x)^4-1}{x} = \lim_{x \to 0} \frac{4(1+x)^3}{1} = 4$$

【例 2】 求$\lim\limits_{x \to 0} \frac{\ln(1+x)}{x^2}$.

解：这是“$\frac{0}{0}$”型未定式，应用洛必达法则，得

$$\lim_{x \to 0} \frac{\ln(1+x)}{x^2} = \lim_{x \to 0} \frac{\frac{1}{1+x}}{2x} = \lim_{x \to 0} \frac{1}{2x(1+x)} = \infty$$

2.“$\frac{\infty}{\infty}$”型不定式

定理 2 设函数 $f(x)$ 与 $g(x)$ 满足条件：

(1) $\lim\limits_{x \to x_0} f(x) = \lim\limits_{x \to x_0} g(x) = \infty$；

(2) $f(x)$，$g(x)$ 在点 x_0 的近旁内（点 x_0 可除外）可导，且 $g'(x) \neq 0$；

(3) $\lim\limits_{x \to x_0} \frac{f'(x)}{g'(x)}$ 存在（或为无穷大）.

则有

$$\lim_{x \to x_0} \frac{f(x)}{g(x)} = \lim_{x \to x_0} \frac{f'(x)}{g'(x)}$$

成立（证明略）.

若 $\lim\limits_{x \to x_0} \frac{f'(x)}{g'(x)}$ 仍为“$\frac{0}{0}$”或“$\frac{\infty}{\infty}$”型未定式，且仍然满足洛必达法则的条件，则可以继续对此未定式应用洛必达法则进行计算.

【例 3】 求$\lim\limits_{x \to 0^+} \frac{\ln\sin 3x}{\ln\sin x}$.

解：这是“$\frac{\infty}{\infty}$”型未定式，应用洛必达法则，有

$$\lim_{x \to 0^+} \frac{\ln\sin 3x}{\ln\sin x} = \lim_{x \to 0^+} \frac{\frac{3\cos 3x}{\sin 3x}}{\frac{\cos x}{\sin x}} = 3\lim_{x \to 0^+} \left(\frac{\cos 3x}{\cos x} \cdot \frac{\sin x}{\sin 3x}\right) = 3\lim_{x \to 0^+} \frac{\cos 3x}{\cos x} \cdot \lim_{x \to 0^+} \frac{\sin x}{\sin 3x}$$

$$= 3\lim_{x \to 0^+} \frac{\sin x}{\sin 3x} = 3\lim_{x \to 0^+} \frac{\cos x}{3\cos 3x} = 1.$$

在上面两个定理中把 $x \to x_0$ 改为 $x \to \infty$，洛必达法则同样适用.

【例 4】 求 $\lim\limits_{x\to+\infty}\dfrac{x^n}{e^{\lambda x}}$（$n$ 为正整数，$\lambda>0$）.

解：这是"$\dfrac{\infty}{\infty}$"型未定式，连续运用洛必达法则 n 次，得

$$\lim_{x\to+\infty}\frac{x^n}{e^{\lambda x}}=\lim_{x\to+\infty}\frac{nx^{n-1}}{\lambda e^{\lambda x}}=\lim_{x\to+\infty}\frac{n(n-1)x^{n-2}}{\lambda^2 e^{\lambda x}}=\cdots=\lim_{x\to+\infty}\frac{n!}{\lambda^n e^{\lambda x}}=0$$

3. 其他类型的不定式

未定式除"$\dfrac{0}{0}$"与"$\dfrac{\infty}{\infty}$"型外，还有"$0\cdot\infty$""$\infty-\infty$""0^0""∞^0""1^∞"等类型. 可以通过适当的变形，把它们化为"$\dfrac{0}{0}$"与"$\dfrac{\infty}{\infty}$"型，然后用洛必达法则求极限.

【例 5】 求 $\lim\limits_{x\to+\infty}x\left(\dfrac{\pi}{2}-\arctan x\right)$.

解：这是"$0\cdot\infty$"型未定式，利用无穷大与无穷小的关系可化为"$\dfrac{0}{0}$"型或"$\dfrac{\infty}{\infty}$"型未定式，然后应用洛必达法则

$$\lim_{x\to+\infty}x\left(\frac{\pi}{2}-\arctan x\right)=\lim_{x\to+\infty}\frac{\dfrac{\pi}{2}-\arctan x}{\dfrac{1}{x}}=\lim_{x\to+\infty}\frac{-\dfrac{1}{1+x^2}}{-\dfrac{1}{x^2}}=\lim_{x\to+\infty}\frac{x^2}{1+x^2}=1$$

【例 6】 求 $\lim\limits_{x\to1}\left(\dfrac{2}{x^2-1}-\dfrac{1}{x-1}\right)$.

解：这是"$\infty-\infty$"型未定式，利用通分的方法可化为"$\dfrac{0}{0}$"型或"$\dfrac{\infty}{\infty}$"型未定式，然后应用洛必达法则

$$\lim_{x\to1}\left(\frac{2}{x^2-1}-\frac{1}{x-1}\right)=\lim_{x\to1}\frac{2-(x+1)}{x^2-1}=\lim_{x\to1}\frac{1-x}{x^2-1}=\lim_{x\to1}\frac{-1}{2x}=-\frac{1}{2}$$

【例 7】 求 $\lim\limits_{x\to1}x^{\frac{1}{1-x}}$.

解：这是一个"1^∞"型未定式，利用取对数的方法进行恒等变形可将指数部分化为"$\dfrac{0}{0}$"型或"$\dfrac{\infty}{\infty}$"型未定式，即 $x^{\frac{1}{1-x}}=e^{\ln x^{\frac{1}{1-x}}}=e^{\frac{1}{1-x}\ln x}=e^{\frac{\ln x}{1-x}}$，然后对指数部分应用洛必达法则

$$\lim_{x\to1}x^{\frac{1}{1-x}}=e^{\lim\limits_{x\to1}\frac{\ln x}{1-x}}=e^{\lim\limits_{x\to1}\frac{\frac{1}{x}}{-1}}=e^{-1}$$

【例 8】 求 $\lim\limits_{x\to0^+}x^x$.

解：这是一个"0^0"型未定式，同样用取对数的方法恒等变形，因为 $x^x=e^{\ln x^x}=e^{x\ln x}$，所以

$$\lim_{x\to0^+}x^x=e^{\lim\limits_{x\to0^+}x\ln x}=e^{\lim\limits_{x\to0^+}\frac{\ln x}{\frac{1}{x}}}=e^{\lim\limits_{x\to0^+}\frac{\frac{1}{x}}{-\frac{1}{x^2}}}=e^0=1$$

对于求未定式的极限，当 $\lim\limits_{x \to x_0} \dfrac{f'(x)}{g'(x)}$ 不存在时，不能断定 $\lim\limits_{x \to x_0} \dfrac{f(x)}{g(x)}$ 不存在，只能说明此时不能应用洛必达法则，可改用其他方法去求极限.

【例 9】 求 $\lim\limits_{x \to 0} \dfrac{x^2 \sin \frac{1}{x}}{\sin x}$.

解：该题属于"$\dfrac{0}{0}$"型不定式，但分子、分母分别求导后得 $\lim\limits_{x \to 0} \dfrac{2x \sin \frac{1}{x} - \cos \frac{1}{x}}{\cos x}$，此式振荡无极限，因此不满足定理 1 和定理 2 的条件(3)，故洛必达法则失效，但它的极限存在.

$$\lim_{x \to 0} \frac{x^2 \sin \frac{1}{x}}{\sin x} = \lim_{x \to 0} \left(\frac{x}{\sin x} \cdot x \sin \frac{1}{x} \right) = \lim_{x \to 0} \frac{x}{\sin x} \times \lim_{x \to 0} x \sin \frac{1}{x} = 1 \times 0 = 0$$

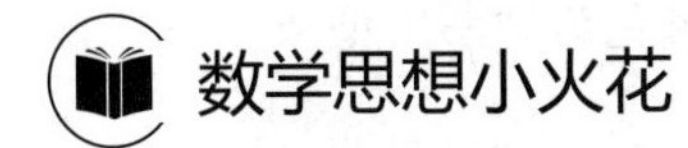

数学思想小火花

洛必达法则是应用导数求解极限的重要方法，极限的思想为导数概念的提出奠定了基础，导数用洛必达法则丰富了极限的求解方法. 数学中这种相互成就的例子还有很多，值得我们学习.

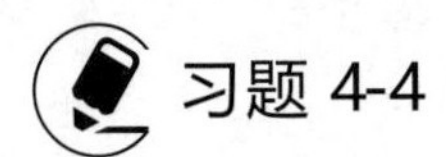

习题 4-4

1. 判断下列极限的计算是否正确：

(1) $\lim\limits_{x \to 0} \dfrac{x^2 - 1}{x^2} = \lim\limits_{x \to 0} \dfrac{2x}{2x} = 1$. （　　）

(2) $\lim\limits_{x \to 1} \dfrac{x^3 - 2x + 1}{(x-1)^2} = \lim\limits_{x \to 1} \dfrac{3x^2 - 2}{2(x-1)} = \lim\limits_{x \to 2} \dfrac{6x}{2} = 6$. （　　）

2. 求下列未定式极限并用 Mathstudio 验证：

(1) $\lim\limits_{x \to 1} \dfrac{2x^3 - 3x^2 + 1}{x^3 + x^2 - 2x}$；
(2) $\lim\limits_{x \to 0} \dfrac{x - \sin x}{x^3}$；
(3) $\lim\limits_{x \to +\infty} \dfrac{x^3}{e^x}$；

(4) $\lim\limits_{x \to 0} \left(\dfrac{1}{x} - \dfrac{1}{\sin x} \right)$；
(5) $\lim\limits_{x \to 0} \dfrac{e^x - 1}{x^2 - x}$；
(6) $\lim\limits_{x \to 0} \dfrac{\sin ax}{\sin bx} (b \neq 0)$；

(7) $\lim\limits_{x \to \pi} \dfrac{\sin 3x}{\tan 5x}$；
(8) $\lim\limits_{x \to a} \dfrac{\sin x - \sin a}{x - a}$；
(9) $\lim\limits_{x \to \infty} \dfrac{3x^5 + 2x}{2x^5 - 7x + 9}$；

(10) $\lim\limits_{x \to 1} \left(\dfrac{x}{x-1} - \dfrac{1}{\ln x} \right)$；
(11) $\lim\limits_{x \to 0} \left(\dfrac{1}{x} - \dfrac{1}{e^x - 1} \right)$；
(12) $\lim\limits_{x \to +\infty} \dfrac{\ln x}{x}$；

(13) $\lim\limits_{x \to 0} \dfrac{e^x - e^{-x}}{\sin x}$；
(14) $\lim\limits_{x \to 0^+} \dfrac{\ln \tan 7x}{\ln \tan 2x}$；
(15) $\lim\limits_{x \to \infty} x (e^{\frac{1}{x}} - 1)$；

(16) $\lim\limits_{x \to \frac{\pi}{2}} \dfrac{\ln \sin x}{(\pi - 2x)^2}$；
(17) $\lim\limits_{x \to 0} x \cot 2x$；
(18) $\lim\limits_{x \to 0} x^2 e^{\frac{1}{x^2}}$.

第五单元

积分及其应用

单元引导

17世纪，力学和天文学开始了它们的革命——数学化的进程. 曲线的弧长、曲线围成的平面图形的面积、曲面围成的立方体体积、物体重心、引力等实际问题的研究，为积分学的诞生奠定了基础. 英国物理学家、数学家牛顿，德国哲学家、数学家莱布尼兹几乎在同一时期分别独自研究和创立了积分学的理论. 作为微积分的重要组成部分，积分学这一理论在电路分析和正弦稳态功率计算方面有广泛应用.

本单元主要介绍不定积分和定积分概念，求积分的方法及定积分在电路分析中的应用. 希望学完本单元后，你能够：

- 准确区分不定积分和定积分的概念及意义
- 熟练掌握微积分基本公式及其应用
- 能用人工手算和 Mathstudio 进行积分计算
- 清晰阐述微元法解决问题的步骤
- 应用积分解决专业中电路分析案例和实际问题
- 理解不定积分定义中蕴含的否定之否定、定积分定义中蕴含的量变到质量的数学哲学原理

第一节　原函数与不定积分

前面我们学习了导数和微分及其在电路中的应用. 如在纯电容电路中，对加在电容两端的电压表达式关于时间求导后，可得对应电容的充放电电流. 实际上，我们也会给出相反的情况，即已知通过电容的电流大小，求出加在电容两端的电压值问题，这就是接下来要学习的不定积分，即已知某个函数 $f(x)$，求满足 $F'(x)=f(x)$ 的函数 $F(x)$ 问题.

一、原函数与不定积分

定义 1 设 $f(x)$是定义在区间 I 内的已知函数，如果存在函数 $F(x)$，使得在该区间内的任意一点 x，都有

$$F'(x)=f(x) \quad 或 \quad dF(x)=f(x)dx,$$

则称 $F(x)$是 $f(x)$在区间 I 上的**一个原函数**.

如在区间$(-\infty,+\infty)$内，有$(\sin x)'=\cos x$，称 $\sin x$ 是 $\cos x$ 的一个原函数，显然 $\sin x+1$、$\sin x+C$（C 为任意常数）等也是 $\cos x$ 的原函数，由此可见，$\cos x$ 的原函数不唯一.

关于原函数我们有如下结论：

定理 1 若函数 $f(x)$在区间 I 上连续，则 $f(x)$在 I 上一定存在原函数.

定理 2 若函数 $F(x)$是 $f(x)$的一个原函数，则 $F(x)+C$（C 为任意常数）是 $f(x)$的全体原函数.

定义 2 函数 $f(x)$的全体原函数 $F(x)+C$（C 为任意常数）叫作 $f(x)$的**不定积分**，记作

$$\int f(x)dx=F(x)+C, \quad 其中\ F'(x)=f(x)$$

上式中"$\int$"称为**积分号**，函数 $f(x)$称为**被积函数**，x 称为**积分变量**，微分 $f(x)dx$ 称为**被积表达式**，C 称为**积分常数**.

即：式子 $\int f(x)dx$ 表示的是 $f(x)$的**全体原函数（也称为原函数族）** $F(x)+C$.

根据不定积分的定义，我们容易得到：

性质 1 $\left[\int f(x)dx\right]'=f(x)$ 或 $d\int f(x)dx=f(x)dx$

又因为 $F(x)$是 $F'(x)$的原函数，所以有

性质 2 $\int F'(x)dx=F(x)+c$ 或 $\int dF(x)=F(x)+c$

即不定积分的导数（或微分）等于被积函数（或被积表达式）；一个函数的导数（或微分）的不定积分与这个函数相差一个任意常数.

由此可见，"求不定积分"和"求导数（或微分）"**互为逆运算**.

【例 1】 求不定积分 $\int x^3dx$.

解： 因为$\left(\frac{1}{4}x^4\right)'=x^3$，所以$\frac{1}{4}x^4$ 是 x^3 的一个原函数，因此

$$\int x^3dx=\frac{1}{4}x^4+C$$

【例 2】 求不定积分$\int\frac{1}{\sqrt{1-x^2}}dx$

解： 因为$(\arcsin x)'=\frac{1}{\sqrt{1-x^2}}$ 故$\int\frac{1}{\sqrt{1-x^2}}dx=\arcsin x+C$

注意：(1) 根据不定积分定义，不定积分结果中的任意常数 C 是必须有的，否则求出的只是一个原函数而不是不定积分，并且正是由于表达式 $F(x)+C$ 有个任意常数 C，才称为不定积分.

(2) 求 $f(x)$的不定积分，只需求出它的一个原函数，再加上任意常数 C 就可以了.

(3) 由原函数与不定积分之间的关系知，可以用求导的方法验证所求不定积分是否正确.

二、基本积分公式

由于求不定积分和求导数互为逆运算，所以由基本初等函数的导数公式对应地可以得到基本积分公式，见表 5-1.

表 5-1

序号	$F'(x)=f(x)$	$\int f(x)\mathrm{d}x=F(x)+c$
1	$(kx)'=k$, k 为常数	$\int k\mathrm{d}x=kx+c$, k 为常数
2	$\left(\frac{x^{\alpha+1}}{\alpha+1}\right)'=x^{\alpha}$	$\int x^{\alpha}\mathrm{d}x=\frac{x^{\alpha+1}}{\alpha+1}+c \quad (\alpha\neq-1)$
3	$(\ln x)'=\frac{1}{x}(x<0)$， $[\ln(-x)]'=\frac{1}{x}(x>0)$	$\int\frac{1}{x}\mathrm{d}x=\ln\lvert x\rvert+c$
4	$\left(\frac{a^x}{\ln a}\right)'=a^x$	$\int a^x\mathrm{d}x=\frac{1}{\ln a}a^x+c$
5	$(\mathrm{e}^x)'=\mathrm{e}^x$	$\int\mathrm{e}^x\mathrm{d}x=\mathrm{e}^x+c$
6	$(\sin x)'=\cos x$	$\int\cos x\mathrm{d}x=\sin x+c$
7	$(\cos x)'=-\sin x$	$\int\sin x\mathrm{d}x=-\cos x+c$
8	$(\tan x)'=\sec^2 x$	$\int\sec^2 x\mathrm{d}x=\tan x+c$
9	$(\cot x)'=-\csc^2 x$	$\int\csc^2 x\mathrm{d}x=-\cot x+c$
10	$(\sec x)'=\sec x\tan x$	$\int\sec x\tan x\mathrm{d}x=\sec x+c$
11	$(\csc x)'=-\csc x\cot x$	$\int\csc x\cot x\mathrm{d}x=-\csc x+c$
12	$(\arcsin x)'=\frac{1}{\sqrt{1-x^2}}$	$\int\frac{\mathrm{d}x}{\sqrt{1-x^2}}=\arcsin x+c$
13	$(\arctan x)'=\frac{1}{1+x^2}$	$\int\frac{\mathrm{d}x}{1+x^2}=\arctan x+c$

三、不定积分的运算性质及计算

假设 $f(x)$、$g(x)$、$f_i(x)(1\leqslant i\leqslant n)$的原函数都存在，则

性质 3（和差性质） 两个函数代数和的不定积分等于这两个函数不定积分的代数和.

即
$$\int[f(x)\pm g(x)]\mathrm{d}x=\int f(x)\mathrm{d}x\pm\int g(x)\mathrm{d}x$$

此性质可推广到有限个函数代数和的情况，即

$$\int[f_1(x)\pm f_2(x)\pm\cdots\pm f_n(x)]\mathrm{d}x=\int f_1(x)\mathrm{d}x\pm\int f_2(x)\mathrm{d}x\pm\cdots\pm\int f_n(x)\mathrm{d}x$$

性质 4（数乘性质） 被积函数中不为零的常数因子可提到积分号的外面，即

$$\int kf(x)\mathrm{d}x=k\int f(x)\mathrm{d}x\ (k\neq 0)$$

利用不定积分的运算性质和基本公式（有时需要做适当的变形和简化），我们可以计算一些简单函数的不定积分.

【例 3】 计算下列不定积分.

(1) $\int(1+\sqrt{x})^4\mathrm{d}x$； (2) $\int\dfrac{x\mathrm{e}^x+x^5+3}{x}\mathrm{d}x$； (3) $\int(5^x+\cot^2x)\mathrm{d}x$；

(4) $\int\dfrac{x^4}{x^2+1}\mathrm{d}x$； (5) $\int(\sqrt{x}+1)\left(x-\dfrac{1}{\sqrt{x}}\right)\mathrm{d}x$； (6) $\int\sin^2\dfrac{x}{2}\mathrm{d}x$.

解： (1) $\int(1+\sqrt{x})^4\mathrm{d}x=\int(1+4\sqrt{x}+6x+4x\sqrt{x}+x^2)\mathrm{d}x$

$$=\int\mathrm{d}x+4\int x^{\frac{1}{2}}\mathrm{d}x+6\int x\mathrm{d}x+4\int x^{\frac{3}{2}}\mathrm{d}x+\int x^2\mathrm{d}x$$

$$=x+\frac{8}{3}x^{\frac{3}{2}}+3x^2+\frac{8}{5}x^{\frac{5}{2}}+\frac{1}{3}x^3+C$$

(2) $\int\dfrac{x\mathrm{e}^x+x^5+3}{x}\mathrm{d}x=\int\mathrm{e}^x\mathrm{d}x+\int x^4\mathrm{d}x+3\int\dfrac{1}{x}\mathrm{d}x=\mathrm{e}^x+\dfrac{x^5}{5}+3\ln|x|+C$

(3) $\int(5^x+\cot^2x)\mathrm{d}x=\int 5^x\mathrm{d}x+\int\dfrac{\cos^2x}{\sin^2x}\mathrm{d}x=\int 5^x\mathrm{d}x+\int\dfrac{1-\sin^2x}{\sin^2x}\mathrm{d}x$

$$=\int 5^x\mathrm{d}x+\int\frac{1}{\sin^2x}\mathrm{d}x-\int\mathrm{d}x=\int 5^x\mathrm{d}x+\int\csc^2x\mathrm{d}x-\int\mathrm{d}x=\frac{5^x}{\ln 5}-\cot x-x+C$$

(4) $\int\dfrac{x^4}{x^2+1}\mathrm{d}x=\int\dfrac{x^4-1+1}{x^2+1}\mathrm{d}x=\int\left(x^2-1+\dfrac{1}{x^2+1}\right)\mathrm{d}x=\int x^2\mathrm{d}x-\int\mathrm{d}x+\int\dfrac{1}{x^2+1}\mathrm{d}x$

$$=\frac{1}{3}x^3-x+\arctan x+C$$

(5) $\int(\sqrt{x}+1)\left(x-\dfrac{1}{\sqrt{x}}\right)\mathrm{d}x=\int\left(x\sqrt{x}+x-1-\dfrac{1}{\sqrt{x}}\right)\mathrm{d}x$

$$=\int x\sqrt{x}\mathrm{d}x+\int x\mathrm{d}x-\int 1\cdot\mathrm{d}x-\int\frac{1}{\sqrt{x}}\mathrm{d}x=\frac{2}{5}x^{\frac{5}{2}}+\frac{1}{2}x^2-x-2x^{\frac{1}{2}}+C$$

(6) $\int\sin^2\dfrac{x}{2}\mathrm{d}x=\int\dfrac{1-\cos x}{2}\mathrm{d}x=\dfrac{1}{2}x-\dfrac{1}{2}\sin x+C$

总之，在求积分时，直接利用基本积分公式和性质或者对被积函数进行适当的恒等变形后，化成能利用积分的基本公式和性质求不定积分的方法称为**直接积分法.**

对于更为复杂的函数求不定积分，我们可以借用 Mathstudio 软件求解.

【例 4】 用 Mathstudio 计算下列不定积分：

(1) $\int x\mathrm{e}^{x^2}\mathrm{d}x$；　　　　(2) $\int \frac{\ln^3 x}{x}\mathrm{d}x$.

解：(1) 第一步：打开 Mathstudio，向左滑动数字键盘，点击不定积分符号“∫”，如图 5-1 所示.

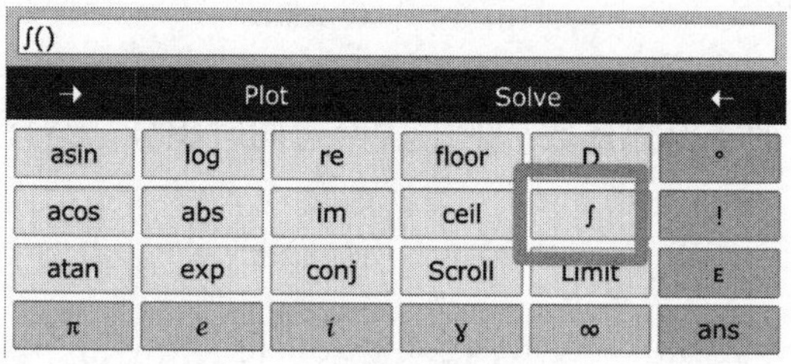

图 5-1

第二步：在括号里输入被积函数和积分变量，当积分变量为 x 时，可以省略不输，并单击 Solve 键，如图 5-2 所示.

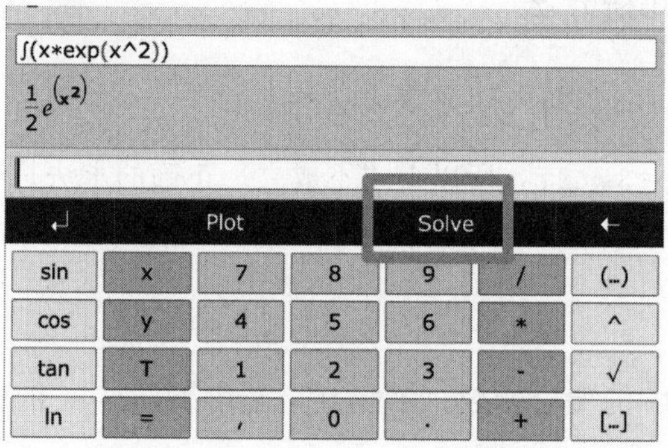

图 5-2

即
$$\int x\mathrm{e}^{x^2}\mathrm{d}x=\frac{1}{2}\mathrm{e}^{x^2}+C.$$

(2) 请参照第 (1) 题输入过程完成. 其中，被积函数及积分结果如图 5-3 所示.

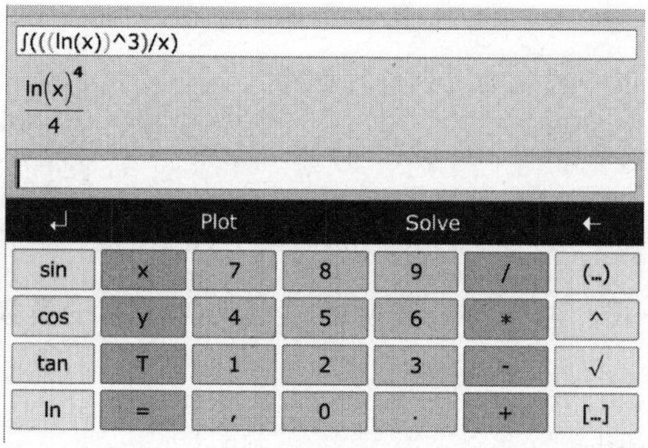

图 5-3

即
$$\int \frac{\ln^3 x}{x}\mathrm{d}x = \frac{1}{4}\ln x^4 + C.$$

【例 5】 给一容量为 0.5F 的电容充电选用 500mA 的电流，求充电过程中电容两端的电压 $u(t)$的变化规律.

解：根据 $i(t)=C\dfrac{\mathrm{d}u}{\mathrm{d}t}$，整理得

$$\mathrm{d}u=\frac{1}{C}i(t)\mathrm{d}t$$

可见 $u(t)$是$\dfrac{1}{C}i(t)$的一个原函数．对上式两边同时积分，结合不定积分性质 2，得到

$$u(t)=\int \frac{1}{C}i(t)\mathrm{d}t$$

将 $C=0.5\mathrm{F}$，$i(t)=500\mathrm{mA}=0.5\mathrm{A}$ 代入上式，得

$$u(t)=\int \frac{1}{0.5}\times 0.5\mathrm{d}t=\int \mathrm{d}t=t+C \quad (C\text{ 为任意常数})$$

根据实际情况，当 $t=0$ 时，$u=0$ 得 $C=0$．因此得，电容两端电压 $u(t)=t$.

四※、第一类换元积分法

问题：$\int \sin 3x\,\mathrm{d}x=-\cos 3x+c$ 是否成立？

验证：$(-\cos 3x)'=3\sin 3x$，所以上式不成立．正确的求法是先通过适当变形，引入一个新变量再求（这与复合函数求导类似）.

【例 6】 求 $\int \sin 3x\,\mathrm{d}x$.

解：被积函数 $\sin 3x$ 是复合函数，不能直接套用 $\int \sin x\,\mathrm{d}x$ 的公式．我们可以把原积分作下列变换后计算：

$$\int \sin 3x\,\mathrm{d}x=\frac{1}{3}\int \sin 3x\,\mathrm{d}(3x)\xlongequal{\text{令 } u=3x}\frac{1}{3}\int \sin u\,\mathrm{d}u=-\frac{1}{3}\cos u+C\xlongequal{\text{回代}}-\frac{1}{3}\cos 3x+C$$

直接验证可知，计算方法准确．上例解法的特点是引入新变量 $u=\varphi(x)$，从而将原积分化为关于 u 的一个简单的积分，再套用基本积分公式求解，并且可以将这种方法加以推广.

例 6 引用的方法可以一般化为下列计算程序：

$$\int f(x)\mathrm{d}x\xlongequal{\text{恒等变形}}\int f[\varphi(x)]\varphi'(x)\mathrm{d}x\xlongequal{\text{凑微分}}\int f[\varphi(x)]\mathrm{d}\varphi(x)$$

$$\xlongequal{\text{令 } u=\varphi(x)}\int f(u)\mathrm{d}u\xlongequal{\text{积分}}F(u)+C\xlongequal{\text{回代}}F[\varphi(x)]+C$$

这种先“凑”微分式，再作变量置换的方法，叫作**第一类换元积分法**，也称**凑微分法**.

【例 7】 求 $\int \dfrac{1}{2x+1}\mathrm{d}x$.

解：考虑到 $\mathrm{d}x=\frac{1}{2}\mathrm{d}(2x+1)$，则

$$\int \frac{1}{2x+1}\mathrm{d}x \xlongequal{凑微分} \frac{1}{2}\int \frac{1}{2x+1}\mathrm{d}(2x+1) \xlongequal{令\ 2x+1=u} \frac{1}{2}\int \frac{\mathrm{d}u}{u} \xlongequal{积分} \frac{1}{2}\ln|u|+c$$

$$\xlongequal{回代\ u=2x+1} \frac{1}{2}\ln|2x+1|+c$$

从上面的例题可以看出，用凑微分法求不定积分的步骤是："凑微分，换元，积分，回代"这四步．其中关键的是凑微分这一步，在运算比较熟练后，可以省略换元和回代这两步，直接凑微分成积分公式的形式即可．凑微分需要经验的积累，熟记下列微分式，将对解题有极大的帮助．

$\mathrm{d}x=\frac{1}{a}\mathrm{d}(ax+b)$；　　$x\mathrm{d}x=\frac{1}{2}\mathrm{d}(x^2)$；　　$\frac{\mathrm{d}x}{\sqrt{x}}=2\mathrm{d}(\sqrt{x})$；

$\mathrm{e}^x\mathrm{d}x=\mathrm{d}(\mathrm{e}^x)$；　　$\frac{1}{x}\mathrm{d}x=\mathrm{d}(\ln|x|)$；　　$\sin x\mathrm{d}x=-\mathrm{d}(\cos x)$；

$\cos x\mathrm{d}x=\mathrm{d}(\sin x)$；　　$\sec^2 x\mathrm{d}x=\mathrm{d}(\tan x)$；　　$\csc^2 x\mathrm{d}x=-\mathrm{d}(\cot x)$；

$\frac{1}{\sqrt{1-x^2}}\mathrm{d}x=\mathrm{d}(\arcsin x)$；　　$\frac{1}{1+x^2}\mathrm{d}x=\mathrm{d}(\arctan x)$．

【例 8】 求下列积分：

(1) $\int \tan x\mathrm{d}x$；　　(2) $\int \sec x\mathrm{d}x$；　　(3) $\int \frac{1}{a^2+x^2}\mathrm{d}x$，$(a>0)$．

解：(1) $\int \tan x\mathrm{d}x=\int \frac{\sin x}{\cos x}\mathrm{d}x=-\int \frac{1}{\cos x}\mathrm{d}(\cos x)=-\ln|\cos x|+C$

同理可得

$$\int \cot x\mathrm{d}x=\ln|\sin x|+C$$

(2) $\int \sec x\mathrm{d}x=\int \frac{\sec x(\sec x+\tan x)}{\sec x+\tan x}\mathrm{d}x=\int \frac{\sec^2 x+\sec x\tan x}{\sec x+\tan x}\mathrm{d}x$

$=\int \frac{1}{\tan x+\sec x}\mathrm{d}(\tan x+\sec x)=\ln|\sec x+\tan x|+C$

同理可得

$$\int \csc x\mathrm{d}x=\ln|\csc x-\cot x|+C$$

(3) $\int \frac{1}{a^2+x^2}\mathrm{d}x=\frac{1}{a^2}\int \frac{\mathrm{d}x}{1+\left(\frac{x}{a}\right)^2}=\frac{1}{a}\int \frac{\mathrm{d}\left(\frac{x}{a}\right)}{1+\left(\frac{x}{a}\right)^2}=\frac{1}{a}\arctan\frac{x}{a}+C$

同理可得

$$\int \frac{1}{\sqrt{a^2-x^2}}\mathrm{d}x=\arcsin\frac{x}{a}+C$$

以上六个积分今后经常用到，可以作为公式使用．

【例 9】 求下列积分：

(1) $\int \frac{1}{x^2-a^2}\mathrm{d}x$，$(a>0)$；　　(2) $\int \frac{x+1}{x^2+4x+5}\mathrm{d}x$.

解：(1)
$$\int \frac{1}{x^2-a^2}\mathrm{d}x=\int \frac{1}{(x+a)(x-a)}\mathrm{d}x$$
$$=\frac{1}{2a}\int\left(\frac{1}{x-a}-\frac{1}{x+a}\right)\mathrm{d}x$$
$$=\frac{1}{2a}\left[\int\frac{1}{x-a}\mathrm{d}(x-a)-\int\frac{1}{x+a}\mathrm{d}(x+a)\right]$$
$$=\frac{1}{2a}[\ln|x-a|-\ln|x+a|]+C=\frac{1}{2a}\ln\left|\frac{x-a}{x+a}\right|+C$$

(2)
$$\int \frac{x+1}{x^2+4x+5}\mathrm{d}x=\frac{1}{2}\int\frac{2x+4-2}{x^2+4x+5}\mathrm{d}x=\frac{1}{2}\int\frac{\mathrm{d}(x^2+4x+5)}{x^2+4x+5}-\int\frac{\mathrm{d}(x+2)}{(x+2)^2+1}$$
$$=\frac{1}{2}\ln|x^2+4x+5|-\arctan(x+2)+C$$

五※、第二类换元积分法

某些积分既不能直接积分也不能通过凑微分解决，我们常常可以令 $x=\varphi(t)$，把 t 作为新的积分变量使积分易求. 即

$$\int f(x)\mathrm{d}x \xlongequal{x=\varphi(t)} \int f[\varphi(t)]\varphi'(t)\mathrm{d}t=F(t)+C \xlongequal{t=\varphi^{-1}(x)} F[\varphi^{-1}(x)]+C$$

这种求积分的方法叫**第二类换元积分法**. 使用第二类换元积分法的关键是恰当地选择变换函数 $x=\varphi(t)$. 对于 $x=\varphi(t)$，要求其单调可导，$\varphi'(t)\neq 0$，且其反函数 $t=\varphi^{-1}(x)$ 存在.

【例 10】 求 $\int \frac{1}{1+\sqrt{1+x}}\mathrm{d}x$.

解：令 $\sqrt{1+x}=t$，则 $x=t^2-1$，$\mathrm{d}x=2t\mathrm{d}t$，于是

$$原式=\int\frac{2t}{1+t}\mathrm{d}t=2\int\frac{t+1-1}{1+t}\mathrm{d}t=2\left[\int\mathrm{d}t-\int\frac{\mathrm{d}t}{1+t}\right]=2t-2\ln|1+t|+C$$
$$=2\sqrt{1+x}-2\ln\left|1+\sqrt{1+x}\right|+C$$

【例 11】 求 $\int \frac{x^2}{\sqrt{1-x^2}}\mathrm{d}x$.

解：设 $x=\sin t$ $\left(-\frac{\pi}{2}<t<\frac{\pi}{2}\right)$，则 $\sqrt{1-x^2}=\cos t$，$\mathrm{d}x=\cos t\mathrm{d}t$，于是

$$原式=\int\frac{\sin^2 t\cos t}{\cos t}\mathrm{d}t=\int\sin^2 t\mathrm{d}t=\int\frac{1-\cos 2t}{2}\mathrm{d}t$$
$$=\frac{1}{2}\int\mathrm{d}t-\frac{1}{4}\int\cos 2t\mathrm{d}(2t)$$

$$=\frac{1}{2}t-\frac{1}{4}\sin 2t+C=\frac{1}{2}t-\frac{1}{2}\sin t\cos t+C$$

为了把 t 换回 x，做辅助直角三角形（如图 5-4），得 $\sin t=x$，$\cos t=\sqrt{1-x^2}$
故

$$\int\frac{x^2}{\sqrt{1-x^2}}\mathrm{d}x=\frac{1}{2}\arcsin x-\frac{x}{2}\sqrt{1-x^2}+C$$

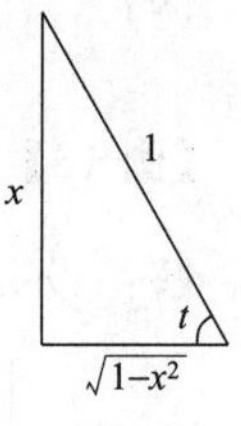

图 5-4

从上面几个例子可以看出，第二类换元积分法常用于消去根号，都是想办法让根号里面变成另一个函数的平方，特别是例 11 中所用到的方法，称为**三角代换换元法**，类似于此的变换还有几个，总结如下：

（1）当被积分函数含有根式 $\sqrt{a^2-x^2}$ 时，可令 $x=a\sin t$；

（2）当被积分函数含有根式 $\sqrt{a^2+x^2}$ 时，可令 $x=a\tan t$；

（3）当被积分函数含有根式 $\sqrt{x^2-a^2}$ 时，可令 $x=a\sec t$.

三角代换换元法是第二类换元法的重要组成部分，对于某些没有根号的、分母是多项式的被积函数 $\left[\text{如}\int\frac{1}{(x^2+a^2)^2}\mathrm{d}x\right]$ 也可用函数的三角代换求出结果.

反过来，也并非所有的根式都需要代换，例如求 $\int x\sqrt{x^2-a^2}\,\mathrm{d}x$ 时用凑微分可能比三角代换换元法更简便. 所以求积分时要注意具体问题具体分析.

我们把第一类与第二类换元积分法统称为**换元积分法**. 使用换元积分法时要根据题目的特点选用相应的换元法，一般地，当凑微分无效时再考虑用第二类换元积分法.

六※、分部积分法

设函数 $u=u(x)$，$v=v(x)$ 具有连续导数，根据乘积微分公式有 $\mathrm{d}(uv)=u\mathrm{d}v+v\mathrm{d}u$，移项得 $u\mathrm{d}v=\mathrm{d}(uv)-v\mathrm{d}u$，两边积分得

$$\int u\mathrm{d}v=uv-\int v\mathrm{d}u$$

这个公式叫作**分部积分公式**，当积分 $\int u\mathrm{d}v$ 不易计算，而积分 $\int v\mathrm{d}u$ 又比较容易计算时，就可使用这个公式.

【例 12】 求 $\int x\mathrm{e}^x\mathrm{d}x$.

解： 设 $u=x$，$\mathrm{d}v=\mathrm{e}^x\mathrm{d}x$，则 $\mathrm{d}u=\mathrm{d}x$，$v=\mathrm{e}^x$，由分部积分公式可得

$$\int x\mathrm{e}^x\mathrm{d}x=x\mathrm{e}^x-\int\mathrm{e}^x\mathrm{d}x=x\mathrm{e}^x-\mathrm{e}^x+c=\mathrm{e}^x(x-1)+c$$

假如，改设 $u=\mathrm{e}^x$，$\mathrm{d}v=x\mathrm{d}x$，则 $\mathrm{d}u=\mathrm{d}\mathrm{e}^x$，$v=\frac{x^2}{2}$，由分部积分公式可得

$$\int x\mathrm{e}^x\mathrm{d}x=\frac{x^2}{2}\mathrm{e}^x-\frac{1}{2}\int x^2\mathrm{e}^x\mathrm{d}x$$

此时，右端的积分比左端的积分更难求了，由此可见，正确使用分部积分法的关键是恰当地选择 u 和 dv. 选择 u 和 dv 时，一般要考虑以下两点.

(1) v 要用凑微分容易求出；

(2) $\int v du$ 要比 $\int u dv$ 简单易积分.

【例 13】 求 $\int x\cos x dx$.

解： 设 $u=x$，$dv=\cos x dx=d(\sin x)$，则 $du=dx, v=\sin x$，由分部积分公式可得

$$\int x\cos x dx=\int x d(\sin x)=x\sin x-\int \sin x dx=x\sin x+\cos x+c$$

【例 14】 求 $\int \ln x dx$.

解： $\int \ln x dx=x\ln x-\int x d(\ln x)=x\ln x-\int dx=x\ln x-x+c=x(\ln x-1)+c$

【例 15】 求 $\int x\arctan x dx$.

解： 设 $u=\arctan x$，$dv=x dx=d\left(\frac{x^2}{2}\right)$，则 $du=\frac{1}{1+x^2}dx$，$v=\frac{x^2}{2}$，由分部积分公式得

$$\begin{aligned}\int x\arctan x dx&=\int \arctan x d\left(\frac{x^2}{2}\right)=\frac{x^2}{2}\arctan x-\frac{1}{2}\int\frac{x^2}{1+x^2}dx\\&=\frac{x^2}{2}\arctan x-\frac{1}{2}\int\frac{1+x^2-1}{1+x^2}dx\\&=\frac{x^2}{2}\arctan x-\frac{x}{2}+\frac{1}{2}\arctan x+c\\&=\frac{1}{2}(x^2+1)\arctan x-\frac{1}{2}x+c\end{aligned}$$

解题熟练以后，u 和 v 可以省略不写，可直接套用公式计算.

【例 16】 求 $\int x^2\sin x dx$.

解： $$\begin{aligned}\int x^2\sin x dx&=-\int x^2 d(\cos x)=-x^2\cos x+\int \cos x d(x^2)\\&=-x^2\cos x+2\int x\cos x dx\end{aligned}$$

对于积分 $\int x\cos x dx$，需再一次应用分部积分法，根据例 13 的结果，得

$$\int x^2\sin x dx=-x^2\cos x+2x\sin x+2\cos x+c$$

【例 17】 求 $\int e^x\sin x dx$.

解： $\int e^x\sin x dx=\int e^x d(-\cos x)=-e^x\cos x+\int \cos x d(e^x)$

$$=-e^x\cos x+\int e^x\cos x\,dx=-e^x\cos x+\int e^x\,d(\sin x)$$

$$=-e^x\cos x+e^x\sin x-\int e^x\sin x\,dx$$

式中出现了“循环”，即再次出现了 $\int e^x\sin x\,dx$，将其移至左端，整理得

$$\int e^x\sin x\,dx=\frac{e^x}{2}(\sin x-\cos x)+c$$

从上面的例子可以看出：

（1）分部积分法一般用于被积函数为不同类型的函数乘积式，但也用于某些函数，如对数函数、反三角函数等.

（2）以下几类不定积分都可用分部积分法求得，且 u 和 dv 的设法有章可循：

对于 $\int x^k e^{ax}\,dx$、$\int x^k\sin bx\,dx$、$\int x^k\cos bx\,dx$ 等，设 $u=x^k$；

对于 $\int x^k\ln x\,dx$、$\int x^k\arcsin x\,dx$、$\int x^k\arctan x\,dx$ 等，设 $u=\ln x$、$\arcsin x$、$\arctan x$；

对于 $\int e^{ax}\sin bx\,dx$、$\int e^{ax}\cos bx\,dx$，设 $u=\sin bx$、$\cos bx$（其中 k 是非负整数，a、b 是常数）.

（3）某些积分需多次使用分部积分公式，但 u 和 dv 一经选定，再次分部积分时，u 所在函数系列必须仍按原来的选择，否则将出现“死循环”.

（4）在积分中如出现原来的积分，即经过几次分部积分后出现了“循环现象”，则需移项，合并解方程，方可得出结果. 而且要记住，移项之后，右端补加积分常数 C.

除直接使用分部积分公式求积分，分部积分也可以与换元积分法结合使用，来计算某些不定积分.

【例 18】 求 $\int\sin\sqrt{x}\,dx$.

解：设 $x=t^2$，则 $dx=2t\,dt$，于是

$$\int\sin\sqrt{x}\,dx=\int\sin t\cdot 2t\,dt=-2\int t\,d(\cos t)=-2t\cos t+2\int\cos t\,dt$$

$$=-2t\cos t+2\sin t+c=-2\sqrt{x}\cos\sqrt{x}+2\sin\sqrt{x}+c$$

总之，求不定积分比求导数要难得多，尽管有一些规律可循，但在具体应用时，却十分灵活，因此应通过多做习题来积累经验，熟悉技巧，才能熟练掌握.

数学思想小火花

如果把从微分到积分理解为由因到果，那么从积分到微分就可以看作是执果索因的过程. 初等数学中已有许多互逆的运算，例如，加法和减法、乘法和除法、乘方和开方等. 逆运算给数学带来了困难，同时开拓了新的领域，逆向思维也能够带来全新的视角和深度思考.

习题 5-1

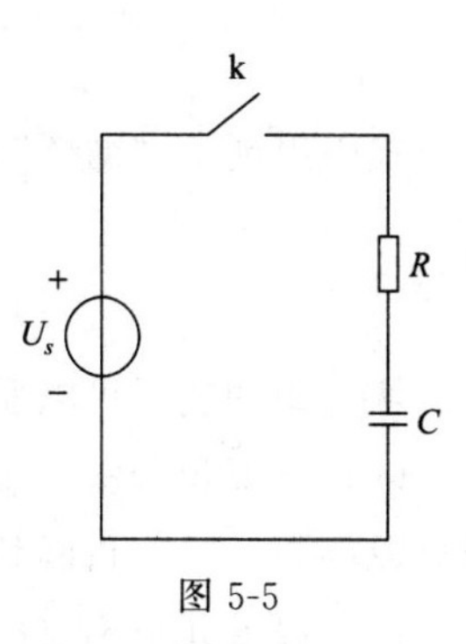

图 5-5

1. 若 $f(x)$ 的一个原函数为 $x^3-\mathrm{e}^x$，求 $\int f(x)\mathrm{d}x$.

2. 若 $\int f(x)\mathrm{d}x=3^x+\cos x+C$，求 $f(x)$.

3. 若 $f(x)$ 的一个原函数为 $\sin x$，求 $\left[\int f(x)\mathrm{d}x\right]'$.

4. 用 Mathstudio 验证下列等式是否成立：

(1) $\int(x^5-\mathrm{e}^{x+1}+2)\mathrm{d}x=\dfrac{x^6}{6}-\mathrm{e}^{x+1}+2x+C$；

(2) $\int\cos(3x+2)\mathrm{d}x=\dfrac{1}{3}\sin(3x+2)+C$；(3) $\int 2x\sin x^2\mathrm{d}x=-\cos x^2+C$.

5. 已知一电路中电流关于时间的变化率为 $\dfrac{\mathrm{d}i}{\mathrm{d}t}=4t-0.6t^2$，若当 $t=0\mathrm{s}$ 时，$i=2\mathrm{A}$，求电流关于时间的函数？

6. 如图 5-5 所示的 RC 串联电路中，设任意时刻 t 的电流

$$i=\frac{4}{3}\mathrm{e}^{-t}+\frac{16}{3}\cos 2t-\frac{8}{3}\sin 2t$$

求电容 C 上的电量 $q=q(t)$ 满足的函数式？(假设电容没有初始电量)

7※. 求下列不定积分.

(1) $\int(2x-3)^{100}\mathrm{d}x$；　(2) $\int\dfrac{3}{(1-2x)^2}\mathrm{d}x$；　(3) $\int\sin 3x\mathrm{d}x$；

(4) $\int\mathrm{e}^{-3x}\mathrm{d}x$；　(5) $\int\dfrac{\mathrm{e}^{\frac{1}{x}}}{x^2}\mathrm{d}x$；　(6) $\int\dfrac{\mathrm{d}x}{\sqrt{1-25x^2}}$；

(7) $\int\sec^2(1-6x)\mathrm{d}x$；　(8) $\int\dfrac{\sin\sqrt{t}}{\sqrt{t}}\mathrm{d}t$；　(9) $\int\tan^{10}x\cdot\sec^2x\mathrm{d}x$；

(10) $\int x\mathrm{e}^{-x^2}\mathrm{d}x$；　(11) $\int x\cdot\cos x^2\mathrm{d}x$；　(12) $\int\dfrac{x}{\sqrt{2-3x^2}}\mathrm{d}x$；

(13) $\int\dfrac{10^{2\arccos x}}{\sqrt{1-x^2}}\mathrm{d}x$；　(14) $\int\dfrac{1}{\mathrm{e}^x+\mathrm{e}^{-x}}\mathrm{d}x$；　(15) $\int\dfrac{\mathrm{d}x}{9-x^2}$；

(16) $\int\dfrac{\mathrm{d}x}{\sqrt{9-4x^2}}$；　(17) $\int\dfrac{\mathrm{d}x}{25+16x^2}$；　(18) $\int\dfrac{1}{(x+1)(x-2)}\mathrm{d}x$；

(19) $\int\dfrac{x}{\sqrt{x-2}}\mathrm{d}x$；　(20) $\int x\sqrt{x+1}\mathrm{d}x$；　(21) $\int\dfrac{\mathrm{d}x}{1+\sqrt{2x}}$；

(22) $\int\dfrac{1}{\sqrt{x}+\sqrt[3]{x}}\mathrm{d}x$.

8※. 求下列不定积分并用 Mathstudio 验算：

(1) $\int x\sin x\,\mathrm{d}x$；　(2) $\int x\mathrm{e}^{-x}\,\mathrm{d}x$；　(3) $\int t\mathrm{e}^{(-2t)}\,\mathrm{d}t$；

(4) $\int \arcsin x\,\mathrm{d}x$；　(5) $\int \frac{\ln x}{\sqrt{x}}\mathrm{d}x$；　(6) $\int x\cos\frac{x}{2}\mathrm{d}x$；

(7) $\int \mathrm{e}^{-x}\cos x\,\mathrm{d}x$；　(8) $\int x^2\cos x\,\mathrm{d}x$；　(9) $\int x^2\ln x\,\mathrm{d}x$；

(10) $\int \ln^2 x\,\mathrm{d}x$；　(11) $\int \mathrm{e}^{\sqrt[3]{x}}\,\mathrm{d}x$.

第二节　定积分概念

一、变速直线运动的路程问题

“复兴号”高铁在行驶过程中速度是不断变化的. 现假设该列车 T_1 时刻从 A 站点出发，T_2 时刻抵达 B 站点，行驶过程中速度是随时间 t 变化的函数 $v(t)$，如图 5-6 所示. 你能根据速度变化函数 $v(t)$ 写出路程表达式 $S(t)$ 吗？

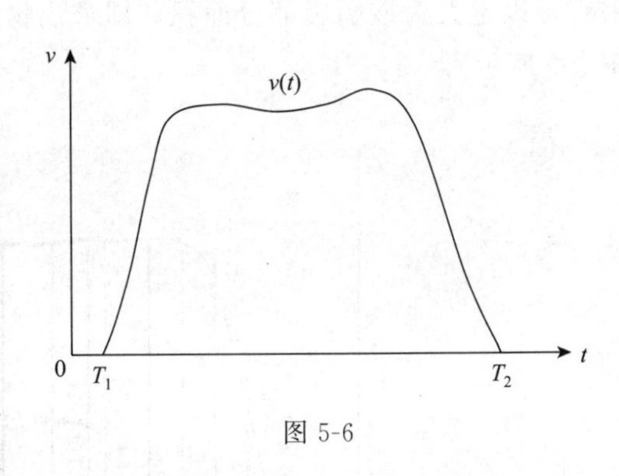

图 5-6

问题分析：在行驶过程中，当速度 v 是常数时，物体在时间 T_1 到 T_2 之间匀速行驶的路程 $S=v\cdot(T_2-T_1)$ 表示图 5-7(a) 中矩形面积. 其中矩形的底为 T_2-T_1，高为 v. 当速度 v 是变化的函数 $v(t)$ 时，所对应的路程 $S(t)$ 就是图 5-7(b) 中阴影部分面积.

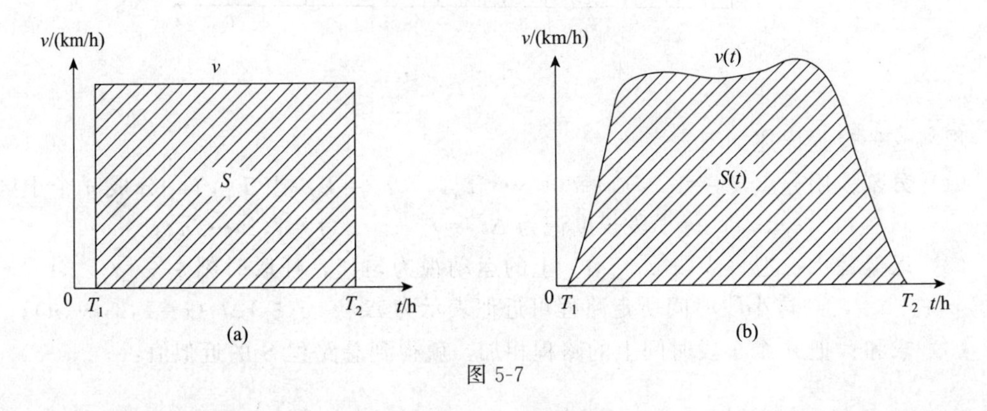

图 5-7

一般地，我们把由区间 $[a,b]$ 上的连续曲线 $y=f(x)$，x 轴与直线 $x=a$、$x=b$ 所围成的平面图形称为**曲边梯形**，如图 5-8 所示. 则图 5-7(b) 是直线 $x=a$，$x=b$ 长度缩减为 0 的特殊曲边梯形.

我们设想：把图 5-7(b) 对应的图形沿着 v 轴方向切割成许多狭小的长条，把每个长

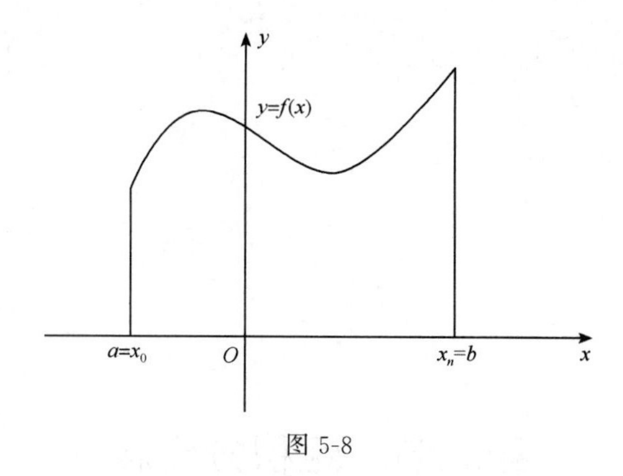

图 5-8

条近似看作一个矩形，用长乘以宽求得小矩形的面积，加起来就是该阴影部分面积的近似值，分割越细，误差越小，于是当所有的长条宽度趋于 0 时，所有小矩形面积之和的极限就可以定义为该阴影部分面积，即求出物体以变速 $v(t)$ 行驶时所对应的路程 $S(t)$，如图 5-9 所示.

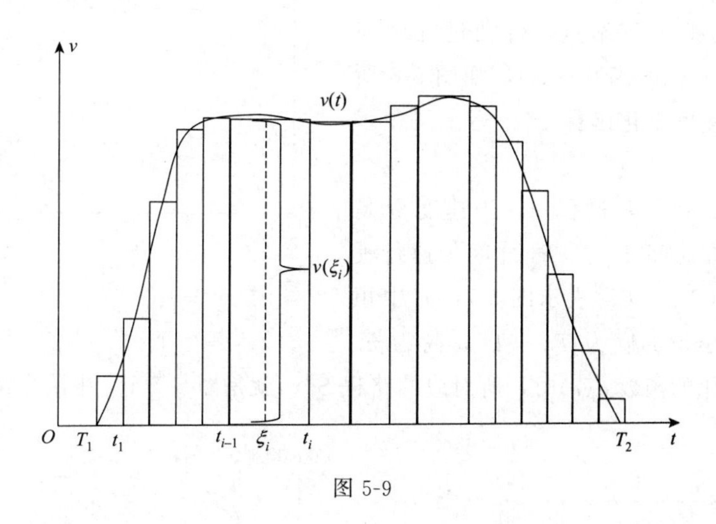

图 5-9

现将这一过程详述如下：

（1）**分割**：用分点 $T_1=t_0<t_1<t_2<\cdots<t_{n-1}<t_n=T_2$ 把 $[T_1,T_2]$ 分成 n 个小区间 $[t_{i-1},t_i](i=1,2,\cdots,n)$，每小段长度记为 $\Delta t_i=t_i-t_{i-1}(i=1,2,\cdots,n)$；

（2）**近似替代**：把每小段 $[t_{i-1},t_i]$ 上的运动视为匀速，任取时刻 $\xi_i\in[t_{i-1},t_i]$，作乘积 $v(\xi_i)\Delta t_i$，则这小段时间所走路程可近似表示为 $\Delta s_i\approx v(\xi_i)\Delta t_i(i=1,2,\cdots,n)$；

（3）**求和**：把 n 个小段时间上的路程相加，就得到总路程 S 的近似值：

$$S\approx v(\xi_1)\Delta t_1+v(\xi_2)\Delta t_2+\cdots+v(\xi_n)\Delta t_n=\sum_{i=1}^{n}v(\xi_i)\Delta t_i$$

（4）**求极限**：记 λ 表示所有分割的小区间长度最大的一个，当 $\lambda=\max\limits_{1\leqslant i\leqslant n}\{\Delta t_i\}\to 0$ 时，表示将区间无限细分，所对应和式的极限就是总路程 S 的精确值，即

$$S=\lim_{\lambda\to 0}\sum_{i=1}^{n}v(\xi_i)\Delta t_i$$

二、定积分的定义

上面问题计算思想方法与步骤可以总结为在小范围内“以不变代变”，按“分割取近似，求和取极限”的方法将所求的量归结为一个和式的极限，即

$$路程 \quad S=\lim_{\substack{\lambda\to 0\\(n\to\infty)}}\sum_{i=1}^{n}v(\xi_i)\Delta t_i$$

可以用这一方法描述的量在各个科学技术领域中是广泛存在的，如变力做功、液体中闸门的静压力、旋转体的体积、曲线的长度以及经济学中的某些量等等. 从这些实际问题中提取特殊和式极限的数学模型本质，我们可以抽象出定积分的定义.

定义　设函数 $y=f(x)$在区间$[a,b]$上有定义，任取 $a=x_0<x_1<x_2<\cdots<x_{n-1}<x_n=b$，分$[a,b]$成 n 个小区间$[x_{i-1},x_i](i=1,2,\cdots,n)$，第 i 小区间长度记为 $\Delta x_i=x_i-x_{i-1}(i=1,2,\cdots,n)$，$n$ 个小区间的最大宽度记λ，即 $\lambda=\max\limits_{1\leqslant i\leqslant n}\{\Delta x_i\}$，再分别在每一个小区间$[x_{i-1},x_i]$上任取一点 ξ_i，作乘积 $f(\xi_i)\Delta x_i$ 的和式：$\sum\limits_{i=1}^{n}f(\xi_i)\Delta x_i$. 如果 $\lambda\to 0$ 时上述和式的极限存在，且与区间的分法无关，与 ξ_i 的取法无关，则称**函数** $f(x)$ **在区间**$[a,b]$**上可积**，并称此极限值为函数 $f(x)$ 在区间 $[a,b]$ 上的**定积分**. 记为 $\int_a^b f(x)\mathrm{d}x$，即

$$\int_a^b f(x)\mathrm{d}x=\lim_{\lambda\to 0}\sum_{i=1}^{n}f(\xi_i)\Delta x_i.$$

其中，x 称为**积分变量**；$f(x)$称为**被积函数**；$f(x)\mathrm{d}x$ 称为**被积表达式**；$[a,\mathrm{b}]$ 称为**积分区间**，a 为**积分下限**，b 为**积分上限**.

按定积分的定义，前面所举例子可表示如下：

物体作变速直线运动所经过的路程是速度 $v=v(t)$在区间 $[T_1,T_2]$ 上的定积分，即

$$S=\int_{T_1}^{T_2}v(t)\mathrm{d}t$$

可以思考：当 x 表示位移，$F(x)$表示变力时，定积分 $\int_a^b F(x)\mathrm{d}x$ 表示什么?

没错，它表示变力 $F(x)$在位移 a 到 b 上所做的功.

注意：

(1) 定积分是一个和式的极限，其值是一个确定的实数，它的大小与被积函数 $f(x)$ 和积分区间$[a,b]$有关，而与积分变量的记号无关，即 $\int_a^b f(x)\mathrm{d}x=\int_a^b f(t)\mathrm{d}t$.

(2) 在定积分的定义中，总是假设 $a<b$，当 $a>b$ 时，我们规定 $\int_b^a f(x)\mathrm{d}x=-\int_a^b f(x)\mathrm{d}x$（即互换定积分的上、下限，定积分要变号）；若 $a=b$，则有 $\int_a^b f(x)\mathrm{d}x=0$.

(3) 可以证明：当 $f(x)$在$[a,b]$上连续或只有有限个第一类间断点时，$f(x)$在$[a,b]$上的定积分存在，也称 $f(x)$在$[a,b]$上可积.

三、定积分的几何意义

设以曲线 $y=f(x)$为曲边，与 x 轴直线$x=a$、$x=b$ 所围成的曲边梯形的面积为 A，可以看出：

（1）若在区间$[a,b]$上 $f(x)\geqslant 0$，则 $\int_a^b f(x)\mathrm{d}x$ 的值为 A，即 $\int_a^b f(x)\mathrm{d}x=A$（如图 5-10）；

（2）若在区间$[a,b]$上 $f(x)<0$，则 $\int_a^b f(x)\mathrm{d}x$ 的值为负，$\int_a^b f(x)\mathrm{d}x=-A$（如图 5-11）；

（3）若在区间$[a,b]$上 $f(x)$有正有负，则 $\int_a^b f(x)\mathrm{d}x$ 的值为曲边梯形在 x 轴上方部分面积与下方部分面积的代数和（如图 5-12），在如图 5-12 中，$\int_a^b f(x)\mathrm{d}x=A_1-A_2+A_3$.

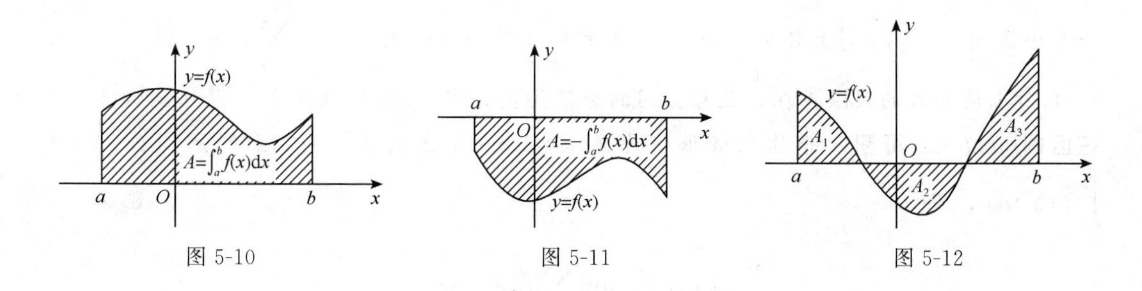

图 5-10　　图 5-11　　图 5-12

【例 1】 用定积分的几何意义，求 $\int_{-1}^{2} x\mathrm{d}x$.

解：如图 5-13 所示，在区间 $[-1,0]$ 上 $f(x)=x\leqslant 0$，在区间 $[0,2]$ 上 $f(x)=x\geqslant 0$，所以按定积分的几何意义知，$\int_{-1}^{2} x\mathrm{d}x$ 的值是三角形OAB 的面积与三角形OCD 的面积之差．故

$$\int_{-1}^{2} x\mathrm{d}x=\frac{1}{2}\times 2\times 2-\frac{1}{2}\times 1\times 1=\frac{3}{2}$$

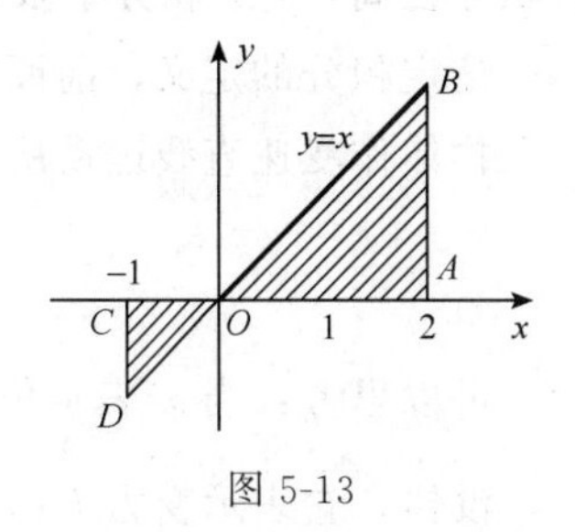

图 5-13

四、定积分的基本性质

由定积分的定义和几何意义，我们可以直接推证定积分具有如下一些基本性质（假设所涉及的函数都是连续的）：

性质 1（数乘性质） 被积表达式中的常数因子可以提到积分号前，即

$$\int_a^b kf(x)\mathrm{d}x=k\int_a^b f(x)\mathrm{d}x$$

性质 2（和差性质） 两个函数的代数和的积分等于各函数积分的代数和，即

$$\int_a^b [f(x)\pm g(x)]\mathrm{d}x=\int_a^b f(x)\mathrm{d}x\pm\int_a^b g(x)\mathrm{d}x$$

这一结论可以推广到有限多个函数的代数和的情况.

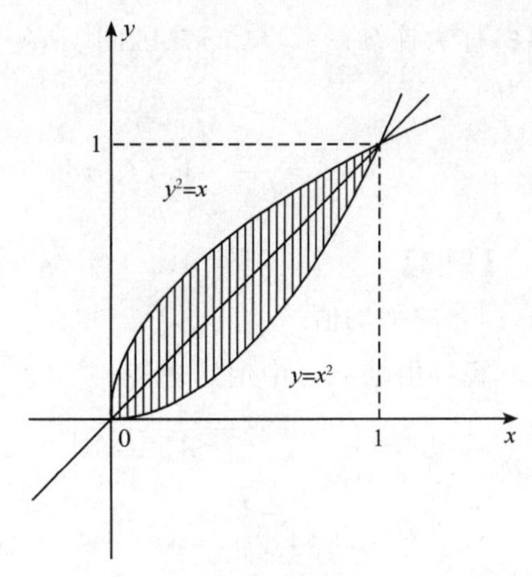

图 5-14

【例 2】 利用定积分表示如图 5-14 中所示阴影部分面积.

解：阴影部分面积是 x 轴以上，$0\leqslant x\leqslant 1$，曲边 $y=\sqrt{x}$ 以下的面积与曲边 $y=x^2$ 以下面积之差. 由定积分的几何意义和性质 2 知，图 5-14 中阴影部分面积为

$$A=\int_0^1 \sqrt{x}\,\mathrm{d}x-\int_0^1 x^2\,\mathrm{d}x=\int_0^1(\sqrt{x}-x^2)\,\mathrm{d}x$$

性质 3（分段性质） 对任意实数 c，有

$$\int_a^b f(x)\,\mathrm{d}x=\int_a^c f(x)\,\mathrm{d}x+\int_c^b f(x)\,\mathrm{d}x$$

分段性质的几何说明：若 $a<c<b$，如图 5-15(a)，根据定积分的几何意义就知该性质成立；若 c 在区间 $[a,b]$ 之外，假设 $a<b<c$，如图 5-15(b)，则有

$$\int_a^c f(x)\,\mathrm{d}x=\int_a^b f(x)\,\mathrm{d}x+\int_b^c f(x)\,\mathrm{d}x=\int_a^b f(x)\,\mathrm{d}x-\int_c^b f(x)\,\mathrm{d}x$$

移项可得该式成立.

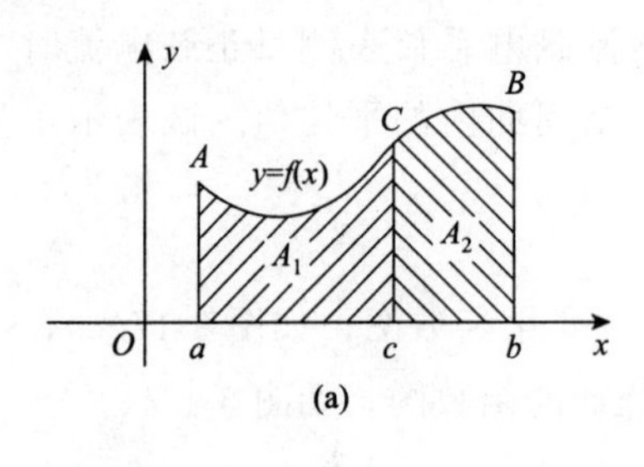

(a)　　(b)

图 5-15

性质 4（可比性质） 如果在区间$[a,b]$上恒有 $f(x)\leqslant g(x)$，则

$$\int_a^b f(x)\,\mathrm{d}x\leqslant\int_a^b g(x)\,\mathrm{d}x$$

性质 5（估值性质） 设 M 和 m 分别是 $f(x)$在区间$[a,b]$上的最大值与最小值，则

$$m(b-a)\leqslant\int_a^b f(x)\,\mathrm{d}x\leqslant M(b-a)$$

因为 $m\leqslant f(x)\leqslant M$，由定积分的几何意义知 $\int_a^b \mathrm{d}x=b-a$，根据性质 4 和性质 1，即可得到结论.

性质 6（积分中值定理） 如果 $f(x)$在区间$[a,b]$上连续，则至少存在一点 $\xi\in[a,b]$，使

$$\int_a^b f(x)\,\mathrm{d}x=f(\xi)(b-a)$$

积分中值定理的几何意义是：在区间$[a,b]$上，以连续曲线 $y=f(x)$（$f(x)\geqslant 0,a<b$）为曲边的曲边梯形的面积，等于以 $f(\xi)$为高、$b-a$ 为底的矩形的面积（如图 5-16）.

$f(\xi)$称为连续函数 $f(x)$在区间$[a,b]$上的**平均值**. 记为

$$\overline{y}=\frac{1}{b-a}\int_a^b f(x)\mathrm{d}x$$

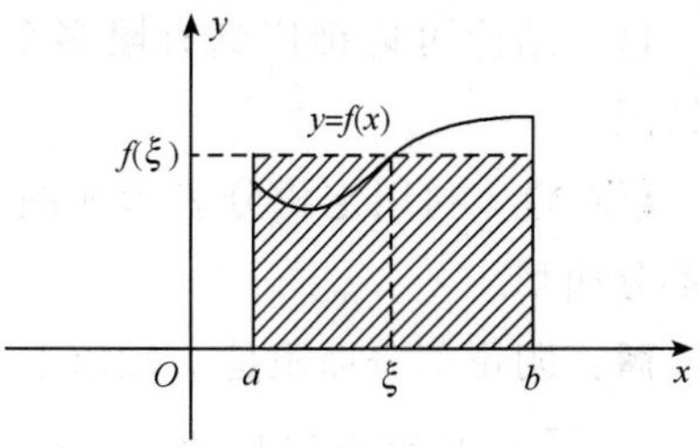

图 5-16

【例 3】 计算函数 $f(x)=\sqrt{4-x^2}$ 在闭区间$[0,2]$上的平均值.

解：根据积分中值定理得

$$\overline{y}=\frac{1}{2-0}\int_0^2\sqrt{4-x^2}\,\mathrm{d}x=\frac{1}{2}\int_0^2\sqrt{4-x^2}\,\mathrm{d}x$$

由于在$[0,2]$上以 $y=\sqrt{4-x^2}$ 为曲边的曲边梯形就是以原点为圆心，半径等于 2 的圆在第一象限的部分. 因此

$$\int_0^2\sqrt{4-x^2}\,\mathrm{d}x=\frac{1}{4}\cdot\pi\cdot 2^2=\pi$$

从而

$$\overline{y}=\frac{1}{2}\pi$$

【例 4】 交流电的瞬时值是随时间变化的，有很多时候，我们需要把电流信号进行整流. 图 5-17(b) 就是电流信号图 5-17(a) 全波整流后的结果，正弦电流的平均值相当于该电流经过全波整流后的平均值. 所以用全波整流磁电系仪表测量正弦电流时，所得的结果就是该电流的平均值，也等于交流电在正半个周期内的平均值. 试表示正弦交流电 $i=I\sin\omega t=I\sin\frac{2\pi}{T}t$ 的平均值.

解：根据题意，做出正弦交流电在一个周期的变化函数图，如图 5-17(a)；一个周期内绝对值的函数图，如图 5-17(b)；以及正半个周期的函数图，如图 5-17(c).

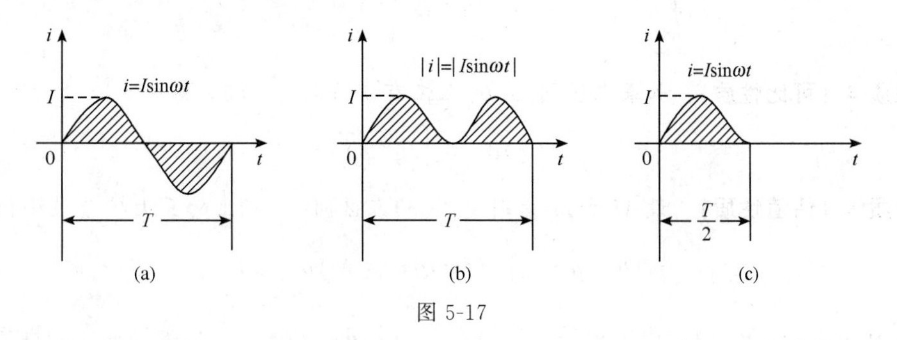

图 5-17

根据积分中值定理得，电流的平均值

$$\bar{i}=\frac{1}{\frac{T}{2}}\int_0^{\frac{T}{2}}I\sin\omega t\,\mathrm{d}t=\frac{2}{T}\int_0^{\frac{T}{2}}I\sin\omega t\,\mathrm{d}t$$

同理可得以下结论：最大电流为 I_{m}，周期为 T，且 $I_{\mathrm{m}}=k\,\frac{T}{2}$的锯齿波电流（如

图 5-18)，在半个周期内的电流 $i=kt$，其中 $k=\dfrac{2I_{\mathrm{m}}}{T}$，这半个周期内电流的平均值

$$\bar{i}=\frac{1}{\frac{T}{2}}\int_{0}^{\frac{T}{2}} i\,\mathrm{d}t=\frac{2}{T}\int_{0}^{\frac{T}{2}} \frac{2I_{\mathrm{m}}}{T}t\,\mathrm{d}t=\frac{I_{\mathrm{m}}}{2}$$

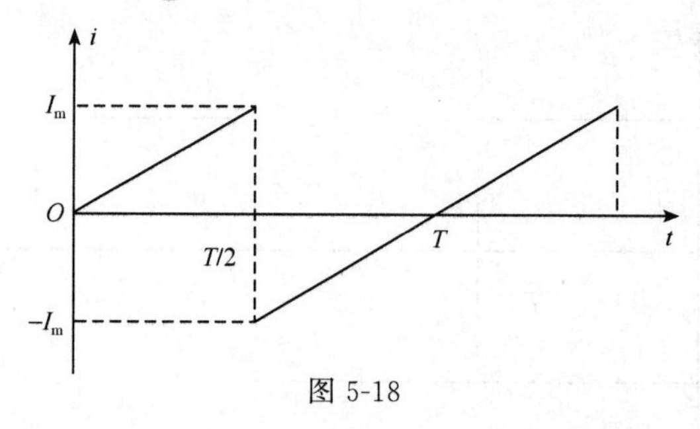

图 5-18

数学思想小火花

积分学的创立扩大了人类求总量问题的范围，从只能求解规则图形的、单量不变问题的总量扩大到了可以求解不规则图形的、单量变化的问题的总量. 其中定积分定义所描述的正是解决这类问题的方法，即将所求问题“化整为零、(小范围) 以不变代变、积零为整、取极限精确化”. 这一解决问题的方法推动了人类认识事物角度的转变和认识事物范围的扩大，极大地提高了计算效率，加快了科学发展进程.

习题 5-2

1. 质点以速度 $v(t)=\sin t$ (m/s) 做直线运动，试用定积分表示它在时刻 $t=0$(s) 到 $t=\dfrac{\pi}{2}$(s) 之间经过的距离.

2. 对直流电来讲，电流是常量，电量＝电流×时间，而对交流电来讲，电流 i 是时间 t 的函数，$i=i_0\sin\omega t$ (其中 i_0，ω 是常数)，试用定积分表示在时间 $t=t_1$ 到 $t=t_2$ 通过电路的电量 q.

3. 设 $\int_a^b f(x)\mathrm{d}x=p$，$\int_a^b [f(x)]^2\mathrm{d}x=q$，求下列定积分的值：

(1) $\int_a^b 4[f(x)+3]\mathrm{d}x$；　　(2) $\int_a^b 4[f(x)+3]^2\mathrm{d}x$.

4. 根据定积分的几何意义，求下列各式的值：

(1) $\int_{-1}^{2}(x+1)\mathrm{d}x$；　　(2) $\int_{-\frac{\pi}{2}}^{\frac{\pi}{2}}\sin x\,\mathrm{d}x$；　　(3) $\int_{-R}^{R}\sqrt{R^2-t^2}\,\mathrm{d}t$ (R 是常数，$R>0$).

5. 已知 $\int_0^1 x^2\mathrm{d}x=\dfrac{1}{3}$，$\int_0^3 x^2\mathrm{d}x=9$，求 $\int_1^3 x^2\mathrm{d}x$.

6. 利用定积分的定义求下列积分的值：

(1) $\int_{-1}^{1}|x|\,\mathrm{d}x$；　　(2) $\int_0^1 2^x\mathrm{d}x$.

7. 把交流电压 $e=E_{\mathrm{m}}\sin\omega t$ 加到某电路时，有电流 $i=I_{\mathrm{m}}\sin(\omega t-\varphi)$ 通过，试表达在时间段 $[0,T]$ 内，供给电路的电功率平均值.

8. 有一矩形脉冲电流，正反向的电流值相等为 I_{m}，且正反向通电时间相等，周期为 T（如图 5-19 所示），求它在前半个周期和后半个周期里电流的平均值.

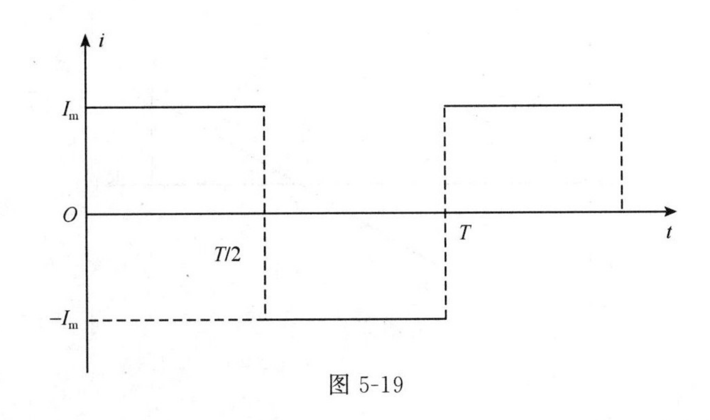

图 5-19

第三节　牛顿-莱布尼茨公式及定积分计算

一、牛顿-莱布尼茨公式

1. 物理问题

回顾上一节复兴号高铁变速直线运动的问题. 当高铁以速度 $v=v(t)$ 作变速直线运动时，根据定积分可知在时间区间 $[T_1,T_2]$ 上所经过的路程应该是

$$S=\int_{T_1}^{T_2}v(t)\mathrm{d}t$$

另一方面，如果物体经过的路程 S 是时间 t 的函数 $S(t)$，那么物体从 $t=T_1$ 到 $t=T_2$ 所经过的路程为 $S(T_2)-S(T_1)$，则有

$$\int_{T_1}^{T_2}v(t)\mathrm{d}t=S(T_2)-S(T_1)$$

由导数的物理意义可知，$S'(t)=v(t)$，换言之，$S(t)$ 是 $v(t)$ 的一个原函数. 上式表明定积分 $\int_{T_1}^{T_2}v(t)\mathrm{d}t$ 的值等于被积函数的原函数 $S(t)$ 在积分上、下限处的增量 $S(T_2)-S(T_1)$.

上述从变速直线运动的路程这个特殊的问题中得出来的关系，在一定条件下是否具有普遍性呢？为了回答这个问题，我们引入变上限定积分.

2. 变上限定积分

设函数 $y=f(x)$ 在区间 $[a,b]$ 可积，对于 $x\in[a,b]$，则函数 $f(x)$ 在 $[a,x]$ 上可积. 定积分 $\int_a^x f(x)\mathrm{d}x$ 对每一个取定的 x 值都有一个积分值与之对应，记为 $\Phi(x)=\int_a^x f(x)\mathrm{d}x$，$x\in[a,b]$.

如图 5-20 所示，$\int_a^x f(x)\mathrm{d}x$ 是一个以上限 x 为自变量的函数，称为**变上限定积分**（也叫**积分上限函数**）.

同样可以自己定义变下限定积分 $\Psi(x)=\int_x^b f(x)\mathrm{d}x$，但是根据定积分的性质可知，变下限定积分可以转化为变上限定积分，即

$$\Psi(x)=\int_x^b f(x)\mathrm{d}x=-\int_b^x f(x)\mathrm{d}x$$

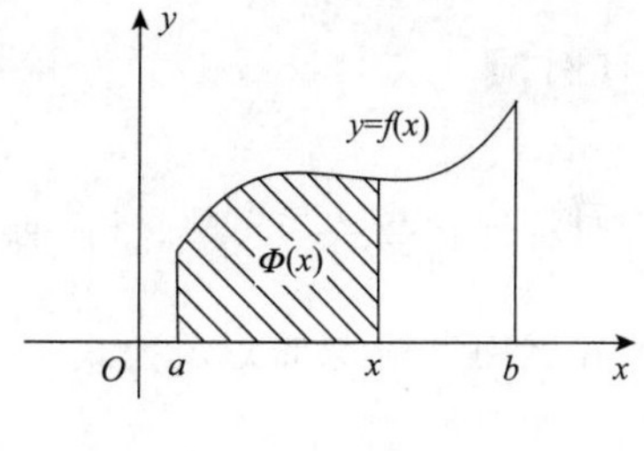

图 5-20

所以这里就主要介绍变上限定积分的相关知识.

定理 1（原函数存在定理） 如果函数 $f(x)$ 在区间 $[a,b]$ 上连续，则变上限定积分

$$\Phi(x)=\int_a^x f(x)\mathrm{d}x$$

是函数 $f(x)$ 在区间 $[a,b]$ 上的一个原函数，且它对积分上限 x 的导数，等于被积函数在上限 x 处的值，即

$$\Phi'(x)=\frac{\mathrm{d}}{\mathrm{d}x}\int_a^x f(x)\mathrm{d}x=f(x)\quad x\in[a,b]$$

证明略.

这个定理解决了原函数的存在问题，而且初步揭示了定积分与被积函数的原函数之间的关系，为我们寻求定积分的简便计算指明了方向.

【例 1】 计算 $\Phi(x)=\int_a^x \cos t^2\mathrm{d}t$ 在 $x=0,\frac{\sqrt{\pi}}{2}$ 处的导数.

解：因为 $\frac{\mathrm{d}}{\mathrm{d}x}\int_a^x \cos t^2\mathrm{d}t=\cos x^2$，所以 $\Phi'(0)=\cos 0=1$；$\Phi'\left(\frac{\sqrt{\pi}}{2}\right)=\cos\frac{\pi}{4}=\frac{\sqrt{2}}{2}$.

3. 牛顿-莱布尼茨公式

定理 2 设函数 $f(x)$ 在区间 $[a,b]$ 上连续，且 $F(x)$ 是 $f(x)$ 的一个原函数，则

$$\int_a^b f(x)\mathrm{d}x=F(b)-F(a)$$

证明略.

定理中的公式就是著名的**牛顿（Newton）-莱布尼茨（Leibniz）公式**，也叫**微积分基本公式**.

为了方便，通常将 $F(b)-F(a)$ 记作 $F(x)\big|_a^b$. 所以牛顿-莱布尼茨公式也可以写成

$$\int_a^b f(x)\mathrm{d}x=F(x)\big|_a^b$$

它为定积分的计算提供了有效的途径，要求函数 $f(x)$ 在区间 $[a,b]$ 上的定积分，只要求出函数 $f(x)$ 在区间 $[a,b]$ 上的一个原函数 $F(x)$，然后计算 $F(b)-F(a)$ 就可以了.

【例 2】（阿基米德问题） $\int_0^1 x^2\mathrm{d}x$.

解：由 $\left(\frac{1}{3}x^3\right)'=x^2$ 知 $\int x^2\mathrm{d}x=\frac{1}{3}x^3+C$，所以

$$\int_0^1 x^2 \mathrm{d}x = \frac{1}{3}x^3 \Big|_0^1 = \frac{1}{3}[1^3 - 0^3] = \frac{1}{3}$$

【例 3】 求 $\int_0^{\frac{\pi}{2}} \cos x \mathrm{d}x$.

解：由$(\sin x)' = \cos x$ 知 $\int_0^{\frac{\pi}{2}} \cos x \mathrm{d}x = \sin x \big|_0^{\frac{\pi}{2}} = \sin\frac{\pi}{2} - \sin 0 = 1$.

在运用牛顿-莱布尼茨公式时，要注意满足公式的条件. 比如，求定积分$\int_{-1}^1 \frac{1}{x^2}\mathrm{d}x$ 或 $\int_0^1 \frac{1}{x^2}\mathrm{d}x$ 时，就不能用牛顿-莱布尼茨公式，因为被积函数$\frac{1}{x^2}$在区间$[-1,1]$或$[0,1]$上不连续，这种定积分属于无界广义积分.

二、直接积分法

有了牛顿-莱布尼茨公式，求定积分就转化为求不定积分的问题. 在求得不定积分的基础上，代入积分上下限就可以求得定积分.

【例 4】 计算下列定积分

(1) $\int_0^1 \frac{1}{x^2+1}\mathrm{d}x$；　　(2) $\int_{-1}^5 |x-2| \mathrm{d}x$.

解：(1) $\int_0^1 \frac{1}{x^2+1}\mathrm{d}x = \arctan x \Big|_0^1 = \arctan 1 - \arctan 0 = \frac{\pi}{4}$.

(2) 被积函数是分段函数 $|x-2| = \begin{cases} x-2, & 2 \leqslant x \leqslant 5 \\ 2-x, & -1 \leqslant x < 2 \end{cases}$，

由积分区间的可分割性知：

$$\int_{-1}^5 |x-2| \mathrm{d}x = \int_{-1}^2 (2-x)\mathrm{d}x + \int_2^5 (x-2)\mathrm{d}x = \left(2x - \frac{1}{2}x^2\right)\Big|_{-1}^2 + \left(\frac{1}{2}x^2 - 2x\right)\Big|_2^5$$
$$= 4\frac{1}{2} + 4\frac{1}{2} = 9$$

直接积分法通常需注意以下三点：

(1) 充分利用化乘除为加减或利用三角恒等式化简式子；

(2) 尽可能化假分式为多项式和真分式；

(3) 对分段函数或含有绝对值符号函数的定积分要正确使用分段性质求法.

三、Mathstudio 求定积分积分法

对于较为复杂的定积分求解时，可以借助 Mathstudio 软件求解.

【例 5】 求下列定积分

(1) $\int_1^4 \frac{1}{2x+1}\mathrm{d}x$；　　(2) $\int_{-\pi}^{\pi} x^4 \sin x \mathrm{d}x$.

解：(1) 第一步：打开 Mathstudio，单击 Catalog 键，选择 Integrate 函数，如图 5-21 所示.

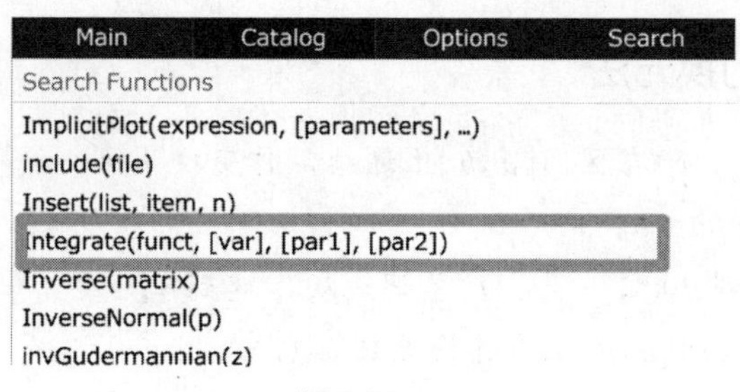

图 5-21

第二步：在 Integrate 函数中输入被积函数、变量、下限、上限，并单击 Solve 键，得出结果如图 5-22 所示．即 $\int_1^4 \frac{1}{2x+1}\mathrm{d}x=-\frac{1}{2}\ln 3+\frac{1}{2}\ln 9$，进一步化简得 $\int_1^4 \frac{1}{2x+1}\mathrm{d}x=\frac{1}{2}\ln 3$.

（2）第一步同第一题，输入函数如图 5-23 所示．这也验证了奇函数在关于原点对称的区间上积分结果为零的结论.

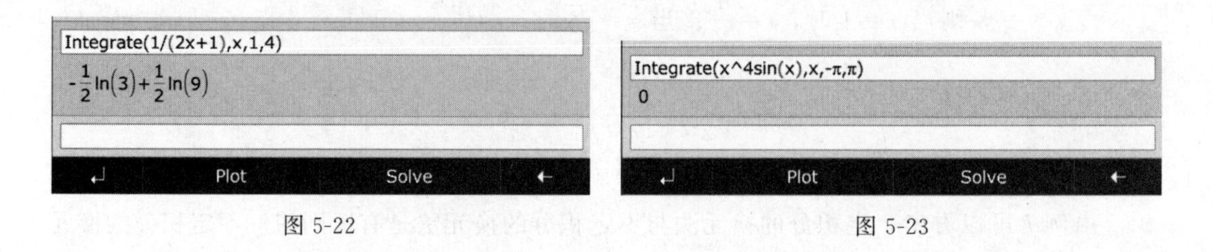

图 5-22　　　　图 5-23

【例 6】 当 $a=2$ 时，计算 $\int_0^a \sqrt{a^2-x^2}\,\mathrm{d}x$.

解：第一步：打开 Mathstudio，在输入栏输入 $a=2$，并单击"↵"键，如图 5-24 所示.

第二步：单击 Catalog 键，并选择 Integrate 函数输入，单击 Solve 键计算得图 5-25 结果.

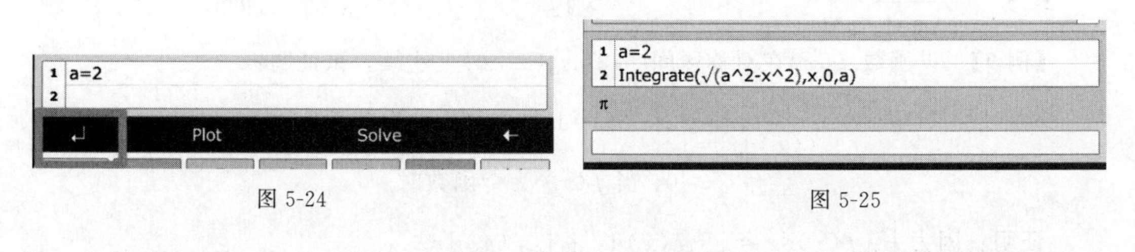

图 5-24　　　　图 5-25

即
$$\int_0^a \sqrt{a^2-x^2}\,\mathrm{d}x=\pi.$$

对应于不定积分的换元积分法和分部积分法，定积分也有相应的换元积分法和分部积分法.

四※、定积分的换元法

定理 3 设函数 $f(x)$在区间$[a,b]$上连续，作变换 $x=\varphi(t)$，如果

(1) $\varphi(\alpha)=a,\varphi(\beta)=b$；

(2) 当 t 从α 变到β 时，$x=\varphi(t)$单调地从 a 变到b；

(3) $x=\varphi(t)$在区间$[\alpha,\beta]$上有连续导数 $\varphi'(t)$，则

$$\int_a^b f(x)\mathrm{d}x=\int_\alpha^\beta f[\varphi(t)]\varphi'(t)\mathrm{d}t$$

上式称为**定积分的换元公式**. 在应用公式时，可以从左到右，相当于不定积分的第二类换元积分法；也可以从右到左，相当于不定积分的第一换元法（即凑微分法）.

【例 7】 求 $\int_1^{\sqrt{3}}\frac{1}{\sqrt{4-x^2}}\mathrm{d}x$.

解： $\int_1^{\sqrt{3}}\frac{1}{\sqrt{4-x^2}}\mathrm{d}x=\int_1^{\sqrt{3}}\frac{1}{2\sqrt{1-\left(\frac{x}{2}\right)^2}}\mathrm{d}x=\int_1^{\sqrt{3}}\frac{1}{\sqrt{1-\left(\frac{x}{2}\right)^2}}\mathrm{d}\left(\frac{x}{2}\right)$

令 $t=\frac{x}{2}$，则当 $x=1$ 时，$t=\frac{1}{2}$；当 $x=\sqrt{3}$时，$t=\frac{\sqrt{3}}{2}$，于是

$$\int_1^{\sqrt{3}}\frac{1}{\sqrt{1-\left(\frac{x}{2}\right)^2}}\mathrm{d}\left(\frac{x}{2}\right)=\int_{\frac{1}{2}}^{\frac{\sqrt{3}}{2}}\frac{1}{\sqrt{1-t^2}}\mathrm{d}t=(\arcsin t)\Big|_{\frac{1}{2}}^{\frac{\sqrt{3}}{2}}=\frac{\pi}{6}$$

由例 7 可以看出，定积分的换元法与不定积分的换元法是有区别的. 不定积分的换元法在求得关于新变量 t 的积分后，必须代回原变量 x，而定积分的换元法不必回代，但必须将积分限由 $x=a$ 和 $x=b$ 相应地换为 $t=\alpha$ 和 $t=\beta$，即“**换元必换限，（原）上限对（新）上限，（原）下限对（新）下限**”.

【例 8】 求 $\int_3^8\frac{x-1}{\sqrt{1+x}}\mathrm{d}x$.

解： 令$\sqrt{1+x}=t$，则 $x=t^2-1$，$\mathrm{d}x=2t\mathrm{d}t$，且当 $x=3$ 时，$t=2$；当 $x=8$ 时，$t=3$. 于是 $\int_3^8\frac{x-1}{\sqrt{1+x}}\mathrm{d}x=\int_2^3\frac{t^2-2}{t}\cdot 2t\mathrm{d}t=2\int_2^3(t^2-2)\mathrm{d}t=2\left(\frac{1}{3}t^3-2t\right)\Big|_2^3=8\frac{2}{3}$.

【例 9】 设函数 $f(x)$在对称区间$[-a,a](a>0)$上连续，试证明：

$$\int_{-a}^a f(x)\mathrm{d}x=\begin{cases}2\int_0^a f(x)\mathrm{d}x\text{，当 } f(x) \text{ 为偶函数时}\\0\text{，当 } f(x) \text{ 为奇函数时}\end{cases}$$

证明： 因为 $\int_{-a}^a f(x)\mathrm{d}x=\int_{-a}^0 f(x)\mathrm{d}x+\int_0^a f(x)\mathrm{d}x$

对积分 $\int_{-a}^0 f(x)\mathrm{d}x$ 作变量代换，令 $x=-t$，由定积分的换元法得：

$$\int_{-a}^0 f(x)\mathrm{d}x=-\int_a^0 f(-t)\mathrm{d}t=\int_0^a f(-t)\mathrm{d}t=\int_0^a f(-x)\mathrm{d}x$$

$$\int_{-a}^{a} f(x)\mathrm{d}x = \int_{0}^{a} f(-x)\mathrm{d}x + \int_{0}^{a} f(x)\mathrm{d}x = \int_{0}^{a} [f(-x)+f(x)]\mathrm{d}x$$

(1) 当 $f(x)$ 为偶函数时，$f(-x)=f(x)$，可得

$$\int_{-a}^{a} f(x)\mathrm{d}x = 2\int_{0}^{a} f(x)\mathrm{d}x$$

(2) 当 $f(x)$ 为奇函数时，$f(-x)=-f(x)$，有 $f(-x)+f(x)=0$，可得

$$\int_{-a}^{a} f(x)\mathrm{d}x = 0$$

该题的结论具有明显的几何意义，如图 5-26 和图 5-27 所示. 利用这个结论，奇、偶函数在对称区间上的积分计算可以得到简化. 如 $\int_{-\frac{\pi}{4}}^{\frac{\pi}{4}} x^5 \tan x \mathrm{d}x = 0$.

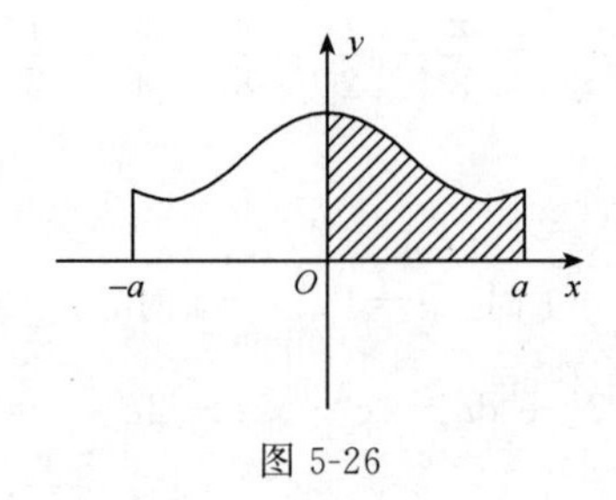

图 5-26

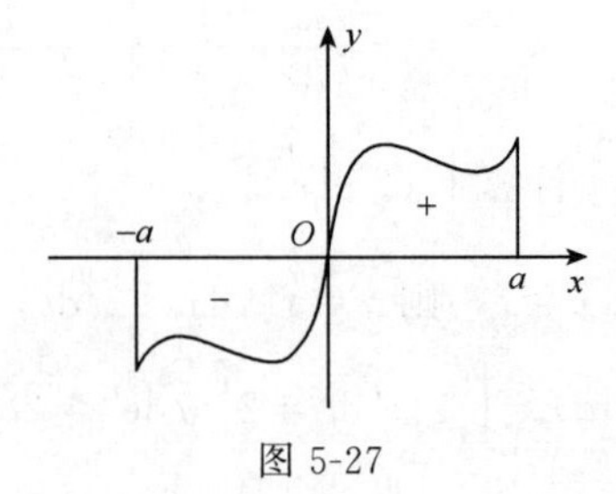

图 5-27

【例 10】 求 $\int_{-\frac{\pi}{2}}^{\frac{\pi}{2}} \cos x \cdot \mathrm{e}^{|\sin x|} \mathrm{d}x$.

解: 在区间 $\left[-\frac{\pi}{2}, \frac{\pi}{2}\right]$ 上，被积函数是偶函数. 所以

$$\int_{-\frac{\pi}{2}}^{\frac{\pi}{2}} \cos x \cdot \mathrm{e}^{|\sin x|} \mathrm{d}x = 2\int_{0}^{\frac{\pi}{2}} \cos x \cdot \mathrm{e}^{\sin x} \mathrm{d}x = 2\int_{0}^{\frac{\pi}{2}} \mathrm{e}^{\sin x} \mathrm{d}\sin x$$

$$= 2\mathrm{e}^{\sin x}\Big|_{0}^{\frac{\pi}{2}} = 2\mathrm{e}^{\sin\frac{\pi}{2}} - 2\mathrm{e}^{\sin 0} = 2(\mathrm{e}-1)$$

五※、定积分的分部积分法

不定积分可以分部积分，那么定积分也可以分部积分：

$$\int_{a}^{b} u \mathrm{d}v = uv\Big|_{a}^{b} - \int_{a}^{b} v \mathrm{d}u$$

其中，公式中 u 的选取规律与不定积分分部积分法中的相同.

【例 11】 计算 $\int_{1}^{\mathrm{e}} x \ln x \mathrm{d}x$.

解: $\int_{1}^{\mathrm{e}} x \ln x \mathrm{d}x = \frac{1}{2}\int_{1}^{\mathrm{e}} \ln x \mathrm{d}x^2 = \frac{1}{2}x^2 \ln x\Big|_{1}^{\mathrm{e}} - \frac{1}{2}\int_{1}^{\mathrm{e}} x^2 \mathrm{d}\ln x = \frac{1}{2}\mathrm{e}^2 - \frac{1}{2}\int_{1}^{\mathrm{e}} x^2 \cdot \frac{1}{x}\mathrm{d}x$

$$= \frac{1}{2}\mathrm{e}^2 - \frac{1}{2}\int_{1}^{\mathrm{e}} x \mathrm{d}x = \frac{1}{2}\mathrm{e}^2 - \frac{1}{4}x^2\Big|_{1}^{\mathrm{e}} = \frac{1}{2}\mathrm{e}^2 - \frac{1}{4}\mathrm{e}^2 + \frac{1}{4} = \frac{1}{4}\mathrm{e}^2 + \frac{1}{4}$$

【例 12】 计算 $\int_0^1 x^2 e^x dx$.

解： $\int_0^1 x^2 e^x dx = \int_0^1 x^2 de^x = x^2 e^x \Big|_0^1 - \int_0^1 e^x dx^2 = e - \int_0^1 e^x dx^2 = e - 2\int_0^1 x e^x dx$

$$= e - 2\int_0^1 x de^x = e - 2xe^x \Big|_0^1 + 2\int_0^1 e^x dx = e - 2e + 2e^x \Big|_0^1 = e - 2$$

【例 13】 计算 $\int_0^1 x \arctan x dx$

解： $\int_0^1 x \arctan x dx = \frac{1}{2}\int_0^1 \arctan x dx^2 = \frac{1}{2}x^2 \arctan x \Big|_0^1 - \frac{1}{2}\int_0^1 x^2 d\arctan x$

$$= \frac{\pi}{8} - \frac{1}{2}\int_0^1 \frac{x^2}{1+x^2}dx = \frac{\pi}{8} - \frac{1}{2}\left(\int_0^1 dx - \int_0^1 \frac{1}{1+x^2}dx\right)$$

$$= \frac{\pi}{8} - \frac{1}{2}x\Big|_0^1 + \frac{1}{2}\arctan x\Big|_0^1 = \frac{\pi}{8} - \frac{1}{2} + \frac{\pi}{8} = \frac{\pi}{4} - \frac{1}{2}$$

【例 14】 计算 $\int_1^4 e^{\sqrt{x}} dx$.

解： 令 $\sqrt{x} = t$，则 $x = t^2, dx = 2t dt$，且当 $x=1$ 时，$t=1$；$x=4$ 时，$t=2$. 于是

$$\int_1^4 e^{\sqrt{x}} dx = \int_1^2 2te^t dt = 2\int_1^2 t de^t = 2te^t \Big|_1^2 - 2\int_1^2 e^t dt = 4e^2 - 2e - 2e^t \Big|_1^2 = 2e^2$$

数学思想小火花

牛顿-莱布尼茨公式是微积分史上最重要的结论，这个公式不仅简化了定积分的计算，而且把定积分与不定积分这两个“貌合神离”的概念，自然、优美、巧妙地融合在一起，直接沟通了二者之间的关系，也正是由于这样的原因，把定积分和不定积分统称为积分.

事实上，在牛顿和莱布尼茨之前，已经有许许多多的数学家，如巴罗、开普勒、帕斯卡、笛卡儿、伽利略等在研究求解定积分的方法，也正是这些数学家们在微积分发展及计算上奠定的研究基础，加上牛顿、莱布尼茨的数学天赋和不断钻研，才使得这一微积分基本公式面世. 正如牛顿向伽利略致敬时说的一句话“如果我比别人看得远些，那是因为我站在巨人们的肩上”. 一个人的成功离不开前人的指引和提拔，只有谦虚学习前人成果，充分发挥智慧探索，才能最终在所研究的方向上有所突破.

习题 5-3

1. 求下列定积分：

(1) $\int_0^2 (e^t - t)dt$；　(2) $\int_{-\frac{1}{2}}^{\frac{1}{2}} \frac{dx}{\sqrt{1-x^2}}$；　(3) $\int_0^{\frac{\pi}{4}} \tan^2\theta d\theta$；　(4) $\int_{-\frac{\pi}{2}}^{\frac{\pi}{2}} \sin x dx$.

2. 用 Mathstudio 求下列定积分并化简结果：

(1) $\int_0^3 \frac{x}{\sqrt{1+x}}dx$；　(2) $\int_0^2 \sqrt{4-x^2}dx$；　(3) $\int_0^{\frac{1}{2}} \arccos x dx$；

(4) $\int_0^{\frac{\pi}{4}} \frac{x}{\cos^2 x}dx$；　(5) $\int_{-5}^{5} \frac{x^3\sin^2 x}{x^4+2x^2+1}dx$.

3.**【电路中的电量】** 设导线在时刻 t（单位：s）的电流为 $i(t)=2\sin\omega t$，试表达在时间间隔 [1,4] s 内流过导线横截面的电量 $Q(t)$（单位：A）.

4[※].用换元积分法求下列定积分并用 Mathstudio 验算：

(1) $\int_0^3 \frac{x}{\sqrt{1+x}}dx$；　(2) $\int_0^2 \sqrt{4-x^2}\,dx$；　(3) $\int_0^1 \frac{1}{\sqrt{4+5x}-1}dx$；

(4) $\int_{-\frac{1}{2}}^{\frac{1}{2}} \frac{x^2}{\sqrt{1-x^2}}dx$；　(5) $\int_0^2 \frac{x}{(3-x)^7}dx$；　(6) $\int_1^{\sqrt{3}} \frac{dx}{x^2\sqrt{1+x^2}}$；

(7) $\int_0^{\ln\sqrt{3}} \frac{e^x}{1+e^{2x}}dx$；　(8) $\int_1^{e^2} \frac{dx}{x\sqrt{1+\ln x}}dx$；(9) $\int_0^1 x e^{x^2}\,dx$；

(10) $\int_0^{\ln 2} \sqrt{1-e^{-2x}}\,dx$.

5[※].用分部积分法求下列定积分并用 Mathstudio 验算：

(1) $\int_0^1 x e^{-x}\,dx$；　(2) $\int_0^{\frac{\pi}{2}} x\cos x\,dx$；　(3) $\int_0^{\frac{1}{2}} \arccos x\,dx$；

(4) $\int_0^{\frac{\pi}{4}} \frac{x}{\cos^2 x}dx$；　(5) $\int_{\frac{1}{e}}^{e} |\ln x|\,dx$；　(6) $\int_1^e x^2\ln x\,dx$.

第四节　定积分在几何上的应用

定积分在科学技术领域中有着广泛的应用，现实生活中，有许多问题都可以用定积分来解决. 本节将用实例说明定积分的微元法，以及定积分在几何、电路及其他领域的具体应用.

一、定积分的微元法

在本单元第二节求变速直线运动路程的计算中，我们可知，用定积分解决实际问题可以分为四个步骤：

第一步：选择一个被分割的变量 t 和被分割的区间 $[T_1,T_2]$，将所求量 S 在该区间上分为许多部分量之和，即 $S=\sum\limits_{i=1}^{n}\Delta S_i$，也就是说，所求量 S 在给定的区间 $[T_1,T_2]$ 上具有可加性；

第二步：求各部分量的近似值，$\Delta S_i \approx v(\xi_i)\Delta t_i\,(i=1,2,\cdots,n)$；

第三步：求出所求量 S 的近似值，$S=\sum\limits_{i=1}^{n}\Delta S_i \approx \sum\limits_{i=1}^{n} v(\xi_i)\Delta t_i$；

第四步：求当 $\lambda=\max\limits_{1\leqslant i\leqslant n}\{\Delta t_i\}\to 0$ 时 S 的近似值的极限，则得

$$S=\lim_{\lambda\to 0}\sum_{i=1}^{n} v(\xi_i)\Delta t_i=\int_{T_1}^{T_2} v(t)\,dt.$$

在实际应用时，常常将上述四步简化成实用的两步：

（1）在区间$[a,b]$上任取一个微小区间$[x,x+\mathrm{d}x]$，再写出在这个小区间上的部分量ΔQ的近似值，记为$\mathrm{d}Q=f(x)\mathrm{d}x$，称为$Q$的**微元**.

（2）将微元$\mathrm{d}Q$在$[a,b]$上积分（无限累加），即得$Q=\int_a^b f(x)\mathrm{d}x$.

这种解决问题的方法称为定积分的**元素法**或**微元法**.

值得注意的是，用微元法解决实际问题，确定微元是关键. 微元作为ΔQ的近似表达式要尽量准确，一般根据问题的实际意义和数量关系，在小区间$[x,x+\mathrm{d}x]$上以“常代变”“匀代不匀”“直代曲”的思想，写出微元$\mathrm{d}Q=f(x)\mathrm{d}x$.

二、定积分在几何中的应用举例

1. 求曲边梯形的面积

利用微元法，可以将下列平面图形的面积用定积分表示.

（1）由上下两条曲线$y=f(x)$、$y=g(x)$ $[f(x)\geqslant g(x)]$及$x=a$、$x=b$所围成的图形的面积微元$\mathrm{d}A=[f(x)-g(x)]\mathrm{d}x$（如图 5-28），面积

$$A=\int_a^b[f(x)-g(x)]\mathrm{d}x$$

特别地，当$g(x)=0$时，该结论就是前面所讲定积分几何意义的情形.

（2）由左右两条曲线$x=\varphi(y)$、$x=\psi(y)[\varphi(y)\geqslant\psi(y)]$及$y=c$、$y=d$所围成的图形的面积微元$\mathrm{d}A=[\varphi(y)-\psi(y)]\mathrm{d}y$（如图 5-29）（注意微元应取横条矩形，$y$为积分变量），面积

$$A=\int_c^d[\varphi(y)-\psi(y)]\mathrm{d}y$$

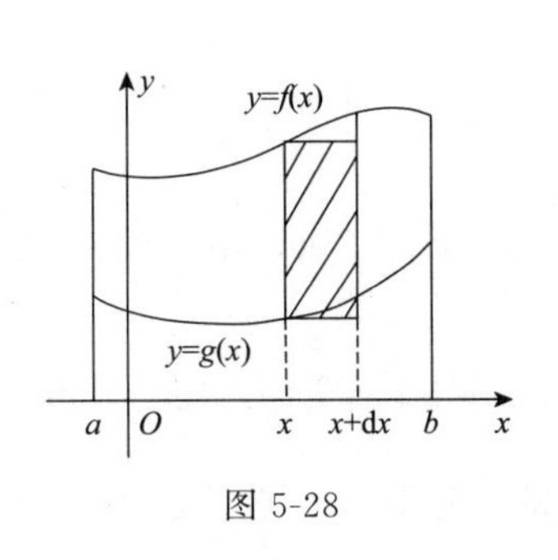

图 5-28

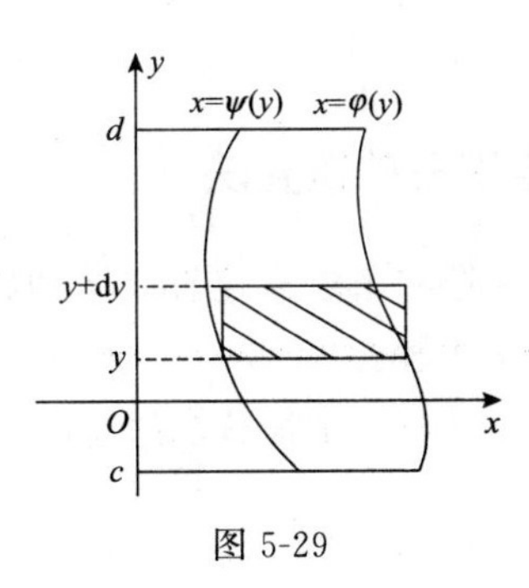

图 5-29

【例 1】 求$y=\sin x$，$y=\cos x$，$x=\frac{\pi}{4}$，$x=\frac{5\pi}{4}$所围成的平面图形的面积.

解：（1）画出图形简图（如图 5-30），确定积分区间$\left[\frac{\pi}{4},\frac{5\pi}{4}\right]$；

（2）选择积分变量x，任取微小区间$[x,x+\mathrm{d}x]$上的竖条（矩形）作为微元，写出面积微元

$$\mathrm{d}A=(\sin x-\cos x)\mathrm{d}x$$

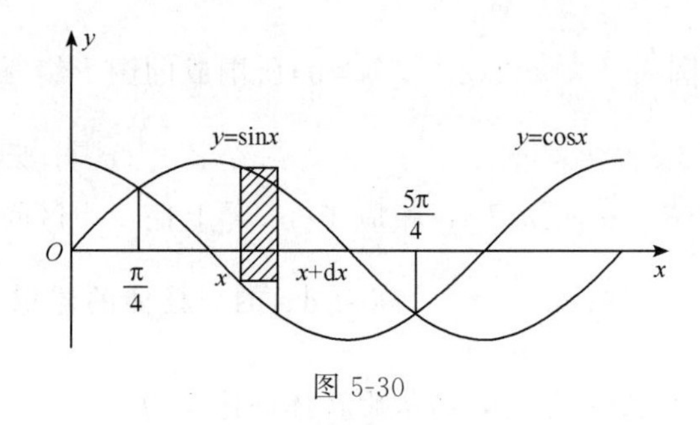

图 5-30

(3) 将面积微元 dA 在区间 $\left[\frac{\pi}{4},\frac{5\pi}{4}\right]$ 上积分（无限累加），即得

$$A=\int_{\frac{\pi}{4}}^{\frac{5\pi}{4}}\mathrm{d}A=\int_{\frac{\pi}{4}}^{\frac{5\pi}{4}}(\sin x-\cos x)\mathrm{d}x=[-\cos x-\sin x]_{\frac{\pi}{4}}^{\frac{5\pi}{4}}=2\sqrt{2}$$

也可选择用 Mathstudio 计算得所求面积. 具体操作如下：打开 Mathstudio，单击 Catalog 键，并选择 Integrate 函数输入，单击 Solve 键计算得图 5-31 结果. 即

$$A=\int_{\frac{\pi}{4}}^{\frac{5\pi}{4}}\mathrm{d}A=\int_{\frac{\pi}{4}}^{\frac{5\pi}{4}}(\sin x-\cos x)\mathrm{d}x=\frac{4}{\sqrt{2}}=2\sqrt{2}$$

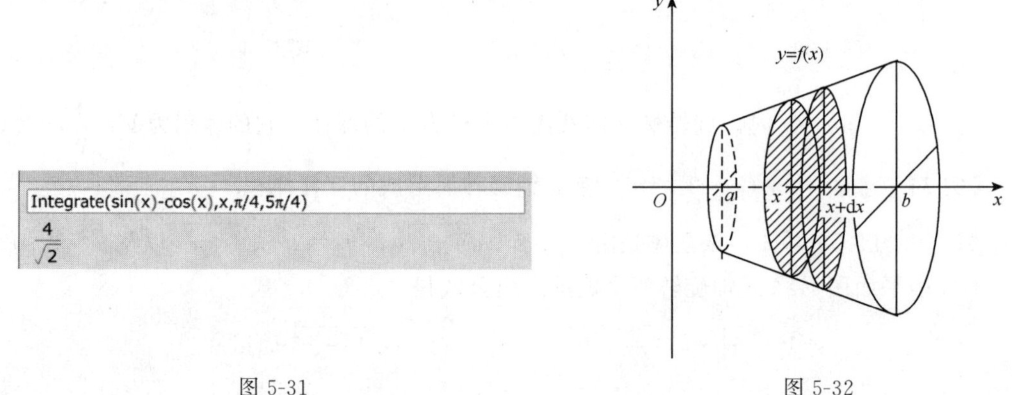

图 5-31　　图 5-32

2. 求立方体的体积

设旋转体是由曲线 $y=f(x)$，直线 $x=a$、$x=b$、$y=0$ 所围成的平面图形绕 x 轴旋转一周形成的（如图 5-32），在$[a,b]$上任取一小区间$[x,x+\mathrm{d}x]$，它所对应的小曲边梯形绕 x 轴旋转一周而成的薄片的体积近似于以 $f(x)$为底半径，dx 为高的扁圆柱体的体积，即体积微元为 $\mathrm{d}V=\pi[f(x)]^2\mathrm{d}x$，于是旋转体的体积

$$V=\int_a^b\pi[f(x)]^2\mathrm{d}x=\pi\int_a^b y^2\mathrm{d}x$$

类似地，由曲线 $x=\varphi(y)$，直线 $y=c$，$y=d(c<d)$与 y 轴所围成的曲边梯形，绕 y 轴旋转一周而成的旋转体的体积为

$$V=\int_c^d\pi[\varphi(y)]^2\mathrm{d}y=\pi\int_c^d x^2\mathrm{d}y$$

【例 2】 计算由椭圆$\dfrac{x^2}{a^2}+\dfrac{y^2}{b^2}=1(a>0,b>0)$所围成的图形绕 x 轴旋转一周所形成的旋转椭球体的体积.

解： 取 x 为积分变量，$x\in[a,b]$，相应于$[a,b]$上任一小区间$[x,x+\mathrm{d}x]$的薄片的体积，近似于底半径为 $y=\dfrac{b}{a}\sqrt{a^2-x^2}$，高为 $\mathrm{d}x$ 的扁柱体的体积（如图 5-33），即体积微元为 $\mathrm{d}V=\dfrac{\pi b^2}{a^2}(a^2-x^2)\mathrm{d}x$，于是，所求旋转体的体积为

$$V=\int_{-a}^{a}\mathrm{d}V=\int_{-a}^{a}\frac{\pi b^2}{a^2}(a^2-x^2)\mathrm{d}x=\frac{4}{3}\pi ab^2$$

计算过程如图 5-34.

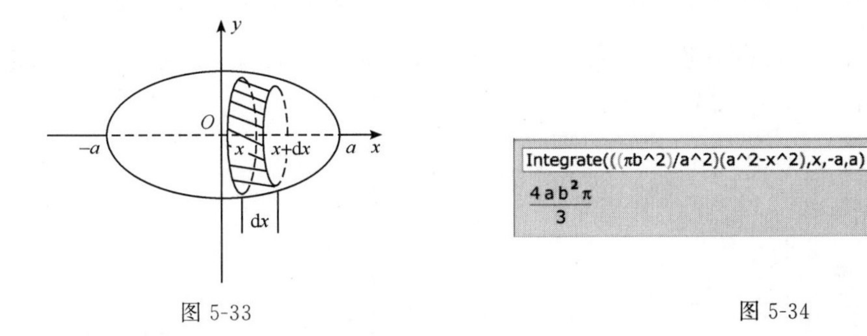

图 5-33　　　　图 5-34

特别地，当 $a=b$ 时，旋转椭球体就成为半径为 a 的球体，它的体积为 $V=\dfrac{4}{3}\pi a^3$.

【例 3】 求圆 $x^2+(y-2)^2=1^2$ 绕 x 轴旋转所形成的立体体积.

解： 由图 5-35 可知，该立体是由 $y_1=2+\sqrt{1-x^2}$、$y_2=2-\sqrt{1-x^2}$ 以及 $x=1$、$x=-1$ 围成的平面图形绕 x 轴旋转所生成的. 由公式得

$$\begin{aligned}V&=\pi\int_{-1}^{1}[(2+\sqrt{1-x^2})^2-(2-\sqrt{1-x^2})^2]\mathrm{d}x\\&=\pi\int_{-1}^{1}8\sqrt{1-x^2}\,\mathrm{d}x=\pi\left[2\pi-4\left(-\frac{\pi}{2}\right)\right]=4\pi^2\end{aligned}$$

其中 $\int_{-1}^{1}8\sqrt{1-x^2}\,\mathrm{d}x$ 的计算过程如图 5-36 所示.

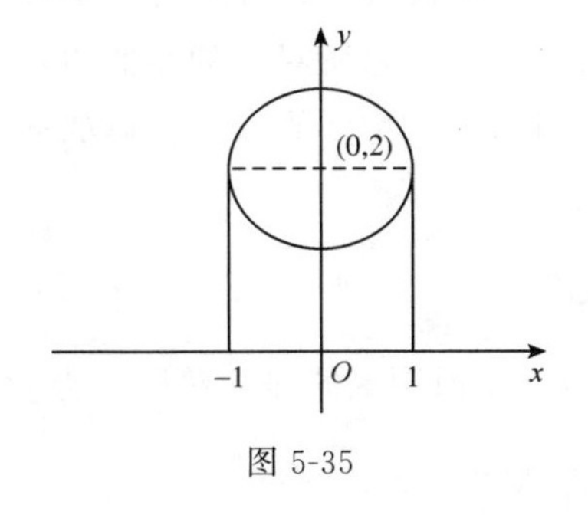

图 5-35

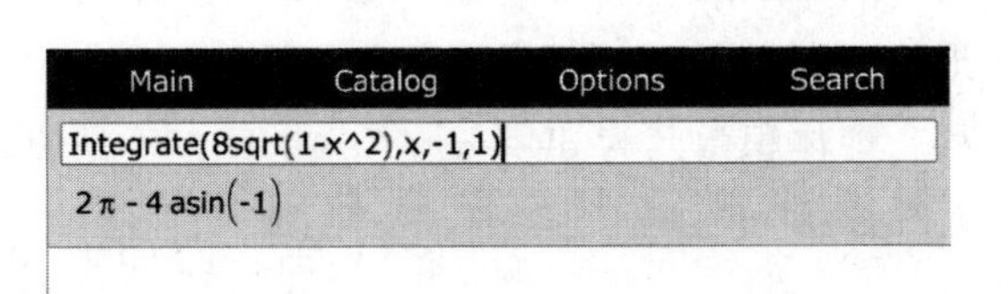

图 5-36

用类似的方法可求得曲线 $x=g_1(y),x=g_2(y)$ ［不妨设 $0\leqslant g_1(y)\leqslant g_2(y)$］ 及直线

$y=c$，$y=d(c<d)$所围成的图形绕 y 轴旋转一周而生成的旋转体的体积

$$V=\pi\int_{c}^{d}[g_{2}^{2}(y)-g_{1}^{2}(y)]\mathrm{d}y$$

数学思想小火花

定积分在几何上的应用有效地帮助我们直观理解定积分思想，为进一步应用定积分解决实际问题打下良好基础．其中，微元法与定积分概念一脉相通，蕴含极为丰富的辩证唯物主义思想因素，对立统一的观点比比皆是．例如，我们有意识地把微元法分解成两个既对立又统一的步骤，即化整为零求微分与积零为整求积分．又例如，在具体问题中如何求出所求量的微分，我们总是坚持矛盾观点与矛盾分析方法，先揭示矛盾，然后分析矛盾，并说明在一定的条件下，即在微分的意义下，矛盾的双方可以互相转化，“曲”可以转化为“直”，“变”可以转化为“不变”，“体”可以转化为“点”，这些都是生动的唯物辩证法．

习题 5-4

1. 求下列曲线所围成的平面图形的面积：

(1) $y=x^2$ 与 $y=2-x^2$； (2) $y=x^2$，$y=2x^2$ 与 $y=1$.

2. 求抛物线 $y=\frac{1}{4}x^2$ 与它在点（2，1）处的法线所围成图形的面积.

3. 平面图形由 $y=x^2$ 和 $y=1$ 围成，试求该图形：

(1) 绕 x 轴旋转所成旋转体的体积；

(2) 绕 y 轴旋转所成旋转体的体积.

4. 由曲线 $xy=1$ 与直线 $y=2$，$x=3$ 围成一平面图形，求：

(1) 此平面图形的面积；

(2) 该平面图形绕 x 轴旋转所成的旋转体的体积.

5. 把圆 $x^2+(y-5)^2=16$ 绕 x 轴旋转，计算所得旋转体的体积.

第五节 定积分在电路分析中的应用

定积分在电路分析中应用非常广泛，可以说它是最基本的电路分析工具和方法之一，其中在电气工程中，经常会遇到积分区间为无限的情形，这种积分称为无穷限广义积分，我们在这里补充其定义.

定义 设函数 $f(x)$在$[a,+\infty)$内有定义，且对任意的 $b>a$，$f(x)$在$[a,b]$上可积，称极限 $\lim\limits_{b\to+\infty}\int_{a}^{b}f(x)\mathrm{d}x$ 为函数 $f(x)$在$[a,+\infty)$上的**无穷限广义积分**，记作$\int_{a}^{+\infty}f(x)\mathrm{d}x$，即

$$\int_{a}^{+\infty}f(x)\mathrm{d}x=\lim_{b\to+\infty}\int_{a}^{b}f(x)\mathrm{d}x$$

若该极限存在，则称此广义积分**收敛**，否则称此广义积分**发散**.

类似地，可定义函数 $f(x)$在$(-\infty,b]$上的无穷限广义积分为

$$\int_{-\infty}^{b} f(x)\mathrm{d}x=\lim_{a\to-\infty}\int_{a}^{b} f(x)\mathrm{d}x$$

函数 $f(x)$在$(-\infty,+\infty)$上的无穷限广义积分为

$$\int_{-\infty}^{+\infty} f(x)\mathrm{d}x=\int_{-\infty}^{c} f(x)\mathrm{d}x+\int_{c}^{+\infty} f(x)\mathrm{d}x=\lim_{a\to-\infty}\int_{a}^{c} f(x)\mathrm{d}x+\lim_{b\to+\infty}\int_{c}^{b} f(x)\mathrm{d}x$$

其中，c 为任意常数.

在电路分析中，当时间 t 向后无限延伸时，对应求总量就相当于被积函数在时间 $t\to+\infty$时的广义积分.

一、纯电容电路上的应用

前面已经知道电容电流是电容电压的函数

$$i=C\frac{\mathrm{d}u}{\mathrm{d}t}$$

通过这个式子可以将电压表示为电流的函数

$$\mathrm{d}u=\frac{1}{C}i\,\mathrm{d}t$$

等式两边在各自对应区间$[u(t_0),u(t)]$和$[t_0,t]$上积分得

$$u(t)=\frac{1}{C}\int_{t_0}^{t} i\,\mathrm{d}t+u(t_0)$$

在许多实际应用中，初始时间都设为 0，即 $t_0=0$. 则上式变为

$$u(t)=\frac{1}{C}\int_{0}^{t} i\,\mathrm{d}t+u(0)$$

所以

$$p=ui=Cu\frac{\mathrm{d}u}{\mathrm{d}t}$$

也可以表示为

$$p=iu(t)=i\left[\frac{1}{C}\int_{0}^{t} i\,\mathrm{d}t+u(0)\right]$$

由于功率是消耗能量对时间的导数

$$p=\frac{\mathrm{d}W}{\mathrm{d}t}$$

从而

$$\mathrm{d}W=p\,\mathrm{d}t=Cu\,\mathrm{d}u$$

等式两边在各自对应区间$[0,W]$和$[0,u]$上积分得

$$\int_{0}^{W}\mathrm{d}W=C\int_{0}^{u} u\,\mathrm{d}u$$

在电压等于 0 的时候，能量也为 0，所以

$$W=\frac{1}{2}Cu^2$$

这是电路基础分析电容元件的电场能量常用公式.

【例 1】 电容是一个可以储存能量并释放能量的电子元件，需要借助外界电源充电．当电源开关没接通时，线路内部没有电流通过．电源开关一接通，线路内部开始有电流产生，电容电压开始升高，直到额定负荷，电容开始放电．现观察 0.5F 的电容元件两端电压在充放电过程中的变化如下

$$u(t)=\begin{cases}0 & t\leqslant 0\\ 4t & 0<t\leqslant 1\\ 4\mathrm{e}^{-(t-1)} & t>1\end{cases}\quad [\text{单位：伏（V）}]$$

（1）推导出电容电流的表达式，并考虑在充电过程中进入该电容元件上端的总电荷．

（2）在理想状态下，当电容放电时考虑释放到电路元件的总能量．

解：（1）根据 $i=C\dfrac{\mathrm{d}u}{\mathrm{d}t}$，去掉分段函数不可导点，分段求导得出电容电流的表达式

$$i(t)=\begin{cases}0 & t\leqslant 0\\ 2 & 0<t\leqslant 1\\ -2\mathrm{e}^{-(t-1)} & t>1\end{cases}\quad [\text{单位：安（A）}]$$

其中 $t=0$，$t=1$ 两点是不可导的点．从整体来看，这两点对整个时间轴上的电流变化影响忽略不计．

从电压的变化函数中分析，$0<t<1$ 是该电容的充电过程，此时电流 $i=2$ 为常数，进入该电容元件上端的总电荷 $q=it=2(\mathrm{C})$．

（2）从电压和电流的变化函数中分析得出，当时间 $t>1$ 时，对应电容放电状态．先求出电容放电时段功率

$$p(t)=u(t)i(t)=4\mathrm{e}^{-(t-1)}\times(-2)\mathrm{e}^{-(t-1)}=-8\mathrm{e}^{-2(t-1)}\ (1<t)$$

进一步考虑，理想状态即放电不受外界干扰，可以持续释放电能，一直到 $t\to+\infty$．求出电容放电时释放到电路元件的总能量

$$W=\int_1^{+\infty}p(t)\mathrm{d}t=\int_1^{+\infty}[-8\mathrm{e}^{-2(t-1)}]\mathrm{d}t=-4(\mathrm{J})$$

对应计算操作如图 5-37 所示．

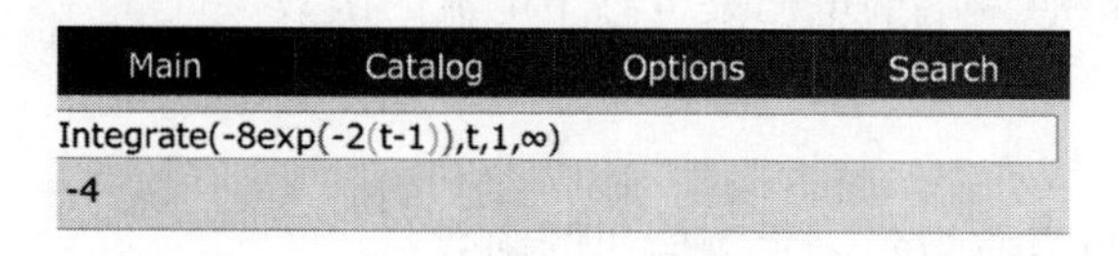

图 5-37

即在理想状态下，当电容放电时释放到电路元件的总能量为 4J．其中负号表示放电时能量转移方向与充电时相反．

【例 2】 如下的三角电流脉冲驱动一个未充电的 $0.2\mu\mathrm{F}$ 电容．

$$i(t)=\begin{cases}0 & t\leqslant 0\\ 5000t & 0<t\leqslant 20\mu\mathrm{s}\\ 0.2-5000t & 20<t\leqslant 40\mu\mathrm{s}\\ 0 & t>40\mu\mathrm{s}\end{cases}$$

求解下面问题：

（1）推导 4 个时间间隔中电容的电压、功率和能量表达式；

（2）分析电流为 0 后，为什么电容上的电压仍然能保持.

解：（1）当 $t \leqslant 0$ 时，$u=0(\mathrm{V})$，$p=0(\mathrm{W})$，$W=0(\mathrm{J})$

当 $0<t \leqslant 20\mu\mathrm{s}$ 时，

$$u=\frac{1}{C}\int_{0}^{t\times10^{-6}} i\,\mathrm{d}t+u(0)=5\times10^{6}\int_{0}^{t\times10^{-6}} 5000t\,\mathrm{d}t+0=12.5\times10^{-3}t^{2}(\mathrm{V})$$

$$p=ui=12.5\times10^{-3}t^{2}\times5000\times t\times10^{-6}=62.5\times10^{-6}t^{3}(\mathrm{W})$$

$$W=\frac{1}{2}Cu^{2}=\frac{1}{2}C(12.5\times10^{-3}t^{2})^{2}=15.625\times10^{-12}t^{4}(\mathrm{J})$$

当 $20\mu\mathrm{s}<t \leqslant 40\mu\mathrm{s}$ 时，

$$u=\frac{1}{C}\int_{20\times10^{-6}}^{t\times10^{-6}} i\,\mathrm{d}t+u(20\times10^{-6})=5\times10^{6}\int_{20\times10^{-6}}^{t\times10^{-6}}(0.2-5000t)\,\mathrm{d}t+5$$

$$=-12.5\times10^{-3}t^{2}+t-10(\mathrm{V})$$

$$p=ui=(-12.5\times10^{-3}t^{2}+t-10)\times(0.2-5000t\times10^{-6})$$

$$=62.5\times10^{-6}t^{3}-7.5\times10^{-3}t^{2}+0.25t-2(\mathrm{W})$$

$$W=\frac{1}{2}Cu^{2}=\frac{1}{2}C(-12.5\times10^{-3}t^{2}+t-10)^{2}$$

$$=15.625\times10^{-12}t^{4}-2.5\times10^{-9}t^{3}+0.125\times10^{-6}t^{2}-2\times10^{-6}t-10^{-5}(\mathrm{J})$$

当 $t>40\mu\mathrm{s}$ 时 $u=10(\mathrm{V})$，$p=ui=0(\mathrm{W})$，$W=\frac{1}{2}Cu^{2}=10(\mathrm{J})$.

（2）功率在电流脉冲持续期间总是正的，表明能量被连续地存储在电容中. 当电流为 0 时，由于理想电容没有能量损耗，因此所存储的能量封存，这样，在电流为 0 后，电容上的电压仍然保持.

二、纯电感电路上的应用

前面已经知道，电感两端的电压是电感中电流的函数

$$u=L\frac{\mathrm{d}i}{\mathrm{d}t}$$

通过这个式子也可以将电流表示为电压的函数

$$L\,\mathrm{d}i=u\,\mathrm{d}t$$

等式两边同时在对应区间 $[i(t_0),i(t)]$ 和 $[t_0,t]$ 积分，得

$$\int_{i(t_0)}^{i(t)} L\,\mathrm{d}i=\int_{t_0}^{t} u\,\mathrm{d}t$$

所以

$$i(t)=\frac{1}{L}\int_{t_0}^{t} u\,\mathrm{d}t+i(t_0)$$

在许多实际应用中，$t_0=0$. 于是上式变为

$$i(t)=\frac{1}{L}\int_{0}^{t} u\,\mathrm{d}t+i(0)$$

这个式子表明，电流是电感两端电压的函数．在这个方程中，电流的参考方向与电压降的方向一致．$i(t_0)$带有自身的代数符号，如果初始电流方向与 i 的参考方向相同，则是正数；如果初始电流是反方向的，则是负数．

进一步，电感中功率和能量的关系式也可以推导出来．

当流经电感的电流函数已知时，得

$$p=ui=Li\frac{\mathrm{d}i}{\mathrm{d}t}$$

当电感两端的电压函数已知时，得

$$p=ui(t)=u\left[\frac{1}{L}\int_{t_0}^{t}u\,\mathrm{d}t+i(t_0)\right]$$

由于功率是消耗能量对时间的导数

$$p=\frac{\mathrm{d}W}{\mathrm{d}t}$$

从而

$$\mathrm{d}W=p\,\mathrm{d}t=Li\,\mathrm{d}i$$

对上式两边同时在对应区间$[0,W]$和$[0,i]$积分，得

$$\int_0^W \mathrm{d}W=L\int_0^i i\,\mathrm{d}i$$

当电感中电流为 0 时，其对应的能量为 0. 因此

$$W=\frac{1}{2}Li^2$$

这是电路基础分析电感元件的磁场能量常用公式．

【例 3】 在如图 5-38 所示电路中，电感元件的电感为 100mH，电压和电流的参考方向一致，电流的波形如图所示，试求解下列问题：

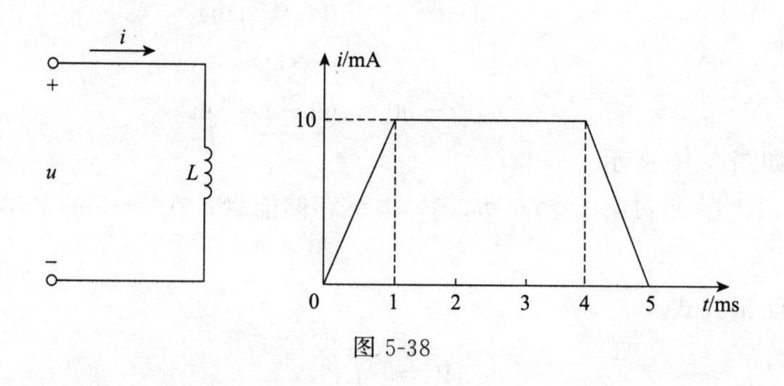

图 5-38

（1）给出电流的分段函数表达式．

（2）求出各段时间元件两端的电压，并做出电压的波形图．

（3）判断电压与电流是在同一时间达到最大值吗？

（4）在什么时间间隔，电感存储能量？在什么时间间隔，电感释放能量？

（5）电感吸收的最大能量是多少？

解：（1）根据图像，电流的函数表达式为

$$i(t)=\begin{cases}10t & 0<t\leqslant 1\text{ms}\\ 10 & 1\text{ms}<t\leqslant 4\text{ms}\\ -10t+50 & 4\text{ms}<t\leqslant 5\text{ms}\end{cases}$$

（2）根据电感上电压与电流的关系式

$$u=L\ \frac{\mathrm{d}i}{\mathrm{d}t}$$

得出电压在各时段的表达式

$$u(t)=\begin{cases}1 & 0<t\leqslant 1\text{ms}\\ 0 & 1\text{ms}<t\leqslant 4\text{ms}\\ -1 & 4\text{ms}<t\leqslant 5\text{ms}\end{cases}$$

对应波形如图 5-39 所示.

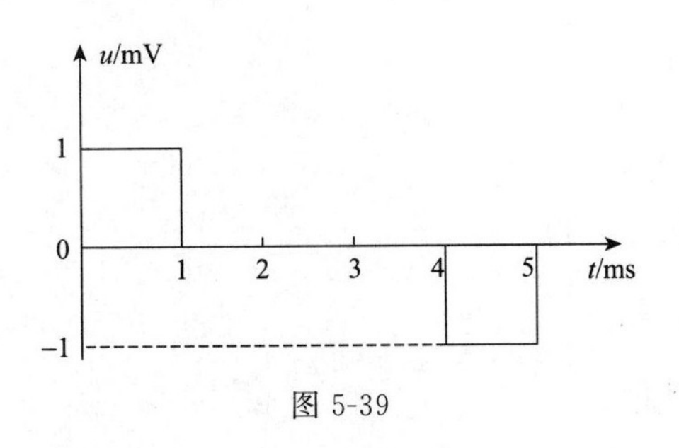

图 5-39

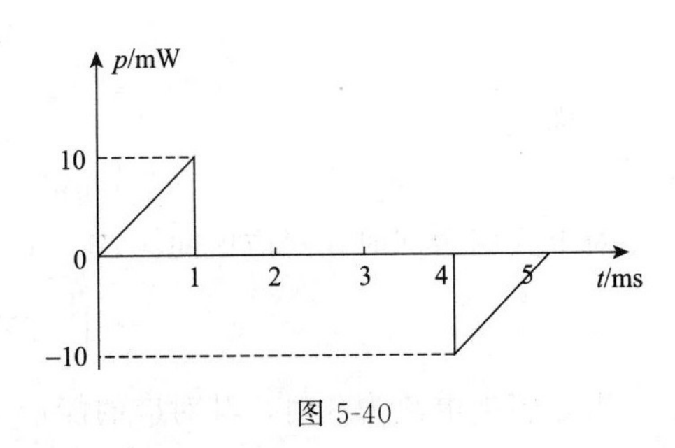

图 5-40

（3）观察电压和电流图像得出，电压与电流不能在同一时间达到最大值，因为电感上电压不与电流成正比，而与$\frac{\mathrm{d}i}{\mathrm{d}t}$成正比. 事实上，在电感电路中，电压与电流有一个相位差.

（4）根据 $p=ui$，得到

$$p(t)=\begin{cases}10t & 0<t\leqslant 1\text{ms}\\ 0 & 1\text{ms}<t\leqslant 4\text{ms}\\ 10t-50 & 4\text{ms}<t\leqslant 5\text{ms}\end{cases}$$

对应图像如图 5-40 所示.

观察图 5-40，在 0～1ms，功率 $p>0$，电感存储能量；在 4～5ms，功率 $p<0$，电感释放能量.

（5）根据能量公式

$$W=\frac{1}{2}Li^2$$

当电流取最大值 $i_{\max}=0.1\text{A}$ 时，对应的电感吸收的最大能量

$$W_{\max}=\frac{1}{2}Li_{\max}{}^2=\frac{1}{2}\times 0.1\times(0.1)^2=5\times 10^{-4}\text{J}$$

三、其他电路元件中案例

【例 4】 一电路元件的端电压和电流变化如下：

$$u=36\sin 200\pi t(\mathrm{V}),\ i=0.25\cos 200\pi t(\mathrm{A})$$

（1）求在 $0\leqslant t\leqslant 5\mathrm{ms}$ 范围产生的总能量，在该范围内求 p 的平均值.

（2）求在 $5\leqslant t\leqslant 7.5\mathrm{ms}$ 范围产生的总能量，在该范围内求 p 的平均值.

解：根据电路元件的端电压函数和电流函数，求出对应的功率

$$p=ui=36\sin 200\pi t\times 0.25\cos 200\pi t=9\sin 200\pi t\times\cos 200\pi t=4.5\sin 400\pi t$$

则该功率变化的角频率 $\omega=400\pi$，变化周期 $T=\dfrac{2\pi}{\omega}=5\times 10^{-3}\mathrm{s}=5\mathrm{ms}$

用 Mathstudio 做功率在两个周期 $[0,10]\mathrm{ms}$ 变化，如图 5-41 所示.

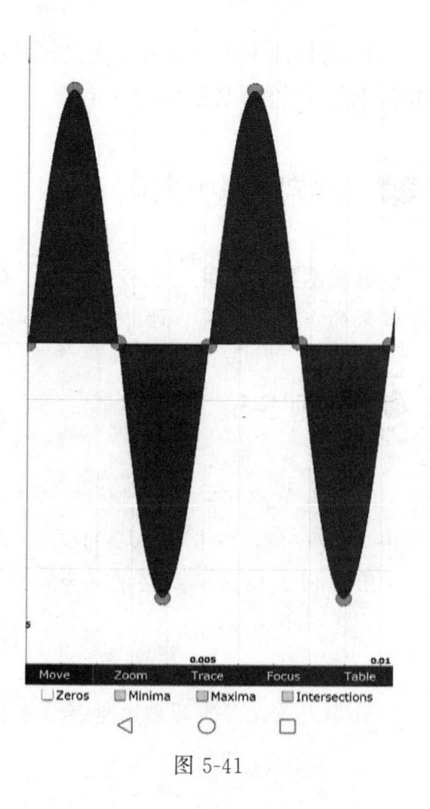

图 5-41

观察图 5-41 可得：

（1）$0\leqslant t\leqslant 5\mathrm{ms}$ 范围产生的总能量，刚好是功率 p 在第一个周期的积分值，根据定积分的几何意义得知，这部分积分结果为零，即 $w=0$.

由定积分的性质 6，功率的平均值

$$\bar{p}=\frac{1}{0.005}\int_0^{0.005}4.5\sin(400\pi t)\mathrm{d}t=0$$

（2）$5\leqslant t\leqslant 7.5\mathrm{ms}$ 范围产生的总能量，刚好是功率 p 在第二个周期前半部分的积分值，该区间的能量

$$W=\int_{0.005}^{0.0075}4.5\sin(400\pi t)\mathrm{d}t=\frac{0.09}{4\pi}\approx 0.0072\mathrm{J}$$

根据定积分的性质 6，功率的平均值

$$\bar{p}=\frac{1}{0.0025}\int_{0.005}^{0.0075}4.5\sin(400\pi t)\mathrm{d}t=\frac{9}{\pi}\approx 2.86\mathrm{W}$$

四※、平均值问题

【例 5】 求纯电阻电路中，正弦交流电 $i(t)=I_{\mathrm{m}}\sin\omega t$ 在一个周期的平均功率（其中 I_{m} 为电流最大值，ω 为常数）.

解：设电阻为 R（R 为常数），那么在这个电路中，R 两端的电压为

$$u=Ri=RI_{\mathrm{m}}\sin\omega t$$

则功率为

$$p=ui=i^2R=I_{\mathrm{m}}{}^2R\sin^2\omega t$$

由于交流电 $i(t)=I_{\mathrm{m}}\sin\omega t$ 的周期为 $T=\dfrac{2\pi}{\omega}$，因此在一个周期 $\left[0,\dfrac{2\pi}{\omega}\right]$ 上的平均功率为

$$\bar{p}=\frac{1}{\dfrac{2\pi}{\omega}-0}\int_0^{\frac{2\pi}{\omega}}I_{\mathrm{m}}^2R\sin^2\omega t\,\mathrm{d}t=\frac{I_{\mathrm{m}}^2R\omega}{2\pi}\int_0^{\frac{2\pi}{\omega}}\frac{1-\cos 2\omega t}{2}\mathrm{d}t$$

$$=\frac{I_{\mathrm{m}}^2R}{4\pi}\int_0^{2\pi}(1-\cos 2\omega t)\mathrm{d}\omega t=\frac{I_{\mathrm{m}}^2R}{4\pi}\cdot 2\pi=\frac{I_{\mathrm{m}}^2R}{2}=\frac{1}{2}p_{\mathrm{m}}$$

其中$\int_0^{2\pi}(1-\cos 2\omega t)\mathrm{d}\omega t$ 计算如图 5-42.

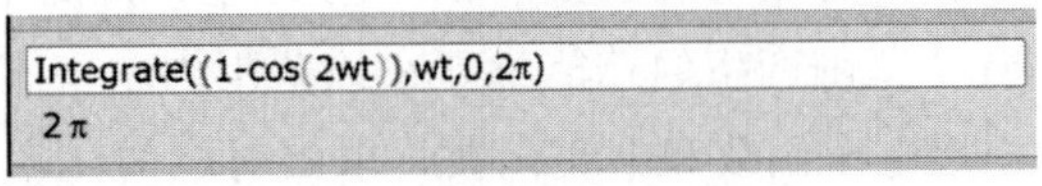

```
Integrate((1-cos(2wt)),wt,0,2π)
2π
```

图 5-42

这说明纯电阻电路中，正弦交流电的平均功率 p 等于最大功率 p_{m} 的一半，通常交流电器上标明的功率是平均功率.

数学思想小火花

数学来源于实际，又高于实际. 在学习和熟练利用定积分解决实际问题的过程中，定积分带来的形式之优美、计算之简捷和应用之广泛，再一次展示了数学的特点和魅力.

习题 5-5

1. 已知某正弦电流的幅值为 20A，周期为 1ms，0 时刻电流的幅值为 10A. 求（1）电流的频率（Hz）和角频率（rad/s）；（2）查阅资料，求出此正弦电流的有效值.

2. 如图 5-43 元件的端电流为

$$i(t)=\begin{cases}0 & t<0\\ 20\mathrm{e}^{-5000t}\,(\mathrm{A}) & t\geqslant 0\end{cases}$$

计算进入元件上端的总电荷（单位用 μC).

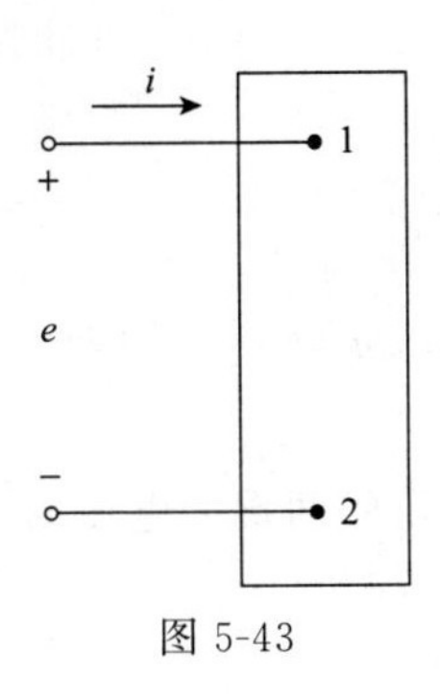

图 5-43

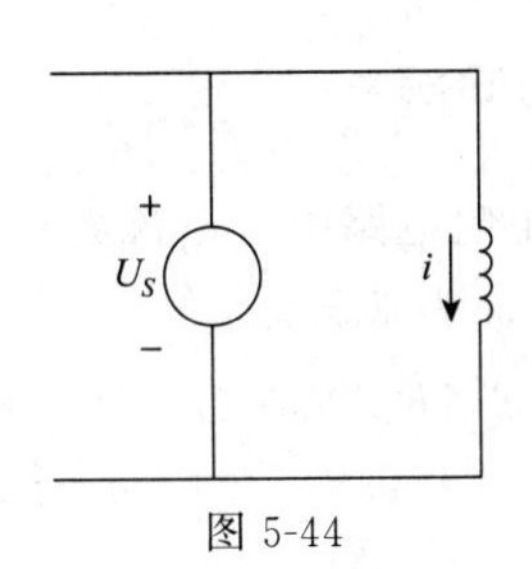

图 5-44

3. 如图 5-44 所示，已知电压表达式如下：

$$u(t)=\begin{cases}0 & t\leqslant 0\\ 20t\mathrm{e}^{-10t} & t>0\end{cases}\quad （单位：V）$$

且电压脉冲作用于 100mH 的电感. 假设 $t\leqslant 0$，$i=0$.

求解下列问题：

（1）求出作为时间函数的电感电流.

（2）分析在什么时间间隔，电感存储能量，在什么时间间隔，电感释放能量？

(3) 电感吸收的最大能量是多少？

(4) 解释当电压接近 0 时，为什么电感有持续不变的电流？

4.交流电路中，已知电动势 E 是时间 t 的函数，$E=E_{\mathrm{m}}\sin\dfrac{2\pi}{T}t$，求它在半个周期 $\left[0,\dfrac{T}{2}\right]$ 上的平均电动势.

5.已知交流电 $U(t)=U_{\mathrm{m}}\sin\omega t$，经半波整流的电压在一个周期内的表达式为

$$u=\begin{cases}U_{\mathrm{m}}\sin\omega t, & 0\leqslant t\leqslant\dfrac{\pi}{\omega}\\ 0, & \dfrac{\pi}{\omega}<t\leqslant\dfrac{2\pi}{\omega}\end{cases}$$

试求半波整流电压的平均值.

6.在电力需求的电涌时期，消耗电能的速度 r 可以近似地表示为 $r=t\mathrm{e}^{-t}$（t 单位：h).求在前两个小时内消耗的总电能 E（单位：J).

第六单元

常微分方程及其应用

单元引导

我们在研究自然科学、工程技术以及生产实践中的问题时，往往需要找出变量之间的函数关系，但从所能获得的信息来看，又经常不能直接找出这种关系. 所能找到的一般是待求函数的导数或微分的关系式，这种关系式，就是本单元我们要学习的微分方程. 在电路分析中，我们常常需要利用微分方程来建立模型，它也是描述一阶和二阶电路的重要工具.

本单元主要介绍常微分方程的基本概念，微分方程的解法以及它们在电路分析中的应用. 希望学完本单元后，你能够：

- 准确描述微分方程定义，辨认不同微分方程的阶数及其解的形式
- 掌握人工手算和 Mathstudio 求解微分方程的方法
- 掌握建立微分方程数学模型的思路和步骤
- 能运用微分方程解决电路分析案例和实际问题
- 理解微分方程解法中蕴含的化未知为已知，化烦琐为简易的“变换”思想和“化归”思想

第一节　常微分方程的基本概念

一、微分方程的定义

我们先通过两个案例来介绍微分方程的基本概念.

【例 1】 一曲线过点 (1,2)，且曲线上任意点处的切线斜率等于该点横坐标的 2 倍，求此曲线的方程.

解：设曲线的方程为 $y=f(x)$. 由题意及导数的几何意义可知，$y=f(x)$满足关系式：

$$y'=2x.$$

对此式两边积分得：$y=x^2+C$. 因为该曲线过点（1，2），代入得：$C=1$.

所以，该曲线的方程为：$y=x^2+1$.

【例 2】 一个由电阻 R、电感 L、电容 C 串联组成的简单闭合电路，如图 6-1 所示，如果在某一时刻将电容器充电使它得到一个电位差，然后断开电源，在电感的作用下这个闭合电路中开始了电流振荡，试建立电容器两极间的电位差和时间之间的微分方程.

解：首先，我们用数学语言重述该实际问题：用 $Q(t)$表示在时刻 t 电容器上的电量，C 表示电容器的电容，$u(t)$表示在时刻 t 电容器两极间的电位差，R 表示电阻的阻值，L 表示电感的电感系数. 假设，忽略电感中的电阻，忽略电阻中的电感效应，忽略线路中的电阻，认为电容器两极间没有电流. 根据"总电动势等于电容器的电位差和电感电动势的总和"这一电学原理，我们得到：

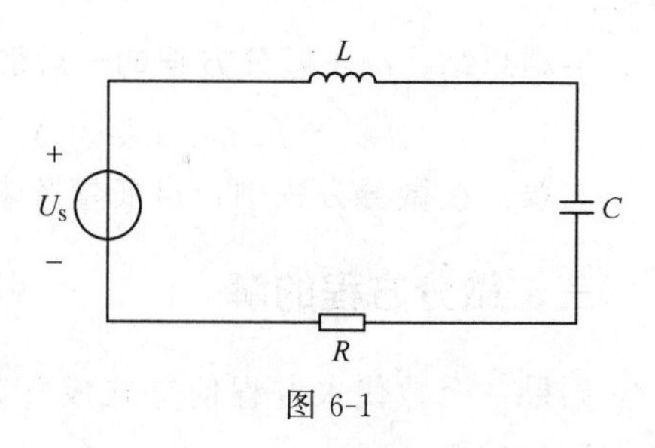

图 6-1

$$i(t)R=-u(t)-L\frac{\mathrm{d}i(t)}{\mathrm{d}t}$$

其中，$u(t)=\frac{Q(t)}{C}, i(t)=\frac{\mathrm{d}Q(t)}{\mathrm{d}t}$. 那么，$i(t)=C\cdot\frac{\mathrm{d}u(t)}{\mathrm{d}t}$，$\frac{\mathrm{d}i(t)}{\mathrm{d}t}=C\cdot\frac{\mathrm{d}^2u(t)}{\mathrm{d}t^2}$.

这样，就得到了 $u(t)$满足的方程：

$$L\frac{\mathrm{d}^2u(t)}{\mathrm{d}t^2}+R\frac{\mathrm{d}u(t)}{\mathrm{d}t}+\frac{1}{C}u(t)=0$$

如果我们能根据以上条件，求出 $u(t)$的表达式，即时刻 t 电容器两极间的电位差，就得到了电路的振荡规律.

在上面两个引例中，我们发现方程 $y'=2x$ 和 $L\frac{\mathrm{d}^2u(t)}{\mathrm{d}t^2}+R\frac{\mathrm{d}u(t)}{\mathrm{d}t}+\frac{1}{C}u(t)=0$ 中，都含有未知函数的导数（包括一阶和高阶导数），像这种方程，我们就称之为微分方程.

定义 1 含有未知函数的导数或者微分的等式，称为**微分方程**.

例如：$y''=3\sqrt{1+(y')^3}$，$\mathrm{d}y=4x^2y\mathrm{d}x$，$\frac{\mathrm{d}^3y}{\mathrm{d}x^3}=2-6x$ 等，都是微分方程.

特别地，未知函数是一元函数的微分方程称为**常微分方程**；未知函数是多元函数的微分方程称为**偏微分方程**.

常微分方程理论诞生于17世纪牛顿（Newton）和莱布尼茨（Leibniz）创立的微积分学之后，牛顿应用微积分学及微分方程得到万有引力并进一步导出了开普勒行星运动三定律. 该理论广泛应用于物理学、化学、生理医学和电子工程学等领域，是数学理论解决实际问题的有力工具. 本书中，我们只讨论常微分方程.

大家观察上面列举的三个微分方程，会发现，未知函数求导的次数不尽相同. 数学中，我们用微分方程的阶来表达.

二、微分方程的阶

定义 2 微分方程中，出现的未知函数的导数的最高阶数称为**微分方程的阶**.

如：微分方程 $y'=2x$ 和 $\mathrm{d}y=4x^2y\mathrm{d}x$ 都是一阶微分方程；方程 $L\dfrac{\mathrm{d}^2u(t)}{\mathrm{d}t^2}+R\dfrac{\mathrm{d}u(t)}{\mathrm{d}t}+\dfrac{1}{C}u(t)=0$ 和 $y''=3\sqrt{1+(y')^3}$ 都是二阶微分方程；$\dfrac{\mathrm{d}^3y}{\mathrm{d}x^3}=2-6x$ 是三阶微分方程.

不难总结，***n* 阶微分方程的一般形式为：**

$$y^{(n)}=f[x,y,y',\cdots y^{(n-1)}] \text{ 或 } F[x,y,y',y'',\cdots,y^{(n)}]=0$$

注意：在微分方程中，自变量及未知函数可以不出现，但未知函数的导数必须出现.

三、微分方程的解

如果一个数代入方程使等式成立，则该数称为方程的解. 类似地，我们可以得到微分方程解的概念.

定义 3 如果函数 $y=f(x)$代入一个微分方程使得等式恒成立，则称它是该**微分方程的解**；求微分方程的解的过程，叫作**解微分方程**.

例如：函数 $y=x^2,y=x^2+1,\cdots,y=x^2+C$ 都是微分方程 $y'=2x$ 的解.

定义 4 如果微分方程的解中，含有相互独立的任意常数的个数，等于该微分方程的阶数，则这个解称为该**微分方程的通解**.

例如：函数 $y=x^2+C$ 是微分方程 $y'=2x$ 的通解；函数 $S=\dfrac{1}{2}gt^2+C_1t+C_2$ 是二阶微分方程$\dfrac{\mathrm{d}^2S}{\mathrm{d}t^2}=g$ 的通解.

例 1 中，我们需要额外的已知条件，才能确定通解中任意常数的值，以此得到满足实际问题的解.

定义 5 根据某些条件，将通解中的任意常数确定下来后得到的解，称为该**微分方程的一个特解**. 用于确定通解中任意常数的条件称为**初始条件**.

例 1 中，函数 $y=x^2+1$ 是微分方程 $y'=2x$ 满足初始条件$y|_{x=1}=2$ 的一个特解.

求微分方程满足初始条件的特解问题，称为微分方程的**初值问题**. 例 1 中，所求的曲线方程就是初值问题

$$\begin{cases}\dfrac{\mathrm{d}y}{\mathrm{d}x}=2x\\ y|_{x=1}=2\end{cases}$$

的解.

简单的常微分方程可以通过积分法解出. 在求解过程中，通常是先求出微分方程的通解，再由初始条件求出所需要的特解.

【例 3】 求解微分方程$\dfrac{\mathrm{d}y}{\mathrm{d}x}=x^2$.

解：原方程可化为

$$dy=x^2dx$$

两边积分得

$$\int dy=\int x^2dx$$

因此有

$$y=\frac{1}{3}x^3+C$$

这就是原方程的通解.

【例4】 验证函数 $y=C_1e^{2x}+C_2e^{-2x}$（C_1、C_2 为任意常数）是二阶微分方程 $y''-4y=0$ 的通解，并求此微分方程满足初始条件：$y|_{x=0}=0, y'|_{x=0}=1$ 的特解.

证明：将函数 $y=C_1e^{2x}+C_2e^{-2x}$ 分别求一阶、二阶导数，得：

$$y'=2C_1e^{2x}-2C_2e^{-2x}，\ y''=4C_1e^{2x}+4C_2e^{-2x}$$

把它们代入微分方程 $y''-4y=0$ 的左端，得：

$$y''-4y=4C_1e^{2x}+4C_2e^{-2x}-4(C_1e^{2x}+C_2e^{-2x})=0$$

所以，函数 $y=C_1e^{2x}+C_2e^{-2x}$ 是所给微分方程的解.

显然，该解中的两个任意常数 C_1、C_2 相互独立，它所含独立的任意常数的个数与微分方程的阶数相同，所以 $y=C_1e^{2x}+C_2e^{-2x}$ 是微分方程 $y''-4y=0$ 的通解.

把初始条件"$y|_{x=0}=0$"及"$y'|_{x=0}=1$"分别代入 $y=C_1e^{2x}+C_2e^{-2x}$ 及 $y'=2C_1e^{2x}-2C_2e^{-2x}$ 中，得：

$$\begin{cases}C_1+C_2=0\\2C_1-2C_2=1\end{cases}$$

解得：$C_1=\frac{1}{4}$，$C_2=-\frac{1}{4}$.

因此微分方程 $y''-4y=0$ 满足初始条件 $y|_{x=0}=0, y'|_{x=0}=1$ 的特解为：$y=\frac{1}{4}e^{2x}-\frac{1}{4}e^{-2x}$.

【例5】 在一个含有电阻 R（单位：Ω）、电容 C（单位：F）和电源 E（单位：V）的 RC 串联回路中，已知有电源 $60\sin 30t$ V，电阻 100Ω，电容 0.02F，电容上没有初始电量. 请列出 RC 回路中电量 q 满足的微分方程.

解：由回路电流定律，知电容上的电量 q（单位：C）满足以下微分方程：

$$\frac{dq}{dt}+\frac{1}{RC}q=\frac{E}{R}$$

这里 $E=60\sin 30t$，$R=100$，$C=0.02$，将其代入，得 RC 回路电量 q 应满足的微分方程为：

$$\frac{dq}{dt}+\frac{1}{2}q=\frac{3}{5}\sin 30t$$

初始条件为$q|_{t=0}=0$.

【例 6】 如图 6-2 所示，在电感为 L 的电感线圈上，在时刻 $t=0$ 时关闭开关 S. 试求加上直流电压 e 时电路中通过的电流 i. 设当 $t=0$ 时，电感线圈中的磁通量 $\varphi=0$.

解： 令 $t=0$，关闭开关 S，则当 $t>0$ 时，有如下的电路方程：

$$L\frac{\mathrm{d}i}{\mathrm{d}t}=e$$

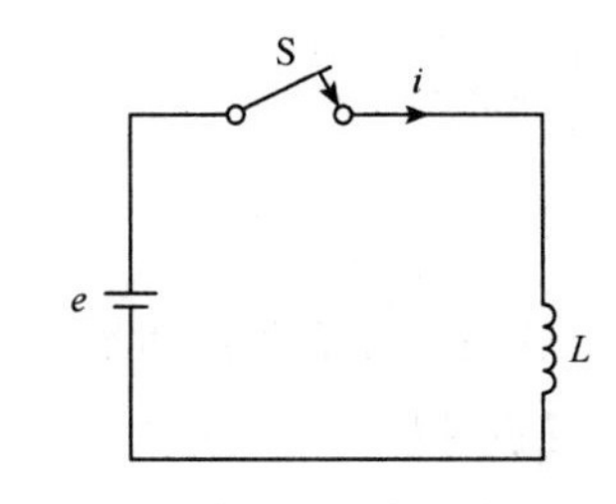

图 6-2

因此，

$$\frac{\mathrm{d}i}{\mathrm{d}t}=\frac{e}{L}$$

对上式积分，得：

$$i=\frac{e}{L}t+C \quad \text{（其中 } C \text{ 为任意常数）}$$

当 $t=0$ 时，由电感线圈中的磁通量 $\varphi=Li=0$ 的条件，知$\varphi|_{t=0}=Li|_{t=0}=0$，所以：

$$i|_{t=0}=\frac{e}{L}\cdot 0+C=0$$

从而 $C=0$，因此可得此时通过的电流 i 为：

$$i=\frac{e}{L}t$$

数学思想小火花

常微分方程是伴随着微积分一起发展起来，为了解决涉及积分的物理问题而逐渐形成的一个新的数学分支. 到 18 世纪中期，微分方程的课题成为一门独立的学科，微分方程的求解成为它本身的一个目标. 直至今天，常微分方程、偏微分方程的应用范围已经远远超出当初的摆动运动、弹性理论及天体力学等问题，还涉及了几何、机械运动、电磁振动等问题的解决. 它为微积分在其他学科的广泛应用起到了重要的推动作用.

习题 6-1

1. 指出下列微分方程的阶数.

（1）$(x^2+1)\mathrm{d}x+y^3\mathrm{d}y=0$；（2）$y^2y''-8y^4y'=4x^2+1$；

（3）$x^2\cdot y''-x^6(y')^3+3x^3y^2=0$；（4）$y'\cdot y'''-(y')^4=x^2+1$.

2. 验证下列函数是否为相应微分方程的解，是特解还是通解，其中 C 为任意常数.

（1）$\frac{\mathrm{d}y}{\mathrm{d}x}+y=1$，$y=1+C\mathrm{e}^{-x}$；（2）$\frac{\mathrm{d}y}{\mathrm{d}x}=\frac{2xy}{2-x^2}$，$y=\frac{C}{x^2-2}$；

（3）$x\frac{\mathrm{d}y}{\mathrm{d}x}=2y$，$y=x^2$；（4）$\frac{\mathrm{d}^2y}{\mathrm{d}x^2}=y$，$y=C\mathrm{e}^x$.

3. 写出下列条件确定的变量所满足的微分方程：

(1) 曲线在点 (x,y) 处的切线的斜率等于该点横坐标的平方.

(2) 某种气体的气压 P 对于温度 T 的变化率与气压 P 成正比，与温度的平方成反比.

4. 验证 $y=x+C$ 是微分方程 $\frac{dy}{dx}=1$ 的解，并求满足初始条件 $y|_{x=0}=3$ 的特解.

5. 在一个 RL 回路中有电源 5 V，电阻 50 Ω，电感 1H，无初始电流. 写出电路中任意时刻的电流满足的微分方程及初始条件.

第二节　一阶微分方程

一阶微分方程的一般形式为：

$$y'=f(x,y) \quad \text{或} \quad F(x,y,y')=0$$

本节，我们将介绍三种特殊类型的微分方程的解法.

一、可分离变量的微分方程及其求解

1. 可分离变量的微分方程

定义 1　形如 $\frac{dy}{dx}=f(x)g(y)$ 的微分方程，叫作**可分离变量的微分方程**.

例如：方程 $\frac{dy}{dx}=e^{x-y}$，$dy=2xy\,dx$，$y'=\frac{1}{x}\cot y$ 等都是可分离变量的微分方程.

不难发现，可分离变量的微分方程，通过变形可化为：$g(y)dy=f(x)dx$，即方程一端只含 y 的函数和 dy 的乘积，而另一端只含 x 的函数和 dx 的乘积. 像这类微分方程，我们可以借助分离变量法来求解.

2. 分离变量法

可分离变量的微分方程 $\frac{dy}{dx}=f(x)g(y)$ 的解法，称为**分离变量法**. 具体步骤如下：

(1) 分离变量：$\frac{1}{g(y)}dy=f(x)dx$ [其中 $g(y)\neq 0$]；

(2) 两边求不定积分：$\int \frac{1}{g(y)}dy=\int f(x)dx$，得通解：

$$G(y)=F(x)+C$$

其中，$G(y)$，$F(x)$ 分别为 $g(y)$，$f(x)$ 的一个原函数.

(3) 若给出初始条件，则确定任意常数，求得特解.

【例 1】　求微分方程 $dy=2xy\,dx$ 的通解.

解：分离变量，将方程写成：

$$\frac{dy}{y}=2x\,dx$$

两边积分，得到：

$$\ln|y|=x^2+C \quad (C\text{ 为任意常数})$$

整理得方程的通解为：$y=Ce^{x^2}$.

【例 2】 求微分方程 $y'=e^{x-y}$ 的通解.

解： 方程变形为：$\frac{dy}{dx}=\frac{e^x}{e^y}$，再分离变量，得：

$$e^y dy=e^x dx$$

两边积分，得：

$$\int e^y dy=\int e^x dx$$

解得：$e^y=e^x+C$，因此微分方程的通解为：

$$y=\ln(e^x+C)$$

二、一阶线性微分方程及其求解

1. 一阶线性微分方程

定义 2 形如$\frac{dy}{dx}+P(x)y=Q(x)$的微分方程，称为**一阶线性微分方程**. 其中 $P(x)$、$Q(x)$为已知的连续函数.

当 $Q(x)=0$ 时，方程称为**一阶线性齐次微分方程**；

当 $Q(x)\neq 0$ 时，方程称为**一阶线性非齐次微分方程**.

注意："线性"，指方程关于未知函数 y 及其导数$\frac{dy}{dx}$都是一次的.

2. 一阶线性齐次微分方程的求解

解法：分离变量法.

我们发现，一阶线性齐次微分方程$\frac{dy}{dx}+P(x)y=0$ 是可分离变量的. 于是对它分离变量得：

$$\frac{dy}{y}=-P(x)dx$$

再两边同时积分：

$$\ln|y|=-\int P(x)dx+\ln C$$

整理得，一阶线性齐次微分方程$\frac{dy}{dx}+P(x)y=0$ 的通解为：

$$y=Ce^{-\int P(x)dx} \quad (C\text{ 是任意常数})$$

【例 3】 求方程 $y'-3x^2y=0$ 的通解.

解： 这是一个一阶线性齐次微分方程，我们可以应用分离变量法求解，也可以直接用公式求出来. 这里，我们采用后者. 显然，$P(x)=-3x^2$，根据上述公式，该微分方程的通解为：

$$y=Ce^{-\int(-3x^2)dx}=Ce^{\int 3x^2 dx}=Ce^{x^3}$$

3. 一阶线性非齐次微分方程的求解

解法：常数变易法.

对于一阶线性非齐次微分方程$\frac{dy}{dx}+P(x)y=Q(x)$ $[Q(x)\neq 0]$，我们先求出它所对应的齐次方程$\frac{dy}{dx}+P(x)y=0$的通解：

$$y=Ce^{-\int P(x)dx}$$

然后将上述通解中的任意常数C改为未知函数$u(x)$，即变换为：

$$y=u(x)e^{-\int P(x)dx}$$

于是

$$\frac{dy}{dx}=u'(x)e^{-\int P(x)dx}+u(x)e^{-\int P(x)dx}[-P(x)]$$

将y、$\frac{dy}{dx}$的表达式代入$\frac{dy}{dx}+P(x)y=Q(x)[Q(x)\neq 0]$得：

$$u'(x)e^{-\int P(x)dx}+u(x)e^{-\int P(x)dx}[-P(x)]+P(x)u(x)e^{-\int P(x)dx}=Q(x)$$

即

$$u'(x)e^{-\int P(x)dx}=Q(x)\text{，也即 }u'(x)=e^{\int P(x)dx}Q(x)$$

两边积分得：

$$u(x)=\int e^{\int P(x)dx}Q(x)dx+C$$

于是得一阶线性非齐次微分方程$\frac{dy}{dx}+P(x)y=Q(x)[Q(x)\neq 0]$的通解为：

$$y=e^{-\int P(x)dx}\left[\int e^{\int P(x)dx}Q(x)dx+C\right]$$

【例 4】 求方程$\frac{dy}{dx}-\frac{y}{x}=x^2$的通解.

解：借助常数变易法求解方程的通解. 先利用分离变量法，求出原方程对应的齐次微分方程

$$\frac{dy}{dx}-\frac{y}{x}=0$$

的通解：

$$y=Cx$$

应用常数变易法，设：

$$y=u(x)x$$

则$\frac{dy}{dx}=u'(x)x+u(x)$. 代入原方程得：

$$u'(x)x+u(x)-\frac{1}{x}u(x)x=x^2，\text{即 } u'(x)x=x^2$$

于是，得：

$$u'(x)=x，\text{从而 } u(x)=\frac{1}{2}x^2+C$$

因此原方程的通解为：

$$y=\frac{1}{2}x^3+Cx$$

【例 5】 求微分方程$\frac{\mathrm{d}y}{\mathrm{d}x}-y\cot x=2x\sin x$ 满足初始条件$y|_{x=\frac{\pi}{2}}=\frac{3}{4}\pi^2$ 的特解.

解：这里，我们考虑直接应用一阶线性非齐次微分方程的通解公式

$$y=\mathrm{e}^{-\int P(x)\mathrm{d}x}\left[\int \mathrm{e}^{\int P(x)\mathrm{d}x}Q(x)\mathrm{d}x+C\right]$$

来求解，再代入初始条件求得特解.

这里，$P(x)=-\cot x$，$Q(x)=2x\sin x$，于是：

$$\int P(x)\mathrm{d}x=\int -\cot x\,\mathrm{d}x=-\int\frac{\cos x}{\sin x}\mathrm{d}x=-\int\frac{\mathrm{d}\sin x}{\sin x}=-\ln\sin x=\ln\frac{1}{\sin x}$$

从而：

$$\mathrm{e}^{\int P(x)\mathrm{d}x}=\frac{1}{\sin x}，\mathrm{e}^{-\int P(x)\mathrm{d}x}=\mathrm{e}^{\ln\sin x}=\sin x$$

将上述结果代入通解公式得：

$$y=\left[\int \mathrm{e}^{\int P(x)\mathrm{d}x}Q(x)\mathrm{d}x+C\right]\mathrm{e}^{-\int P(x)\mathrm{d}x}=\left(\int 2x\sin x\frac{1}{\sin x}\mathrm{d}x+C\right)\sin x$$

故原方程的通解为：

$$y=(x^2+C)\sin x$$

把$y|_{x=\frac{\pi}{2}}=\frac{3}{4}\pi^2$ 代入上式得 $C=\frac{\pi^2}{2}$. 于是原方程此时的特解为：

$$y=\left(x^2+\frac{\pi^2}{2}\right)\sin x$$

【例 6】（RC 电路） 在一个含有电阻 R（单位：Ω）、电容 C（单位：F）和电源 E（单位：V）的 RC 串联回路中，由回路电流定律，知电容上的电量 q（单位：C）满足以下微分方程

$$R\frac{\mathrm{d}q}{\mathrm{d}t}+\frac{q}{C}=E$$

若回路中有电源 $400\cos 2t$（V），电阻 100Ω，电容 0.01F，电容上没有初始电量. 求在任意时刻 t 电路中的电流 i.

解：（1）建立微分方程：

先求电量 q. 这里 $E=400\cos 2t$，$R=100$，$C=0.01$，将这些值代入 RC 回路电量 q

应满足的微分方程，得：

$$\frac{\mathrm{d}q}{\mathrm{d}t}+q=4\cos 2t$$

初始条件为$q\big|_{t=0}=0$.

（2）求通解．此方程是一阶线性非齐次微分方程，将 $P(t)=1, Q(t)=4\cos 2t$ 代入通解公式：

$$y=\mathrm{e}^{-\int P(x)\mathrm{d}x}\left[\int \mathrm{e}^{\int P(x)\mathrm{d}x}Q(x)\mathrm{d}x+C\right]$$

得：

$$q=\mathrm{e}^{-\int \mathrm{d}t}\left(\int 4\cos 2t\,\mathrm{e}^{\int \mathrm{d}t}\mathrm{d}t+C\right)=\mathrm{e}^{-t}\left(4\int \cos 2t\,\mathrm{e}^{t}\,\mathrm{d}t+C\right)$$
$$=\mathrm{e}^{-t}\left[\frac{4}{5}\mathrm{e}^{t}(\cos 2t+2\sin 2t+C)\right]=C\mathrm{e}^{-t}+\frac{8}{5}\sin 2t+\frac{4}{5}\cos 2t$$

注意，上面的第三步用到了式子：

$$\int \mathrm{e}^{ax}\cos bx\,\mathrm{d}x=\frac{1}{a^2+b^2}\mathrm{e}^{ax}(a\cos bx+b\sin bx)+C$$

将 $t=0, q=0$ 代入上式，得：

$$0=C\mathrm{e}^{-0}+\frac{8}{5}\sin(2\times 0)+\frac{4}{5}\cos(2\times 0)$$

解之，得 $C=-\frac{4}{5}$．于是：

$$q=-\frac{4}{5}\mathrm{e}^{-t}+\frac{8}{5}\sin 2t+\frac{4}{5}\cos 2t$$

再由电流与电量的关系 $i=\frac{\mathrm{d}q}{\mathrm{d}t}$，得

$$i=\frac{4}{5}\mathrm{e}^{-t}+\frac{16}{5}\cos 2t-\frac{8}{5}\sin 2t$$

注意：i 中的$\frac{4}{5}\mathrm{e}^{-t}$ 称为瞬时电流，因为当 $t\to\infty$时，它变为零（“消失”）；$\frac{16}{5}\cos 2t-\frac{8}{5}\sin 2t$ 称为稳态电流，当 $t\to\infty$时电流趋于稳态电流的值.

三、可降阶的二阶线性微分方程及其求解

二阶微分方程的一般形式为：

$$F(x,y,y',y'')=0$$

有时候通过适当的变量代换，可以把二阶微分方程化成一阶微分方程来求解．具有这种性质的微分方程称为**可降阶的微分方程**，相应的求解方法称为**降阶法**.

下面介绍三种容易用降阶法求解的二阶微分方程.

1. $y''=\frac{d^2y}{dx^2}=f(x)$ 型

这是一种特殊类型的二阶微分方程，它的特点是：等号左边只有 y''，右边是自变量 x 的函数 $f(x)$. 对于这种类型，我们只需要对方程两边二次积分，就可以得到它的解.

对于二阶微分方程：

$$y''=\frac{d^2y}{dx^2}=f(x)$$

积分一次得：

$$y'=\int f(x)dx+C_1$$

再积分一次得：

$$y=\int\left(\int f(x)dx+C_1\right)dx+C_2$$

上式含有两个相互独立的任意常数 C_1、C_2，所以这就是方程的通解.

【例 7】 求微分方程 $y''=\frac{1}{2}e^{2x}-\sin x$ 的通解.

解：对所给微分方程接连积分两次，得：

$$y'=\frac{1}{4}e^{2x}+\cos x+C_1$$

$$y=\frac{1}{8}e^{2x}+\sin x+C_1x+C_2$$

这就是所求的通解.

2. $y''=f(x,y')$ 型

这类方程的特点是：不含未知函数 y. 因此，设：

$$y'=p$$

则方程可化为

$$p'=f(x,p)$$

这是自变量为 x，而未知函数为 $p=p(x)$的一阶微分方程. 若能求出其通解，设为 $p=\varphi(x,C_1)$，而 $p=\frac{dy}{dx}$，因此又有一阶微分方程

$$\frac{dy}{dx}=\varphi(x,C_1)$$

对它进行积分，则得到 $y''=f(x,y')$的通解：

$$y=\int\varphi(x,C_1)dx+C_2$$

【例 8】 求微分方程

$$(1+x^2)y''=2xy'$$

满足初始条件$y|_{x=0}=1$，$y'|_{x=0}=3$ 的特解.

解：设 $y'=p(x)$，则 $y''=p'(x)=\frac{dp}{dx}$. 将其代入原方程中得

$$(1+x^2)\frac{dp}{dx}=2xp$$

分离变量得

$$\frac{dp}{p}=\frac{2x}{1+x^2}dx$$

两边积分得

$$\ln|p|=\ln(1+x^2)+C$$

即

$$p=y'=C_1(1+x^2)，其中 C_1=\pm e^C$$

再积分，便得原方程的通解

$$y=\left(\frac{1}{3}x^3+x\right)C_1+C_2$$

将初始条件$y|_{x=0}=1, y'|_{x=0}=3$分别代入表达式y、y'，得

$$\begin{cases}C_1=3\\C_2=1\end{cases}$$

因此所求的特解为

$$y=x^3+3x+1$$

3. $y''=f(y,y')$型

这种方程的特点是：不含自变量x.为了求出它的解，可以把y暂时作为方程的自变量，令$y'=p$，则

$$y''=\frac{dp}{dx}=\frac{dp}{dy}\cdot\frac{dy}{dx}=p\cdot\frac{dp}{dy}$$

则方程可化为

$$p\cdot\frac{dp}{dy}=f(y,p)$$

这是自变量为y，未知函数为$p=p(y)$的一阶微分方程．若能求出它的通解，设为$p=\varphi(y,C_1)$，因此又有一阶微分方程

$$\frac{dy}{dx}=\varphi(y,C_1)$$

分离变量并积分，则可得方程的通解为

$$\int\frac{dy}{\varphi(y,C_1)}=x+C_2$$

【例 9】 求微分方程$yy''-(y')^2=0$的通解.

解： 设$y'=p(y)$，则$y''=p\dfrac{dp}{dy}$，代入方程得

$$yp\frac{dp}{dy}-p^2=0$$

即

$$p\left(y\frac{\mathrm{d}p}{\mathrm{d}y}-p\right)=0$$

由此有

$$p=0 \quad 或 \quad y\frac{\mathrm{d}p}{\mathrm{d}y}-p=0$$

（1）当 $p=0$ 时，$\frac{\mathrm{d}y}{\mathrm{d}x}=0$，得 $y=C$（C 为任意常数）.

（2）当 $y\frac{\mathrm{d}p}{\mathrm{d}y}-p=0$ 时，分离变量得

$$\frac{\mathrm{d}p}{p}=\frac{\mathrm{d}y}{y}$$

两边积分得

$$\ln|p|=\ln|y|+\ln|C_1|$$

整理得

$$p=C_1y$$

即

$$y'=C_1y$$

分离变量后两边积分，便得原方程的通解为

$$\ln|y|=C_1x+\ln|C_2|$$

即

$$y=C_2\mathrm{e}^{C_1x}$$

其中，C_1、C_2 为任意实数.

在上式中，令 $C_1=0$ 得 $y=$常数，因此 $p=0$ 时的解已包含在 $y=C_2\mathrm{e}^{C_1x}$ 中，所以，$y=C_2\mathrm{e}^{C_1x}$ 即为所求方程的通解.

数学思想小火花

在求解微分方程时，可根据方程阶数进行分类讨论. 一阶线性非齐次微分方程可转化为对应齐次微分方程，进一步经变量变换后转化为变量分离方程求通解；某些特殊高阶方程，可选用适当的变量变换将之转换为低阶的微分方程进行求解；“常数变易法”本质上是通过变量变换，将其转换为易于求解的方程. 这些解法过程都是**“化归思想”**的深刻体现，即将复杂难解或生疏未知的问题，通过某种转化过程归结为简单或熟悉已知的问题，从而使原问题得以解决.

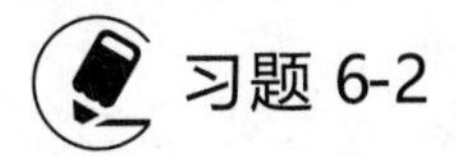

习题 6-2

1. 求下列一阶微分方程的通解或特解.

（1）$xy'-y\ln y=0$；　（2）$\sqrt{1-x^2}\,y'=\sqrt{1-y^2}$；　（3）$\begin{cases}2\dfrac{dy}{dx}+3y=4\\y(1)=2\end{cases}$；

（4）$\begin{cases}-\dfrac{dy}{dx}+2y=8x^2\\y(-1)=0\end{cases}$；　（5）$y^2dx-\dfrac{1}{3x^2}dy=0$；　（6）$y'+e^x y=0$.

2. 求微分方程 $xy'-2y=x^3\cos x$ 满足初始条件 $y\big|_{x=\frac{\pi}{2}}=0$ 的特解.

3. 一物体的运动速度为 $v=3t$ m/s，当 $t=2$s 时物体经过的路程为 9m，求此物体的运动方程.

4. 已知一曲线在点 (x,y) 处的切线斜率等于 $2x+y$，并且该曲线通过原点，求该曲线方程.

5.**【RL 电路中的电流】**　在一个 RL 回路中，电阻为 12Ω，感应系数为 4H，如果电池提供 60V 的电压，当 $t=0$ 时开关合上，电流初值为 $I(0)=0$. 求：

（1）电路中任意时刻的电流 $I(t)$；

（2）1s 后的电流.

第三节　二阶常系数线性微分方程

何为二阶线性微分方程呢？

定义 1　形如

$$y''+p(x)y'+q(x)y=f(x)$$

的二阶微分方程，称为**二阶线性微分方程**.

其中，$p(x)$、$q(x)$ 及 $f(x)$ 都是自变量 x 的已知函数.

当 $p(x)$、$q(x)$ 为常数时，方程

$$y''+py'+qy=f(x)$$

称为**二阶常系数线性微分方程**，$f(x)$ 称为自由项. 当 $f(x)=0$ 时，

$$y''+py'+qy=0$$

称为**二阶常系数线性齐次微分方程**. 当 $f(x)\neq 0$ 时，对应的方程称为**二阶常系数线性非齐次微分方程**.

一、二阶常系数线性齐次微分方程的解法

定义 2　若 $y_1(x)$、$y_2(x)$ 是两个函数，如果 $\dfrac{y_1(x)}{y_2(x)}\neq k$（$k$ 为常数），则称函数 $y_1(x)$ 与 $y_2(x)$ **线性无关**；反之，则称为**线性相关**.

例如，因为 $\dfrac{x^2+3}{2x-1}\neq C$，那么函数 x^2+3 与 $2x-1$ 线性无关；又如，因为

$\frac{4\sin 2x}{3\sin x\cos x}=\frac{8}{3}$，则函数 $4\sin 2x$ 与 $3\sin x\cos x$ 线性相关.

定理 1（二阶常系数线性齐次微分方程通解的结构定理） 若 y_1、y_2 是二阶常系数齐次线性微分方程 $y''+py'+qy=0$ 的两个线性无关的特解，即 $\frac{y_1}{y_2}\neq k$（k 为常数），则方程的通解为

$$y=C_1y_1+C_2y_2 \quad (C_1、C_2 \text{ 为常数})$$

那么怎样的函数会满足方程 $y''+py'+qy=0$ 呢？考虑到指数函数 $y=e^{rx}$ 的一、二阶导数 re^{rx}、r^2e^{rx} 仍是同类型的指数函数，如果选取适当的常数 r，则有可能使 $y=e^{rx}$ 满足方程 $y''+py'+qy=0$. 因此猜测方程 $y''+py'+qy=0$ 的解具有形式

$$y=e^{rx}$$

将它代入方程并整理可得

$$e^{rx}(r^2+pr+q)=0$$

由于 $e^{rx}\neq 0$，则必有

$$r^2+pr+q=0$$

上式称为微分方程 $y''+py'+qy=0$ 所对应的**特征方程**，并将特征方程的根称为微分方程的**特征根**.

由此可知，当 r 是一元二次方程的根时，$y=e^{rx}$ 就是方程 $y''+py'+qy=0$ 的一个解.

求二阶常系数线性齐次微分方程 $y''+py'+qy=0$ 通解的步骤：

（1）写出微分方程的特征方程 $r^2+pr+q=0$；

（2）求上述特征方程的两个根 r_1, r_2；

（3）根据特征方程两个根的不同情形，按表 6-1 写出微分方程的通解.

表 6-1

特征方程 $r^2+pr+q=0$ 的两个根 r_1, r_2	微分方程 $y''+py'+qy=0$ 的通解
两个不相等的实根 r_1, r_2	$y=C_1e^{r_1x}+C_2e^{r_2x}$
两个相等的实根 $r_1=r_2$	$y=(C_1+C_2x)e^{r_1x}$
一对共轭复数根 $r_{1,2}=\alpha\pm i\beta(\beta\neq 0)$	$y=e^{\alpha x}(C_1\cos\beta x+C_2\sin\beta x)$

【例 1】 求微分方程 $y''-5y'+6y=0$ 的通解.

解：所给微分方程的特征方程为

$$r^2-5r+6=0$$

其根 $r_1=3$，$r_2=2$ 是两个不相等的实根，因此微分方程的通解为

$$y=C_1e^{3x}+C_2e^{2x}$$

【例 2】 求微分方程 $y''+4y'+4y=0$ 的通解.

解：所给微分方程的特征方程为

$$r^2+4r+4=0$$

它有两个相等的实根 $r_1=r_2=-2$，因此所求的通解为

$$y=(C_1+C_2x)\mathrm{e}^{-2x}$$

【例3】 求微分方程 $y''-6y'+13y=0$ 满足初始条件 $y|_{x=0}=1$，$y'|_{x=0}=3$ 的一个特解.

解：微分方程的特征方程为

$$r^2-6r+13=0$$

它有一对共轭复数根 $r_1=3+2\mathrm{i}$、$r_2=3-2\mathrm{i}$，因此其通解为

$$y=\mathrm{e}^{3x}(C_1\cos 2x+C_2\sin 2x)$$

因此函数 y 的一阶导数为

$$y'=3\mathrm{e}^{3x}(C_1\cos 2x+C_2\sin 2x)+\mathrm{e}^{3x}(-2C_1\sin 2x+2C_2\cos 2x)$$

将初始条件 $y|_{x=0}=1, y'|_{x=0}=3$ 代入上式得

$$\begin{cases}C_1 &=1\\3C_1+2C_2&=3\end{cases}\text{，即}\begin{cases}C_1=1\\C_2=0\end{cases}$$

因此原微分方程满足初始条件 $y|_{x=0}=1$，$y'|_{x=0}=3$ 的特解为

$$y=\mathrm{e}^{3x}\cos 2x$$

【例4】 在如图6-3所示的LC串联电路中，电容 C 充电到电压 E 后，在 $t=0$ 时刻开关S闭合电容放电. 试求：(1) 电容 C 上的电荷 q；(2) 流过电路的电流 i.

解：由能量守恒定律，可得电路的方程为：

$$L\frac{\mathrm{d}i}{\mathrm{d}t}+u_C=0，u_C=\frac{q}{C}$$

即

$$L\frac{\mathrm{d}^2q}{\mathrm{d}t^2}+\frac{q}{C}=0$$

设 $\omega_0=\dfrac{1}{\sqrt{LC}}$（为角频率），所以：

$$\frac{\mathrm{d}^2q}{\mathrm{d}t^2}+\omega_0{}^2q=0$$

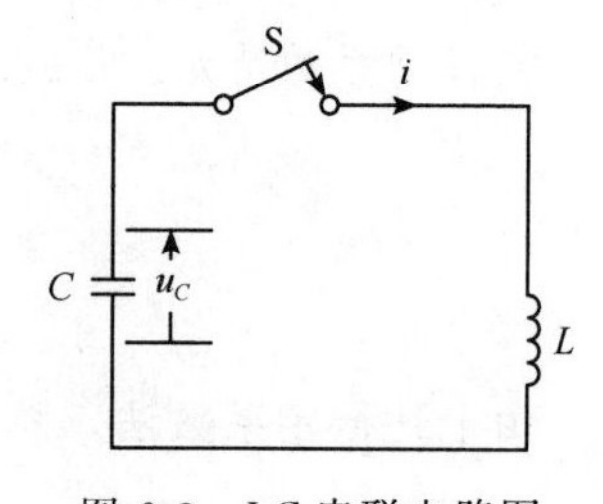

图6-3 LC串联电路图

这是一个二阶常系数线性齐次微分方程，它的特征方程为 $r^2+\omega_0{}^2=0$，显然它有一对共轭复数根 $r_1,r_2=\pm\omega_0\mathrm{i}$，所以上述方程的通解为：

$$q=K_1\cos\omega_0t+K_2\sin\omega_0t$$

由此可得，电路中的电流为：

$$i=\frac{\mathrm{d}q}{\mathrm{d}t}=-\omega_0K_1\sin\omega_0t+\omega_0K_2\cos\omega_0t$$

根据题意有 $q(0)=CE$，$i(0)=0$，得：

$$K_1=CE，K_2=0$$

所以：

(1) 电容 C 上的电荷 $q=CE\cos\omega_0 t=CE\cos\dfrac{t}{\sqrt{LC}}$；

(2) 流过电路的电流 $i=-\omega_0 CE\sin\omega_0 t=-\dfrac{E}{\sqrt{\dfrac{L}{C}}}\sin\dfrac{t}{\sqrt{LC}}$.

二、二阶常系数线性非齐次微分方程的解法

定理 2（二阶常系数线性非齐次微分方程的通解结构） 若 y^* 是二阶常系数线性非齐次微分方程 $y''+py'+qy=f(x)$ 的一个特解，Y 是其对应的线性齐次方程 $y''+py'+qy=0$ 的通解，则

$$y=Y+y^*$$

就是二阶常系数线性非齐次微分方程 $y''+py'+qy=f(x)$ 的通解.

前面我们已经介绍了二阶常系数线性齐次微分方程通解的求法，所以这里只需求出微分方 $y''+py'+qy=f(x)$ 的一个特解 y^* 即可. 这一小节，我们给出右端项为如下两种特殊形式的微分方程特解 y^* 的求法.

(1) 若 $f(x)=e^{\lambda x}P_m(x)$，其中 λ 是常数，$P_m(x)$ 是一个已知的关于 x 的 m 次多项式，即 $P_m(x)=a_0x^m+a_1x^{m-1}+a_2x^{m-2}+\cdots+a_{m-1}x+a_m$，这里 $a_i\ (i=0,1,\cdots,m)$ 为常数，$a_0\neq 0$.

此时原微分方程为

$$y''+py'+qy=e^{\lambda x}P_m(x)$$

假设 $y^*=x^kQ_m(x)e^{\lambda x}$ 是微分方程的特解，其中，$Q_m(x)$ 是与 $P_m(x)$ 同次的多项式，其各项系数待定. k 的取值如下：

$$k=\begin{cases}0, & \text{当}\lambda\text{不是特征根时}\\ 1, & \text{当}\lambda\text{是特征单根时}\\ 2, & \text{当}\lambda\text{是特征重根时}\end{cases}$$

由上述**待定系数法**，总结求二阶常系数线性非齐次微分方程 $y''+py'+qy=e^{\lambda x}P_m(x)$ 的特解 y^* 的步骤为：

① 先依据条件设出 y^*；具体形式总结如表 6-2.

表 6-2

λ 的情况	微分方程 $y''+py'+qy=e^{\lambda x}P_m(x)$ 的特解形式
λ 不是对应齐次方程的特征根	$y^*=e^{\lambda x}Q_m(x)$
λ 是对应齐次方程的特征根，且是单根	$y^*=xe^{\lambda x}Q_m(x)$
λ 是对应齐次方程的特征根，且为二重根	$y^*=x^2e^{\lambda x}Q_m(x)$

② 将 y^* 代入原微分方程确定 $Q_m(x)$ 中的 $m+1$ 个待定系数.

(2) 若 $f(x)=A\cos\omega x+B\sin\omega x$，其中 A、B、ω 是已知实数.

此时原微分方程为

$$y''+py'+qy=A\cos\omega x+B\sin\omega x$$

可设特解为 $y^*=x^k(a\cos\omega x+b\sin\omega x)$，其中，$a$、$b$ 是待定系数. k 的取值如下：

$$k=\begin{cases}0, & \text{当 } \omega \mathrm{j} \text{ 不是特征根时,}\\ 1, & \text{当 } \omega \mathrm{j} \text{ 是特征根时.}\end{cases} \quad (\mathrm{j}\text{ 为虚数单位, } \mathrm{j}^2=-1)$$

因此求二阶常系数线性非齐次微分方程 $y''+py'+qy=A\cos\omega x+B\sin\omega x$ 的特解 y^* 的步骤为：

① 先依据条件设出 y^*；具体形式总结如表 6-3.

表 6-3

ωj 的情况	微分方程 $y''+py'+qy=A\cos\omega x+B\sin\omega x$ 的特解形式
ωj 不是对应齐次方程的特征根	$y^*=a\cos\omega x+b\sin\omega x$
ωj 是对应齐次方程的特征根	$y^*=x(a\cos\omega x+b\sin\omega x)$

② 将 y^* 代入原微分方程确定 a,b 的值.

【例 5】 求微分方程 $y''+y'-2y=-4x$ 的一个特解.

解：这是二阶常系数线性非齐次微分方程，$f(x)=-4x$ 属于 $e^{\lambda x}P_m(x)$ 型($m=1$，$\lambda=0$).

与原非齐次微分方程对应的齐次方程为 $y''+y'-2y=0$. 该齐次方程的特征方程为

$$r^2+r-2=0$$

此方程的解为 $r_1=-2$、$r_2=1$，均不等于 0，所以 $\lambda=0$ 不是对应的齐次方程的特征根. 故应设特解为

$$y^*=b_0x+b_1$$

则

$$y^{*\prime}=b_0,\ y^{*\prime\prime}=0$$

代入原微分方程得

$$b_0-2(b_0x+b_1)=-4x$$

比较两端 x 的同次幂的系数，得

$$\begin{cases}-2b_0=-4\\ b_0-2b_1=0\end{cases}$$

由此求出 $\begin{cases}b_0=2\\ b_1=1\end{cases}$，于是原微分方程的一个特解为

$$y^*=2x+1$$

【例 6】 求微分方程 $y''-4y'+4y=(2x+1)e^{2x}$ 的通解.

解：先求它对应的齐次方程

$$y''-4y'+4y=0$$

的通解. 为此写出该齐次方程的特征方程

$$r^2-4r+4=0$$

解得特征根 $r_1=r_2=2$（二重根）. 所以，齐次方程的通解为

$$y=(C_1+C_2x)\mathrm{e}^{2x}$$

又因为非齐次方程的非齐次项 $f(x)=(2x+1)\mathrm{e}^{2x}$，属于 $\mathrm{e}^{\lambda x}P_m(x)$型$(m=1,\lambda=2)$，且 $\lambda=2$ 为对应齐次方程的二重特征根，故设原非齐次方程的一个特解为

$$y^*=x^2(b_0x+b_1)\mathrm{e}^{2x}=(b_0x^3+b_1x^2)\mathrm{e}^{2x}$$

则

$$y^{*\prime}=[2b_0x^3+(3b_0+2b_1)x^2+2b_1x]\mathrm{e}^{2x}$$

$$y^{*\prime\prime}=[4b_0x^3+(12b_0+4b_1)x^2+(6b_0+8b_1)x+2b_1]\mathrm{e}^{2x}$$

将上述各式代入原非齐次方程得

$$(6b_0x+2b_1)\mathrm{e}^{2x}=(2x+1)\mathrm{e}^{2x}\text{，即}\quad 6b_0x+2b_1=2x+1$$

于是 $b_0=\dfrac{1}{3}$，$b_1=\dfrac{1}{2}$. 所以原非齐次微分方程的一个特解为

$$y^*=x^2\left(\frac{1}{3}x+\frac{1}{2}\right)\mathrm{e}^{2x}$$

故所求方程的通解为

$$y=(C_1+C_2x)\mathrm{e}^{2x}+x^2\left(\frac{1}{3}x+\frac{1}{2}\right)\mathrm{e}^{2x}$$

【例 7】 求微分方程$\dfrac{\mathrm{d}^2y}{\mathrm{d}x^2}+3\dfrac{\mathrm{d}y}{\mathrm{d}x}+2y=20\cos2x$ 的一个特解.

解：原微分方程对应的齐次方程为 $y''+3y'+2y=0$，它的特征方程为

$$r^2+3r+2=0$$

容易求得它的特征根为：$r_1=-1$、$r_2=-2$. 显然 2j 不是特征根，因此可设微分方程的特解为：

$$y^*=x^0(a\cos2x+b\sin2x)$$

将特解表达式代入原方程，整理并比较系数得：

$$\begin{cases}-2a+6b=20\\-6a-2b=0\end{cases}$$

从而 $a=-1,b=3$，所以原方程的特解为：

$$y^*=-\cos2x+3\sin2x.$$

【例 8】 求微分方程$\dfrac{\mathrm{d}^2y}{\mathrm{d}x^2}+y=4\sin x$ 的一个特解.

解：微分方程对应的齐次方程为 $y''+y=0$，因此特征方程 $r^2+1=0$ 的特征根为：

$$r_1=\mathrm{j},\ r_2=-\mathrm{j}$$

由此可设特解为：

$$y^*=x^1(a\cos x+b\sin x)$$

将特解代回原微分方程，整理并比较系数得：

$$\begin{cases}-2a=4\\b=0\end{cases}$$

从而 $a=-2$，$b=0$. 所以原方程的特解为：

$$y^*=-2x\cos2x$$

【例 9】 在如图 6-4 所示的 RLC 串联电路中，当 $t=0$ 时加上直流电压 E，试求通过电路的电流 i. 这里 $i\big|_{t=0}=0, q\big|_{t=0}=0$ 且有 $R^2=4L/C$.

解：当 $t>0$ 时，电路方程为：

$$L\frac{\mathrm{d}i}{\mathrm{d}t}+Ri+u_C=E$$

其中，$i=\frac{\mathrm{d}q}{\mathrm{d}t}$，$\frac{\mathrm{d}i}{\mathrm{d}t}=\frac{\mathrm{d}^2q}{\mathrm{d}t^2}$，$u_C=\frac{q}{C}$. 所以

$$L\frac{\mathrm{d}^2q}{\mathrm{d}t^2}+R\frac{\mathrm{d}q}{\mathrm{d}t}+\frac{q}{C}=E$$

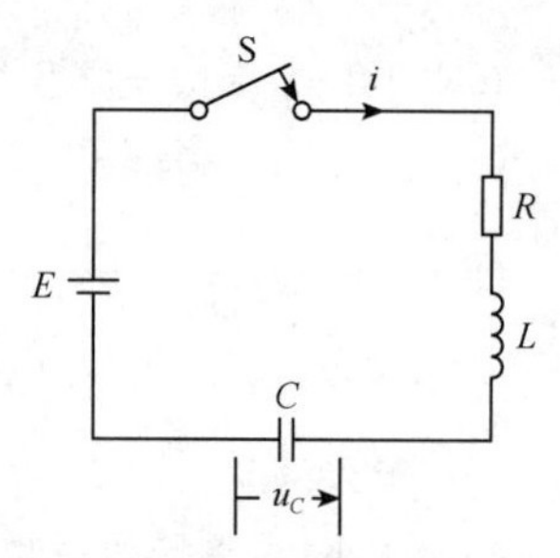

图 6-4　RLC 串联电路图

易知，$q_1=CE$ 是该方程的一个特解. 可以写出上述非齐次方程对应的齐次方程的特征方程：

$$Lr^2+Rr+\frac{1}{C}=0$$

根据已知条件 $R^2=4\frac{L}{C}$，可得特征根为：

$$r_1=r_2=-\frac{R}{2L}$$

由此原微分方程对应的齐次线性方程的通解为：

$$q'=K_1\mathrm{e}^{r_1t}+K_2t\mathrm{e}^{r_1t}$$

所以，方程 $L\frac{\mathrm{d}^2q}{\mathrm{d}t^2}+R\frac{\mathrm{d}q}{\mathrm{d}t}+\frac{q}{C}=E$ 的通解为：

$$q=CE+K_1\mathrm{e}^{r_1t}+K_2t\mathrm{e}^{r_1t}$$

于是，

$$i(t)=\frac{\mathrm{d}q}{\mathrm{d}t}=K_1r_1\mathrm{e}^{r_1t}+K_2\mathrm{e}^{r_1t}+K_2r_1t\mathrm{e}^{r_1t}$$

由初始条件 $i\big|_{t=0}=0, q\big|_{t=0}=0$ 得：

$$CE+K_1=0, K_1r_1+K_2=0$$

从而 $K_1=-CE$，$K_2=CEr_1$，代入得：

$$i(t)=CE\cdot r_1^2\cdot t\mathrm{e}^{r_1t}$$

由于 $r_1^2=\frac{R^2}{4L^2}=\frac{1}{LC}$，则电路中的电流为：

$$i(t)=CE\cdot\frac{1}{LC}\cdot t\mathrm{e}^{r_1t}=\frac{E}{L}t\mathrm{e}^{-\frac{R}{2L}t}$$

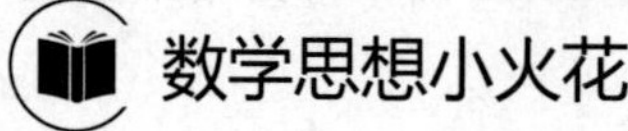

数学思想小火花

二阶常系数线性非齐次微分方程的求解，通过采用特征根法，将其划归为代数方程根的

求解问题，是“化归思想”非常经典的运用. 求解某些特殊高阶方程时，常常选用适当的变量变换将之转换为低阶的微分方程求解.

习题 6-3

1. 求下列二阶微分方程的通解.

(1) $y''-2y'=0$；　　(2) $y''-2y'-3y=0$；

(3) $\frac{d^2y}{dx^2}-8\frac{dy}{dx}+16y=0$；　　(4) $\frac{d^2y}{dx^2}=-2\frac{dy}{dx}-5y$.

2. 求微分方程 $y''-6y'+9y=0$ 满足初始条件 $y(0)=0, y'(0)=1$ 的特解.

3. 求微分方程 $y''+4y'-5y=(2x-3)e^x$ 的一个特解.

4. 一个 RLC 串联回路由电阻 $R=180\ \Omega$，电容 $C=1/280$ F，电感 $L=20$ H 和电源 $E(t)=10\sin t$ V 构成. 假设在初始时刻 $t=0$，电容上没有电量，电流是 1A，求任意时刻电容上的电量所满足的微分方程.

第四节　微分方程的解析解和数值解

一、微分方程的解析解

微分方程是研究函数变化规律的重要工具，而其中重要的一个环节就是求微分方程的解. 在前两节的学习中，我们已经掌握了特定结构的微分方程的求解方法，如可分离变量、一阶线性、可降阶等类型的微分方程的解法，这种解法的特征是：将方程的解表达为函数形式，精确直观地刻画出了变量间的函数关系，因此被称为**解析法**，或者公式法.

更多时候，对于复杂的微分方程的求解，我们可以借助 Mathstudio 软件来进行.

Mathstudio 求解微分方程的命令为：

DSolve(equation, dependent(independent), values, mode=1)

其中，equation 表示“需要求解的微分方程”；dependent（independent）表示“解函数”；values 是“初始值”，如果没有则输入“no”；“mode=1”代表显式解，“mode=0”为隐式解，默认求解的为显式解.

求解时，$f'(x)$ 表示一阶导函数；$f''(x)$ 表示二阶导函数；$f'''(x)$ 表示三阶导函数.

【例 1】 求解一阶线性非齐次微分方程 $y'+y=\sin x$.

解：第一步：打开 Mathstudio，单击 Catalog 键，选择 Dsolve 函数，如图 6-5 所示.

第二步：在 Dsolve 函数中输入微分方程，解函数，并单击 Solve 键，得出结果如图 6-6 所示.

即原微分方程的通解为 $y(x)=-\frac{1}{2}\cos x+\frac{1}{2}\sin x+\frac{1}{2}e^{-x}+Ce^{-x}$.

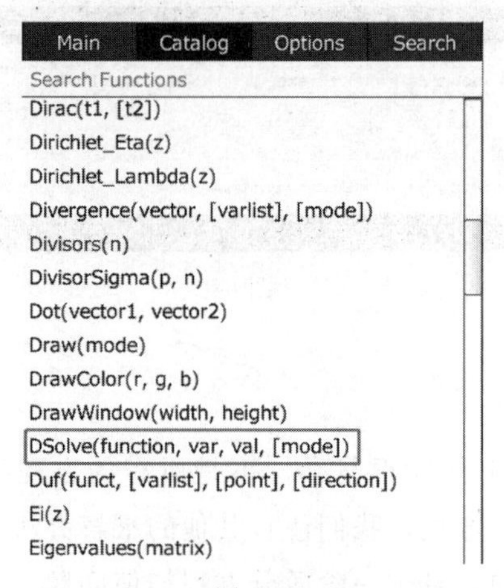

图 6-5

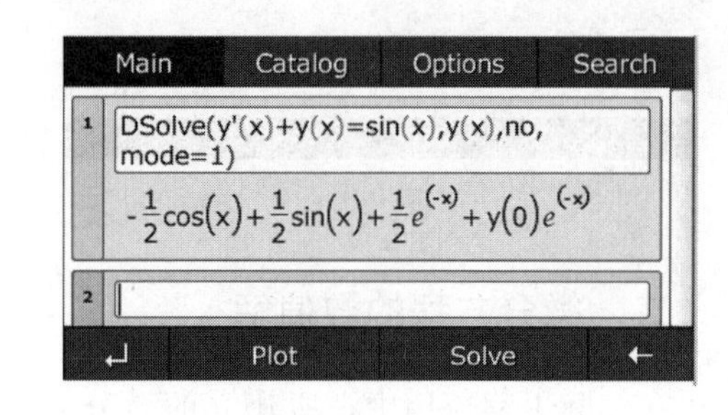

图 6-6

【例 2】　求例 1 中微分方程在初始条件 $y(2)=5$ 下的特解.

解：第一步如同例 1，第二步输入方式如图 6-7. 因此，此时原微分方程的特解为 $y^{*}=-\frac{1}{2}\cos x+\frac{1}{2}\sin x+32.04839\mathrm{e}^{-x}$.

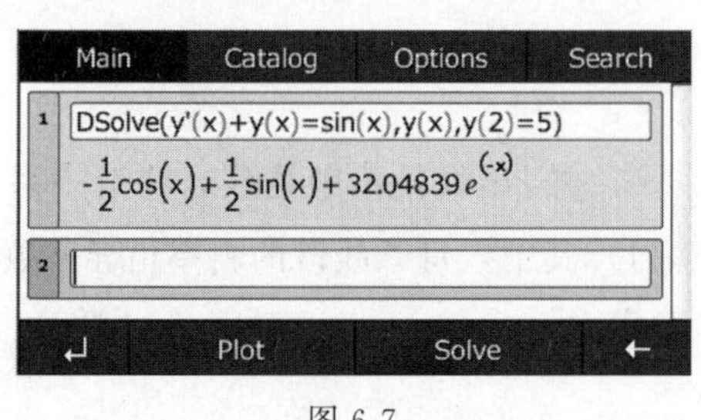

图 6-7

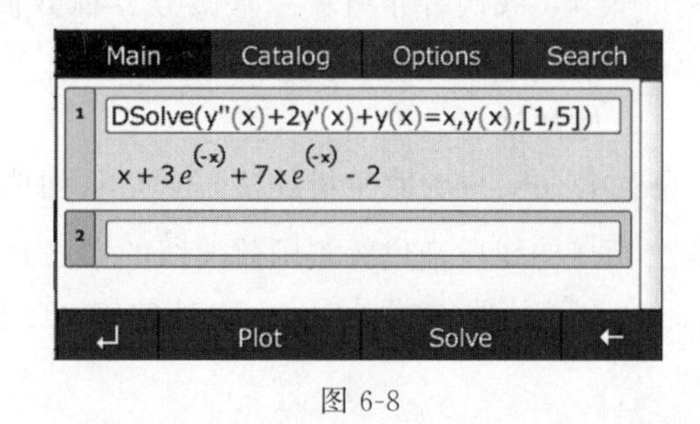

图 6-8

【例 3】　求二阶常系数线性非齐次微分方程 $y''+2y'+y=x$ 在满足条件 $y(0)=1$，$y'(0)=5$ 时的特解.

解：第一步同上题，选择 DSolve 函数，第二步在 DSolve 函数中依次输入微分方程、解函数、初始条件，如图 6-8 所示. 即原微分方程在给定条件下的特解为 $y^{*}=x+3\mathrm{e}^{-x}+7x\mathrm{e}^{-x}-2$.

【例 4】　求微分形式方程 $\mathrm{d}y=\sin x\,\mathrm{d}x$ 的通解.

解：在 Mathstudio 界面，选择 DSolve 函数，然后在 DSolve 函数括号内输入相关函数，点击运行，即可得解函数，如图 6-9 所示. 因此原微分方程的通解为 $y(x)=-\cos x-C_1$.

【例 5】　求微分形式方程 $\mathrm{d}y=3x^2\mathrm{e}^{-y(x)}\mathrm{d}x$ 在初始条件 $y(1)=A$ 的特解.

解：操作同上题，在 DSolve 函数括号内输入微分方程、解函数与初始条件，点击运行，如图 6-10 所示. 因此原微分方程在初始条件下的特解为 $y^{*}=\ln(x^3+\mathrm{e}^A-1)$.

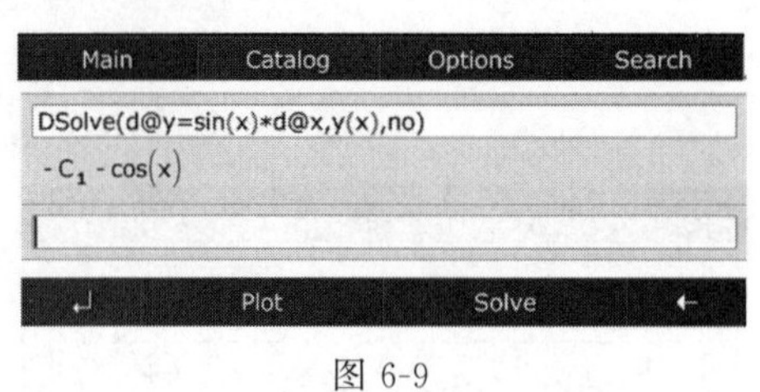

图 6-9

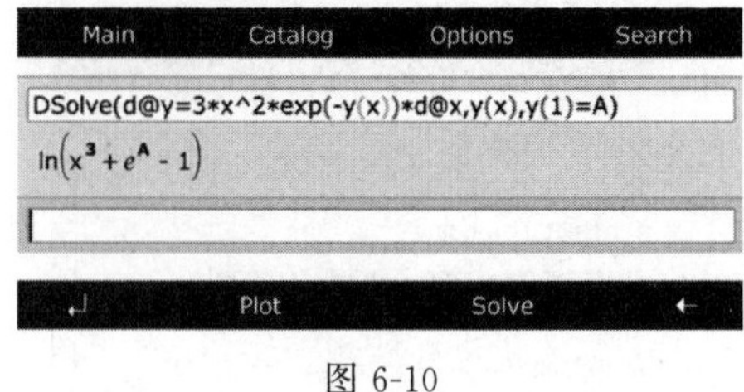

图 6-10

二、微分方程的数值解

在实际工程应用中，所建立的微分方程形式上往往很复杂，不是所有的方程都能求出解析解，那么对于不能用解析方法来求解的微分方程，我们还有其他的求解办法吗？

微分方程**数值解**是一种求近似解的方法. 比如，对于一阶微分方程初值问题

$$\begin{cases} y'=f(x,y), & a\leqslant x\leqslant b \\ y(x_0)=y_0 \end{cases}$$

数值解本质上是借助计算机模拟仿真，利用差分代替微分、导数，按照一定的步长 h，逐一迭代给出解函数 $y=y(x)$在 $x_n=x_0+n\cdot h$ 各个离散点处的近似值 $y_n\approx y(x_n)$，以达到解决实际问题的目的.

本节，我们将介绍求一阶微分方程数值解的欧拉法（Euler′s method）和龙格-库塔（Runge-Kutta）法.

1. 欧拉法

欧拉法又称为**欧拉折线法**，它是从初值点 $P_0(x_0,y_0)$出发，不断迭代，构造一系列首尾相连的线段来代替解函数曲线的做法（见图 6-11）. 其中，每条线段的斜率由导函数 $f(x,y)$在该线段左端点(x_n,y_n)处的值 $f(x_n,y_n)$确定.

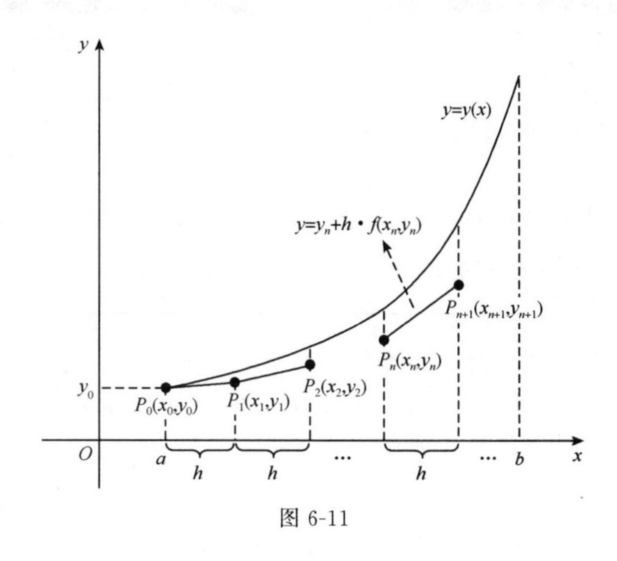

图 6-11

具体地来讲，在区间$[a,b]$中均匀地插入 $n-1$ 个分点

$$x_0=a,\ x_1,\ \cdots,\ x_{n-1},\ x_n=b$$

相邻两点之间的距离 $x_k-x_{k-1}(1\leqslant k\leqslant n)$ 记为步长 h.

然后，从初值点 $P_0(x_0,y_0)$，做以 $y'(x_0)=f(x_0,y_0)$ 为切线斜率的方程

$$y=y_0+f(x_0,y_0)(x-x_0)$$

当 $x=x_1$ 时，得 $y_1=y_0+f(x_0,y_0)(x_1-x_0)$，取 $y(x_1)\approx y_1$；

过点 $P_1(x_1,y_1)$，做以 $y'(x_1)=f(x_1,y_1)$ 为切线斜率的方程

$$y=y_1+f(x_1,y_1)(x-x_1)$$

当 $x=x_2$ 时，得 $y_2=y_1+f(x_1,y_1)(x_2-x_1)$，取 $y(x_2)\approx y_2$.

以此类推，过点 $P_n(x_n,y_n)$，做以 $y'(x_n)=f(x_n,y_n)$ 为切线斜率的方程

$$y=y_n+f(x_n,y_n)(x-x_n)$$

当 $x=x_{n+1}$ 时，得 $y_{n+1}=y_n+f(x_n,y_n)(x_{n+1}-x_n)$，取 $y(x_{n+1})\approx y_{n+1}$.

这样，就得到了一组折线 P_0-P_1-…-P_n 的线段方程，这就是欧拉折线，其解析式为：

$$\begin{cases}y_0=f(x_0)\\ y=y_n+f(x_n,y_n)(x-x_n)\end{cases}，\quad 其中\ x_n<x\leqslant x_{n+1}，n=0,1,2\cdots$$

我们将它作为**原初值问题的近似解**.

此外，我们将节点迭代公式

$$y_{n+1}=y_n+h\cdot f(x_n,y_n)，\ x_n=x_0+n\cdot h$$

称为**欧拉公式**(Euler's Method).

欧拉法求一阶微分方程的流程图如图 6-12 所示.

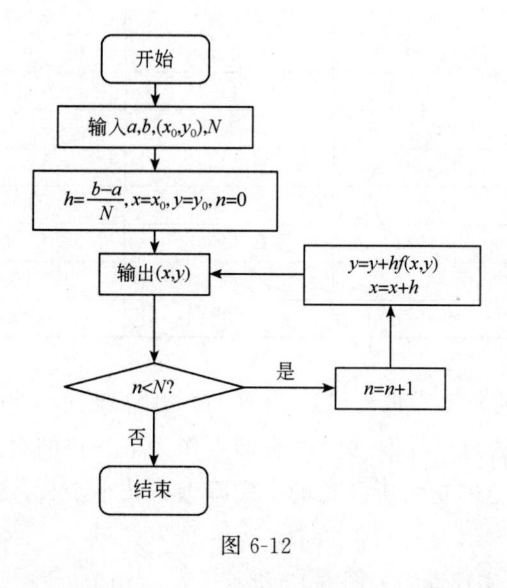

图 6-12

【例 6】 用欧拉公式求解初值问题

$$\begin{cases}y'=\dfrac{x}{y}，0\leqslant x\leqslant 0.5\\ y(0)=1\end{cases}.$$

解：容易求得该微分方程的解析解为

$$y(x)=\sqrt{x^2+1}$$

如果取步长 $h=0.05$，此时欧拉公式的具体形式为

$$y_{n+1}=y_n+h\cdot\frac{x_n}{y_n}$$

其中 $x_n=x_0+nh=0.05n\ (n=0,1,\cdots,10)$.

已知 $x_0=0$ 时 $y_0=1$，由此式可得

$$y_1=y_0+h\cdot\frac{x_0}{y_0}=1+0=1$$

$$y_2=y_1+h\cdot\frac{x_1}{y_1}=1+0.05\times0.05=1.002500$$

$$y_3=y_2+h\cdot\frac{x_2}{y_2}=1.0025+0.05\times\frac{0.10}{1.0025}=1.007488$$

…… ……

依次计算，将得到的数值解与解析解对比如表 6-4 所示.

表 6-4

n	x_n	解析解 $y(x_n)$	数值解 y_n	绝对误差	相对误差/%
0	0.00	1.000000	1.000000	0.000000	0.000000
1	0.05	1.001249	1.000000	−0.001249	−0.124766
2	0.10	1.004988	1.002500	−0.002488	−0.247522
3	0.15	1.011187	1.007488	−0.003700	−0.365896
4	0.20	1.019804	1.014932	−0.004872	−0.477750
5	0.25	1.030776	1.024785	−0.005992	−0.581284
6	0.30	1.044031	1.036982	−0.007048	−0.675104
7	0.35	1.059481	1.051447	−0.008034	−0.758258
8	0.40	1.077033	1.068091	−0.008942	−0.830228
9	0.45	1.096586	1.086816	−0.009769	−0.890901
10	0.50	1.118034	1.107519	−0.010515	−0.940507

观察表 6-4 发现，随着 x 偏离初值点 $P_0(0,1)$的距离越远，相对误差呈现出不断扩大的趋势. 这是由于欧拉法简单地取切线的右端点作为下一步的起点进行计算，当步数增多时，误差会因积累而越来越大所导致的. 实际上，减小步长，欧拉法迭代得到的值会更接近实际值.

例 6 的 Mathstudio 实现程序如图 6-13 所示.

欧拉公式本身是较为粗糙的算法，但是它在理论上有重大的启蒙意义.

2. 龙格-库塔法

欧拉公式，是用小区间左端点处的斜率 $f(x_n,y_n)$向前推进，并且是固定的步长. 那么，我们换种大胆的想法，是不是能将固定步长换为可变步长，同时将多个节点斜率的

```
N=10
x=0
y=1
h=0.05
n=0
result=zeros(N+1,3)
result(all,1)=[0:N]'
result(1, 2) =x
result(1, 3) =y
while(n < N)
 y=y+h*(x/y)
 x=x+h
 n=n+1
 result(n+1,2)=x
 result(n+1,3)=y
end
result
```

图 6-13

加权平均作为平均斜率向前推进，从而期望获得更精确的数值解呢？答案是肯定的，这也是**龙格-库塔（Runge-Kutta）方法**的基本思想.

我们给出经典的四阶龙格-库塔公式（Classical Runge-Kutta Method）（推导过程略）及其流程：

四阶龙格-库塔公式

$$\begin{cases} y_{n+1}=y_n+\dfrac{h}{6}(K_1+2K_2+2K_3+K_4) \\ K_1=f(x_n,y_n) \\ K_2=f(x_n+\dfrac{h}{2},y_n+\dfrac{h}{2}K_1) \\ K_3=f(x_n+\dfrac{h}{2},y_n+\dfrac{h}{2}K_2) \\ K_4=f(x_n+h,y_n+hK_3) \end{cases}$$

四阶显式龙格-库塔经典公式求一阶微分方程的流程图如图 6-14 所示.

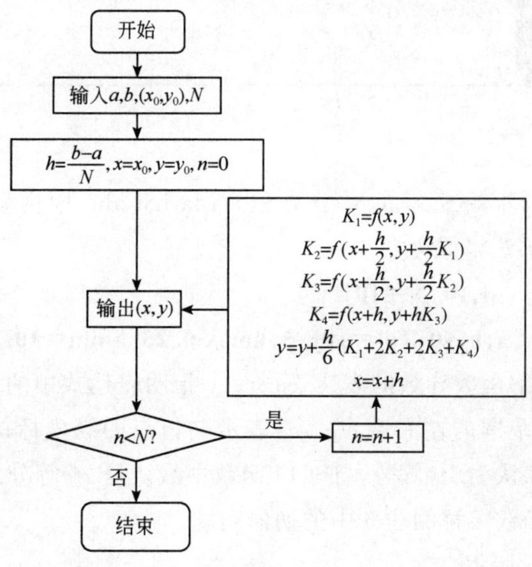

图 6-14

使用四阶显式龙格-库塔经典公式求解例 6 中的微分方程，并将它与欧拉方法对比.

解：取步长 $h=0.05$，代入四阶龙格-库塔经典公式计算，将得到的数值解与欧拉法对比如表 6-5.

表 6-5

n	x_n	解析解 $y(x_n)$	四阶数值解	n	x_n	解析解 $y(x_n)$	四阶数值解
0	0.00	1.000000	1.000000	6	0.30	1.044031	1.044031
1	0.05	1.001249	1.001249	7	0.35	1.059481	1.059481
2	0.10	1.004988	1.004988	8	0.40	1.077033	1.077033
3	0.15	1.011187	1.011187	9	0.45	1.096586	1.096586
4	0.20	1.019804	1.019804	10	0.50	1.118034	1.118034
5	0.25	1.030776	1.030776				

从表 6-5 可以看出，四阶龙格-库塔方法比例 6 中的欧拉方法精度要高很多，误差扩大的速度相对较慢，求解出的数值解更接近解析解，这是由于局部截断误差的精度提升的缘故.

利用龙格-库塔法，例 6 的 Mathstudio 实现程序如图 6-15 所示.

```
1  N=10
2  x=0
3  y=1
4  h=0.05
5  n=0
6  result=zeros(N+1,3)
7  result(all,1)=[0:N]'
8  result(1, 2) =x
9  result(1, 3) =y
10 while(n < N)
11  K1=x/y
12  K2=(x+h/2)/(y+K1*h/2)
13  K3=(x+h/2)/(y+K2*h/2)
14  K4=(x+h)/(y+K3*h)
15  y=y+(K1+2*K2+2*K3+K4)*h/6
16  x=x+h
17  n=n+1
18  result(n+1,2)=x
19  result(n+1,3)=y
20 end
21 result
```

图 6-15

实际上，针对难以求解析解的微分方程，Mathstudio 中内置了求数值解的函数：RK4，RK45. 它们的语法格式为：

RK4(function,t,y,a,b,y0,N=10)

RK45(function,t,y,a,b,y0,Tol=10E-5,hmax-0.25,hmin=10E-6,N=20)

其中，function 是待求解函数导数的表达式；t，y 指明表达式中的自变量与因变量；a 和 b 分别表示自变量取值范围的左右端点；y0 表示初值点的纵坐标；N 的值表示对区间的等分数，RK4 函数中默认为 10 等分，RK45 函数中默认是 20 等分.

【例 7】 用 RK4 函数求解例题 6 中的初值问题.

解：结果如图 6-16 所示.

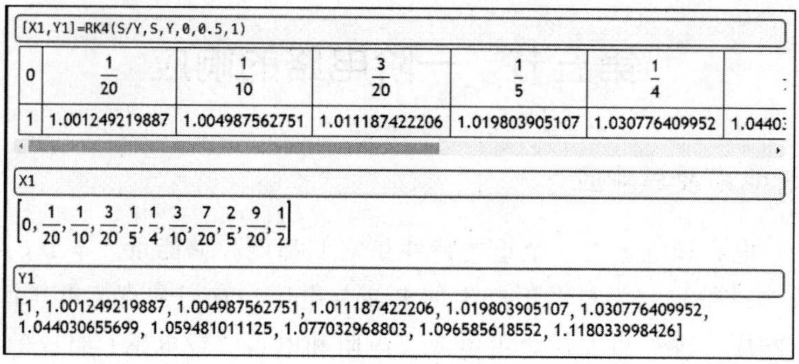

```
[X1,Y1]=RK4(S/Y,S,Y,0,0.5,1)
```

0	$\frac{1}{20}$	$\frac{1}{10}$	$\frac{3}{20}$	$\frac{1}{5}$	$\frac{1}{4}$	
1	1.001249219887	1.004987562751	1.011187422206	1.019803905107	1.030776409952	1.0440

```
X1
```

$$\left[0,\frac{1}{20},\frac{1}{10},\frac{3}{20},\frac{1}{5},\frac{1}{4},\frac{3}{10},\frac{7}{20},\frac{2}{5},\frac{9}{20},\frac{1}{2}\right]$$

```
Y1
```

[1, 1.001249219887, 1.004987562751, 1.011187422206, 1.019803905107, 1.030776409952, 1.044030655699, 1.059481011125, 1.077032968803, 1.096585618552, 1.118033998426]

图 6-16

说明：由于显示问题，截图时第一行代码的结果不能完整呈现，同学们可以自行操作一遍，并与前面编程计算出来的结果进行对比．

数学思想小火花

求微分方程数值解的过程，实际上是“数值逼近思想”的运用．通过分析问题，抓住其主要和关键因素，舍弃次要因素，简化问题并作出假设，进而较快获得原问题的近似解答，然后不断改进，求精度更高的近似解，这是“数值逼近思想”的实质，这种先求近似解再修正靠近到精确解的过程，也给我们提供了解决问题的思路．

习题 6-4

1. 能否适当地选取常数 λ，使函数 $y=e^{\lambda x}$ 成为方程 $y''-9y=0$ 的解．

2. 借助 Mathstudio 软件，求下列微分方程的通解．

(1) $xy'-y\ln y=0$；　　(2) $\cos x\sin y\,dx+\sin x\cos y\,dy=0$；

(3) $y'-xy'=2(y^2+y')$；　　(4) $x(1+y)dx+(y-xy)dy=0$．

3. 借助 Mathstudio 软件，求下列微分方程的特解．

(1) $yy'=3xy^2-x$，$y|_{x=0}=1$；　　(2) $2x\sin y\,dx+(x^2+3)\cos y\,dy=0$，$y|_{x=1}=\frac{\pi}{6}$；

(3) $\frac{dy}{dx}-y\tan x=\sec x$，$y|_{x=0}=0$；　　(4) $\frac{dy}{dx}+\frac{2-3x^2}{x^3}y=1$，$y|_{x=1}=0$．

4. 用欧拉法求解方程的数值解：$\begin{cases} y'=y-\frac{2x}{y}, & 0\leqslant x\leqslant 1. \\ y(0)=1 \end{cases}$

5. 用龙格-库塔法求下列方程的数值解：$\begin{cases} \frac{dx}{dt}-x+y^2=0, & 0\leqslant x\leqslant 3. \\ y(0)=1 \end{cases}$

第五节　一阶电路的响应

一、一阶电路及其响应

在电路中，电容和电感的一个重要特性是它们都能存储能量．本节，我们将讨论电感或电容释放（或得到）能量时所产生的电流与电压，它们是直流电压源（或电流源）发生突变时的响应．这里重点讨论由电源、电阻和电容（或电感）组成的电路，这种结构简称为 **RC 电路**和 **RL 电路**．

定义 1　由于这种结构电路的电压和电流，可以用一阶微分方程来进行描述，所以被称为**一阶电路**．

定义 2　没有外界电源激励，仅由储能元件的初始储能所引起的响应，称为**零输入响应**．实际上就是电容的放电过程．

定义 3　电路的初始储能为零，仅由激励引起的响应，称为**零状态响应**．实际上是电路的充电过程．

二、RC 串联电路的零输入响应

在如图 6-17 所示的 RC 电路中，当开关 S 由 a 转向 b 时，此时电路中没有电源激励，电容开始放电．

由基尔霍夫定律得：

$$u_R+u_C=0$$

根据欧姆定律 $u_R=Ri$ 以及电容电流 $i=C\dfrac{\mathrm{d}u_C}{\mathrm{d}t}$，上式可化为：

$$RC\frac{\mathrm{d}u_C}{\mathrm{d}t}+u_C=0$$

显然，这是一个一阶常系数线性齐次微分方程，它的通解为：

$$u_C=A\mathrm{e}^{-\frac{1}{RC}t}$$

其中待定系数 A 通过初始条件 $u_C(0_+)=u_C(0_-)=U_0$ 来确定，因此在放电过程中，电容电压为：

$$u_C(t)=U_0\mathrm{e}^{-\frac{1}{RC}t}$$

设 $\tau=RC$，即为电路的时间常数，它与电路是否储能无关，只与 R、C 的值有关，反映了电路的固有性质．

放电过程中的电流变化为：

$$i(t)=C\frac{\mathrm{d}u_C}{\mathrm{d}t}=-\frac{U_0}{R}\mathrm{e}^{-\frac{1}{RC}t}$$

从上面的分析可知，电容在放电过程中，电流 i 随时间 t 是按指数衰减的，波形如图 6-18．

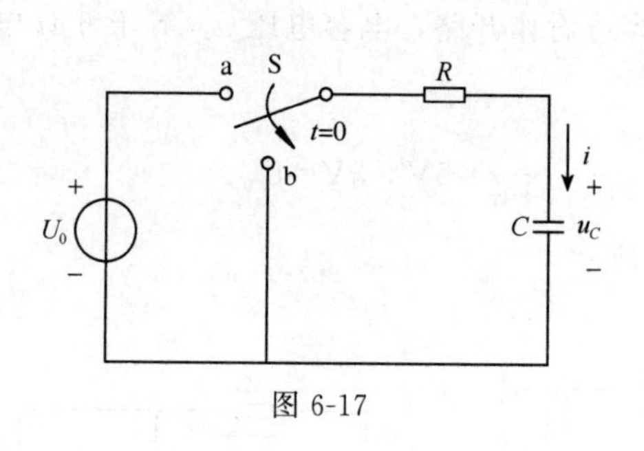

图 6-17

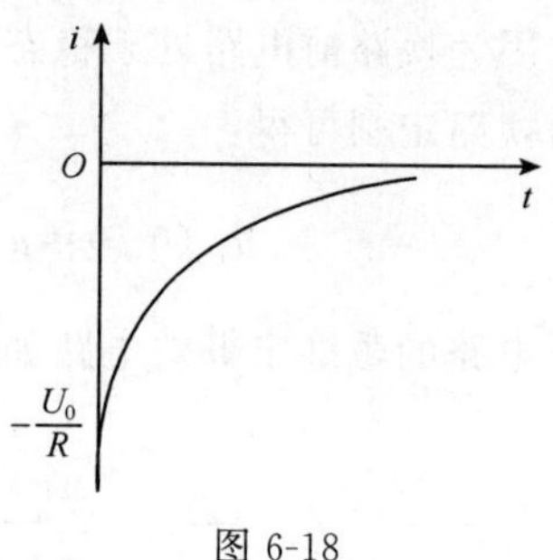

图 6-18

而电容电压 $u_C(t)$ 随时间 t 也是按指数衰减的，如图 6-19 所示.

由图 6-19 知，$t=\tau$ 时，$u_C(\tau)=U_0\mathrm{e}^{-1}=0.368U_0$.

【例 1】 如图 6-20 所示的电路中，换路前电路已处于稳态. 在 $t=0$ 时将开关闭合，求 $t>0$ 时电压 u_C 和电流 i_C、i_1 及 i_2.

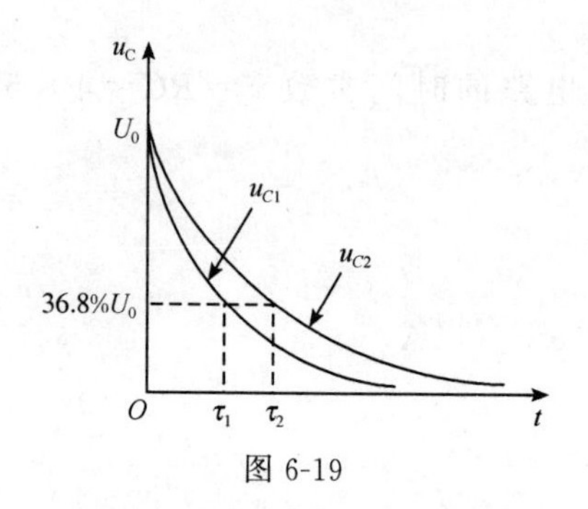

图 6-19

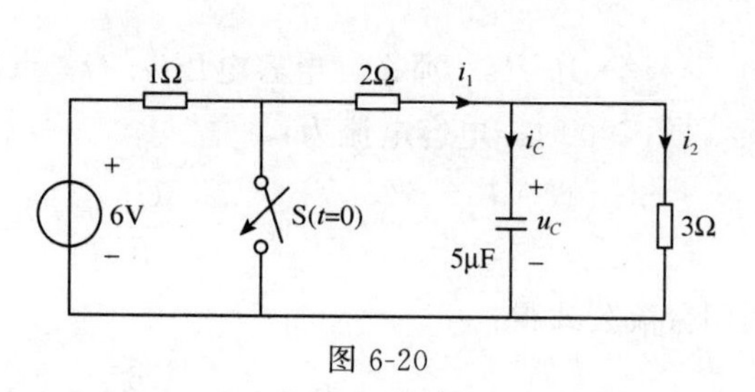

图 6-20

解：换路后，可知时间常数：

$$\tau=RC=(2//3)\times5\times10^{-6}\,\mathrm{s}=6\times10^{-6}\,\mathrm{s}$$

且电容换路前后瞬间的电压与电阻为 3Ω 的电压相等，因此满足：

$$u_C(0_+)=u_C(0_-)=\frac{6}{1+2+3}\times3=3\mathrm{V}=U_0$$

则由前面的分析可得电容电压为：

$$u_C(t)=U_0\mathrm{e}^{-\frac{1}{RC}t}=3\mathrm{e}^{-1.7\times10^5t}\,\mathrm{A}$$

流过电容的电流为：

$$i_C(t)=-\frac{U_0}{R}\mathrm{e}^{-\frac{1}{RC}t}=-\frac{3}{2//3}\mathrm{e}^{-1.7\times10^5t}\,\mathrm{A}=-2.5\mathrm{e}^{-1.7\times10^5t}\,\mathrm{A}$$

且 $i_2(t)=\frac{u_C}{3}=\mathrm{e}^{-1.7\times10^5t}\,\mathrm{A}$，那么 $i_1=i_2(t)+i_C(t)=-1.5\mathrm{e}^{-1.7\times10^5t}\,\mathrm{A}$.

注意：本例中用到物理学里并联电阻计算符号 $A/B=\frac{A\times B}{A+B}$.

【例 2】 如图 6-21 所示，电路原已稳定. 在 $t=0$ 时，将开关 S 由 a 掷向 b，求换路后的电压 u_C 和电流 i_C、i_1 及 i_2.

解：因为换路前电路处于稳态，则电容可看作开路，电容电压 u_C 等于 6 Ω 电阻上的电压. 由换路定则可得：

$$u_C(0_+)=u_C(0_-)=\frac{6}{1+3+6}\times 5\text{V}=3\text{V}=U_0$$

换路后，电路的戴维宁等效电路如图 6-22 所示.

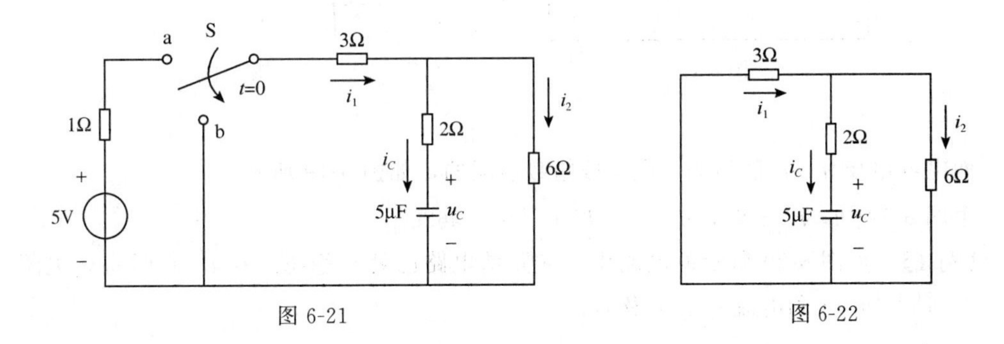

图 6-21　　　　图 6-22

则可得等效电阻为 $R=2+3//6\Omega=4\Omega$，所以电路的时间常数 $\tau=RC=4\times5\times10^{-6}\text{s}=2\times10^{-5}\text{s}$. 那么，电容电压 $u_C(t)=U_0\text{e}^{-\frac{1}{RC}t}=3\text{e}^{-5\times10^4t}$ A.

当 $t\geqslant0$ 时，电容电流为：

$$i_C(t)=-\frac{U_0}{R}\text{e}^{-\frac{1}{RC}t}=-0.75\text{e}^{-5\times10^4t}\text{ A}$$

利用分流公式得：

$$i_1(t)=\frac{6}{3+6}i_C(t)=0.5\text{e}^{-5\times10^4t}\text{ A}$$

$$i_2(t)=-\frac{3}{3+6}i_C(t)=0.25\text{e}^{-5\times10^4t}\text{ A}$$

三、RC 电路的零状态响应

在如图 6-23 所示的 RC 电路中，开关 S 闭合前，电路已处于稳态，电容的电压 $u_C(0_-)=0$，当 $t=0$ 时，开关 S 闭合. 那么换路后，根据基尔霍夫定律

$$Ri_C+u_C=U_S$$

将电流 $i_C=C\dfrac{\text{d}u_C}{\text{d}t}$ 代入上式得：

$$RC\frac{\text{d}u_C}{\text{d}t}+u_C=U_S$$

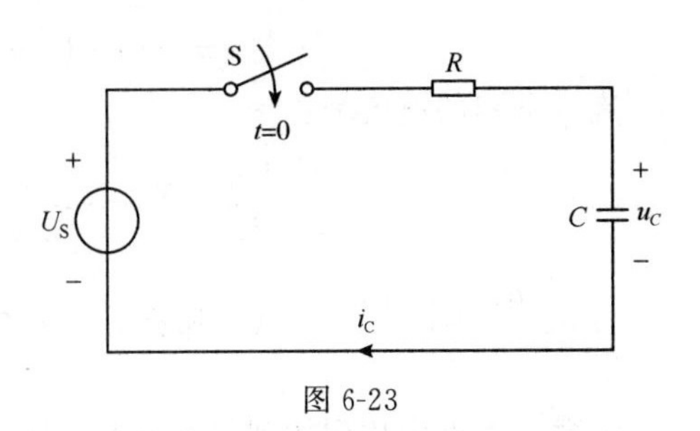

图 6-23

显然，上式是一个关于电容电压 u_C 的一阶线性非齐次微分方程，其解为齐次微分方程的通解与非齐次微分方程的特解之和，可以表示为：

$$u_C=u_C'+u_C''$$

其中，$u_C{}'$为齐次微分方程的通解；$u_C{}''$为非齐次微分方程的特解．由前面的分析知，齐次方程的通解为 $u_C{}'=A\mathrm{e}^{-\frac{1}{RC}t}$；非齐次微分方程的特解，可以取电路达到稳定状态时的稳态值，即 $t=\infty$时，$u_C{}''=u_C(\infty)=U_S$，这样就得到非齐次微分方程的通解为：

$$u_C=u_C{}'+u_C{}''=A\mathrm{e}^{-\frac{1}{RC}t}+U_S$$

换路前，电路元件未储能，因此

$$u_C(0_+)=u_C(0_-)=0$$

代入方程可得 $A=-U_S$．由此可得换路后电容的电压为：

$$u_C(t)=U_S(1-\mathrm{e}^{-\frac{1}{RC}t})$$

此时电路中的电流为：

$$i(t)=\frac{U_S-u_C}{R}=\frac{U_S}{R}\mathrm{e}^{-\frac{1}{RC}t}$$

可以分析得出，电容在充电过程中，电压与电流的波形图如图 6-24 所示．

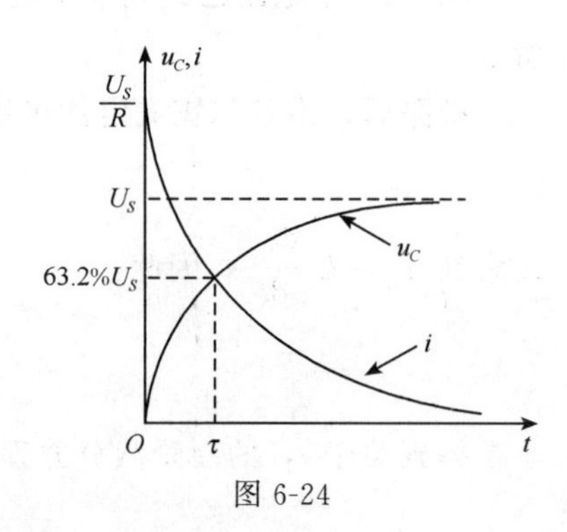

图 6-24

由图 6-24 可以看出，电容器的电压 u_C 是从 0 按照指数规律上升的，最终趋于稳定值 U_S．即当 $t=\tau$ 时，

$$u_C(\tau)=U_S(1-\mathrm{e}^{-\frac{\tau}{\tau}})=U_S(1-0.368)=0.632U_S$$

$t=5\tau$ 时，

$$u_C(5\tau)=U_S(1-\mathrm{e}^{-\frac{5\tau}{\tau}})=U_S(1-0.007)=0.993U_S$$

充电过程的快慢，取决于 τ 的大小，经过 3～5 倍 τ 的时间，我们通常可以认为充电完成．另一方面，充电电流随时间呈指数衰减．

【例 3】 在如图 6-25 所示的 RC 串联电路中，电路原已稳定．$t=0$ 时合上开关 S，试求换路后电压的变化规律．

解：换路前电容无储能，由换路定则可得：

$$u_C(0_+)=u_C(0_-)=0$$

换路后，电路开始充电，即为 RC 电路的零状态响应．利用戴维宁定理，将电容以外的有源二端网络等效为一个电压源，可得戴维宁等效电路如图 6-26 所示．

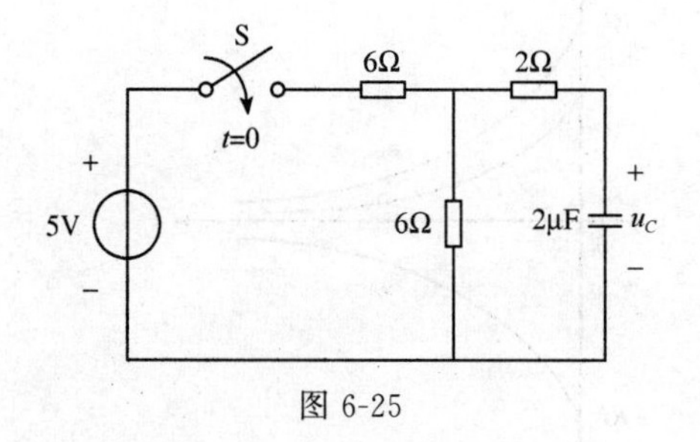

图 6-25

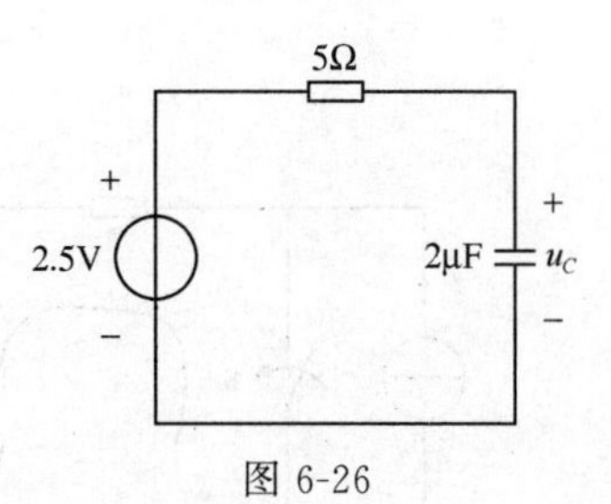

图 6-26

则电路的时间常数 $\tau=RC=5\times2\times10^{-6}\mathrm{s}=10^{-5}\mathrm{s}$，电路稳定后电容电压 $u_C(\infty)=2.5\mathrm{V}$．因此，换路后电压的变化规律满足：

$$u_C(t)=u_C(\infty)(1-\mathrm{e}^{-\frac{t}{\tau}})=2.5\times(1-\mathrm{e}^{-10^5 t})\mathrm{V}$$

四、RL 串联电路的零输入响应

没有电源激励，仅由 $i_L(0_+)$所产生的电路响应为 RL 电路的零输入响应，实际上就是电感释放电磁能的过程. 它与 RC 电路的零输入响应分析相同，所不同的是时间常数 $\tau=\dfrac{L}{R}$.

图 6-27 中电路已经处于稳定，当 $t=0$ 时开关 S 闭合，电流电压的参考方向如图 6-27 所示.

换路后，由基尔霍夫定律可得：

$$i_L R+u_L=0$$

注意到 $u_L=L\dfrac{\mathrm{d}i_L}{\mathrm{d}t}$，因此：

$$i_L R+L\frac{\mathrm{d}i_L}{\mathrm{d}t}=0$$

于是得到关于 i_L 的一阶微分方程：

$$\frac{L}{R}\frac{\mathrm{d}i_L}{\mathrm{d}t}+i_L=0$$

其通解为：

$$i_L(t)=A\mathrm{e}^{-\frac{R}{L}t}$$

将初始条件 $i_L(0_+)=i_L(0_-)=I_0$ 代入上式，可得 $A=I_0$.

因此得到换路后的电感电流：

$$i_L(t)=I_0\mathrm{e}^{-\frac{1}{\tau}t}\text{，其中 }\tau=\frac{L}{R}\text{为时间常数}$$

此时电感两端的电压为：

$$u_L(t)=-Ri_L(t)=-RI_0\mathrm{e}^{-\frac{1}{\tau}t}$$

电阻 R 两端的电压为：

$$u_R(t)=Ri_L(t)=RI_0\mathrm{e}^{-\frac{1}{\tau}t}$$

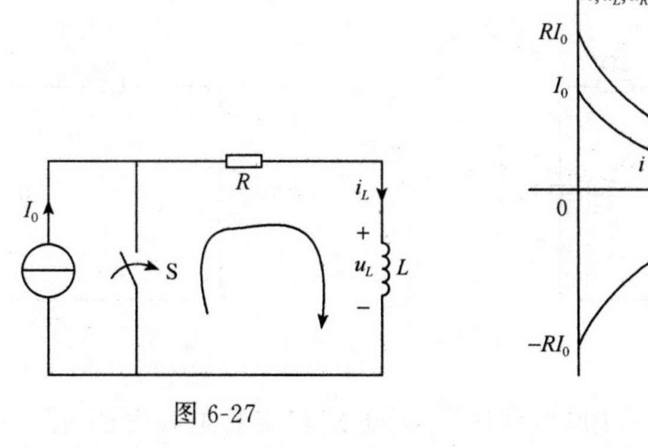

图 6-27　　　图 6-28

可以绘制出，换路后电感电压与电流以及电阻电压的变化曲线，如图 6-28 所示.

从图 6-28 可看出，电感电流与电压均按指数规律衰减到 0.

【例 4】 在图 6-29 所示电路中，电阻 $R=250\Omega$，$R_1=230\Omega$，电感 $L=2.5\text{H}$，电源电压 $U=24\text{V}$. 已知此继电器释放电流为 0.004A，问开关 S 闭合后，经过多少时间，继电器才能释放？

解：$t>0$ 时，时间常数 $\tau=\dfrac{L}{R}=\dfrac{2.5}{250}\text{s}=0.01\text{s}$，在换路前后瞬间，电路中电流满足：

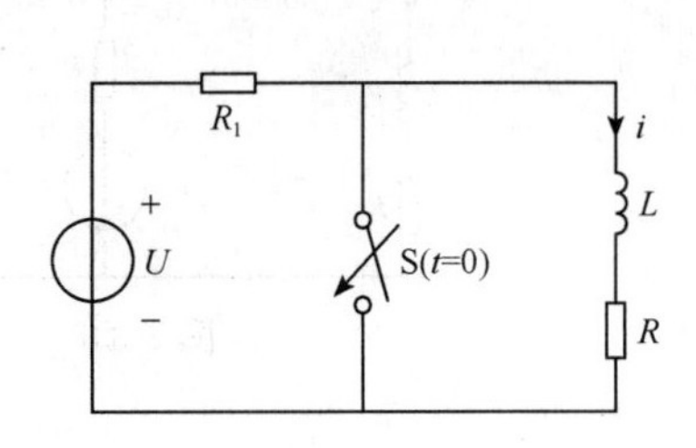

图 6-29

$$i(0_+)=i(0_-)=\frac{U}{R_1+R}=\frac{24}{230+250}\text{A}=0.05\text{A}=I_0$$

则换路后，电感电流为：

$$i_L(t)=I_0\text{e}^{-\frac{t}{\tau}}=0.05\text{e}^{-100t}\text{A}$$

将 $i_L(t)=0.004\text{A}$ 代入上式，可得：

$$t=0.01\times\ln\frac{0.05}{0.004}\text{A}=0.025\text{s}$$

所以经过 0.025s 后，继电器才能释放.

五、RL 电路的零输入响应例题分析

如果电感元件初始没有储能，响应仅由电源激励产生，这就是 RL 电路的零状态响应.

在图 6-30 所示的电路中，开关 S 闭合前，电感 L 无储能，当 $t=0$ 时开关 S 闭合，根据基尔霍夫定律：

$$i_LR+u_L=U$$

由于 $u_L=L\dfrac{\text{d}i_L}{\text{d}t}$，因此上式化为：

$$\frac{L}{R}\frac{\text{d}i_L}{\text{d}t}+i_L=\frac{U}{R}$$

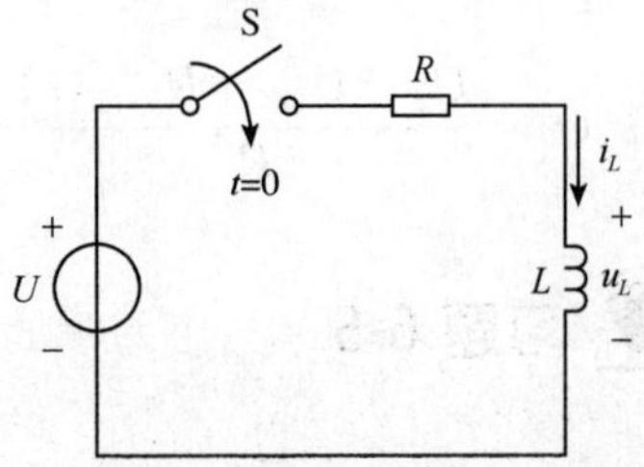

图 6-30

结合初始条件 $i_L(0_+)=i_L(0_-)=0$，可解得上述非齐次微分方程的解为：

$$i_L(t)=\frac{U}{R}(1-\text{e}^{-\frac{t}{\tau}})\quad(\tau=\frac{L}{R}\text{为时间常数})$$

此时电感电压为：

$$u_L(t)=L\frac{\text{d}i_L}{\text{d}t}=U\text{e}^{-\frac{t}{\tau}}$$

同分析 RC 电路的零状态响应类似，求解 RL 电路零状态响应的关键是：

（1）电感电流的稳态值，即 $i_L(\infty)$. 因此，电感电流也可以写成：

$$i_L(t)=i_L(\infty)(1-\text{e}^{-\frac{t}{\tau}}),$$

（2）时间常数 $\tau=\dfrac{L}{R}$.

【例 5】 在图 6-31 所示电路中，已知 $U_S=150\text{V}$，$R_1=R_2=R_3=100\Omega$，$L=0.1\text{H}$，

设开关在 $t=0$ 时接通，电感电流的初值为 0，求电流 i_1 和 i_2.

解：对换路后的电路求电感支路两端的戴维宁等效电路，如图 6-32 所示.

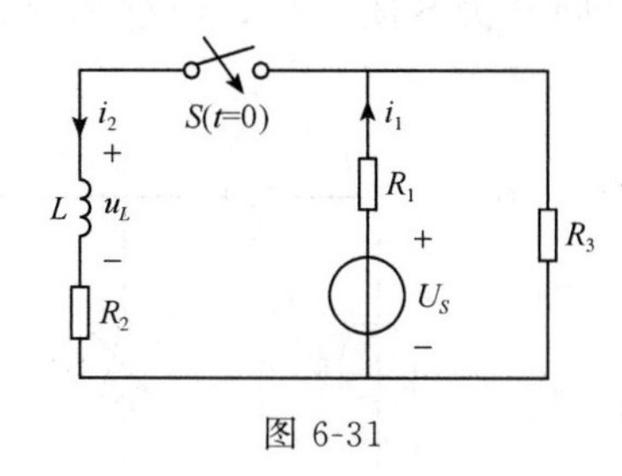

图 6-31

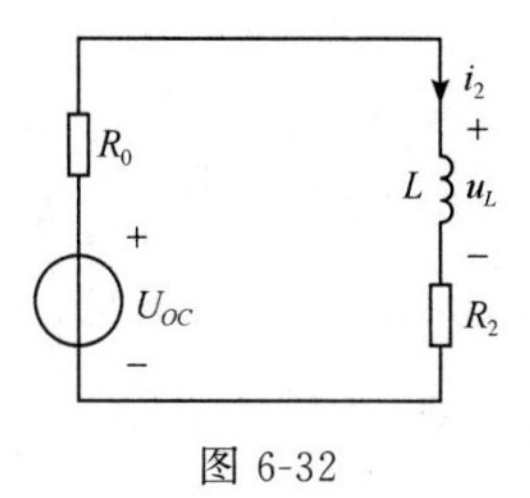

图 6-32

其中：

$$R_0=\frac{1}{2}R_1=\frac{1}{2}\times 100\Omega=50\Omega$$

$$U_{OC}=\frac{1}{2}U_S=\frac{1}{2}\times 150\text{V}=75\text{V}$$

$$\tau=\frac{L}{R_0+R_2}=\frac{0.1}{50+100}\text{s}=\frac{1}{1500}\text{s}$$

于是，得电路响应为：

$$i_2(t)=\frac{U_{OC}}{R_0+R_2}(1-\mathrm{e}^{-\frac{t}{\tau}})=\frac{75}{50+100}(1-\mathrm{e}^{-1500t})\text{A}=0.5(1-\mathrm{e}^{-1500t})\text{A}$$

及

$$i_1(t)=\frac{U_S-U_{OC}+R_0 i_2(t)}{R_1}=\frac{150-75+50\times 0.5(1-\mathrm{e}^{-1500t})}{100}\text{A}=(1-0.25\mathrm{e}^{-1500t})\text{A}$$

习题 6-5

1. 在如图 6-33 所示的电阻 R 和电感 L 组成的串联电路中，在时刻 $t=0$ 时闭合开关 S，并加上直流电压 E 时，试求：

(1) 流过电路的电流 i；

(2) 画出其图形；

(3) 电路的时间常数 τ；

(4) 在时刻 $t=\tau$ 时的电流 $i\big|_{t=\tau}$. 这里假设 $t=0$ 时 L 中的磁通量 $\varphi=0$.

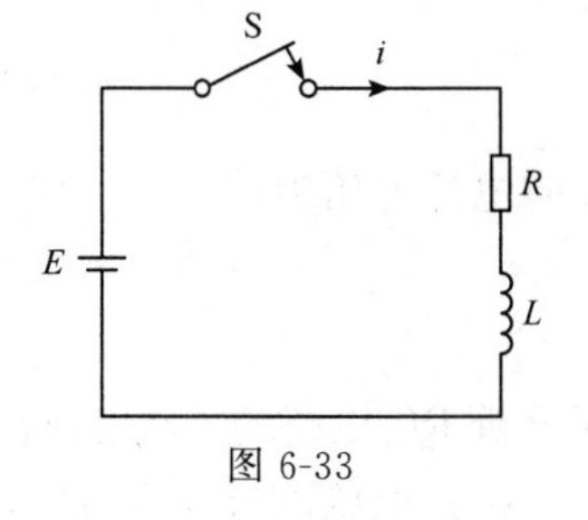

图 6-33

2. 在电阻 R 和静电电容为 C 的串联电路中，当 $t=0$ 时合上开关 S，加直流电压 E. 试求：

(1) 积蓄在电容 C 上的电荷量 q；

(2) 电容 C 的端子间的电压 v_C；

(3) 电路中的电流 i；

(4) 画出它们之间的关系图；

(5) 电路的时间常数 τ. 这里令 $t=0$ 时 $q=0$.

第六节　二阶电路的响应

当电路中具有一个电感和一个电容时，就组成了简单的**二阶电路**. 这时，描述电路特性的微分方程是二阶常系数微分方程. 在二阶电路中，给定的初始条件有两个，它们由储能元件电感以及电容的初始值决定. RLC 串联电路是一种典型的二阶电路. 本节，我们将重点讨论 RLC 电路的响应问题.

一、RLC 电路的零输入响应

当闭合的开关打开后，电路的响应是储能元件的储能产生的，即**零输入响应**.

在如图 6-34 所示的 RLC 串联电路中，选择各元件的电压与电流为关联参考方向的情况下，由基尔霍夫定律：

$$u_R+u_L+u_C=0$$

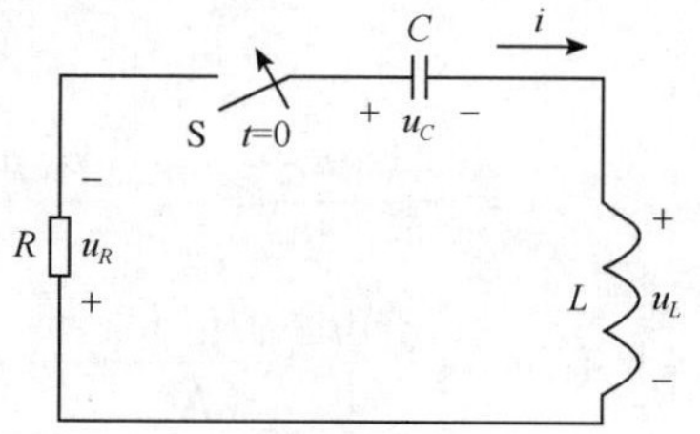

其中 $i=C\dfrac{\mathrm{d}u_C}{\mathrm{d}t}$，因此：

$$u_R=Ri=RC\frac{\mathrm{d}u_C}{\mathrm{d}t}$$

$$u_L=L\frac{\mathrm{d}i}{\mathrm{d}t}=L\frac{\mathrm{d}}{\mathrm{d}t}\left(C\frac{\mathrm{d}u_C}{\mathrm{d}t}\right)=LC\frac{\mathrm{d}^2u_C}{\mathrm{d}t^2}$$

图 6-34

即：

$$LC\frac{\mathrm{d}^2u_C}{\mathrm{d}t^2}+RC\frac{\mathrm{d}u_C}{\mathrm{d}t}+u_C=0$$

化简得：

$$\frac{\mathrm{d}^2u_C}{\mathrm{d}t^2}+\frac{R}{L}\frac{\mathrm{d}u_C}{\mathrm{d}t}+\frac{1}{LC}u_C=0$$

上式是二阶常系数线性齐次微分方程，它所对应的特征方程的两个特征根为：

$$\begin{cases}p_1=-\dfrac{R}{2L}+\sqrt{\left(\dfrac{R}{2L}\right)^2-\dfrac{1}{LC}}\\[2ex]p_2=-\dfrac{R}{2L}-\sqrt{\left(\dfrac{R}{2L}\right)^2-\dfrac{1}{LC}}\end{cases}$$

这两个特征根仅与电路结构和参数有关，与激励无关.

因此，$u_C=A_1\mathrm{e}^{p_1t}+A_2\mathrm{e}^{p_2t}$. 其中 A_1、A_2 由初始条件：$u_C(0_+)=u_C(0_-)$，$i_L(0_+)=i_L(0_-)$所决定. 我们这里只分析：

$$u_C(0_+)=u_C(0_-)=U_0,\ i(0_+)=i_L(0_+)=i_L(0_-)=0$$

的情况，即充了电的电容器对没有储能的电感线圈放电的情况.

根据特征根的三种不同情况，我们逐一分析电路的响应问题.

（1）当 $R>2\sqrt{\dfrac{L}{C}}$ 时，p_1、p_2 为两个不相等的负实根.

由 $u_C=A_1\mathrm{e}^{p_1t}+A_2\mathrm{e}^{p_2t}$ 可得：

$$i=-C\frac{\mathrm{d}u_C}{\mathrm{d}t}=-C(p_1A_1\mathrm{e}^{p_1t}+p_2A_2\mathrm{e}^{p_2t})$$

代入初始条件 $u_C(0_+)=u_C(0_-)=U_0$，$i(0_+)=i(0_-)=0$ 得：

$$\begin{cases}A_1+A_2=U_0\\p_1A_1+p_2A_2=0\end{cases}，解得\begin{cases}A_1=\dfrac{p_2}{p_2-p_1}U_0\\A_2=-\dfrac{p_1}{p_2-p_1}U_0\end{cases}$$

因此电压为：

$$u_C=\frac{U_0}{p_2-p_1}(p_2\mathrm{e}^{p_1t}-p_1\mathrm{e}^{p_2t})$$

电流为：

$$i=-C\frac{\mathrm{d}u_C}{\mathrm{d}t}=-C\frac{p_1p_2}{p_2-p_1}U_0(\mathrm{e}^{p_1t}-\mathrm{e}^{p_2t})=-\frac{U_0}{L(p_2-p_1)}(\mathrm{e}^{p_1t}-\mathrm{e}^{p_2t})$$

且有 $u_L=L\dfrac{\mathrm{d}i}{\mathrm{d}t}=-\dfrac{U_0}{p_2-p_1}(p_1\mathrm{e}^{p_1t}-p_2\mathrm{e}^{p_2t})$，这些都是电路的响应.

电容电压与放电电流的变化曲线如图 6-35 所示. 上述响应过程，电容电压与电流始终不改变方向，表明电容在整个过渡过程中恒处于放电状态，其电压单调地下降到 0，并没有能量从电感向电容充电，所以称为**非振荡放电**.

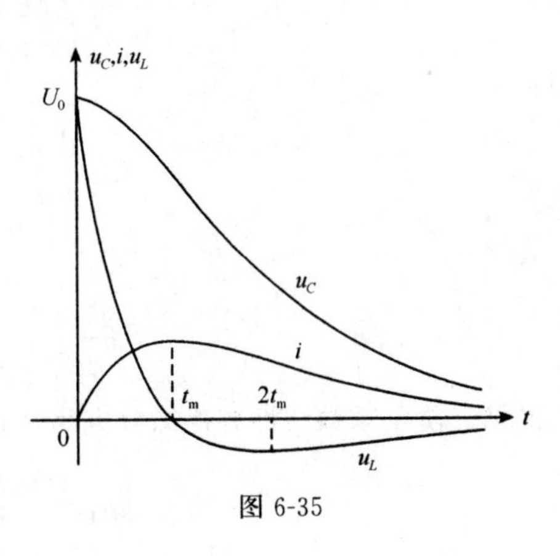

图 6-35

电流的初始值为 0，稳态值也为 0，放电过程中电流必然要经历一次最大值，电流达最大值的时间发生在电感电压为 0 的时刻，即 $t=t_m$ 时. 电感电压的初始值为 U_0，稳态值为 0，在电流达到最大值时，电感电压为 0. 所以电感电压必有一个负的最大值，发生在 $2t_m$ 处. 这种电路的非振荡过程也称为**过阻尼状态**.

（2）当 $R=2\sqrt{\dfrac{L}{C}}$ 时，p_1、p_2 为两个相等的负实根，即 $p_1=p_2=-\dfrac{R}{2L}$.

此时电压 $u_C=(A_1+A_2t)\mathrm{e}^{p_1t}$，电流 $i=-C\dfrac{\mathrm{d}u_C}{\mathrm{d}t}=-C(p_1A_1+p_1A_2t+A_2)\mathrm{e}^{p_1t}$，

代入初始条件 $u_C(0_+)=u_C(0_-)=U_0$，$i(0_+)=i(0_-)=0$ 得：

$$\begin{cases}A_1=U_0\\A_2=-p_1A_1=-p_1U_0\end{cases}$$

因此电路的响应为：

$$\begin{cases} u_C=U_0(1-p_1 t)\mathrm{e}^{p_1 t} \\ i=Cp_1{}^2 U_0 t\mathrm{e}^{p_1 t}=\dfrac{U_0}{L}t\mathrm{e}^{p_1 t} \end{cases} \quad (t\geqslant 0)$$

这个过程中，电容电压从 U_0 开始保持正值逐渐衰减到 0. 电流先从 0 开始，保持正值，最后等于 0. 电流达最大值的时间发生在电感电压等于零处，放电为非振荡的. 这一情况下的放电过程是振荡与非振荡过程的分界线，所以也称为**临界非振荡放电过程**，即**临界阻尼状态**.

（3）当 $R<2\sqrt{\dfrac{L}{C}}$ 时，p_1、p_2 为不相等的共轭根.

令 $\delta=\dfrac{R}{2L}$，称为衰减系数；令 $\omega_0^2=\dfrac{1}{LC}$ 为回路谐振角频率. 则 $p_{1,2}=-\delta\pm\omega\mathrm{j}$，其中 $\omega=\sqrt{\omega_0^2-\delta^2}$. 因此原微分方程的通解为：

$$u_C=\mathrm{e}^{-\delta t}(A_1\cos\omega t+A_2\sin\omega t)$$

可以得到电流 $i=C\dfrac{\mathrm{d}u_C}{\mathrm{d}t}=-C\delta\mathrm{e}^{-\delta t}\left(A_1\cos\omega t+A_2\sin\omega t+\dfrac{\omega}{\delta}A_1\sin\omega t+\dfrac{\omega}{\delta}A_2\cos\omega t\right)$. 代入初始条件 $u_C(0_+)=u_C(0_-)=U_0$，$i(0_+)=i(0_-)=0$ 后，可得电路的响应为：

$$u_C=\frac{\omega_0}{\omega}U_0\mathrm{e}^{-\delta t}\sin(\omega t+\beta)$$

$$i=\frac{U_0}{\omega L}\mathrm{e}^{-\delta t}\sin\omega t，(t\geqslant 0)，其中\ \beta=\arctan\frac{\omega}{\delta}$$

$$u_L=-\frac{\omega_0}{\omega}U_0\mathrm{e}^{-\delta t}\sin(\omega t-\beta)$$

接下来解释三个重要的电路参数，它们与外界激励没有关系.

① 衰减系数 δ：δ 越大，衰减越快；

② 自由振荡角频率 ω：是一个与电路参数有关、与激励无关的量，表明衰减振荡快慢；

③ 谐振角频率 ω_0：是 RLC 串联电路在正弦激励下的谐振角频率.

电容电压与电流的变化曲线如图 6-36 所示.

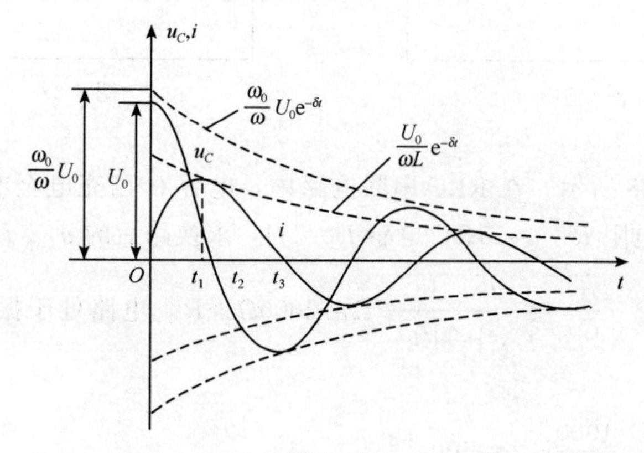

图 6-36

从图 6-36 中可以看出，电容电压与电流都是幅值按指数规律衰减的正弦函数，这种过程称为振荡放电，电路处于振荡放电过程，即**欠阻尼状态**.

【例 1】 在如图 6-37 所示的 RLC 串联电路中，电阻 $R=500\Omega$，电感 $L=0.5\text{H}$，电容 $C=12.5\mu\text{F}$，$u_C(0)=6\text{V}$，$i(0)=0$. 在时刻 $t=0$ 时闭合开关 S，求换路后的 u_C、i 及 t_m.

解：由已知得：$2\sqrt{\frac{L}{C}}=2\sqrt{\frac{0.5}{12.5\times10^{-6}}}\Omega=400\Omega<R$，这是一个非振荡放电过程.

由于特征根为$\begin{cases}p_1=-\frac{R}{2L}+\sqrt{\left(\frac{R}{2L}\right)^2-\frac{1}{LC}}\\p_2=-\frac{R}{2L}-\sqrt{\left(\frac{R}{2L}\right)^2-\frac{1}{LC}}\end{cases}$，代入相关参数可得：$\begin{cases}p_1=-200\text{s}^{-1}\\p_2=-800\text{s}^{-1}\end{cases}$，由此解得：

$$\begin{cases}A_1=\frac{p_2}{p_2-p_1}U_0=\frac{-800\times6}{-800+200}\text{V}=8\text{V}\\A_2=-\frac{p_1}{p_2-p_1}U_0=-\frac{-200\times6}{-800+200}\text{V}=-2\text{V}\end{cases}$$

因此可求得：

$$u_C=\frac{U_0}{p_2-p_1}(p_2\text{e}^{p_1t}-p_1\text{e}^{p_2t})=(8\text{e}^{-200t}-2\text{e}^{-800t})\text{V}$$

$$i=-\frac{U_0}{L(p_2-p_1)}(\text{e}^{p_1t}-\text{e}^{p_2t})=0.02(\text{e}^{-200t}-\text{e}^{-800t})\text{A}$$

$$t_m=\frac{1}{p_1-p_2}\ln\left(\frac{p_2}{p_1}\right)=2.31\text{ms}$$

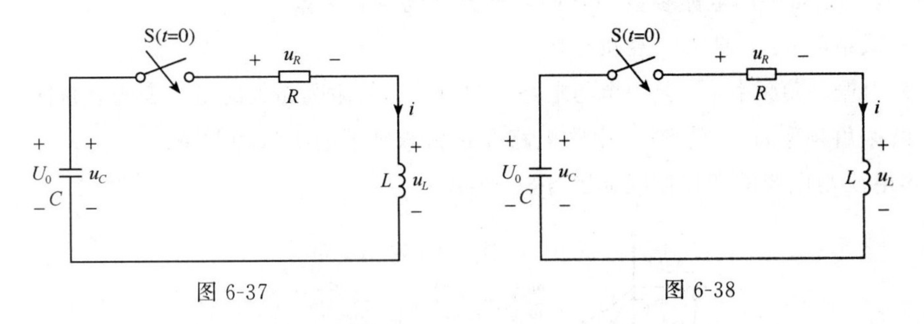

图 6-37　　图 6-38

【例 2】 如图 6-38 所示，在 RLC 串联电路中，电容 C 已充电至电压 $U_0=100\text{V}$，并已知电容 $C=1\mu\text{F}$，电阻 $R=1000\Omega$，电感 $L=1\text{H}$，求换路后的 u_C、i、u_L 及 i_{max}.

解：由已知得：$2\sqrt{\frac{L}{C}}=2\sqrt{\frac{1}{1\times10^{-6}}}\Omega=2000\Omega>R$，电路处于振荡放电过程. 可以求出：

衰减系数 $\delta=\frac{R}{2L}=\frac{1000}{2\times1}\text{s}^{-1}=500\text{s}^{-1}$；

自由振荡角频率 $\omega=\sqrt{\frac{1}{LC}-\left(\frac{R}{2L}\right)^2}=\sqrt{\frac{1}{1\times1\times10^{-6}}-(500)^2}\mathrm{rad/s}\approx866\mathrm{rad/s}$；

谐振角频率 $\omega_0=\sqrt{\frac{1}{LC}}=\sqrt{\frac{1}{1\times1\times10^{-6}}}\mathrm{rad/s}=1000\mathrm{rad/s}$；

因此 $\beta=\arctan\frac{\omega}{\delta}=\arctan\frac{866}{500}=60°$，那么电路的响应为：

$$u_C=\frac{\omega_0}{\omega}U_0\mathrm{e}^{-\delta t}\sin(\omega t+\beta)=115.5\mathrm{e}^{-500t}\sin(866t+60°)\mathrm{V}\quad(t\geqslant0)$$

$$i=\frac{U_0}{\omega L}\mathrm{e}^{-\delta t}\sin\omega t=115.5\mathrm{e}^{-500t}\sin(866t)\mathrm{mA}\quad(t\geqslant0)$$

$$u_L=-\frac{\omega_0}{\omega}U_0\mathrm{e}^{-\delta t}\sin(\omega t-\beta)=-115.5\mathrm{e}^{-500t}\sin(866t-60°)\mathrm{V}\quad(t>0)$$

当 $u_L=0$，即 $\omega t=60°$时，电流最大为：$i_{\max}=115.5\mathrm{e}^{-\frac{500\times\pi}{3\times866}}\sin\left(\frac{\pi}{3}\right)\mathrm{mA}=54.64\mathrm{mA}$.

【例 3】 在如图 6-39 所示的 RLC 串联电路中，$u_C(0)=12\mathrm{V}$，$i(0)=0$，电感 $L=0.04\mathrm{H}$，电容 $C=100\mu F$，电阻 $R=40\Omega$. 在时刻 $t=0$ 时闭合开关 S，试求：

（1）电容 C 的电压；

（2）流过电路的电流 i.

解：（1）由于此处 $R=2\sqrt{\frac{L}{C}}$，电路处于临界阻尼状态. 此时 $p_1=p_2=-\frac{R}{2L}=-500$. 因此

$$\begin{cases}A_1=U_0=u_C(0)=12\\A_2=-p_1A_1=6000\end{cases}$$

得电路的响应为：

$$\begin{cases}u_C=12(1+500t)\mathrm{e}^{-500t}\\i=Cp_1{}^2U_0t\mathrm{e}^{p_1t}=300t\mathrm{e}^{-500t}\end{cases}\quad(t\geqslant0)$$

借助 Mathstudio 可得结果如图 6-40. 电容电压 $u_C=(K_1+K_2t)\mathrm{e}^{-500t}$.

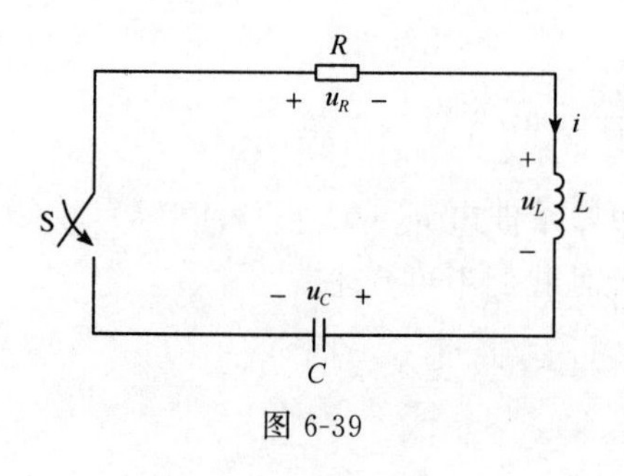

图 6-39

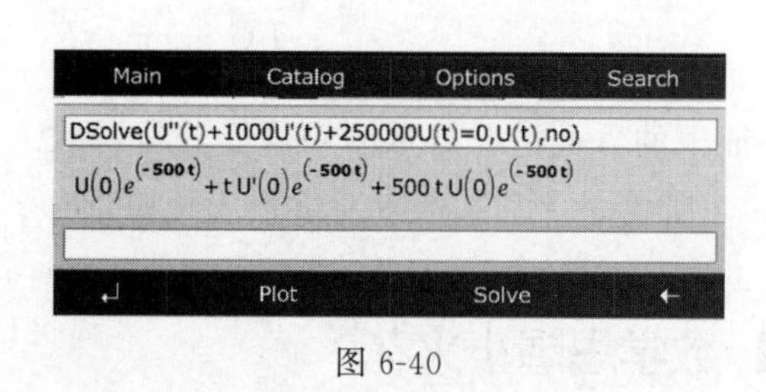

图 6-40

（2）由上一问可得，电路中电流 $i(t)=C\frac{\mathrm{d}u_C}{\mathrm{d}t}=C[K_2\mathrm{e}^{-500t}-500(K_1+K_2t)\mathrm{e}^{-500t}]$.

二、RLC 串联电路的零状态响应

当开关闭合时，电源给储能元件提供能量，其响应是外加激励产生的，即**零状态响应**.

在如图 6-41 所示的 RLC 电路图中，我们根据能量守恒定律，可得：

$$u_R+u_L+u_C=U_S$$

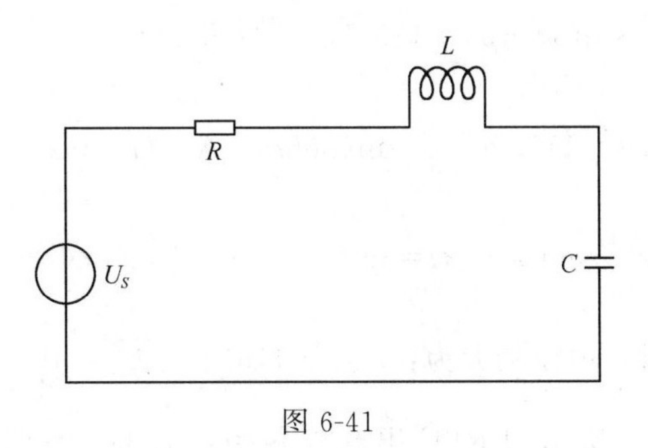

图 6-41

由于电感电压 $u_L=L\dfrac{\mathrm{d}i}{\mathrm{d}t}$，电阻电压 $u_R=Ri$，因此上式可化为：

$$L\frac{\mathrm{d}i}{\mathrm{d}t}+Ri+u_C=U_S$$

又因为电容的电流 $i_C=C\dfrac{\mathrm{d}u_C}{\mathrm{d}t}$，且在串联电路中，电流处处相等，所以原式可化为：

$$L\frac{\mathrm{d}\left(C\dfrac{\mathrm{d}u_C}{\mathrm{d}t}\right)}{\mathrm{d}t}+RC\frac{\mathrm{d}u_C}{\mathrm{d}t}+u_C=U_S$$

化简得：

$$LC\frac{\mathrm{d}^2u_C}{\mathrm{d}t^2}+RC\frac{\mathrm{d}u_C}{\mathrm{d}t}+u_C=U_S$$

显然，上式中只有一个变量 u_C，其余均为常量，所以为一个二阶常系数线性非齐次微分方程. 它的特征方程为：

$$LC\frac{\mathrm{d}^2u_C}{\mathrm{d}t^2}+RC\frac{\mathrm{d}u_C}{\mathrm{d}t}+u_C=0$$

其特征根的分类情况与零输入响应分析一致. 初始条件由 $u_C(0_+)=u_C(0_-)$，$i_L(0_+)=i_L(0_-)$所决定. 具体情况与零输入响应类似，此处我们不再赘述.

数学思想小火花

现实世界中的许多问题，最后都归结为微分方程问题. 如通信技术中，“求电路的响应”是最简单最基础的问题，而该问题的本质就是求微分方程的解. “电路的响应”与“微分方程

解”虽然有各自的意义，但是形式上却惊人的契合，数学与专业课程互相交叉紧密联系，充满着“和谐与统一的美”.

习题 6-6

1. 电路如图 6-42 所示，请建立关于电感电流 $i_L(t)$ 的微分方程.

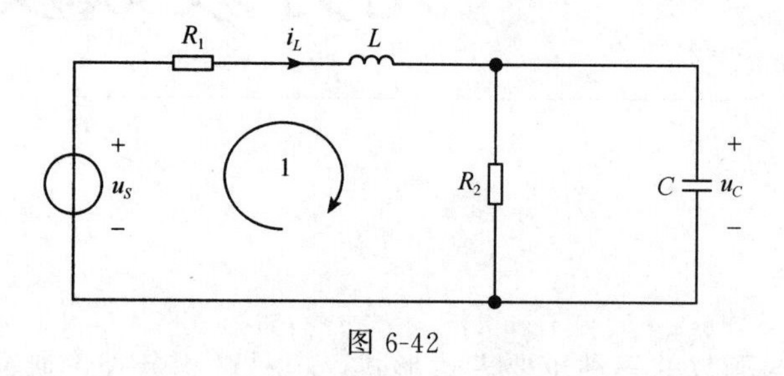

图 6-42

2. 电路如图 6-43 所示，请建立关于电感电流 u_{C2} 的微分方程.

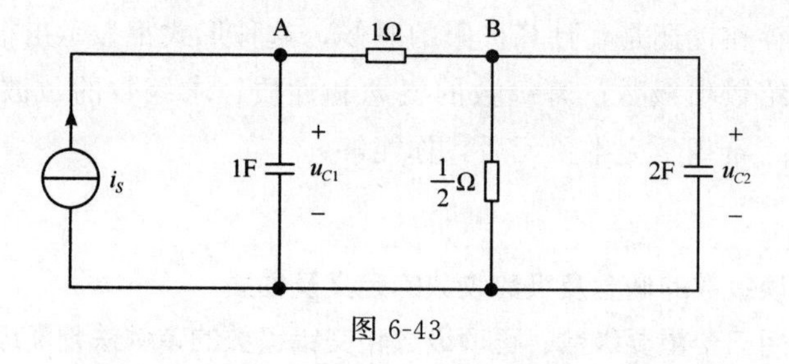

图 6-43

3. 在如图 6-44 所示的电路中，已知 $u_C(0_-)=200\text{V}$，当 $t=0$ 时开关闭合，求 $t \geqslant 0$ 时的 u_C.

4. 图 6-45 所示电路原处于稳态，$t=0$ 时开关由位置 1 换到位置 2，求换位后的 $i_L(t)$ 和 $u_C(t)$.

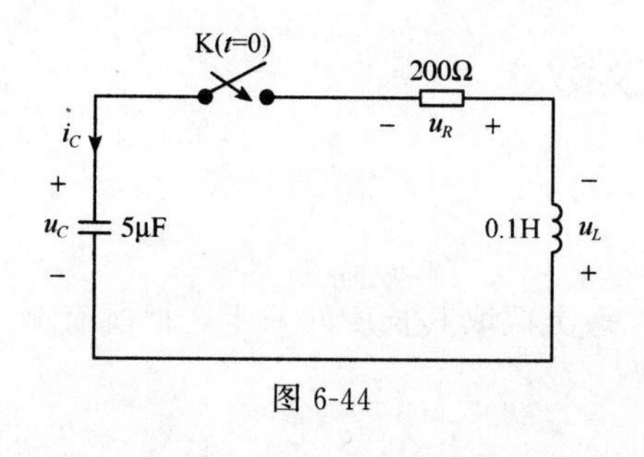

图 6-44

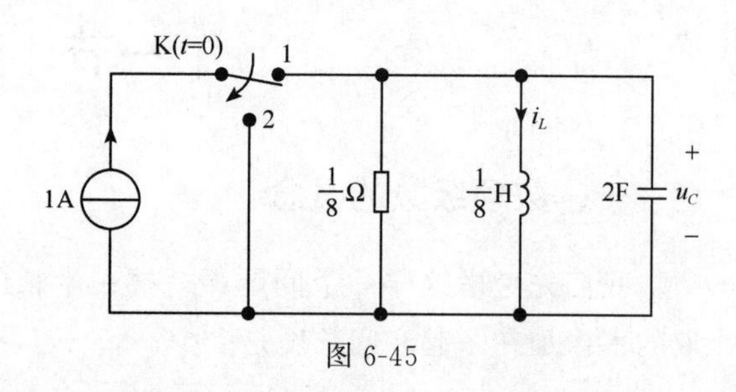

图 6-45

第七单元

无穷级数及其应用

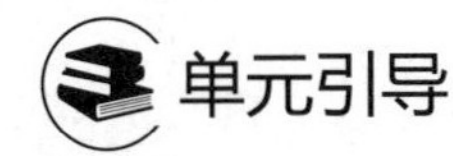

单元引导

无穷级数是数与函数的一种重要表达形式，也是微积分理论研究与实际应用中极其有力的工具. 无穷级数在表达函数、研究函数的性质、计算函数值以及求解微分方程等方面都有着重要的应用. 研究级数及其和，可以说是研究数列及其极限的另一种形式，无论在研究极限的存在性还是在计算极限的时候，这种形式都显示出很大的优越性.

本单元主要介绍数项级数、幂级数的概念和性质，求级数的敛散性及傅里叶级数在电路分析中的应用. 希望学完本单元后，你能够：

- 准确描述出常数项级数的概念及级数收敛的定义及性质
- 能准确选择并利用三个重要级数、正项级数和交错级数的审敛法判断级数的敛散性
- 能利用幂级数概念判断幂级数的敛散性并求出幂级数的收敛半径、收敛域
- 掌握人工手算和利用 Mathstudio 进行幂级数、傅里叶级数计算的方法
- 能应用傅里叶级数将复杂信号分解为简单的信号分量之和

第一节　数项级数

一、数项级数的概念

我们先考虑这样一个问题：一根一米长的木棒，每次截取其长度的一半，把所有截取的木棒加在一起，问长度是多少？

第一次的截取长度为$\frac{1}{2}$，第二次的截取长度为$\frac{1}{4}$，第三次的截取长度为$\frac{1}{8}$，…，第 n 次的截取长度为$\frac{1}{2^n}$，得数列：$\frac{1}{2},\frac{1}{4},\frac{1}{8},\cdots,\frac{1}{2^n},\cdots$，把每次截取的木棒加在一起，其长度为

$$\frac{1}{2}+\frac{1}{4}+\frac{1}{8}+\cdots+\frac{1}{2^n}+\cdots=1 \text{（所有木棒的长度）}$$

上式是用无穷多个数的和来表示一个确定的数，它就是一个无穷级数．下面给出无穷级数的定义：

定义 1　设给定一个数列 $u_1,u_2,\cdots,u_n,\cdots$，则表达式

$$u_1+u_2+\cdots+u_n+\cdots$$

称为**无穷级数**，简称**级数**，记作 $\sum\limits_{n=1}^{\infty}u_n$，即

$$\sum_{n=1}^{\infty}u_n=u_1+u_2+u_3\cdots+u_n+\cdots$$

其中 $u_1,u_2,\cdots,u_n,\cdots$ 称为该**级数的项**，u_n 称为**一般项**或者**通项**．u_n 是常数的级数称为**常数项级数**，简称**数项级数**；u_n 是函数的级数称为**函数项级数**．

例如　$$\sum_{n=1}^{\infty}\frac{1}{n}=1+\frac{1}{2}+\frac{1}{3}+\cdots+\frac{1}{n}+\cdots,$$

$$\sum_{n=1}^{\infty}(-1)^{n-1}n=1-2+3-\cdots+(-1)^{n-1}n+\cdots$$

都是数项级数．

又如　$$\sum_{n=1}^{\infty}(-1)^{n-1}x^{n-1}=1-x+x^2-x^3+\cdots+(-1)^{n-1}x^{n-1}+\cdots,$$

$$\sum_{n=1}^{\infty}\sin nx=\sin x+\sin 2x+\sin 3x+\cdots+\sin nx+\cdots$$

都是函数项级数．

二、级数的收敛与发散

一般称 $u_1+u_2+\cdots+u_n$ 为无穷级数的前 n 项和（或称为部分和），记为 S_n，当 n 依次取 1,2,3…时，前 n 项和构成一个新的数列

$$S_1=u_1,\ S_2=u_1+u_2,\ \cdots,\ S_n=u_1+u_2+\cdots+u_n,\cdots$$

这一数列 $S_1,S_2\cdots$ 称为无穷级数的**部分和数列**，记为 $\{S_n\}$．

定义 2　如果无穷级数 $\sum\limits_{n=1}^{\infty}u_n$ 的部分和数列 $\{S_n\}$ 的极限存在，即 $\lim\limits_{n\to\infty}S_n=S$，则称 $\sum\limits_{n=1}^{\infty}u_n$ **收敛**，并称 S 为级数 $\sum\limits_{n=1}^{\infty}u_n$ 的和，记作 $\sum\limits_{n=1}^{\infty}u_n=\lim\limits_{n\to\infty}S_n=S$；如果部分和数列 $\{S_n\}$ 的极限不存在，则称级数 $\sum\limits_{n=1}^{\infty}u_n$ **发散**．

【例 1】　求级数 $\sum\limits_{n=1}^{\infty}\frac{1}{n(n+1)}$ 的和．

解：由于　$$\frac{1}{n(n+1)}=\frac{1}{n}-\frac{1}{n+1}$$

因此 $$S_n=1-\frac{1}{2}+\frac{1}{2}-\frac{1}{3}+\cdots+\frac{1}{n}-\frac{1}{n+1}=1-\frac{1}{n+1}$$

所以该级数的和为

$$S_n=\lim_{n\to\infty}S_n=\lim_{n\to\infty}\left(1-\frac{1}{n+1}\right)=1$$

【例 2】 讨论级数 $\sum\limits_{n=1}^{\infty}\ln\left(1+\frac{1}{n}\right)$ 的敛散性.

解： $$\begin{aligned}S_n&=\ln(1+1)+\ln\left(1+\frac{1}{2}\right)+\ln\left(1+\frac{1}{3}\right)+\cdots+\ln\left(1+\frac{1}{n}\right)\\&=\ln\left(\frac{2}{1}\right)+\ln\left(\frac{3}{2}\right)+\ln\left(\frac{4}{3}\right)+\cdots+\ln\left(\frac{n+1}{n}\right)=\ln\left(\frac{2}{1}\cdot\frac{3}{2}\cdot\frac{4}{3}\cdot\cdots\cdot\frac{n+1}{n}\right)\\&=\ln(n+1)\end{aligned}$$

因为 $\lim\limits_{n\to\infty}S_n=\lim\limits_{n\to\infty}\ln(n+1)=+\infty$，所以级数 $\sum\limits_{n=1}^{\infty}\ln\left(1+\frac{1}{n}\right)$ 发散.

从上面的例子可以看出，利用级数收敛的定义判断一个级数的收敛性是求其部分和 S_n 的极限，在一般情况下，求级数的前 n 项和 S_n 很难，因此需要寻找判别级数收敛的简单易行的办法. 为此我们先研究级数的基本性质.

三、数项级数的基本性质

性质 1 若常数 $k\neq0$，则级数 $\sum\limits_{n=1}^{\infty}u_n$ 与 $\sum\limits_{n=1}^{\infty}ku_n$ 有相同的收敛性；且 $\sum\limits_{n=1}^{\infty}u_n=S$，则 $\sum\limits_{n=1}^{\infty}ku_n=kS$.

性质 2 若级数 $\sum\limits_{n=1}^{\infty}u_n$ 与 $\sum\limits_{n=1}^{\infty}v_n$ 均收敛，则级数 $\sum\limits_{n=1}^{\infty}(u_n\pm v_n)$ 也收敛，且有 $\sum\limits_{n=1}^{\infty}(u_n\pm v_n)=\sum\limits_{n=1}^{\infty}u_n\pm\sum\limits_{n=1}^{\infty}v_n$.

也就是说，两个收敛级数逐项相加或相减所组成的新级数仍然收敛.

性质 3 在级数的前面加上或者去掉有限项，不影响级数的收敛性，但一般会改变级数收敛的和.

由性质 1 可知，若级数 $\sum\limits_{n=1}^{\infty}u_n$ 收敛于 S，则余项 r_n，且有 $\lim\limits_{n\to\infty}r_n=0$，这是因为 $\lim\limits_{n\to\infty}r_n=\lim\limits_{n\to\infty}(S-S_n)=S-S=0$，由此，我们可以得出级数收敛的必要条件.

四、数项级数收敛的必要条件

若级数 $\sum\limits_{n=1}^{\infty}u_n$ 收敛于 S，那么由其部分和的概念，就有 $u_n=s_n-s_{n-1}$，

于是 $\lim\limits_{n\to\infty}u_n=\lim\limits_{n\to\infty}(s_n-s_{n-1})$，依据级数收敛的定义可知 $\lim\limits_{n\to\infty}s_n=\lim\limits_{n\to\infty}s_{n-1}=S$，因此

这时必有 $\lim\limits_{n\to\infty} u_n = 0$，这就是级数收敛的必要条件.

定理　若数项级数 $\sum\limits_{n=1}^{\infty} u_n$ 收敛，则 $\lim\limits_{n\to\infty} u_n = 0$.

需要指出的是，$\lim\limits_{n\to\infty} u_n = 0$ 仅是级数收敛的必要条件，但不是收敛的充分条件. 即不能由 $\lim\limits_{n\to\infty} u_n = 0$ 就得出级数 $\sum\limits_{n=1}^{\infty} u_n$ 收敛的结论. 由定理 1 可知，若 $\lim\limits_{n\to\infty} u_n \neq 0$，则级数 $\sum\limits_{n=1}^{\infty} u_n$ 发散.

【例 3】 判断下列级数的敛散性：

(1) $\sum\limits_{n=1}^{\infty} \dfrac{n}{n+1}$；　　　(2) $\sum\limits_{n=1}^{\infty} \sin\dfrac{n\pi}{2}$.

解：(1) 由于通项的极限 $\lim\limits_{n\to\infty} u_n = \lim\limits_{n\to\infty} \dfrac{n}{n+1} = 1 \neq 0$，故由级数收敛的必要条件知：级数 $\sum\limits_{n=1}^{\infty} \dfrac{n}{n+1}$ 发散.

(2) 注意到级数 $\sum\limits_{n=1}^{\infty} \sin\dfrac{n\pi}{2} = 1+0-1+0+1+0-1+0+\cdots$ 的通项 $u_n = \sin\dfrac{n\pi}{2}$，当 $n\to\infty$ 时，极限不存在，所以级数发散.

数学思想小火花

判断无穷级数的敛散性，借助“有限和”推广到“无穷和”. 先将无穷级数“截断”，讨论其部分和，再由部分和数列的敛散性定义无穷级数的敛散性，并指出只有当级数收敛时计算无穷和才有意义，这是极限思想的重要体现.

习题 7-1

1. 写出下列级数的前五项：

(1) $\sum\limits_{n=1}^{\infty} \dfrac{1\times3\times5\times\cdots\times(2n-1)}{2\times4\times6\times\cdots\times2n}$；　　(2) $\sum\limits_{n=1}^{\infty} \dfrac{n!}{2^n}$；　　(3) $\sum\limits_{n=1}^{\infty} (-1)^n \dfrac{2n+1}{3^n}$.

2. 写出下列级数的通项：

(1) $\dfrac{\sqrt{x}}{2} + \dfrac{x}{2\times4} + \dfrac{x\sqrt{x}}{2\times4\times6} + \cdots$；　　(2) $-2+2-2+2-2+2-\cdots$；

(3) $\dfrac{1}{2} + \dfrac{1}{3} + \dfrac{1}{4} + \dfrac{1}{5} + \cdots$；　　(4) $\dfrac{1}{2} + \dfrac{3}{5} + \dfrac{5}{10} + \dfrac{7}{17} + \cdots$.

3. 判断下列级数的敛散性：

(1) $\sum\limits_{n=1}^{\infty} \dfrac{1}{(2n-1)(2n+1)}$；　　(2) $\sum\limits_{n=1}^{\infty} \sqrt{\dfrac{n}{2n+1}}$；

(3) $\sum_{n=1}^{\infty}\left(\frac{n+1}{n}\right)^{n}$；　　(4) $\sum_{n=1}^{\infty}(\sqrt{n+1}-\sqrt{n})$.

4. 小球从一高处自由落下，每次跳起的高度减少一半，问小球是否会在某时刻停止运动？

第二节　数项级数的敛散性

判定级数的敛散性是级数的一个基本问题，本节先介绍三个重要级数，在此基础上给出数项级数中两类最重要级数敛散性的判别法.

一、三个重要的级数

1. 等比级数（几何级数）

$$\sum_{n=1}^{\infty} aq^{n-1}=a+aq+aq^{2}+\cdots+aq^{n-1}+\cdots \quad (a\neq 0)$$

由等比数列前 n 项的求和公式可知，当 $q\neq 1$ 时，级数的部分和为 $s_n=a\dfrac{1-q^n}{1-q}$.

于是，当 $|q|<1$ 时，$\lim\limits_{n\to\infty}s_n=\lim\limits_{n\to\infty}a\dfrac{1-q^n}{1-q}=\dfrac{a}{1-q}$，即此时等比级数收敛，其和 $S=\dfrac{a}{1-q}$.

当 $|q|>1$ 时，$\lim\limits_{n\to\infty}s_n=\lim\limits_{n\to\infty}a\dfrac{1-q^n}{1-q}=\infty$，此时该级数发散.

当 $q=1$ 时，$S=na\to\infty(n\to\infty)$，因此该等比级数发散.

当 $q=-1$ 时，$S_n=a-a+a-\cdots+(-1)^{n-1}a=\begin{cases}a, & \text{当 } n \text{ 为奇数,}\\ 0, & \text{当 } n \text{ 为偶数,}\end{cases}$

部分和数列不存在极限，故该等比级数发散.

综上所述：等比数列 $\sum\limits_{n=1}^{\infty}aq^{n-1}$ 仅当 $|q|<1$ 时收敛.

2. 调和级数　$\sum\limits_{n=1}^{\infty}\dfrac{1}{n}=1+\dfrac{1}{2}+\cdots+\dfrac{1}{n}+\cdots$

由不等式 $x\geqslant\ln(1+x)(x\geqslant 0)$，分别令 $x=1,\dfrac{1}{2},\dfrac{1}{3},\cdots,\dfrac{1}{n}$ 可得

$$1\geqslant\ln(1+1),\ \frac{1}{2}\geqslant\ln\left(1+\frac{1}{2}\right),\ \cdots,\ \frac{1}{n}\geqslant\ln\left(1+\frac{1}{n}\right)$$

相加得

$$S_n=1+\frac{1}{2}+\frac{1}{3}+\cdots+\frac{1}{n}\geqslant\ln 2+\ln\frac{3}{2}+\cdots+\ln\frac{n+1}{n}=\ln\left(2\cdot\frac{3}{2}\cdot\frac{4}{3}\cdots\frac{n+1}{n}\right)=\ln(n+1)$$

当 $n\to\infty$ 时，$\ln(1+n)\to\infty$，所以 $S_n\to\infty$，级数 $\sum\limits_{n=1}^{\infty}\dfrac{1}{n}$ 发散.

3. P 级数 $\sum_{n=1}^{\infty}\frac{1}{n^p}$($p$ 为正常数)

当 $p>1$ 时，级数 $\sum_{n=1}^{\infty}\frac{1}{n^p}$（$p$ 为正常数）收敛（其证明见正项级数的判别法）；

当 $p\leqslant 1$ 时，级数 $\sum_{n=1}^{\infty}\frac{1}{n^p}$ 发散.

二、正项级数的敛散性

定义 1 如果级数 $\sum_{n=1}^{\infty}u_n$ 的一般项 $u_n\geqslant 0(n=1,2,\cdots)$，则称此级数为**正项级数**.

正项级数有一个明显的特点，即它的部分和数列$\{S_n\}$是一个单调增加数列. 由于单调有界数列必有极限存在，我们得到判定正项级数收敛性的一个基本定理.

定理 1 正项级数收敛的充要条件是它的部分和数列有上界.

【例 1】 判断正项级数 $\sum_{n=1}^{\infty}\frac{\sin\frac{\pi}{2n}}{2^n}$ 的敛散性.

解：其部分和数列

$$S_n=\frac{1}{2}+\frac{\sin\frac{\pi}{4}}{4}+\frac{\sin\frac{\pi}{6}}{8}+\cdots+\frac{\sin\frac{\pi}{2n}}{2^n}<\frac{1}{2}+\frac{1}{4}+\frac{1}{8}+\cdots+\frac{1}{2^n}=\frac{\frac{1}{2}\left(1-\frac{1}{2^n}\right)}{1-\frac{1}{2}}<1$$

它是有界的，故级数 $\sum_{n=1}^{\infty}\frac{\sin\frac{\pi}{2n}}{2^n}$ 收敛.

上面基本定理的意义更多地表现在理论上，通常难以使用. 但是，用基本定理可以得到如下重要的正项级数收敛判别法——比较审敛法.

定理 2（比较审敛法） 设正项级数 $\sum_{n=1}^{\infty}u_n$ 和 $\sum_{n=1}^{\infty}v_n$，如果对于 $n=1,2\cdots$，有 $u_n\leqslant v_n$，那么

(1) 若 $\sum_{n=1}^{\infty}v_n$ 收敛，则 $\sum_{n=1}^{\infty}u_n$ 也收敛；

(2) 若 $\sum_{n=1}^{\infty}u_n$ 发散，则 $\sum_{n=1}^{\infty}v_n$ 也发散.

也即小的发散，大的也发散；大的收敛，小的也收敛.

证明：我们仅证明（1），因为（2）的证明与（1）相仿.

因为 $\sum_{n=1}^{\infty}v_n$ 收敛，则记 $\sum_{n=1}^{\infty}v_i=\sigma_n$. 由基本定理得，存在常数 M，使得 $\sigma_n\leqslant M(n=1,2,3\cdots)$. 又因为 $u_n\leqslant v_n(n=1,2,3\cdots)$，所以 $\sum_{n=1}^{\infty}u_i\leqslant\sum_{n=1}^{\infty}v_i\leqslant M$. 即此数列 $\sum_{n=1}^{\infty}u_n$ 的

部分和数列有界，故 $\sum_{n=1}^{\infty} u_n$ 收敛.

【例 2】 判定下列正项级数的敛散性：

(1) $\sum_{n=1}^{\infty} \frac{1}{n^2+1}$； (2) $\sum_{n=1}^{\infty} \frac{1}{2n-1}$.

解：(1) 因为 $\frac{1}{n^2+1}<\frac{1}{n^2}$，且 $\sum_{n=1}^{\infty} \frac{1}{n^2}$ 收敛，由比较审敛法知 $\sum_{n=1}^{\infty} \frac{1}{n^2+1}$ 收敛.

(2) 因为 $\frac{1}{2n-1}>\frac{1}{2n}$，且 $\sum_{n=1}^{\infty} \frac{1}{2n}=\frac{1}{2}\sum_{n=1}^{\infty} \frac{1}{n}$ 发散，由比较审敛法知 $\sum_{n=1}^{\infty} \frac{1}{2n-1}$ 发散.

为了便于使用，我们有比较审敛法的极限形式.

定理 3（比较审敛法的极限形式） 设正项级数 $\sum_{n=1}^{\infty} u_n$ 和 $\sum_{n=1}^{\infty} v_n$，若 $\sum_{n=1}^{\infty} \frac{u_n}{v_n}=l$，则

(1) 当 $0<l<+\infty$ 时，$\sum_{n=1}^{\infty} u_n$ 和 $\sum_{n=1}^{\infty} v_n$ 敛散性相同；

(2) 当 $l=0$ 时，$\sum_{n=1}^{\infty} v_n$ 收敛，必有 $\sum_{n=1}^{\infty} u_n$ 收敛；

(3) 当 $l=+\infty$ 时，$\sum_{n=1}^{\infty} v_n$ 发散，必有 $\sum_{n=1}^{\infty} u_n$ 发散.

【例 3】 判别级数 $\sum_{n=2}^{\infty} \frac{\ln n}{n^{\frac{5}{4}}}$ 的敛散性.

解：因为 $\lim_{n\to\infty} \frac{\frac{\ln n}{n^{\frac{5}{4}}}}{\frac{1}{n^{\frac{9}{8}}}}=\lim_{n\to\infty} \frac{\ln n}{n^{\frac{1}{8}}}=0$，而 $\sum_{n=2}^{\infty} \frac{1}{n^{\frac{9}{8}}}$ 是 P 级数，且 $p=\frac{9}{8}>1$，故 $\sum_{n=2}^{\infty} \frac{1}{n^{\frac{9}{8}}}$ 收敛，进而 $\sum_{n=2}^{\infty} \frac{\ln n}{n^{\frac{5}{4}}}$ 收敛.

在正项级数的审敛法中，最有实用价值的是下面的比值审敛法.

定理 4（比值审敛法） 设正项级数 $\sum_{n=1}^{\infty} u_n$ 有极限，且 $\lim_{n\to\infty} \frac{u_{n+1}}{u_n}=\rho$，

那么：(1) 当 $\rho<1$ 时，$\sum_{n=1}^{\infty} u_n$ 收敛；

(2) 当 $\rho>1$ 时，$\sum_{n=1}^{\infty} u_n$ 发散；

(3) 当 $\rho=1$ 时，$\sum_{n=1}^{\infty} u_n$ 敛散性另行讨论（证明略）.

【例 4】 判定下列正项级数的敛散性：

(1) $\sum_{n=1}^{\infty} \frac{n^n}{n!}$；　　(2) $\sum_{n=1}^{\infty} \frac{2n-1}{3n+1}$.

解：(1) $\lim_{n\to\infty} \frac{u_{n+1}}{u_n} = \lim_{n\to\infty} \frac{(n+1)^{n+1}}{(n+1)!} \cdot \frac{n!}{n^n} = \lim_{n\to\infty}\left(\frac{n+1}{n}\right)^n = \mathrm{e} > 1$，

根据比值审敛法可知级数 $\sum_{n=1}^{\infty} \frac{n^n}{n!}$ 发散.

(2) $\lim_{n\to\infty} \frac{u_{n+1}}{u_n} = \lim_{n\to\infty} \frac{\frac{2(n+1)-1}{3(n+1)+1}}{\frac{2n-1}{3n+1}} = 1$，

此时比值审敛法失效，由于 $\lim_{n\to\infty} u_n = \lim_{n\to\infty} \frac{2n-1}{3n+1} = \frac{2}{3} \neq 0$，所以级数 $\sum_{n=1}^{\infty} \frac{2n-1}{3n+1}$ 发散.

三、交错级数与任意项级数

下面讨论非正项级数的敛散问题，首先考虑一些特殊类型的非正项级数.

1. 交错级数及审敛法

定义 2　如果级数通项正负交错，即级数可以写成 $\sum_{n=1}^{\infty}(-1)^{n-1}u_n$ 或者 $\sum_{n=1}^{\infty}(-1)^n u_n$ 的形式，其中 $u_n > 0$，则称级数为交错级数.

定理 5（莱布尼兹审敛法）　设交错级数为 $\sum_{n=1}^{\infty}(-1)^{n-1}u_n$，满足

(1) $u_n \geqslant u_{n+1}, n=1,2,3\cdots$；

(2) $\lim_{n\to\infty} u_n = 0$.

则级数 $\sum_{n=1}^{\infty}(-1)^{n-1}u_n$ 收敛，且其中 $S \leqslant u_1$（证明略）.

【例 5】　讨论下列交错级数的敛散性：

(1) $\sum_{n=1}^{\infty}(-1)^n \frac{1}{n}$；　　(2) $\sum_{n=1}^{\infty}(-1)^{n-1} \frac{n}{2^n}$.

解：(1) $u_n = \frac{1}{n} > \frac{1}{n+1} = u_{n+1}$；$\lim_{n\to\infty} u_n = \lim_{n\to\infty} \frac{1}{n} = 0$，由莱布尼兹审敛法知：级数 $\sum_{n=1}^{\infty}(-1)^n \frac{1}{n}$ 收敛.

(2) 为了证明 $u_n = \frac{n}{2^n}$ 单调递减，我们计算

$$u_n - u_{n+1} = \frac{n}{2^n} - \frac{n+1}{2^{n+1}} = \frac{n-1}{2^{n+1}} \geqslant 0 (n=1,2,3\cdots)$$

此即 $u_n \geqslant u_{n+1} (n=1,2,3\cdots)$；同时 $\lim_{n\to\infty} u_n = \lim_{n\to\infty} \frac{n}{2^n} = 0$；由莱布尼兹审敛法：级数 $\sum_{n=1}^{\infty}(-1)^{n-1} \frac{n}{2^n}$ 收敛.

2. 一般项级数的敛散性

定义 3 级数各项为任意实数（正数、负数、0）的级数称为一般项级数，也称为任意项级数．对于一般项级数，有以下收敛性：

若任意项级数 $\sum_{n=1}^{\infty} u_n$ 各项的绝对值所组成的级数 $\sum_{n=1}^{\infty} |u_n|$ 收敛，则称级数 $\sum_{n=1}^{\infty} u_n$ 绝对收敛；

若级数 $\sum_{n=1}^{\infty} |u_n|$ 发散，而级数 $\sum_{n=1}^{\infty} u_n$ 收敛，则称级数 $\sum_{n=1}^{\infty} u_n$ 条件收敛．

结论 绝对收敛的级数必收敛．

【例 6】 判别下列级数的敛散性：

(1) $\sum_{n=1}^{\infty} (-1)^{n-1} \frac{n^2}{2^n}$；　　(2) $\sum_{n=1}^{\infty} \frac{(-1)^{n-1}}{\sqrt{n}}$．

解：(1) 考察其绝对值级数 $\sum_{n=1}^{\infty} \left| (-1)^{n-1} \frac{n^2}{2^n} \right| = \sum_{n=1}^{\infty} \frac{n^2}{2^n}$，显然，$\sum_{n=1}^{\infty} \frac{n^2}{2^n}$ 收敛，故级数 $\sum_{n=1}^{\infty} (-1)^{n-1} \frac{n^2}{2^n}$ 绝对收敛．

(2) 考察其绝对值级数 $\sum_{n=1}^{\infty} \left| \frac{(-1)^{n-1}}{\sqrt{n}} \right| = \sum_{n=1}^{\infty} \frac{1}{\sqrt{n}}$，由于 $p=\frac{1}{2}<1$，根据 P 级数的结论知，$\sum_{n=1}^{\infty} \frac{1}{\sqrt{n}}$ 发散，所以原级数非绝对收敛．注意到这是交错级数，而且 $u_n=\frac{1}{\sqrt{n}} > \frac{1}{\sqrt{n+1}} = u_{n+1}$，$\lim\limits_{n\to\infty} u_n = \lim\limits_{n\to\infty} \frac{1}{\sqrt{n}} = 0$，由莱布尼兹审敛法：可知级数 $\sum_{n=1}^{\infty} \frac{(-1)^{n-1}}{\sqrt{n}}$ 收敛，所以级数 $\sum_{n=1}^{\infty} \frac{(-1)^{n-1}}{\sqrt{n}}$ 条件收敛．

数学思想小火花

虽然微积分没有在中国产生，但中国传统数学思想对幂级数的研究却是独树一帜的．自 18 世纪初至 19 世纪末，幂级数展开问题成为中国数学界的一个非常活跃的研究问题．首先是梅珏成（1681—1763）在《赤水遗珍》中记载了杜氏三术，其后蒙古族科学家明安图（1692—1764）创造了六术，由陈际新于 1744 年整理成书《割圜密率捷法》，并于 1839 年出版．之后董祐诚、项名达、戴煦、徐有壬、李善兰等数学名家，都受到了明安图的影响，形成了明安图数学学派，运用具有传统数学特色的思想方法，基本上解决了三角函数、对数函数等初等函数的幂级数展开问题，这其中包含了某些微积分思想的萌芽，因而为中国数学从常量数学到变量数学，从初等数学到高等数学的过渡，奠定了重要的数学思想基础．中国传统数学虽未进入微积分的全面发展时代，但在无穷级数学科的研究工作却一枝独秀，硕果累累．

习题 7-2

1. 用比较判别法或其极限形式判别下列级数的敛散性：

(1) $\sum\limits_{n=1}^{\infty}\frac{1}{n!}$；　(2) $\sum\limits_{n=1}^{\infty}\frac{1}{(n+1)(n+2)}$；　(3) $\sum\limits_{n=1}^{\infty}\frac{1}{n^3+2}$；　(4) $\sum\limits_{n=1}^{\infty}\frac{1}{2n-1}$.

2. 用比值判别法判别下列级数的敛散性：

(1) $\sum\limits_{n=1}^{\infty}\frac{3^n}{n\cdot 2^n}$；　(2) $\sum\limits_{n=1}^{\infty}\frac{n^n}{n!}$；　(3) $\sum\limits_{n=1}^{\infty}\frac{(n!)^2}{2^{n^2}}$；　(4) $\sum\limits_{n=1}^{\infty}\left(\frac{n}{2n+1}\right)^n$.

3. 判别下列级数是否收敛？如果收敛，是绝对收敛还是条件收敛？

(1) $\sum\limits_{n=1}^{\infty}(-1)^n\left(\frac{2}{3}\right)^n$；(2) $\sum\limits_{n=1}^{\infty}(-1)^n\frac{n}{2n-1}$；　(3) $\sum\limits_{n=1}^{\infty}\frac{\sin\frac{n\pi}{2}}{\sqrt{n^3}}$；　(4) $\sum\limits_{n=1}^{\infty}(-1)^{n-1}\frac{1}{\sqrt{n}}$.

第三节　幂级数的概念与性质

一、幂级数的概念与敛散性

定义 1　定义在同一区域内的函数序列构成的无穷级数

$$u_1(x)+u_2(x)+\cdots+u_n(x)+\cdots$$

称为**函数项级数**，记作 $\sum\limits_{n=1}^{\infty}u_n(x)$.

取定区域中的某个定值 x_0，上述函数项级数就成为一个数项级数

$$u_1(x_0)+u_2(x_0)+\cdots+u_n(x_0)+\cdots$$

如果上述数项级数收敛，则称点 x_0 为函数项级数 $\sum\limits_{n=1}^{\infty}u_n(x)$ 的一个收敛点．如果上述数项级数发散，则称点 x_0 为函数项级数 $\sum\limits_{n=1}^{\infty}u_n(x)$ 的一个**发散点**．收敛点全体构成的集合，称为函数项级数的**收敛域**.

在每个收敛点 x_0 处对应的数项级数 $u_1(x_0)+u_2(x_0)+\cdots+u_n(x_0)+\cdots$ 必有一个和 $S(x_0)$．随着 x_0 在收敛域内取值的变化，和数也随之变动．因此，得到一个定义在收敛域内的函数 $S(x)$，即

$$S(x)=u_1(x)+u_2(x)+\cdots+u_n(x)+\cdots$$

称为函数项级数的和函数．同样地，如果记 $S_n(x)=u_1(x)+u_2(x)+\cdots+u_n(x)$，$\lim\limits_{n\to\infty}S_n(x)=S(x)$，此时有 $r_n(x)=S_n(x)-S(x)$，称为**余项**．在收敛域内显然有 $\lim\limits_{n\to\infty}r_n(x)=0$.

在一般情形中，函数项级数 $\sum\limits_{n=1}^{\infty}u_n(x)$ 的收敛域是难以计算的．下面我们着重研究一

类特殊的函数项级数——**幂级数**.

定义 2 形如 $\sum_{n=1}^{\infty} a_n x^n = a_0 + a_1 x + a_2 x^2 + \cdots + a_n x^n + \cdots$ 的函数项级数称为**幂级数**. 其中，常数 $a_0, a_1, a_2, \cdots, a_n, \cdots$ 称为幂级数的**系数**.

更一般形式的幂级数为

$$\sum_{n=1}^{\infty} a_n (x-x_0)^n = a_0 + a_1(x-x_0) + a_2(x-x_0)^2 + \cdots + a_n(x-x_0)^n + \cdots$$

但只要作平移代换 $t=x-x_0$，便可化为 $\sum_{n=0}^{\infty} a_n t^n$ 形式的幂级数. 因此，下面重点讨论形如 $\sum_{n=0}^{\infty} a_n x^n$ 的幂级数，也称为 x 的幂级数［而幂级数 $\sum_{n=0}^{\infty} a_n (x-x_0)^n$ 也称为$(x-x_0)$的幂级数］.

下面我们来讨论幂级数 $\sum_{n=0}^{\infty} a_n x^n$ 的敛散性.

首先考察幂级数 $1+x+x^2+\cdots+x^n+\cdots$的敛散性. 注意到此级数是公比为 x 的等比级数，则当$|x|<1$ 时，该级数收敛；当$|x|\geqslant 1$ 时，该级数发散. 这个幂级数在开区间$(-1,1)$收敛，且当 x 在区间$(-1,1)$内取值时，有 $1+x+x^2+\cdots+x^n+\cdots=\frac{1}{1-x}$.

对于一般的幂级数 $\sum_{n=0}^{\infty} a_n x^n$，显然点 $x=0$ 是收敛点，其和为 x_0，幂级数 $\sum_{n=0}^{\infty} a_n x_0^n$ 是一个任意级数，可以利用比值判别法判定它的敛散性. 考察极限

$$\lim_{n\to\infty}\left|\frac{u_{n+1}}{u_n}\right| = \lim_{n\to\infty}\left|\frac{a_{n+1}x_0^{n+1}}{a_n x_0^n}\right| = \lim_{n\to\infty}\left|\frac{a_{n+1}}{a_n}\right| |x_0|$$

等式右端的极限中$|x_0|$是给定的，a_n 是幂级数的系数. 若 $\lim_{n\to\infty}\left|\frac{a_{n+1}}{a_n}\right|=\rho$（存在），则当 $\rho|x_0|<1$ 时，点 x_0 是幂级数 $\sum_{n=0}^{\infty} a_n x^n$ 的收敛点；若 $\rho|x_0|>1$ 时，则点 x_0 是幂级数 $\sum_{n=0}^{\infty} a_n x^n$ 的发散点；若 $\rho|x_0|=1$，需要分别讨论，因此有以下定理.

定理 1 已知幂级数 $\sum_{n=0}^{\infty} a_n x^n$，且 $\lim_{n\to\infty}\left|\frac{a_{n+1}}{a_n}\right|=\rho$，

(1) 若 $0<\rho<+\infty$，则当 $|x|<\frac{1}{\rho}$ 时，幂级数 $\sum_{n=0}^{\infty} a_n x^n$ 绝对收敛；当 $|x|>\frac{1}{\rho}$ 时，幂级数发散.

(2) 若 $\rho=0$，则对任意 x，幂级数 $\sum_{n=0}^{\infty} a_n x^n$ 绝对收敛.

(3) 若 $\rho=+\infty$，则幂级数 $\sum_{n=0}^{\infty} a_n x^n$ 仅在 $x=0$ 处收敛.

这个定理说明，当 $0<\rho<+\infty$，幂级数 $\sum\limits_{n=0}^{\infty}a_nx^n$ 在 $\left(-\frac{1}{\rho},\frac{1}{\rho}\right)$ 区间绝对收敛，在 $\left(-\infty,-\frac{1}{\rho}\right),\left(\frac{1}{\rho},+\infty\right)$ 区间内发散．在 $x=\pm\frac{1}{\rho}$ 处可能收敛也可能发散．

令 $R=\frac{1}{\rho}$，称 R 为幂级数 $\sum\limits_{n=0}^{\infty}a_nx^n$ 的收敛半径．区间 $(-R,R)$ 称为幂级数的收敛区间．由以上定理可知，当 $\rho=0$ 时，幂级数处处收敛，规定收敛半径 $R=+\infty$，收敛区间 $(-\infty,+\infty)$；当 $\rho=+\infty$ 时，幂级数仅在 $x=0$ 处收敛，规定收敛半径 $R=0$．

注意： 收敛域不仅要考虑收敛区间 $(-R,R)$，还要确定在区间端点 $x=\pm R$ 的敛散性．

【例 1】 求下列级数的收敛半径：

(1) $\sum\limits_{n=1}^{\infty}(-1)^n\frac{x^n}{n}$；　　(2) $\sum\limits_{n=1}^{\infty}\frac{2^nx^n}{n}$．

解： (1) 因为 $\rho=\lim\limits_{n\to\infty}\left|\frac{a_{n+1}}{a_n}\right|=\lim\limits_{n\to\infty}\left|\frac{\frac{(-1)^{n+1}}{n+1}}{\frac{(-1)^n}{n}}\right|=1$，故收敛半径 $R=1$．

(2) 因为 $\rho=\lim\limits_{n\to\infty}\left|\frac{a_{n+1}}{a_n}\right|=\lim\limits_{n\to\infty}\left|\frac{\frac{2^{n+1}}{n+1}}{\frac{2^n}{n}}\right|=2$，故收敛半径 $R=\frac{1}{\rho}=\frac{1}{2}$．

【例 2】 求下列幂级数的收敛区间及收敛域：

(1) $\sum\limits_{n=1}^{\infty}\frac{x^n}{n!}$；　　(2) $\sum\limits_{n=1}^{\infty}(-1)^n\frac{x^{2n}}{2n+1}$；　　(3) $\sum\limits_{n=1}^{\infty}(-1)^n\frac{(x-2)^n}{2^n}$．

解： (1) 由于 $\rho=\lim\limits_{n\to\infty}\left|\frac{a_{n+1}}{a_n}\right|=\lim\limits_{n\to\infty}\left|\frac{n!}{(n+1)!}\right|=\lim\limits_{n\to\infty}\frac{1}{n+1}=0$，所以收敛半径 $R=+\infty$，因此收敛区间为 $(-\infty,+\infty)$；收敛域为 $(-\infty,+\infty)$．

(2) 注意到这个幂级数缺项（没有 x 的几次幂）．对于缺项级数，不可以直接应用上述公式，而要将其项视为一个整体来求收敛半径．先考虑级数 $\sum\limits_{n=1}^{\infty}\left|(-1)^n\frac{x^{2n}}{2n+1}\right|=\sum\limits_{n=1}^{\infty}\left|\frac{x^{2n}}{2n+1}\right|$，应用正项级数的比值审敛法得 $\rho=\lim\limits_{n\to\infty}\frac{\frac{x^{2(n+1)}}{2(n+1)+1}}{\frac{x^{2n}}{2n+1}}=\lim\limits_{n\to\infty}\frac{2n+1}{2n+3}x^2=x^2$．

当 $\rho=x^2<1$，即 $|x|<1$ 时，所求幂级数绝对收敛；当 $|x|>1$ 时，该幂级数发散；

当 $x=\pm1$ 时，$\sum\limits_{n=1}^{\infty}(-1)^n\frac{x^{2n}}{2n+1}=\sum\limits_{n=1}^{\infty}(-1)^n\frac{1}{2n+1}$，由交错级数的审敛法知 $\sum\limits_{n=1}^{\infty}(-1)^n\frac{1}{2n+1}$ 收敛．

故收敛半径 $R=1$，幂级数 $\sum\limits_{n=1}^{\infty}(-1)^n\frac{x^{2n}}{2n+1}$ 的收敛区间为 $(-1,1)$；收敛域为

$[-1,1]$.

(3) 方法同 (2)，计算 $\rho=\lim\limits_{n\to\infty}\dfrac{\left|(-1)^{n+1}\dfrac{(x-2)^{n+1}}{2^{n+1}}\right|}{\left|(-1)^n\dfrac{(x-2)^n}{2^n}\right|}=\dfrac{|x-2|}{2}$,

当 $\rho<1$ 时，即 $\dfrac{|x-2|}{2}<1$，也即 $0<x<4$ 时，幂级数收敛. 所以幂级数 $\sum\limits_{n=1}^{\infty}(-1)^n\dfrac{(x-2)^n}{2^n}$ 的收敛区间为$(0,4)$.

当 $x=0$ 时，原级数 $\sum\limits_{n=1}^{\infty}(-1)^n\dfrac{(x-2)^n}{2^n}=\sum\limits_{n=1}^{\infty}(-1)^n\dfrac{(-2)^n}{2^n}=\sum\limits_{n=1}^{\infty}(-1)^n\dfrac{(-1)^n2^n}{2^n}=\sum\limits_{n=1}^{\infty}1=n$ 发散；

当 $x=4$，原级数 $\sum\limits_{n=1}^{\infty}(-1)^n\dfrac{(x-2)^n}{2^n}=\sum\limits_{n=1}^{\infty}(-1)^n\dfrac{(4-2)^n}{2^n}=\sum\limits_{n=1}^{\infty}(-1)^n\dfrac{2^n}{2^n}=\sum\limits_{n=1}^{\infty}(-1)^n$，由交错级数的审敛法知级数 $\sum\limits_{n=1}^{\infty}(-1)^n$ 发散. 所以，幂级数 $\sum\limits_{n=1}^{\infty}(-1)^n\dfrac{(x-2)^n}{2^n}$ 的收敛域为$(0,4)$.

二、幂级数的和函数及其求法

幂级数的和函数的求解需要借助幂级数的性质，下面我们来介绍幂级数的几个重要的运算性质.

性质 1 设幂级数 $\sum\limits_{n=0}^{\infty}a_nx^n$ 与 $\sum\limits_{n=0}^{\infty}b_nx^n$ 的收敛半径分别为 R_1、$R_2(R_1,R_2\neq0)$，它们的和函数分别为 $S_1(x)$和 $S_2(x)$，则 $\sum\limits_{n=0}^{\infty}a_nx^n\pm\sum\limits_{n=0}^{\infty}b_nx^n=\sum\limits_{n=0}^{\infty}(a_n\pm b_n)x^n=S_1(x)\pm S_2(x)$，$x\in(-R,R)$，其中 $R=\min(R_1,R_2)$.

性质 2 幂级数 $\sum\limits_{n=0}^{\infty}a_nx^n$ 的和函数 $S(x)$在收敛区间上连续.

性质 3 设幂级数 $\sum\limits_{n=0}^{\infty}a_nx^n$ 的收敛半径为 R，则幂级数的和函数 $S(x)$在收敛区间$(-R,R)$内可逐项求导，即 $S'(x)=\left(\sum\limits_{n=0}^{\infty}a_nx^n\right)'=\sum\limits_{n=0}^{\infty}(a_nx^n)'=\sum\limits_{n=1}^{\infty}na_nx^{n-1}$，$x\in(-R,R)$.

性质 4 设幂级数 $\sum\limits_{n=0}^{\infty}a_nx^n$ 的收敛半径为 R，则幂级数的和函数 $S(x)$在收敛区间$(-R,R)$内可以逐项积分，即

$$\int_0^x S(x)\mathrm{d}x = \int_0^x \sum_{n=0}^{\infty} a_n x^n \mathrm{d}x = \sum_{n=0}^{\infty} \int_0^x a_n x^n \mathrm{d}x = \sum_{n=0}^{\infty} \frac{a_n x^{n+1}}{n+1},\ x \in (-R,R)$$

由性质 3 和性质 4，可以得到幂级数的和函数的求解方法．我们来看下面两个例子．

【例 3】 求幂级数 $\sum_{n=0}^{\infty}(n+1)x^n$ 的和函数 $S(x)$．

解：首先求得幂级数 $\sum_{n=0}^{\infty}(n+1)x^n = 1+2x+3x^2+\cdots$ 的收敛半径 $R=1$，在收敛区间$(-1,1)$内逐项积分得

$$\int_0^x S(x)\mathrm{d}x = \int_0^x \sum_{n=0}^{\infty}(n+1)x^n \mathrm{d}x = \sum_{n=0}^{\infty}\int_0^x (n+1)x^n \mathrm{d}x$$

$$= \sum_{n=0}^{\infty} x^{n+1} = x + x^2 + x^3 + \cdots = \frac{x}{1-x},\ |x|<1,$$

再对上述级数逐项求导，即 $\left(\int_0^x S(x)\mathrm{d}x\right)' = S(x) = \left(\frac{x}{1-x}\right)' = \frac{x}{(1-x)^2} + \frac{1}{1-x}$，$|x|<1$．

【例 4】 求幂级数 $\sum_{n=1}^{\infty}\frac{x^{4n+1}}{4n+1}$ 的和函数 $S(x)$．

解：对 $S(x) = \sum_{n=1}^{\infty}\frac{x^{4n+1}}{4n+1}$ 逐项求导，得到：

$$S'(x) = \left(\sum_{n=1}^{\infty}\frac{x^{4n+1}}{4n+1}\right)' = \sum_{n=1}^{\infty}\left(\frac{x^{4n+1}}{4n+1}\right)' = \sum_{n=1}^{\infty} x^{4n} = x^4 + x^8 + \cdots + x^{4n} + \cdots = \frac{x^4}{1-x^4}$$

所以 $S(x) = \int_0^x S'(x)\mathrm{d}x = \int_0^x \frac{x^4}{1-x^4}\mathrm{d}x = \frac{1}{2}\ln\frac{1+x}{1-x} + \frac{1}{2}\arctan x - x$，$|x|<1$．

由上两例可见，和函数的求法主要是先积分再求导或者先求导再积分，利用性质 3 和性质 4．

数学思想小火花

利用 e^x 的幂级数展开式和由傅里叶级数得到的数项级数的和

$$\sum_{n=1}^{\infty}\frac{1}{n^2} = \frac{\pi^2}{6},\ \sum_{n=1}^{\infty}\frac{(-1)^{n-1}}{n^2} = \frac{\pi^2}{12},$$

可以求 e 和 π 的小数点后任意位的近似值．此外，将幂级数的概念推广到复指数函数，从而导出常用的复指数与三角函数的欧拉公式，还可以证明被称为世界上最美的数学公式 $e^{i\pi}+1=0$．这个公式之所以最美，是因为等式成于五数 e，i，π，1，0 这五个最重要的常数，用加乘幂等系于一线，熔于一炉，真可谓之妙哉．

习题 7-3

1. 求下列幂级数的收敛半径、收敛区间及收敛域：

(1) $\sum\limits_{n=0}^{\infty} nx^n$；　　(2) $\sum\limits_{n=0}^{\infty} \dfrac{x^n}{n!}$；　　(3) $\sum\limits_{n=0}^{\infty} \dfrac{(2n+1)x^n}{n!}$；

(4) $\sum\limits_{n=0}^{\infty}(-1)^n \dfrac{x^{2n+1}}{2n+1}$；　　(5) $\sum\limits_{n=1}^{\infty} \dfrac{2^n}{n}(x-1)^n$；　　(6) $\sum\limits_{n=0}^{\infty} \dfrac{x^n}{n(n+1)}$.

2.求下列幂级数的收敛半径及和函数：

(1) $\sum\limits_{n=1}^{\infty}(-1)^n \dfrac{x^n}{n}$；(2) $\sum\limits_{n=1}^{\infty} 2nx^{2n-1}$；(3) $\sum\limits_{n=1}^{\infty}\left(\dfrac{x^2}{2}\right)^n$；(4) $\sum\limits_{n=1}^{\infty} \dfrac{1}{4n+1}x^{4n+1}$.

第四节　函数的幂级数展开

本节着重研究对于任意一个函数 $f(x)$，能否将它展开成一个幂级数，以及展开成的幂级数是否以 $f(x)$为和函数.

解决这类问题无非两个途径，即直接展开法和间接展开法.

一、利用泰勒公式作幂级数展开

若函数 $f(x)$在 $x=x_0$ 的某一领域内有$(n+1)$阶导数，则在这个领域内有公式：

$$f(x)=f(x_0)+f'(x_0)(x-x_0)+f''(x_0)\frac{(x-x_0)^2}{2!}+\cdots+f^{(n)}(x_0)\frac{(x-x_0)^n}{n!}+r_n(x)$$

式中，$r_n(x)=f^{(n+1)}(\xi)\dfrac{(x-x_0)^{n+1}}{(n+1)!}$（$\xi$ 在 x_0 与 x 之间）称为拉格朗日型余项，上式称为泰勒公式.

若 $r_n(x)\to 0(n\to\infty)$，则称

$$f(x)=f(x_0)+f'(x_0)(x-x_0)+f''(x_0)\frac{(x-x_0)^2}{2!}+\cdots+f^{(n)}(x_0)\frac{(x-x_0)^n}{n!}+\cdots$$

为 $f(x)$的**泰勒级数展开式.**

将函数展开成泰勒级数，也就是用幂级数表示函数，可以证明这种表示方式是唯一的（证明略）. 因此 $f(x)$的泰勒级数展开式也称为 $f(x)$的幂级数展开式.

若 $x_0=0$，则 $f(x)$的泰勒级数展开式也称为**麦克劳林级数展开式**，也就是 x 的**幂级数展开式**，即

$$f(x)=f(0)+f'(0)x+f''(0)\frac{x^2}{2!}+\cdots+f^{(n)}(0)\frac{x^n}{n!}+\cdots$$

【例 1】 将函数 $f(x)=e^x$ 展开成 x 的幂级数.

解： 已知 $f(x)=e^x$ 的 n 阶导数公式 $f^{(n)}(x)=e^x, n=1,2,3\cdots$，于是有

$$f(0)=f'(0)=f''(0)=\cdots=f^{(n)}(0)=1$$

于是有
$$e^x=1+x+\frac{1}{2!}x^2+\cdots+\frac{1}{n!}x^n+\cdots$$

容易验证，它的收敛区间为$(-\infty,+\infty)$. 省略对于余项 $r_n(x)\to 0(n\to\infty)$的验证，

直接得到 $f(x)=e^x$ 的麦克劳林展开式为 $e^x=1+x+\frac{1}{2!}x^2+\cdots+\frac{1}{n!}x^n+\cdots$，$x\in(-\infty,+\infty)$.

【例 2】 将函数 $f(x)=\sin x$ 展开成 x 的幂级数.

解：已知 $f^{(n)}(x)=\sin\left(x+\frac{n\pi}{2}\right)$，$n=1,2,3\cdots$，于是有

$f(0)=0$，$f'(0)=1$，$f''(0)=0$，$f'''(0)=-1$，$\cdots f^{(2n)}(0)=0$，$f^{(2n+1)}(0)=(-1)^n$

因此可以得到 $f(x)=\sin x$ 的幂级数展开式为

$$\sin x=x-\frac{1}{3!}x^3+\frac{1}{5!}x^5+\cdots+(-1)^n\frac{1}{(2n+1)!}x^{2n+1}+\cdots\quad x\in(-\infty,+\infty)$$

二、间接展开法

借助已知的 e^x、$\frac{1}{1-x}$、$\sin x$ 的幂级数展开式，由此出发，利用幂级数的性质，可以求得更多函数的幂级数展开式.

【例 3】 将函数 $f(x)=\cos x$ 展开成 x 的幂级数.

$$\sin x=x-\frac{1}{3!}x^3+\frac{1}{5!}x^5+\cdots+(-1)^n\frac{1}{(2n+1)!}x^{2n+1}+\cdots\quad x\in(-\infty,+\infty)$$

解：由幂级数的性质逐项求导可得

$$\begin{aligned}\cos x&=(\sin x)'=\left[x-\frac{1}{3!}x^3+\frac{1}{5!}x^5+\cdots+(-1)^n\frac{1}{(2n+1)!}x^{2n+1}+\cdots\right]'\\&=1-\frac{1}{2!}x^2+\frac{1}{4!}x^4+\cdots+(-1)^n\frac{1}{(2n)!}x^{2n}+\cdots\quad x\in(-\infty,+\infty)\end{aligned}$$

【例 4】 求函数 $f(x)=\ln(1+x)$的幂级数展开式.

解：如果应用泰勒公式求 $f(x)=\ln(1+x)$的幂级数展开式会相当麻烦，我们注意到

$$\ln(1+x)=\int_0^x\frac{dx}{1+x}$$

函数$\frac{1}{1+x}$的幂级数展开式已知为

$$\frac{1}{1+x}=1-x+x^2+\cdots+(-1)^nx^n+\cdots,\ x\in(-1,1)$$

在等式两边同时求积分得到

$$\ln(1+x)=\int_0^x\frac{dx}{1+x}=x-\frac{x^2}{2}+\frac{x^3}{3}+\cdots+(-1)^n\frac{x^{n+1}}{n+1}+\cdots\quad x\in(-1,1)$$

三、Mathstudio 作幂级数展开

对于较为复杂的幂级数展开，可以借助 Mathstudio 软件求解.

【例 5】 将 $f(x)=e^{-x^2}$ 展开成 x 的幂级数，利用 Mathstudio 软件求解.

解：第一步：打开 Mathstudio，单击 Catalog 键，选择 Series 函数，如图 7-1 所示.

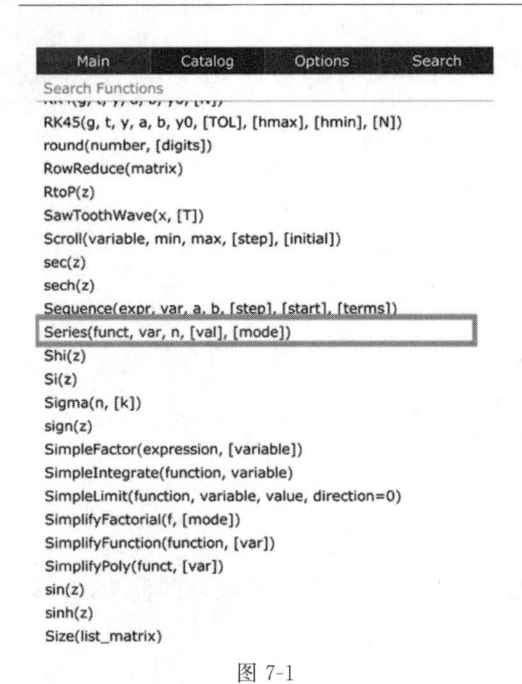

图 7-1

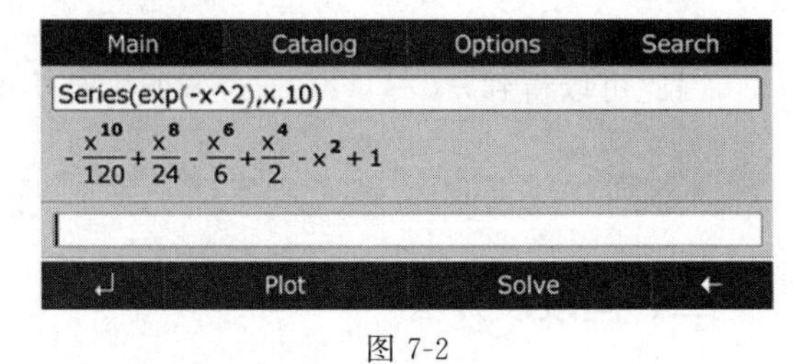

图 7-2

第二步：在 Series 函数中输入被展开函数，变量，展开阶数，并单击 Solve 键，得出结果如图 7-2 所示．

即
$$e^{-x^2}=1-x^2+\frac{x^4}{2}-\frac{x^6}{6}+\frac{x^8}{24}-\frac{x^{10}}{120}+\cdots$$

进一步可得
$$e^{-x^2}=1-x^2+\frac{1}{2!}x^4+\cdots+(-1)^n\frac{x^{2n}}{n!}+\cdots\quad x\in(-\infty,+\infty)$$

由以上例题可见，间接展开法的关键是应用已知的几个幂级数的展开式．下面列出几个常用的幂级数展开式．

$$e^x=1+x+\frac{1}{2!}x^2+\cdots+\frac{1}{n!}x^n+\cdots\quad x\in(-\infty,+\infty)$$

$$\ln(1+x)=x-\frac{x^2}{2}+\frac{x^3}{3}+\cdots+(-1)^n\frac{x^{n+1}}{n+1}+\cdots\quad x\in(-1,1)$$

$$\sin x=x-\frac{1}{3!}x^3+\frac{1}{5!}x^5+\cdots+(-1)^n\frac{1}{(2n+1)!}x^{2n+1}+\cdots\quad x\in(-\infty,+\infty)$$

$$\cos x=1-\frac{1}{2!}x^2+\frac{1}{4!}x^4+\cdots+(-1)^n\frac{1}{(2n)!}x^{2n}+\cdots\quad x\in(-\infty,+\infty).$$

数学思想小火花

数学家泰勒是18世纪早期英国牛顿学派最优秀的代表人物之一，他在1715年出版的《增量法及其逆》一书中记载了这个后来以他的姓氏命名的单元函数的幂级数展开公式．在泰勒级数的给出过程中，充分体现了数学家活跃的思维过程，在处理无穷级数时，泰勒并没有考虑级数的收敛性，因而使证明不严谨，但泰勒大胆地跨越了这中间的空隙，顺利地得出了结论．对此，德国著名数学家克莱因曾评注道：“无先例地大胆地通过极限，泰勒实际上是用无穷小（微分）进行计算，同莱布尼茨一样认为其中没有什么问题．有意思的是，一个20多岁的年轻人，在牛顿的眼皮底下，却离开了他的极限方法”．

泰勒这种合情推理方式在数学研究和发现中是随处可见的，严密性只是数学的一方面，数学中不少漂亮的证明只是在做出数学发现后，补行的手续．在解决实际问题时，我们也可以学习这些数学家们勇于探索、大胆猜想的精神．

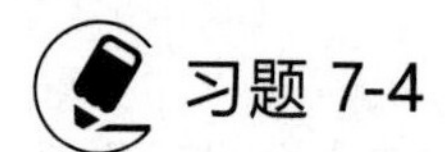

1．用间接展开法将下列函数展开成 x 的幂级数：

（1）$f(x)=\mathrm{e}^{-x}$；　　（2）$f(x)=\ln(2+x)$；

（3）$f(x)=\sin^2 x$；　　（4）$f(x)=\ln(2-x-x^2)$．

2．将下列函数在指定点处展开成泰勒级数：

（1）$f(x)=\dfrac{1}{x}\quad x_0=3$；　　（2）$f(x)=\ln x\quad x_0=2$；

（3）$f(x)=\cos x\quad x_0=-\dfrac{\pi}{3}$．

3．假设银行的年存款利率5%，且以年复利计息，某人一次性将一笔资金存入银行．若要保证自存入之后起，（此人或其他人）第 $n(n=1,2,3,\cdots)$ 年年末都能从银行中提取 n 万元，则其存入的资金至少是多少？

第五节　傅里叶级数在周期信号中的应用

一、三角级数

在一般情况下，正弦交流电路中的电压与电流均为正弦波形，即在电路中电压与电流都是随时间呈正弦规律变化的，其函数表达式为正弦函数，通常采用如下形式

$$f(t)=A\sin(\omega t+\varphi).$$

其中，A 是振幅；ω 是角频率；φ 是初相角（或初相位角），它的周期是 $T=\dfrac{2\pi}{\omega}$.

但在电工、电信等工程技术中也常常会遇到非正弦的周期性电压或电流．例如在通信雷达、自动控制及计算机等电路中大量应用的各种脉冲波形都是非正弦的周期波形，例如电子技术中常用的矩形波、三角波等．如果我们能将一个周期函数 $f(t)$ 用一系列正弦型函数 $A_n\sin(n\omega t+\varphi_n)$ 组成的级数来表示，记作

$$f(t)=A_0+\sum_{n=1}^{\infty}A_n\sin(n\omega t+\varphi_n) \tag{7-1}$$

其中，A_0、A_n、$\varphi_n(n=1,2,3\cdots)$ 都是常数．其物理意义是很明显的，这就是把一个比较复杂的周期运动看成许多简单周期运动的叠加．为了以后讨论方便，我们将正弦型

函数按三角公式变形 $A_n\sin(n\omega t+\varphi_n)=A_n\sin\varphi_n\cos n\omega t+A_n\cos\varphi_n\sin n\omega t$，并令 $\frac{a_0}{2}=A_0$，$a_n=A_n\sin\varphi_n$，$b_n=A_n\cos\varphi_n$，$\omega t=x$，则式（7-1）右端的级数就可以写成

$$\frac{a_0}{2}+\sum_{n=1}^{\infty}(a_n\cos nx+b_n\sin nx) \tag{7-2}$$

一般地，形如 $\frac{a_0}{2}+\sum\limits_{n=1}^{\infty}(a_n\cos nx+b_n\sin nx)$ 的级数叫三角级数，其中 a_0、a_n、b_n $(n=1,2,3\cdots)$称为**三角级数的系数**.

一个周期为 2π 的周期函数如何把它展开成三角级数呢？为此，我们首先介绍三角函数系的正交性.

三角级数是由三角函数系 $1,\cos x,\sin x,\cos 2x,\sin 2x,\cdots,\cos nx,\sin nx,\cdots$构成的. 可以用定积分来验证上述三角函数系中任何不同的两个函数的乘积在区间$[-\pi,\pi]$上的积分等于零，即

$$\int_{-\pi}^{\pi}\cos nx\,\mathrm{d}x=0,\quad(n=1,2,3\cdots);$$

$$\int_{-\pi}^{\pi}\sin nx\,\mathrm{d}x=0,\quad(n=1,2,3\cdots);$$

$$\int_{-\pi}^{\pi}\cos kx\sin nx\,\mathrm{d}x=0,\quad(n=1,2,3\cdots);$$

$$\int_{-\pi}^{\pi}\cos kx\cos nx\,\mathrm{d}x=0,\quad(k,n=1,2,3\cdots;k\neq n);$$

$$\int_{-\pi}^{\pi}\sin kx\sin nx\,\mathrm{d}x=0,\quad(k,n=1,2,3\cdots;k\neq n).$$

这种性质称为**三角函数系的正交性**.

例如　因为 $\cos kx\cos nx=\frac{1}{2}[\cos(k+n)x+\cos(k-n)x]$，当 $k\neq n$ 时，有

$$\int_{-\pi}^{\pi}\cos kx\cos nx\,\mathrm{d}x=\int_{-\pi}^{\pi}\frac{1}{2}[\cos(k+n)x+\cos(k-n)x]\,\mathrm{d}x$$

$$=\frac{1}{2}\left[\frac{\sin(k+n)x}{k+n}+\frac{\sin(k-n)x}{k-n}\right]_{-\pi}^{\pi}=0\quad(k,n=1,2,3\cdots;k\neq n)$$

还可以验证在三角函数系中，两个相同函数的乘积在区间$[-\pi,\pi]$上的积分不等于零，即

$$\int_{-\pi}^{\pi}1^2\,\mathrm{d}x=2\pi;$$

$$\int_{-\pi}^{\pi}\sin^2 nx\,\mathrm{d}x=\pi\quad(n=1,2,3\cdots);$$

$$\int_{-\pi}^{\pi}\cos^2 nx\,\mathrm{d}x=\pi\quad(n=1,2,3\cdots).$$

二、周期为 2π 的函数展开为傅里叶级数

设 $f(x)$是一个以 2π 为周期的函数，且能展开为三角级数，

$$f(x)=\frac{a_0}{2}+\sum_{k=1}^{\infty}(a_k\cos kx+b_k\sin kx) \tag{7-3}$$

利用三角函数系的正交性来确定上式中的三角级数的系数. 先求 a_0，对式（7-3）从 $-\pi$ 到 π 逐项积分得

$$\int_{-\pi}^{\pi}f(x)\mathrm{d}x=\int_{-\pi}^{\pi}\frac{a_0}{2}\mathrm{d}x+\sum_{k=1}^{\infty}\left[\left(a_k\int_{-\pi}^{\pi}\cos kx\,\mathrm{d}x+b_k\int_{-\pi}^{\pi}\sin kx\,\mathrm{d}x\right)\right]$$

根据三角函数系的正交性，等式右边除第一项外，其余各项都为零，所以 $\int_{-\pi}^{\pi}f(x)\mathrm{d}x=\frac{a_0}{2}\cdot 2\pi$，于是得 $a_0=\frac{1}{\pi}\int_{-\pi}^{\pi}f(x)\mathrm{d}x$，其次求 a_n，用 $\cos nx$ 乘式（7-3）两端，再从 $-\pi$ 到 π 逐项积分，我们得到

$$\int_{-\pi}^{\pi}f(x)\cos nx\,\mathrm{d}x=\int_{-\pi}^{\pi}\frac{a_0}{2}\cos nx\,\mathrm{d}x+\sum_{k=1}^{\infty}\left[\left(a_k\int_{-\pi}^{\pi}\cos kx\cos nx\,\mathrm{d}x+b_k\int_{-\pi}^{\pi}\sin kx\cos nx\,\mathrm{d}x\right)\right]$$

根据三角函数系的正交性，等式右端除 $k=n$ 的一项外，其余各项均为零，所以 $\int_{-\pi}^{\pi}f(x)\cos nx\,\mathrm{d}x=a_n\int_{-\pi}^{\pi}\cos^2 nx\,\mathrm{d}x=a_n\pi$，于是得

$$a_n=\frac{1}{\pi}\int_{-\pi}^{\pi}f(x)\cos nx\,\mathrm{d}x \quad (n=1,2,3\cdots)$$

类似地，用 $\sin nx$ 乘式（7-3）两端，再从 $-\pi$ 到 π 逐项积分，我们可以得到

$$b_n=\frac{1}{\pi}\int_{-\pi}^{\pi}f(x)\sin nx\,\mathrm{d}x \quad (n=1,2,3\cdots)$$

由于，当 $n=0$ 时，a_n 的表达式正好是 a_0. 因此可将上面求得的结果合并写成

$$\begin{cases}a_n=\dfrac{1}{\pi}\displaystyle\int_{-\pi}^{\pi}f(x)\cos nx\,\mathrm{d}x \quad (n=1,2,3\cdots)\\[2ex] b_n=\dfrac{1}{\pi}\displaystyle\int_{-\pi}^{\pi}f(x)\sin nx\,\mathrm{d}x \quad (n=1,2,3\cdots)\end{cases}$$

由上述公式计算出的系数 a_0、a_n、$b_n(n=1,2,3\cdots)$，称为函数的傅里叶级数，将这些系数代入，所得的三角级数

$$\frac{a_0}{2}+\sum_{n=1}^{\infty}(a_n\cos nx+b_n\sin nx)$$

称为**傅里叶级数**.

一个定义在$(-\infty,+\infty)$上周期为 2π 的函数 $f(x)$，如果它在一个周期上可积，那么一定可以写出 $f(x)$的傅里叶级数. 然而 $f(x)$的傅里叶级数是否一定收敛？如果它收敛，它是否一定收敛于函数 $f(x)$？

定理（收敛定理） 设 $f(x)$是周期为 2π 的周期函数，如果它满足：在一个周期内连续或只有有限个第一类间断点，在一个周期内至多只有有限个极值点，那么 $f(x)$的傅里叶级数收敛，并且

当 x 是 $f(x)$的连续点时，级数收敛于 $f(x)$；

当 x 是 $f(x)$的间断点时，级数收敛于$\frac{1}{2}[f(x-0)+f(x+0)]$.

【例 1】 设 $f(x)$ 是周期为 2π 的周期函数，它在 $[-\pi,\pi)$ 上的表达式为

$$f(x)=\begin{cases}-1, & -\pi\leqslant x<0\\ 1, & 0\leqslant x<\pi\end{cases}$$

将 $f(x)$ 展开成傅里叶级数.

解： 所给函数满足收敛定理的条件，它在点 $x=k\pi(k=0,\pm1,\pm2\cdots)$ 处不连续，在其他点处连续，从而由收敛定理知道 $f(x)$ 的傅里叶级数收敛，并且当 $x=k\pi(k\in\mathbf{Z})$ 时收敛于

$$\frac{1}{2}[f(x-0)+f(x+0)]=\frac{1}{2}(-1+1)=0$$

当 $x\neq k\pi(k\in\mathbf{Z})$ 时级数收敛于 $f(x)$. 由傅里叶系数公式，有

$$a_n=\frac{1}{\pi}\int_{-\pi}^{\pi}f(x)\cos nx\,\mathrm{d}x=\frac{1}{\pi}\int_{-\pi}^{0}(-1)\cos nx\,\mathrm{d}x+\frac{1}{\pi}\int_{0}^{\pi}1\cdot\cos nx\,\mathrm{d}x=0\quad(n=0,1,2\cdots)$$

$$\begin{aligned}b_n&=\frac{1}{\pi}\int_{-\pi}^{\pi}f(x)\sin nx\,\mathrm{d}x=\frac{1}{\pi}\int_{-\pi}^{0}(-1)\sin nx\,\mathrm{d}x+\frac{1}{\pi}\int_{0}^{\pi}1\cdot\sin nx\,\mathrm{d}x\\&=\frac{1}{\pi}\left[\frac{\cos nx}{n}\right]_{-\pi}^{0}+\frac{1}{\pi}\left[-\frac{\cos nx}{n}\right]_{0}^{\pi}=\frac{1}{n\pi}[1-\cos n\pi-\cos n\pi+1]\\&=\frac{2}{n\pi}[1-(-1)^n]=\begin{cases}\dfrac{4}{n\pi}, & n=1,3,5\cdots\\ 0, & n=2,4,6\cdots\end{cases}\end{aligned}$$

于是 $f(x)$ 的傅里叶级数展开式为

$$f(x)=\frac{4}{\pi}\left[\sin x+\frac{1}{3}\sin 3x+\cdots+\frac{1}{2k-1}\sin(2k-1)+\cdots\right]\quad(-\infty<x<+\infty,x\neq k\pi,k\in\mathbf{Z})$$

级数的和函数的图像如图 7-3 所示.

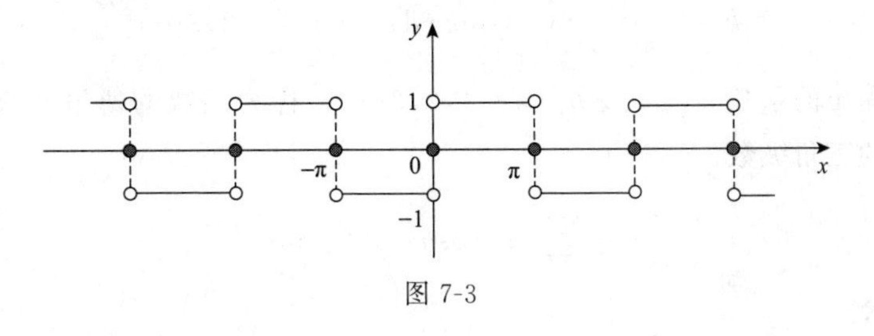

图 7-3

【例 2】 周期为 2π 的脉冲电压（或电流）函数 $f(t)$，它在 $[-\pi,\pi)$ 上的表达式为 $f(t)=\begin{cases}0, & -\pi\leqslant t<0,\\ t, & 0\leqslant t<\pi,\end{cases}$ 将 $f(t)$ 展开成傅里叶级数.

解： 所给函数满足收敛定理的条件，它在点 $t=(2k-1)\pi$ $(k=0,\pm1,\pm2\cdots)$ 处不连续，因此，$f(t)$ 的傅里叶级数在 $t=(2k-1)\pi$ $(k\in\mathbf{Z})$ 处收敛于

$$\frac{1}{2}\{[f(2k-1)\pi-0]+[f(2k-1)\pi+0]\}=\frac{1}{2}(\pi+0)=\frac{\pi}{2}$$

在连续点 $x\neq(2k-1)\pi$ $(k\in\mathbf{Z})$ 处级数收敛于 $f(t)$.

由傅里叶系数公式，有

$$a_0=\frac{1}{\pi}\int_{-\pi}^{\pi}f(t)\mathrm{d}t=\frac{1}{\pi}\int_0^{\pi}t\,\mathrm{d}t=\frac{1}{\pi}\left[\frac{1}{2}t^2\right]_0^{\pi}=\frac{\pi}{2}$$

$$a_n=\frac{1}{\pi}\int_{-\pi}^{\pi}f(t)\cos nt\,\mathrm{d}t=\frac{1}{\pi}\int_0^{\pi}t\cos nt\,\mathrm{d}t=\frac{1}{\pi}\left[\frac{t\sin nt}{n}+\frac{\cos nt}{n^2}\right]_0^{\pi}$$

$$=\frac{1}{n^2\pi}(\cos n\pi-1)=\begin{cases}-\dfrac{2}{n^2\pi}, & n=1,3,5\cdots\\ 0, & n=2,4,6\cdots\end{cases}$$

$$b_n=\frac{1}{\pi}\int_{-\pi}^{\pi}f(t)\sin nt\,\mathrm{d}t=\frac{1}{\pi}\int_0^{\pi}t\sin nt\,\mathrm{d}t=\frac{1}{\pi}\left[-\frac{t\cos nt}{n}+\frac{\sin nt}{n^2}\right]_0^{\pi}$$

$$=-\frac{\cos n\pi}{n}=\frac{(-1)^{n+1}}{n}\quad(n=1,2,3\cdots)$$

$f(t)$的傅里叶级数展开式为

$$f(t)=\frac{\pi}{4}+\left(\frac{2}{\pi}\cos t+\sin t\right)-\frac{1}{2}\sin 2t+\left(\frac{2}{3^2\pi}\cos 3t+\frac{1}{3}\sin 3t\right)$$

$$-\frac{1}{4}\sin 4t+\left(\frac{2}{5^2\pi}\cos 5t+\frac{1}{5}\sin 5t\right)-\cdots\quad[-\infty<t<+\infty,t\neq(2k-1)\pi,k\in\mathbf{Z}]$$

级数的和函数图像如图 7-4 所示.

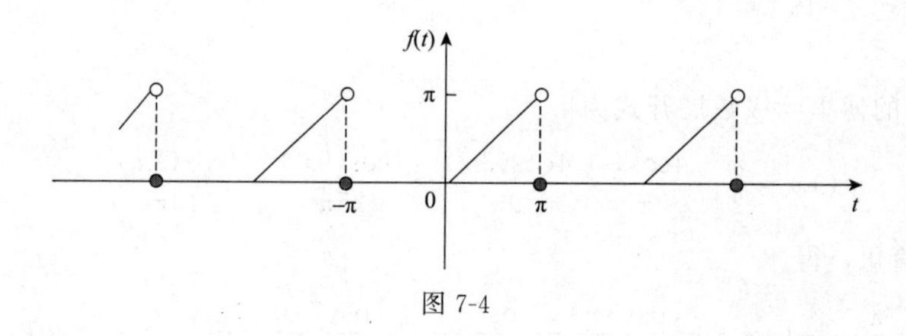

图 7-4

【例 3】 设 $f(x)$是周期为 2π 的周期函数，它在$[-\pi,\pi]$上的表达式为 $f(x)=\begin{cases}-x, & -\pi\leqslant x<0,\\ x, & 0\leqslant x\leqslant\pi,\end{cases}$ 将 $f(x)$展开成傅里叶级数，利用 Mathstudio 软件求解.

解：$f(x)$的图形如图 7-5 所示.

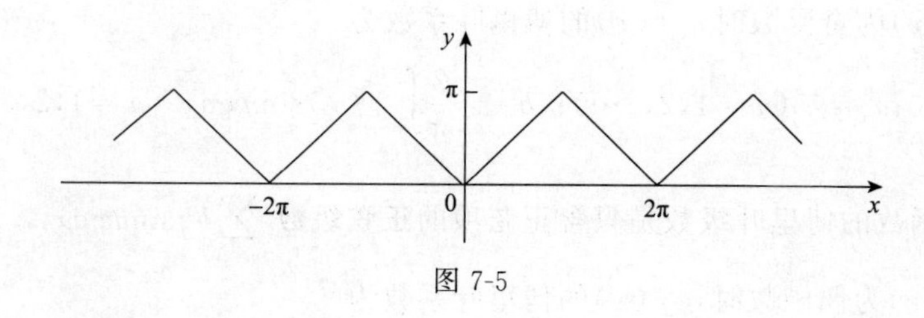

图 7-5

第一步：打开 Mathstudio，单击 Catalog 键，选择 FourierSeries 函数，如图 7-6.

第二步：在 FourierSeries 函数中输入被展开函数、函数自变量、展开的阶数，并单击 Solve 键，得出结果如图 7-7 所示.

其中 $f(x)$为分段函数时，可用数组形式表示：

$[[f(x_1),t_1,t_2],[f(x_2),t_3,t_4],\cdots,[f(x_n),t_{n+1},t_{n+2}]]$ $(t_1,t_2,\cdots,t_{n+1},t_{n+2}$ 表示自变量范围的端点).

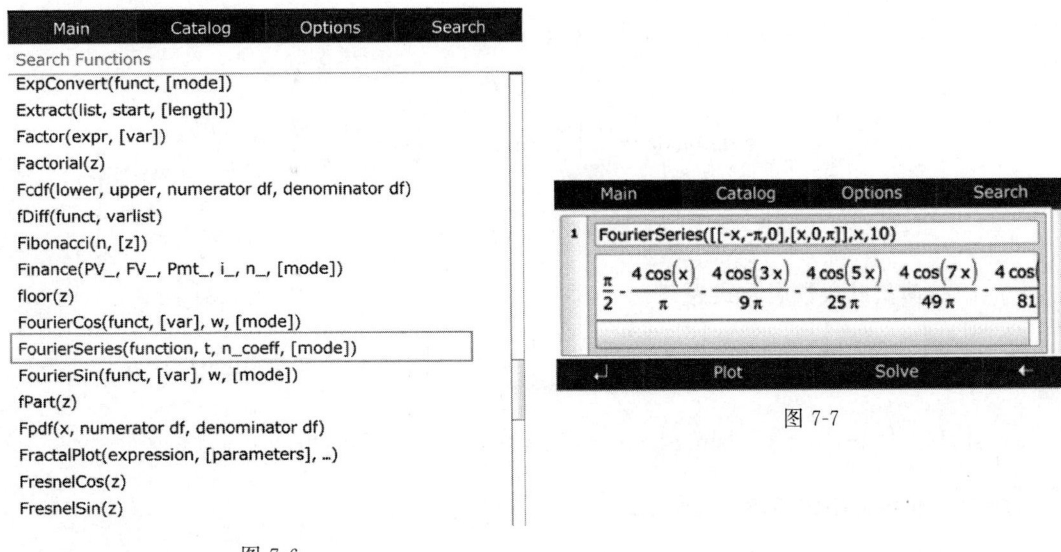

图 7-6

图 7-7

即 $f(x)$的傅里叶级数展开式为

$$f(x)=\frac{\pi}{2}-\frac{4\cos x}{\pi}-\frac{4\cos(3x)}{9\pi}-\frac{4\cos(5x)}{25\pi}-\frac{4\cos(7x)}{49\pi}-\cdots$$

进一步简化，得

$$f(x)=\frac{\pi}{2}-\frac{4}{\pi}\left(\cos x+\frac{\cos(3x)}{3^2}+\frac{\cos(5x)}{5^2}+\frac{\cos(7x)}{7^2}+\cdots\right)\quad(-\infty<x<+\infty)$$

三、正弦级数和余弦级数

在上面的例子中，例 1 的矩形波是奇函数，它的展开式中只有正弦项. 例 3 的三角波是偶函数，它的展开式中只有余弦项. 一般地，有下面的结论：

(1) 当 $f(x)$为奇函数时，$f(x)$的傅里叶系数为

$$a_0=0;a_n=0(n=1,2,3\cdots);\ b_n=\frac{2}{\pi}\int_0^{\pi}f(x)\sin nx\,\mathrm{d}x\ (n=1,2,3\cdots)$$

因此，奇函数的傅里叶级数是只含正弦项的**正弦级数** $\sum_{n=1}^{\infty}b_n\sin nx\,\mathrm{d}x$.

(2) 当 $f(x)$为偶函数时，$f(x)$的傅里叶系数为

$$a_0=\frac{2}{\pi}\int_0^{\pi}f(x)\mathrm{d}x;\ a_n=\frac{2}{\pi}\int_0^{\pi}f(x)\cos nx\,\mathrm{d}x\ (n=1,2,3\cdots);\ b_n=0$$

因此，偶函数的傅里叶级数是只含常数项和余弦项的**余弦级数** $\frac{a_0}{2}+\sum_{n=1}^{\infty}a_n\cos nx\,dx$.

【例 4】 如图 7-8 所示，设 $f(x)$是周期为 2π 的周期函数，它在$[-\pi,\pi)$上的表达式为 $f(x)=x\quad(-\pi\leqslant x<\pi)$，将 $f(x)$展开成傅里叶级数.

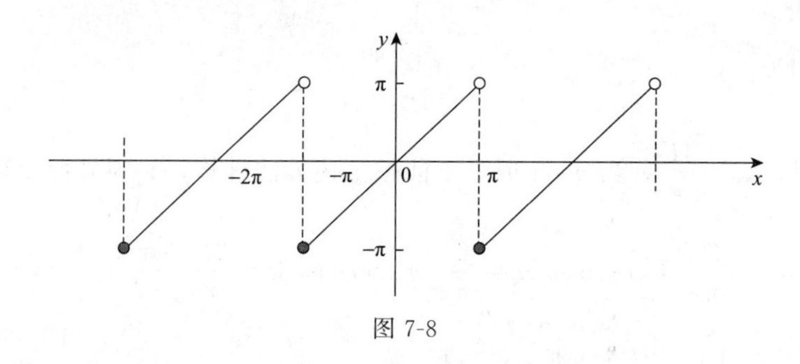

图 7-8

解：所给函数满足收敛定理的条件，它在点 $x=(2k+1)\pi(k\in\mathbf{Z})$不连续，因此，$f(x)$的傅里叶级数在函数的连续点 $x\neq(2k+1)\pi(k\in\mathbf{Z})$收敛于 $f(x)$，在点 $x=(2k+1)\pi$ $(k\in\mathbf{Z})$收敛于$\frac{1}{2}[f(\pi-0)+f(-\pi-0)]=\frac{1}{2}[\pi+(-\pi)]=0$.

若不计 $x=(2k+1)\pi(k=0,\pm1,\pm2\cdots)$，则 $f(x)$是周期为 2π 的奇函数. 于是

$$a_n=0(n=0,1,2,\cdots)$$

$$b_n=\frac{2}{\pi}\int_0^{\pi}f(x)\sin nx\,dx=\frac{2}{\pi}\int_0^{\pi}x\sin nx\,dx=\frac{2}{\pi}\left[-\frac{x\cos nx}{n}+\frac{\sin nx}{n^2}\right]_0^{\pi}$$

$$=-\frac{2}{n}\cos nx=(-1)^{n+1}\frac{2}{n}\quad(n=1,2,3\cdots)$$

所以，$f(x)$的傅里叶级数展开式为

$$f(x)=2\left(\sin x-\frac{1}{2}\sin 2x+\frac{1}{3}\sin 3x-\cdots+(-1)^{n+1}\frac{1}{n}\sin nx+\cdots\right)$$

$$[-\infty<t<+\infty,t\neq(2k-1)\pi,k\in\mathbf{Z}]$$

【例 5】 无线电子技术中，常用整流器把交流电转换为直流电，已知电压 u 与时间的关系

$$u(t)=E\left|\sin\frac{1}{2}t\right|\quad(E>0)$$

试将周期函数 $u(t)$（如图 7-9 所示）展开成傅里叶级数.

解：所给函数满足收敛定理的条件，它在整个数轴上连续，因此 $u(t)$的傅里叶级数处处收敛于 $u(t)$. 因为 $u(t)$是周期为 2π 的偶函数，所以 $b_n=0\ (n=1,2\cdots)$，而

$$a_n=\frac{2}{\pi}\int_0^{\pi}u(t)\cos nt\,dt=\frac{2}{\pi}\int_0^{\pi}E\sin t\cos nt\,dt=\frac{E}{\pi}\int_0^{\pi}[\sin(n+1)t-\sin(n-1)t]\,dt$$

$$=\frac{E}{\pi}\left[\frac{1-\cos(n+1)\pi}{n+1}+\frac{\cos(n-1)\pi-1}{n-1}\right]=\begin{cases}0, & \text{当 } n=3,5,7\cdots\\ \frac{-4E}{(n^2-1)\pi}, & \text{当 } n=0,2,4,6\cdots\end{cases}$$

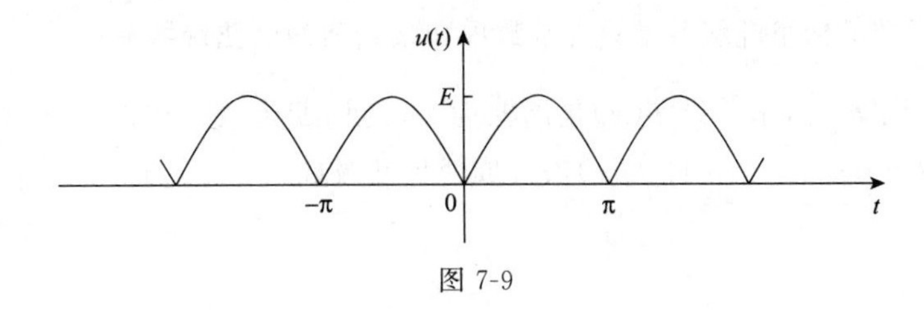

图 7-9

当 $n=0$ 时，$a_0=\dfrac{4E}{\pi}$，当 $n=1$ 时，不能按上述方法计算，必须另行计算.

$$a_1=\frac{2}{\pi}\int_0^{\pi}u(t)\cos nt\,dt=\frac{2}{\pi}\int_0^{\pi}E\sin t\cos t\,dt=\frac{2E}{\pi}\left[\frac{\sin^2 t}{2}\right]_0^{\pi}=0$$

于是
$$u(t)=\frac{2E}{\pi}-\frac{4E}{\pi}\sum_{n=1}^{\infty}\frac{1}{n^2-1}\cos nt\quad(-\infty<t<+\infty)$$

四、以 T 为周期的函数的傅里叶级数

在实际问题中，所遇到的周期函数其周期不一定是 2π，如何将周期为 T 的周期函数展开为傅里叶级数呢？这个问题可以通过变量代换的方法解决.

设 $f(t)$是以 T 为周期的周期函数，令 $t=\dfrac{T}{2\pi}x$，则 $x=\dfrac{2\pi}{T}t$，当 t 在区间 $\left[-\dfrac{T}{2},\dfrac{T}{2}\right]$上变化时，$x$ 在区间 $[-\pi,\pi]$上变化，这样函数 $f(t)=f\left[\dfrac{T}{2\pi}x\right]=F(x)$就是以 2π 为周期的函数，于是得到 $f(t)$的傅里叶级数展开式为

$$f(t)=\frac{a_0}{2}+\sum_{n=1}^{\infty}\left(a_n\cos\frac{2n\pi t}{T}+b_n\sin\frac{2n\pi t}{T}\right)\tag{7-4}$$

其中 t 为 $f(t)$的连续点，系数 a_n、b_n 为

$$a_n=\frac{2}{T}\int_{-\frac{T}{2}}^{\frac{T}{2}}f(t)\cos\frac{2n\pi t}{T}dt\quad(n=0,1,2,3\cdots)$$

$$b_n=\frac{2}{T}\int_{-\frac{T}{2}}^{\frac{T}{2}}f(t)\sin\frac{2n\pi t}{T}dt\quad(n=1,2,3\cdots)$$

类似地可以讨论正弦级数与余弦级数：

当 $f(t)$为奇函数时，其傅里叶级数为正弦级数，系数为：

$$a_n=0,\ b_n=\frac{4}{T}\int_0^{\frac{T}{2}}f(t)\sin\frac{2n\pi t}{T}dt\quad(n=1,2,3\cdots)$$

当 $f(t)$为偶函数时，其傅里叶级数为余弦级数，系数为：

$$a_n=\frac{4}{T}\int_0^{\frac{T}{2}}f(t)\cos\frac{2n\pi t}{T}dt,\ b_n=0\quad(n=0,1,2,3\cdots)$$

若设角频率$\omega=\frac{2\pi}{T}$（$1/T$ 通常称为基频），代入式（7-4），则有

$$f(t)=\frac{a_0}{2}+\sum_{n=1}^{\infty}(a_n\cos n\omega t+b_n\sin n\omega t) \tag{7-5}$$

其中

$$a_n=\frac{2}{T}\int_{-\frac{T}{2}}^{\frac{T}{2}}f(t)\cos n\omega t\,\mathrm{d}t \quad (n=0,1,2,3\cdots)$$

$$b_n=\frac{2}{T}\int_{-\frac{T}{2}}^{\frac{T}{2}}f(t)\sin n\omega t\,\mathrm{d}t \quad (n=1,2,3\cdots) \tag{7-6}$$

在无线电技术中，为了便于研究信号传输与信号处理问题，往往将一些信号分解为比较简单的信号分量之和，式（7-6）表明：任何周期信号，只要满足狄利克雷条件，就可以分解成直流分量及许多正弦分量、余弦分量的叠加.

下面给出几种电学中常用的周期信号的傅里叶级数.

1. 周期矩形脉冲信号

设周期矩形脉冲信号 $f(t)$的脉冲宽度为 τ，脉冲幅度为 E，周期为 T，如图 7-10 所示.

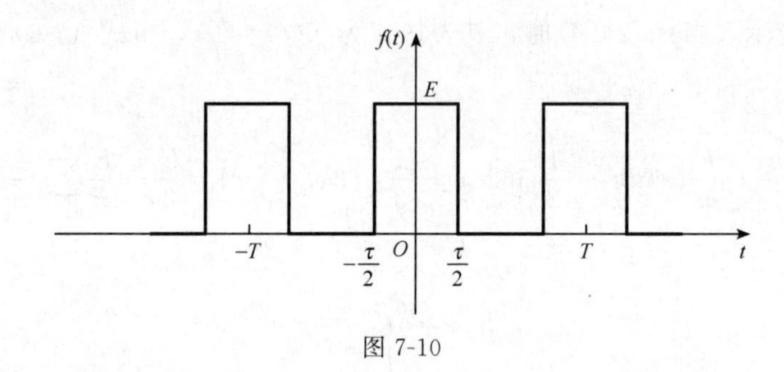

图 7-10

这种信号在一个周期$\left(-\frac{T}{2}\leqslant t\leqslant\frac{T}{2}\right)$内的表达式为　$f(t)=\begin{cases}E, & |t|\leqslant\frac{\tau}{2},\\ 0, & |t|>\frac{\tau}{2},\end{cases}$

显然 $f(t)$为偶函数.

于是有　　$b_n=0\ (n=1,2,3\cdots)$，$a_0=\frac{4}{T}\int_0^{\frac{\tau}{2}}f(t)\mathrm{d}t=\frac{4}{T}\int_0^{\frac{\tau}{2}}E\mathrm{d}t=\frac{2E\tau}{T}$

$$a_n=\frac{4}{T}\int_0^{\frac{\tau}{2}}f(t)\cos n\omega t\,\mathrm{d}t=\frac{4}{T}\int_0^{\frac{\tau}{2}}E\cos n\omega t\,\mathrm{d}t=\frac{4E}{T}\frac{1}{n\omega}\sin n\omega t\Bigg|_0^{\frac{\tau}{2}}=\frac{4E}{T\omega}\frac{1}{n}\sin\frac{n\omega\tau}{2}$$

所以

$$f(t)=\frac{E\tau}{T}+\frac{4E}{T\omega}\sum_{n=1}^{\infty}\frac{1}{n}\sin\frac{n\omega\tau}{2}\cos n\omega t \quad \left(t\neq kT\pm\frac{\tau}{2},k=0,1,2\cdots\right)$$

对称方波信号（如图 7-11 所示）是矩形脉冲信号的一种特殊情况，由上式直接得对称方波的傅里叶级数：

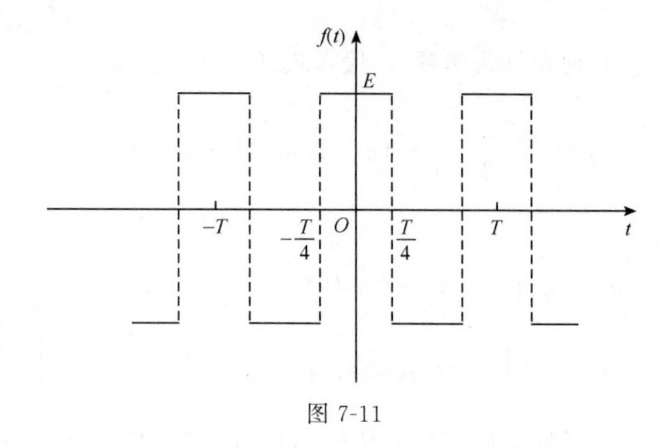

图 7-11

$$f(t)=\frac{E}{2}+\frac{2E}{\pi}\sum_{n=1}^{\infty}\frac{1}{n}\sin\frac{n\pi}{2}\cos n\omega t$$

$$=\frac{E}{2}+\frac{2E}{\pi}\left(\cos\omega t+\frac{1}{3}\cos 3\omega t+\frac{1}{5}\cos 5\omega t+\cdots\right)\quad\left(t\neq\left(k\pm\frac{1}{4}\right)T,k=0,1,2\cdots\right).$$

2. 周期锯齿脉冲信号

如图 7-12 所示，当 $0\leqslant t\leqslant T$ 时，其表达式为 $f(t)=\frac{E}{T}t$，由式（7-6）求出傅里叶系数 a_0、a_n、b_n 得傅里叶级数：

$$f(t)=\frac{E}{2}-\frac{E}{\pi}\left(\sin\omega t+\frac{1}{2}\sin 2\omega t+\frac{1}{3}\sin 3\omega t+\cdots\right)=\frac{E}{2}-\frac{E}{\pi}\sum_{n=1}^{\infty}\frac{1}{n}\sin n\omega t$$

$$(t\neq kT,\ k=0,\ \pm 1,\ \pm 2\cdots).$$

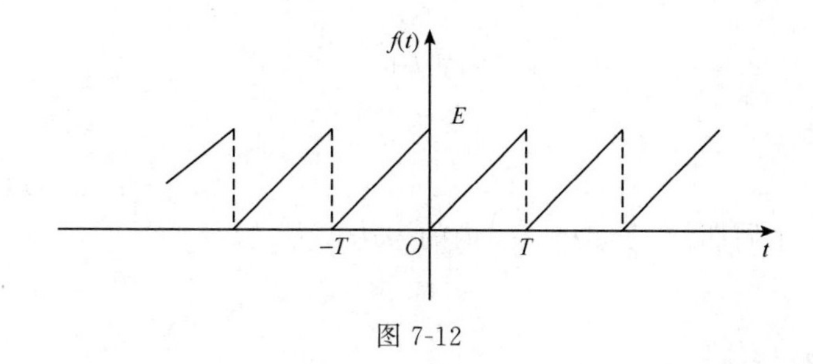

图 7-12

3. 周期三角脉冲信号

如图 7-13 所示，当 $-\frac{T}{2}\leqslant t\leqslant\frac{T}{2}$ 时，其表达式为 $f(t)=E\left(1-\frac{2}{T}|t|\right)$，为偶函数，得 $b_n=0$（$n=1,2,3\cdots$），由式（7-6）求出其傅里叶系数 a_n（$n=0,1,2,3\cdots$），则其傅里叶级数为：

$$f(t)=\frac{E}{2}+\frac{4E}{\pi^2}\left(\cos\omega t+\frac{1}{3^2}\cos 3\omega t+\frac{1}{5^2}\cos 5\omega t+\cdots\right)$$

$$=\frac{E}{2}+\frac{4E}{\pi^2}\sum_{n=1}^{\infty}\frac{1}{n^2}\sin^2\frac{n\pi}{2}\cos n\omega t\quad(-\infty<t<+\infty)$$

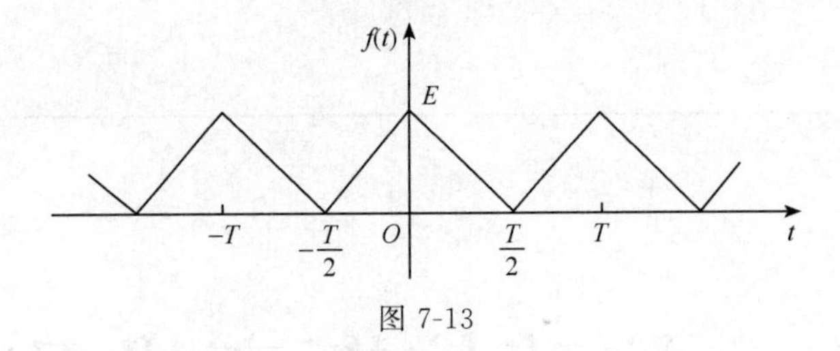

图 7-13

数学思想小火花

(1) 在数学领域，尽管最初傅里叶分析是作为热过程的解析分析的工具，但是其思想方法仍然具有典型的还原论和分析主义的特征．“任意”的函数通过一定的分解，都能够表示为正弦函数的线性组合的形式．

(2) 傅里叶变换是数字信号处理领域一种很重要的算法．傅里叶变换将原来难以处理的时域信号转换成了易于分析的频域信号（信号的频谱），可以利用一些工具对这些频域信号进行处理、加工．

习题 7-5

1. 把下列周期函数展开成傅里叶级数．

(1) $f(x)=\begin{cases}0, -\pi\leqslant x<0,\\ 1, 0\leqslant x<\pi;\end{cases}$　　(2) $f(x)=\cos\dfrac{x}{2}$　$(-\pi\leqslant x\leqslant\pi)$；

(3) $f(x)=\begin{cases}-\dfrac{\pi}{2}, & -\pi\leqslant x<-\dfrac{\pi}{2},\\ x, & -\dfrac{\pi}{2}\leqslant x<\dfrac{\pi}{2},\\ \dfrac{\pi}{2}, & \dfrac{\pi}{2}\leqslant x<\pi;\end{cases}$

(4) $f(x)=\begin{cases}bx, & -\pi\leqslant x<0,\\ ax, & 0\leqslant x<\pi.\end{cases}$　(a,b 为常数，且 $a>b>0$)

2. 在电子技术中，常用矩形波来输送信号，一矩形波 $f(x)$ 是以 4 为周期的函数，它在 $[-2,2)$ 上的表达式为 $f(x)=\begin{cases}0, & -2\leqslant x<0,\\ 1, & 0\leqslant x<2;\end{cases}$ 试将 $f(x)$ 展开成傅里叶级数．

3. 在实际问题中，若正弦交流电 $I(x)=\sin x$ 经二极管整流后变为 $f(x)=\begin{cases}0, & (2k-1)\pi\leqslant x<2k\pi,\\ \sin x, & 2k\pi\leqslant x<(2k+1)\pi,\end{cases}$ k 为整数，试将 $f(x)$ 展开成傅里叶级数．

第八单元

拉普拉斯变换及其应用

在工程计算中我们常常会碰到一些复杂的计算问题，对这些问题我们往往采取变换的方法，将一个复杂的数学问题变为一个较为简单的数学问题，求解以后再转化为原问题的解．拉普拉斯变换就是为了解决工程计算问题而发明的一种“运算法”（算子法）．这种方法的基本思想就是通过积分运算，把一种函数变成另一种函数，从而使运算变得更加简洁方便．拉普拉斯变换在电学、力学等众多的工程与科学领域中得到广泛应用，尤其是在电路理论的研究中，在相当长的时期内，人们几乎无法把电路理论与拉普拉斯变换分开来讨论，它不仅能将线性常系数微分方程转化为线性多项式方程，而且能将电流的电压变量的初值引入线性多项式方程之中，从而使得初始条件成为变换的一部分．

本单元主要介绍拉普拉斯变换定义、性质、计算及拉普拉斯变换在电路分析中的应用．希望学完本单元后，你能够：

- 准确陈述出拉普拉斯变换及其逆变换的概念
- 准确陈述拉氏变换的性质
- 能用人工手算或 Mathstudio 求出不同类型函数的拉氏逆变换
- 能应用拉氏变换解决电路分析案例和实际问题

第一节　拉普拉斯变换的概念

一、拉普拉斯变换的定义

定义　设函数 $f(t)$ 在区间 $[0,+\infty)$ 上有定义，如果广义积分

$$\int_0^{+\infty} f(t)\mathrm{e}^{-pt}\,\mathrm{d}t$$

对于 p 在某一范围内的值收敛，则由此积分就确定了一个以参数 p 为自变量的函数，记作 $F(p)$，即

$$F(p)=\int_0^{+\infty} f(t)\mathrm{e}^{-pt}\,\mathrm{d}t \tag{8-1}$$

称上式为 $f(t)$ 的**拉普拉斯变换**［或称为 $f(t)$ 的**象函数**］，简称**拉氏变换**．用记号 $L[f(t)]$ 表示，即

$$F(p)=L[f(t)]$$

若 $F(p)$ 是 $f(t)$ 的拉氏变换，则称 $f(t)$ 为 $F(p)$ 的**拉普拉斯逆变换**［或称为 $F(p)$ 的**象原函数**］，记作 $L^{-1}[F(p)]$，即

$$f(t)=L^{-1}[F(p)]$$

这里，设 $f(t)$ 是时间变量 t 的函数，p 是与 t 无关的另一个变量，则式（8-1）表明，积分运算完成以后，其结果不再含有时间变量 t，而只含有变量 p，因而是 p 的函数．在实际运用中，t 代表时域，而式（8-1）中的常数 e 是无量纲的，所以 p 必须具有时间倒数的量纲，即频率．这就是说拉氏变换将时域函数 $f(t)$ 变换为频域函数 $F(p)$．正是因此，利用拉氏变换可以将时域的微积分方程变换为频域的代数方程，通过处理一套代数方程可以使未知量的求解过程得到很大的简化．

对于拉普拉斯变换的定义，在这里作两点说明：

（1）在许多有关物理与无线电技术的问题里，一般总是把所研究的问题的初始时间定为 $t=0$，当 $t<0$ 时无意义或不需要考虑．因此，在拉普拉斯变换的定义当中，只要求 $f(t)$ 在区间 $[0,+\infty)$ 上有定义，为了研究的方便，我们假定在 $t<0$ 时，$f(t)=0$．

（2）从式（8-1）可以看出，拉普拉斯变换是将给定的函数 $f(t)$ 通过广义积分转换成一个新的函数，它是一种积分变换．一般说来，在科学技术中遇到的函数，其拉氏变换总是存在的．事实上，在工程分析中，有意义的初等函数都存在拉氏变换，否则人们就不会对拉氏变换感兴趣了．在线性电路分析中，通常都是用存在拉氏变换的电源激励系统，不存在拉氏变换的激励函数（比如 t^t 或是 e^{t^2}）是没有意义的．

应该指出的是，在较为深入的讨论中，拉氏变换中的参数 p 是在复数范围内取值的．为了方便和问题的简化，本书把 p 的取值范围限制在实数范围内，这并不影响对拉氏变换性质的研究和应用．但所得的结果也适用于 p 是复数的场合．

【例 1】 求单位阶跃函数

$$\eta(t)=\begin{cases}0 & t<0\\ 1 & t\geqslant 0\end{cases}$$

的拉氏变换．

解： $L[\eta(t)]=\int_0^{+\infty}\eta(t)e^{-pt}\,dt=\int_0^{+\infty}1\cdot e^{-pt}\,dt=-\frac{1}{p}[e^{-pt}]_0^{+\infty}=\frac{1}{p}\quad (p>0)$

【例 2】 求指数函数 $f(t)=e^{\alpha t}$（$t\geqslant 0$，α 是常数）的拉氏变换．

解： $L[e^{\alpha t}]=\int_0^{+\infty}e^{\alpha t}e^{-pt}\,dt=\int_0^{+\infty}e^{-(p-\alpha)t}\,dt$

这个积分在 $p>\alpha$ 时收敛，所以有

$$L[e^{\alpha t}]=-\frac{1}{p-\alpha}[e^{-(p-\alpha)t}]_0^{+\infty}=\frac{1}{p-\alpha}\quad (p>\alpha)$$

【例 3】 求斜坡函数 $f(t)=at$（$t\geqslant 0$，a 是常数）的拉氏变换．

解：$L[at]=\int_0^{+\infty} at\mathrm{e}^{-pt}\mathrm{d}t=-\frac{a}{p}\int_0^{+\infty} t\mathrm{d}(\mathrm{e}^{-pt})=-\frac{a}{p}[t\mathrm{e}^{-pt}]_0^{+\infty}+\frac{a}{p}\int_0^{+\infty}\mathrm{e}^{-pt}\mathrm{d}t$

由洛必达法则，有

$$\lim_{t\to+\infty} t\mathrm{e}^{-pt}=\lim_{t\to+\infty}\frac{t}{\mathrm{e}^{pt}}=\lim_{t\to+\infty}\frac{1}{p\mathrm{e}^{pt}}$$

上述极限当 $p>0$ 时收敛于 0，所以有 $-\frac{a}{p}[t\mathrm{e}^{-pt}]_0^{+\infty}=0$，因此

$$L[at]=\frac{a}{p}\int_0^{+\infty}\mathrm{e}^{-pt}\mathrm{d}t=-\frac{a}{p^2}[\mathrm{e}^{-pt}]_0^{+\infty}=\frac{a}{p^2}\quad(p>0)$$

【例 4】 求正弦函数 $f(t)=\sin\omega t$ （$t\geqslant0$）的拉氏变换.

解：$L[\sin\omega t]=\int_0^{+\infty}\mathrm{e}^{-pt}\sin\omega t\,\mathrm{d}t$

$$=-\frac{1}{p^2+\omega^2}\cdot[\mathrm{e}^{-pt}(p\sin\omega t+\omega\cos\omega t)]_0^{+\infty}=\frac{\omega}{p^2+\omega^2}\quad(p>0)$$

用同样的方法可求得

$$L[\cos\omega t]=\frac{p}{p^2+\omega^2}\quad(p>0)$$

由以上各例可以看出，只要 p 在适当的区域取值，例如 $p>0$ 等，常见的拉氏变换总是存在的. 通常称 p 的这一区域为拉氏变换的存在域. 在以下的叙述中，为方便起见，我们将略去存在域.

二、单位脉冲函数及其拉氏变换

在许多实际问题中，常会遇到在极短时间内具有冲击性质的量. 例如，在电学中，要研究线性电路在脉冲电动势作用后所产生的电流；在力学中，要研究一个机械系统受冲击力作用后的运动情况等. 研究此类问题都要涉及我们要介绍的脉冲函数.

在原来电流为零的电路中，某一瞬间（设 $t=0$）进入一单位电量的脉冲，现在要确定电路上的电流 $i(t)$. 以 $q(t)$表示上述电路中的电量，则

$$q(t)=\begin{cases}0 & t\neq0\\1 & t=0\end{cases}$$

由于电流强度是电量对时间的变化率，即

$$i(t)=\frac{\mathrm{d}q(t)}{\mathrm{d}t}=\lim_{\Delta t\to0}\frac{q(t+\Delta t)-q(t)}{\Delta t}$$

所以，当 $t\neq0$ 时，$i(t)=0$；当 $t=0$ 时，

$$i(0)=\lim_{\Delta t\to0}\frac{q(0+\Delta t)-q(0)}{\Delta t}=\lim_{\Delta t\to0}\left(-\frac{1}{\Delta t}\right)=\infty$$

上式说明，在通常意义下的函数类中找不到一个函数能够用来表示上述电流强度. 为此我们引进一个新的函数称为**狄拉克函数**，简记为 **δ-函数**.

δ-函数是一个广义函数，它没有普通意义下的“函数值”，所以它不能用通常意义下的“值的对应关系”来定义. 工程上通常将它定义为一个函数序列的极限，即把 δ-函数

定义为

$$\delta_{\tau}(t)=\begin{cases}0 & t<0 \\ \dfrac{1}{\tau} & 0\leqslant t\leqslant\tau \\ 0 & t>\tau\end{cases}$$

当 $\tau\to 0$ 时的极限，即

$$\delta(t)=\lim_{\tau\to 0}\delta_{\tau}(t)$$

$\delta_{\tau}(t)$的图形如图 8-1 所示．显然，对于任何 $\tau>0$，有

$$\int_{-\infty}^{+\infty}\delta_{\tau}(t)\mathrm{d}t=\int_{-\infty}^{0}\delta_{\tau}(t)\mathrm{d}t+\int_{0}^{\tau}\delta_{\tau}(t)\mathrm{d}t+\int_{\tau}^{+\infty}\delta_{\tau}(t)\mathrm{d}t=\int_{0}^{\tau}\frac{1}{\tau}\mathrm{d}t=1$$

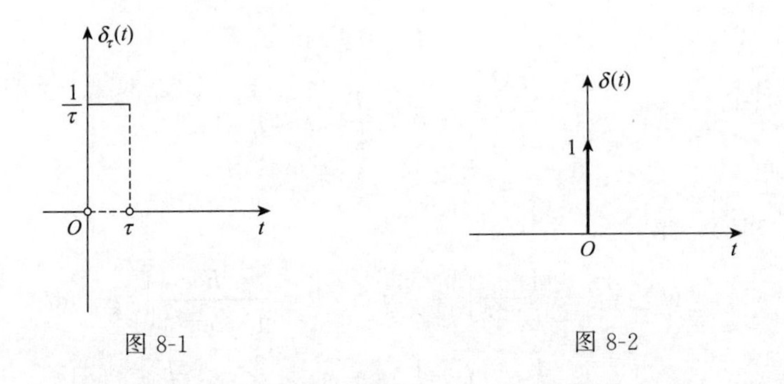

图 8-1　　　　图 8-2

工程技术上常把 δ-函数称为单位脉冲函数．脉冲是具有无穷大幅值、持续时间为零的信号．自然界中并不存在这种信号，但有些电路中的信号具有这种特征．比如，在电路分析中，开关操作或在电路中加入脉冲函数会出现脉冲电压或电流，因此，脉冲函数的数学模型是很有用的．有些工程技术书上，将 δ-函数用一个长度等于 1 的有向线段表示（图 8-2），这条线段的长度表示 δ-函数的积分，称 δ-函数的强度．

下面，我们来求单位脉冲函数 $\delta(t)$的拉氏变换．

$$\begin{aligned}L[\delta(t)]&=\int_{0}^{+\infty}\delta(t)\mathrm{e}^{-pt}\mathrm{d}t\\&=\int_{0}^{\tau}\left(\lim_{\tau\to 0}\frac{1}{\tau}\right)\mathrm{e}^{-pt}\mathrm{d}t+\lim_{\tau\to 0}\int_{\tau}^{+\infty}0\cdot\mathrm{e}^{-pt}\mathrm{d}t=\lim_{\tau\to 0}\int_{0}^{\tau}\frac{1}{\tau}\mathrm{e}^{-pt}\mathrm{d}t=\lim_{\tau\to 0}\frac{1}{\tau}\left[-\frac{\mathrm{e}^{-pt}}{p}\right]_{0}^{\tau}\\&=\frac{1}{p}\lim_{\tau\to 0}\frac{1-\mathrm{e}^{-p\tau}}{\tau}=\frac{1}{p}\lim_{\tau\to 0}\frac{(1-\mathrm{e}^{-p\tau})'}{(\tau)'}=\frac{1}{p}\lim_{\tau\to 0}\frac{p\mathrm{e}^{-p\tau}}{1}=1\end{aligned}$$

三、周期函数的拉氏变换

设 $f(t)$是一个周期为 T 的周期函数，则有 $f(t)=f(t+kT)$（k 为整数），由拉氏变换的定义，有

$$\begin{aligned}L[f(t)]&=\int_{0}^{+\infty}f(t)\mathrm{e}^{-pt}\mathrm{d}t=\int_{0}^{T}f(t)\mathrm{e}^{-pt}\mathrm{d}t+\int_{T}^{2T}f(t)\mathrm{e}^{-pt}\mathrm{d}t+\cdots+\int_{kT}^{(k+1)T}f(t)\mathrm{e}^{-pt}\mathrm{d}t+\cdots\\&=\sum_{k=0}^{+\infty}\int_{kT}^{(k+1)T}f(t)\mathrm{e}^{-pt}\mathrm{d}t\end{aligned}$$

令 $t=\tau+kT$，则

$$
\begin{aligned}
L[f(t)] &= \sum_{k=0}^{+\infty}\int_{kT}^{(k+1)T} f(t)\mathrm{e}^{-pt}\,\mathrm{d}t = \sum_{k=0}^{+\infty}\int_{0}^{T} f(\tau+kT)\mathrm{e}^{-p(\tau+kT)}\,\mathrm{d}\tau \\
&= \sum_{k=0}^{+\infty}\mathrm{e}^{-pkT}\int_{0}^{T} f(\tau)\mathrm{e}^{-p\tau}\,\mathrm{d}\tau = \int_{0}^{T} f(\tau)\mathrm{e}^{-p\tau}\,\mathrm{d}\tau\sum_{k=0}^{+\infty}(\mathrm{e}^{-pT})^{k} \\
&= \frac{1}{1-\mathrm{e}^{-pT}}\int_{0}^{T} f(\tau)\mathrm{e}^{-p\tau}\,\mathrm{d}\tau \quad (\tau>0,\ |\mathrm{e}^{-pT}|<1)
\end{aligned}
$$

所以，周期函数的拉氏变换式为

$$
L[f(t)] = \frac{1}{1-\mathrm{e}^{-pT}}\int_{0}^{T}\mathrm{e}^{-pt} f(t)\,\mathrm{d}t \quad (t>0,\ |\mathrm{e}^{-pT}|<1) \tag{8-2}
$$

【例 5】 矩形周期脉冲函数在一个周期内的函数表达式为

$$
f(t)=\begin{cases} E & 0\leqslant t\leqslant \dfrac{T}{2} \\ 0 & \dfrac{T}{2}<t\leqslant T \end{cases}
$$

求其拉氏变换.

解：由式（8-2），得

$$
\begin{aligned}
L[f(t)] &= \frac{1}{1-\mathrm{e}^{-pT}}\int_{0}^{T}\mathrm{e}^{-pt} f(t)\,\mathrm{d}t = \frac{E}{1-\mathrm{e}^{-pT}}\int_{0}^{\frac{T}{2}}\mathrm{e}^{-pt}\,\mathrm{d}t \\
&= \frac{E}{1-\mathrm{e}^{-pT}}\left(-\frac{1}{p}\right)[\mathrm{e}^{-pt}]_{0}^{\frac{T}{2}} = \frac{E}{p(1+\mathrm{e}^{-p\frac{T}{2}})}
\end{aligned}
$$

我们把一些常用的函数的拉氏变换计算出来，列在一张表内，就形成了拉氏变换表（见表 8-1）. 在以后的工作中，在求一些函数的拉氏变换时，只要查表就可求出，不需要再计算那些复杂的广义积分了.

表 8-1

序号	$f(t)$	$F(p)$	序号	$f(t)$	$F(p)$
1	$\delta(t)$	1	11	$\sin(\omega t+\varphi)$	$\dfrac{p\sin\varphi+\omega\cos\varphi}{p^2+\omega^2}$
2	$\eta(t)$	$\dfrac{1}{p}$	12	$\cos(\omega t+\varphi)$	$\dfrac{p\cos\varphi-\omega\sin\varphi}{p^2+\omega^2}$
3	t	$\dfrac{1}{p^2}$	13	$t\sin\omega t$	$\dfrac{2\omega p}{(p^2+\omega^2)^2}$
4	$t^n(n=1,2\cdots)$	$\dfrac{n!}{p^{n+1}}$	14	$t\cos\omega t$	$\dfrac{p^2-\omega^2}{(p^2+\omega^2)^2}$
5	e^{at}	$\dfrac{1}{p-a}$	15	$\mathrm{e}^{-at}\sin\omega t$	$\dfrac{\omega}{(p+a)^2+\omega^2}$
6	$1-\mathrm{e}^{-at}$	$\dfrac{a}{p(p+a)}$	16	$\mathrm{e}^{-at}\cos\omega t$	$\dfrac{p+a}{(p+a)^2+\omega^2}$
7	$t\mathrm{e}^{at}$	$\dfrac{1}{(p-a)^2}$	17	$\dfrac{1}{a^2}(1-\cos at)$	$\dfrac{1}{p(p^2+a^2)}$
8	$t^n\mathrm{e}^{at}(n=1,2\cdots)$	$\dfrac{n!}{(p-a)^{n+1}}$	18	$\mathrm{e}^{at}-\mathrm{e}^{bt}$	$\dfrac{a-b}{(p-a)(p-b)}$
9	$\sin\omega t$	$\dfrac{\omega}{p^2+\omega^2}$	19	$2\sqrt{\dfrac{t}{\pi}}$	$\dfrac{1}{p\sqrt{p}}$
10	$\cos\omega t$	$\dfrac{p}{p^2+\omega^2}$	20	$\dfrac{1}{\sqrt{\pi t}}$	$\dfrac{1}{\sqrt{p}}$

四、用 Mathstudio 求拉氏变换

对于其他较为复杂的函数求拉氏变换，我们可以选择用 Mathstudio 求解，对应的命令为：

Laplace(function,[t])计算给定函数 $f(t)$ 的拉氏变换 $F(s)$

【例 6】 求函数 $f(t)=t^2$ 的拉氏变换.

解：第一步：打开 Mathstudio，单击 Catalog 键，选择 Laplace 命令，如图 8-3 所示.

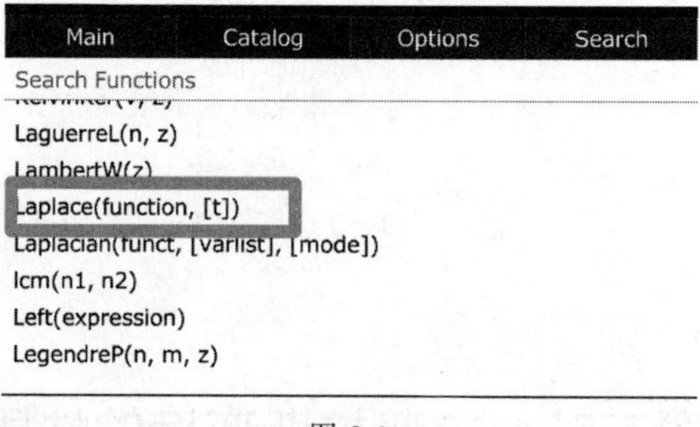

图 8-3

第二步：在 Laplace 命令下，输入要变换的函数，单击 Solve，得到变换结果，如图 8-4 所示.

即　$L[f(t)]==L[t^2]=\dfrac{2}{s^3}$.

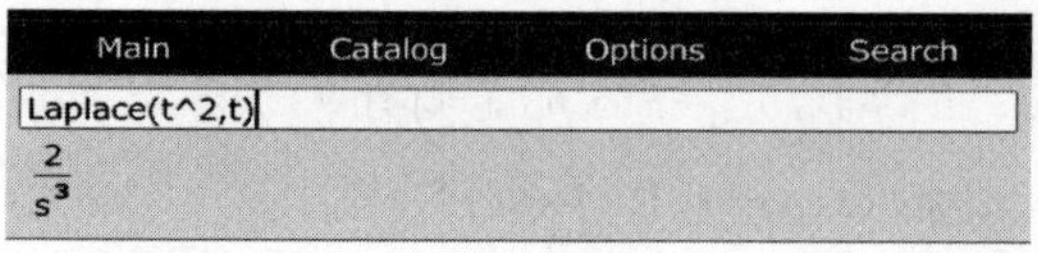

Main　Catalog　Options　Search

Laplace(t^2,t)

$\frac{2}{s^3}$

图 8-4

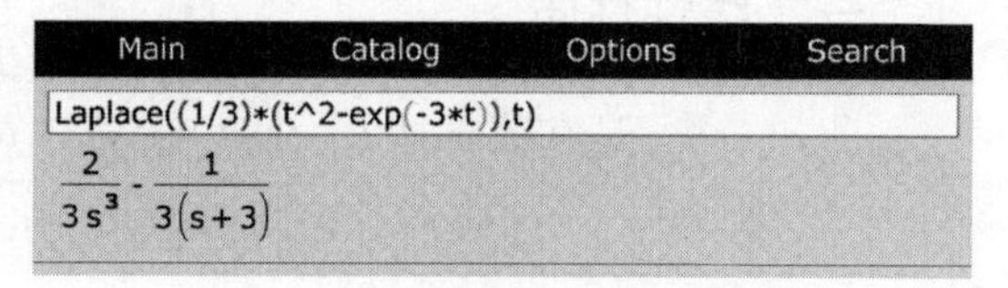

图 8-5

【例 7】 求函数 $f(t)=\dfrac{1}{3}(t^2-\mathrm{e}^{-3t})$ 的拉氏变换.

解：打开 Mathstudio，单击 Catalog 键，选择 Laplace 命令，在该命令下，输入要变换的函数，单击 Solve，得到变换结果，如图 8-5 所示.

即 $L[f(t)]==L\left[\dfrac{1}{3}(t^2-\mathrm{e}^{-3t})\right]=\dfrac{2}{3s^3}-\dfrac{1}{3(s+3)}$.

数学思想小火花

在初等数学中，通过取对数，可以把乘除运算转化为对数的加减运算，把乘方开方运算转化为对数的乘除运算．拉普拉斯变换类似于对数运算，也是一种把复杂运算转化为另一领

域内简单运算的一种手段. 数学这种“去繁见简”的变换魅力值得用心品味.

习题 8-1

1. 求下列函数的拉氏变换式，并用查表方法验证结果.

(1) $f(t)=\cos\dfrac{t}{3}$；(2) $f(t)=e^{-2t}$；(3) $f(t)=t^4$；(4) $f(t)=\sin^2\dfrac{t}{2}$.

2. 求函数 $f(t)=\begin{cases}3 & 0\leqslant t<2\\ -1 & 2\leqslant t<4\\ 0 & t\geqslant 4\end{cases}$ 的拉氏变换式.

3. 设 $f(t)$ 是以 2π 为周期的函数，且在一个周期内的函数表达式为

$$f(t)=\begin{cases}\sin t & 0<t\leqslant\pi\\ 0 & \pi<t<2\pi\end{cases}$$

求它的拉氏变换式.

第二节　拉普拉斯变换的性质

为了更快更方便地求函数的拉氏变换，研究和掌握拉氏变换的性质是十分必要的，利用这些性质，可以求一些较为复杂的拉氏变换. 在以下的叙述中涉及的函数假定其拉氏变换都存在.

一、线性性质

若 a_1、a_2 是常数，且 $L[f_1(t)]=F_1(p)$、$L[f_2(t)]=F_2(p)$，则有

$$L[a_1f_1(t)+a_2f_2(t)]=a_1L[f_1(t)]+a_2L[f_2(t)] \tag{8-3}$$

$$L^{-1}[a_1F_1(p)+a_2F_2(p)]=a_1L^{-1}[F_1(p)]+a_2L^{-1}[F_2(p)] \tag{8-4}$$

【例 1】 求函数 $f(t)=\dfrac{1}{3}(t^2-e^{-3t})$的拉氏变换.

解： 由于 $L[t^2]=\dfrac{2}{p^3}$，$L[e^{-3t}]=\dfrac{1}{p+3}$，所以

$$L[f(t)]=L\left[\frac{1}{3}(t^2-e^{-3t})\right]=\frac{1}{3}\{L[t^2]-L[e^{-3t}]\}=\frac{1}{3}\left[\frac{2}{p^3}-\frac{1}{p+3}\right]=\frac{2p+6-p^3}{3p^3(p+3)}$$

二、延迟性质

若 $L[f(t)]=F(p)$，则对于任一非负实数 a，有

$$L[f(t-a)]=e^{-ap}F(p) \tag{8-5}$$

$$L^{-1}[e^{-ap}F(p)]=f(t-a) \tag{8-6}$$

延迟性质指出，象函数乘以 e^{-ap} 等于其象原函数的图形向右平移 a 个单位（图

8-6）．由于函数 $f(t-a)$是当 $t\geqslant a$ 时才有非零值，故与 $f(t)$相比，在时间上滞后了一个 a 值．正是这个道理，我们才称它为延迟性质或滞后性质．

【例 2】 求函数

$$\eta(t-a)=\begin{cases}0 & t<a\\1 & t\geqslant a\end{cases}$$

的拉氏变换．

解：由延迟性质及 $L[\eta(t)]=\dfrac{1}{p}$，得

$$L[\eta(t-a)]=\frac{1}{p}\mathrm{e}^{-ap}$$

【例 3】 求（1）$f(t)=\begin{cases}c_1 & 0\leqslant t<a\\c_2 & t\geqslant a\end{cases}$，（2）$f(t)=\begin{cases}3 & 0\leqslant t<2\\-1 & 2\leqslant t<4\\0 & t\geqslant 4\end{cases}$ 的拉氏变换．

解：（1）由图 8-7(a) 容易看出，当 $t\geqslant a$ 时，$f(t)$的值在 c_1 的基础上加了(c_2-c_1)，即$(c_2-c_1)\eta(t-a)$，故可把 $f(t)$写成

$$f(t)=c_1\eta(t)+(c_2-c_1)\eta(t-a)$$

于是

$$L[f(t)]=\frac{c_1}{p}+\frac{c_2-c_1}{p}\mathrm{e}^{-ap}=\frac{c_1+(c_2-c_1)\mathrm{e}^{-ap}}{p}$$

（2）仿（1）的解法，把 $f(t)$写成

$$f(t)=3\eta(t)-4\eta(t-2)+\eta(t-4)\ [\text{图 8-7(b)}]$$

$$L[f(t)]=\frac{3}{p}-\frac{4\mathrm{e}^{-2p}}{p}+\frac{\mathrm{e}^{-4p}}{p}=\frac{3-4\mathrm{e}^{-2p}+\mathrm{e}^{-4p}}{p}$$

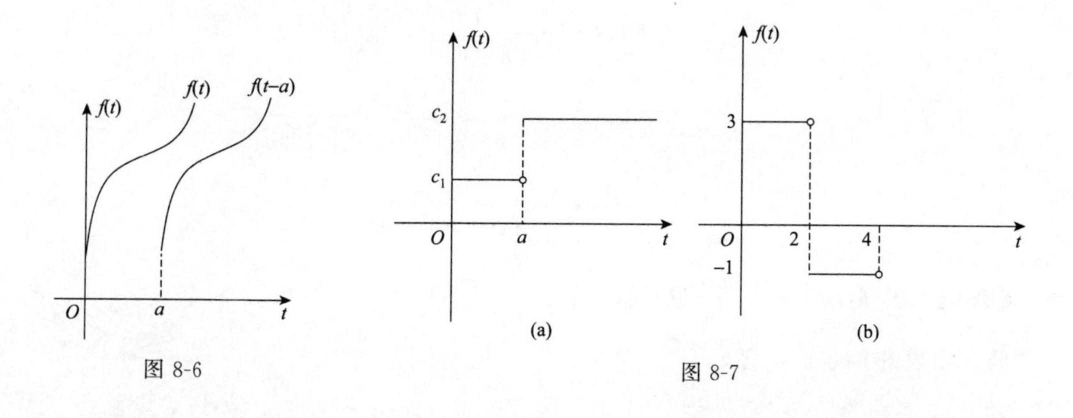

图 8-6　　　图 8-7

由例 3 可以看出，用单位阶梯函数，可以将一个分段函数表达式合写成一个式子．

【例 4】 求如图 8-8 表示的阶梯函数 $f(t)$的拉氏变换．

解：用单位阶梯函数将 $f(t)$写成

$$f(t)=c[\eta(t)+\eta(t-a)+\eta(t-2a)+\cdots]$$

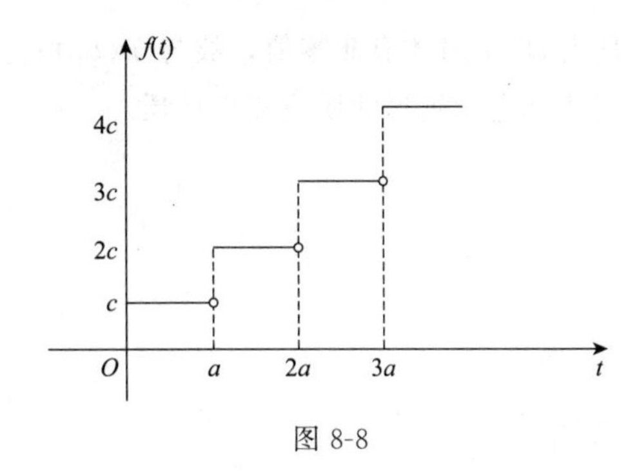

图 8-8

$$L[f(t)]=c\left[\frac{1}{p}+\frac{1}{p}e^{-ap}+\frac{1}{p}e^{-2ap}+\cdots\right]$$

$$=\frac{c}{p}[1+e^{-ap}+e^{-2ap}+\cdots]$$

$$=\frac{c}{p}\cdot\frac{1}{1-e^{-ap}}$$

三、位移性质

若 $L[f(t)]=F(p)$，则对于任一非负实数 a，有

$$L[e^{at}f(t)]=F(p-a)\ (a\ 是常数) \tag{8-7}$$

位移性质表明，原函数 $f(t)$乘以 e^{at} 的拉氏变换等于其象函数 $F(p)$左右平移$|a|$个单位.

【例 5】 求 $L[te^{at}]$，$L[e^{-at}\sin\omega t]$，$L[e^{-at}\cos\omega t]$.

解：由位移性质及 $L[t]=\frac{1}{p^2}$，$L[\sin\omega t]=\frac{\omega}{p^2+\omega^2}$，$L[\cos\omega t]=\frac{p}{p^2+\omega^2}$.

得

$$L[te^{at}]=\frac{1}{(p-a)^2}$$

$$L[e^{-at}\sin\omega t]=\frac{\omega}{(p+a)^2+\omega^2}$$

$$L[e^{-at}\cos\omega t]=\frac{p+a}{(p+a)^2+\omega^2}$$

【例 6】 求 $f(t)=e^{-t}\sqrt{\frac{t}{\pi}}$ 的拉氏变换.

解：由表 8-1 的 19，有

$$L\left[2\sqrt{\frac{t}{\pi}}\right]=\frac{1}{p\sqrt{p}}\quad 或\quad L\left[\sqrt{\frac{t}{\pi}}\right]=\frac{1}{2p\sqrt{p}}$$

用位移性质即得

$$L\left[e^{-t}\sqrt{\frac{t}{\pi}}\right]=\frac{1}{2(p+1)\sqrt{p+1}}$$

四、微分性质

设 $L[f(t)]=F(p)$，且 $f(t)$在$[0,+\infty)$上连续，$f'(t)$分段连续，则

$$L[f'(t)]=pF(p)-f(0) \tag{8-8}$$

微分性质表明：一个函数求导后取拉氏变换等于这个函数的拉氏变换乘以参数 p，再减去函数的初值.

应用上述结果，对二阶导数可以推得：

$$L[f''(t)]=pL[f'(t)]-f'(0)=p[pF(p)-f(0)]-f'(0)=p^2F(p)-[pf(0)+f'(0)]$$

同理

$$L[f'''(t)]=p^3F(p)-[p^2f(0)+pf'(0)+f''(0)]$$

以此类推

$$L[f^{(n)}(t)]=p^nF(p)-[p^{(n-1)}f(0)+p^{n-2}f'(0)+\cdots+f^{(n-1)}(0)] \tag{8-9}$$

特别地，当 $f(0)=f'(0)=f''(0)=\cdots=f^{(n-1)}(0)=0$ 时，则有

$$L[f^{(n)}]=p^nF(p) \tag{8-10}$$

这一性质将微分运算化为代数运算，这是拉氏变换的一大特点，这为我们求解微分方程提供了一种简便的方法.

【例 7】 利用拉氏变换的微分性质，求 $f(t)=\sin\omega t$ 的拉氏变换式.

解： 令 $f(t)=\sin\omega t$，则

$$f(0)=0,\ f'(0)=\omega,\ f''(t)=-\omega^2\sin\omega t$$

由式（8-9），得

$$L[-\omega^2\sin\omega t]=L[f''(t)]=p^2L[f(t)]-pf(0)-f'(0)$$

即

$$-\omega^2L[\sin\omega t]=p^2L[\sin\omega t]-\omega$$

移项化简得

$$L[\sin\omega t]=\frac{\omega}{p^2+\omega^2}$$

利用上述结果，$\cos\omega t=\frac{1}{\omega}(\sin\omega t)'$及式（8-8），可得

$$L[\cos\omega t]=L\left[\frac{1}{\omega}(\sin\omega t)'\right]=\frac{1}{\omega}L[(\sin\omega t)']=\frac{1}{\omega}\{pL[\sin\omega t]-\sin 0\}$$

$$=\frac{1}{\omega}\left\{p\cdot\frac{\omega}{p^2+\omega^2}-0\right\}=\frac{p}{p^2+\omega^2}$$

五、积分性质

设 $L[f(t)]=F(p)(p\neq 0)$，则有

$$L\left[\int_0^t f(t)\mathrm{d}t\right]=\frac{F(p)}{p} \tag{8-11}$$

积分性质表明：一个函数积分后再取拉氏变换，等于这个函数的拉氏变换除以参

数 p.

由拉氏变换的微分性质、积分性质可以看出，经过拉氏变换后，象原函数的微积分运算就转化为象函数的乘除运算了.

【例 8】 求 $L[t^n]$.

解法 1：因为 $t=\int_0^t 1\mathrm{d}t$，$t^2=\int_0^t 2t\mathrm{d}t$，$t^3=\int_0^t 3t^2\mathrm{d}t$，…，$t^n=\int_0^t nt^{n-1}\mathrm{d}t$，所以由式 (8-11)，可得

$$L[t]=L\left[\int_0^t 1\mathrm{d}t\right]=\frac{L[1]}{p}=\frac{\frac{1}{p}}{p}=\frac{1!}{p^2}$$

$$L[t^2]=L\left[\int_0^t 2t\mathrm{d}t\right]=\frac{2L[t]}{p}=\frac{2!}{p^3}$$

$$L[t^3]=L\left[\int_0^t 3t^2\mathrm{d}t\right]=\frac{3L[t^2]}{p}=\frac{3!}{p^4}$$

……………

$$L[t^n]=L\left[\int_0^t nt^{n-1}\mathrm{d}t\right]=\frac{nL[t^{n-1}]}{p}=\frac{n!}{p^{n+1}}$$

解法 2：利用微分性质解. 令 $f(t)=t^n$，则

$$f(0)=f'(0)=\cdots=f^{(n-1)}(0)=0,\quad f^{(n)}(t)=n!$$

由式 (8-9)，得

$$L[n!]=L[f^{(n)}(t)]=p^nL[f(t)]-[p^{(n-1)}f(0)+p^{n-2}f'(0)+\cdots+f^{(n-1)}(0)]$$

即

$$L[n!]=p^nL[t^n]$$

而

$$L[n!]=n!\ L[1]=\frac{n!}{p}$$

所以

$$L[t^n]=\frac{n!}{p^{n+1}}$$

六、相似性质

设 $L[f(t)]=F(p)$，则当 $a>0$ 时，有

$$L[f(at)]=\frac{1}{a}F\left(\frac{p}{a}\right) \tag{8-12}$$

相似性质表明象原函数的自变量扩大 a 倍，而象函数的自变量反而缩小同样的倍数.

【例 9】 用相似性质求 $f(t)=\sin\omega t$ 的拉氏变换式.

解：因为 $f(t)=\sin t$ 的拉氏变换式为 $L[\sin t]=\frac{1}{p^2+1}$，所以由相似性质，有

$$L[\sin\omega t]=\frac{1}{\omega}\frac{1}{\left(\frac{p}{\omega}\right)^2+1}=\frac{\omega}{p^2+\omega^2}.$$

为使用方便，我们将拉氏变换的性质列成一览表如表 8-2 所示.

表 8-2

序号	设 $L[f(t)]=f(p)$
1	$L[a_1f_1(t)+a_2f_2(t)]=a_1L[f_1(t)]+a_2L[f_2(t)]$
2	$L[f(t-a)]=\mathrm{e}^{-ap}F(p)\ (a>0)$
3	$L[\mathrm{e}^{at}f(t)]=F(p-a)$
4	$L[f'(t)]=pF(p)-f(0)$ $L[f^{(n)}(t)]=p^nF(p)-[p^{(n-1)}f(0)+p^{n-2}f'(0)+\cdots+f^{(n-1)}(0)]$
5	$L\left[\int_0^t f(t)\mathrm{d}t\right]=\frac{F(p)}{p}$
6	$L[f(at)]=\frac{1}{a}F\left(\frac{p}{a}\right)$
7	$L[t^nf(t)]=(-1)^nF^{(n)}(p)\quad(n=1,2\cdots)$
8	$L\left[\frac{f(t)}{t}\right]=\int_p^{+\infty}F(p)\mathrm{d}p$
9	如果 $f(t)$ 是一个周期为 T 的周期函数，即 $f(t+T)=f(t)$，则 $L[f(t)]=\frac{1}{1-\mathrm{e}^{-pT}}\int_0^T\mathrm{e}^{-pt}f(t)\mathrm{d}t$

数学思想小火花

18～19 世纪的法国数学家、天文学家拉普拉斯（1749—1827 年），被誉为“法国的牛顿”，他的研究主要集中在天体力学和概率论，其不朽著作《天体力学》中记录了他的伟大成果之一：从数学上证明了太阳系是恒稳的动力系统. 这一关于世界体系的论述，对物理学的十几门分支——引力论、流体力学、电磁学、原子物理学等，产生了极其深远的影响. 他认为数学是一种工具，在运用数学解决问题时创造和发展了许多新的数学方法. 1812 年拉普拉斯在《概率的分析理论》中总结了当时整个概率论的研究，论述了概率在选举、审判调查、气象等方面的应用，并导入“拉普拉斯变换”. 拉普拉斯变换导致了后来海维塞德发现运算微积分在电工理论中的应用.

习题 8-2

1. 求下列函数的拉氏变换

（1）$f(t)=t^3+2t-2$；　（2）$f(t)=1-t\mathrm{e}^t$；　（3）$f(t)=(t-1)^2\mathrm{e}^t$；

（4）$f(t)=\frac{t}{2a}\sin at$；　（5）$f(t)=t\cos 3t$；　（6）$f(t)=4\sin 2t-3\cos t$；

(7) $f(t)=e^{-3t}\sin 5t$； (8) $f(t)=e^{-2t}\cos 3t$； (9) $f(t)=t^n e^{at}$；

(10) $f(t)=\sin(\omega t+\varphi)$； (11) $f(t)=\eta(3t-4)$； (12) $f(t)=\cos^2 t$；

(13) $f(t)=\begin{cases}-1 & 0\leqslant t<4\\ 1 & t\geqslant 4\end{cases}$； (14) $f(t)=\begin{cases}0 & 0\leqslant t<2\\ 1 & 2\leqslant t<4\\ 0 & t\geqslant 4\end{cases}$.

2. 对下列函数验证 $L[f'(t)]=pF(p)-f(0)$.

(1) $f(t)=3e^{3t}$； (2) $f(t)=\cos 5t$； (3) $f(t)=t^2+2t-4$.

3. 利用表 8-2 的性质 7，求下列各函数的拉氏变换.

(1) $f(t)=t\sin at$； (2) $f(t)=t^2\cos 2t$； (3) $f(t)=te^t\sin t$.

4. 利用表 8-2 的性质 8，求函数 $f(t)=\dfrac{\sin t}{t}$ 的拉氏变换.

第三节　拉普拉斯变换的逆变换

前面我们研究了如何把一个已知函数变换为它相应的象函数，也就是如何求一个函数的拉普拉斯变换. 这一节我们将重点研究如何把一个象函数变换为它的象原函数，也就是已知一个函数的拉普拉斯变换，如何求它的逆变换. 这里主要介绍两种常用的方法.

一、查表法

对于一些较简单的拉普拉斯变换的逆变换，我们可以利用常用函数的拉氏变换表 8-1 并结合拉普拉斯变换性质表 8-2 来求出它的象原函数.

【例 1】 求下列函数的拉普拉斯逆变换.

(1) $F(p)=\dfrac{1}{p+3}$； (2) $F(p)=\dfrac{1}{p^4}$； (3) $F(p)=\dfrac{1}{(p-2)^3}$.

解：(1) 由表 8-1 的变换 5，知($a=-3$)

$$f(t)=L^{-1}\left[\frac{1}{p+3}\right]=e^{-3t}$$

(2) 由线性性质及表 8-1 的变换 4，知 $L[t^3]=\dfrac{3!}{p^4}$，所以

$$f(t)=L^{-1}\left[\frac{1}{p^4}\right]=L^{-1}\left[\frac{1}{3!}\cdot\frac{3!}{p^4}\right]=\frac{1}{3!}L^{-1}\left[\frac{3!}{p^4}\right]=\frac{1}{3!}t^3$$

(3) 由线性性质及表 8-1 的变换 8，得

$$f(t)=L^{-1}\left[\frac{1}{(p-2)^3}\right]=\frac{1}{2}L^{-1}\left[\frac{2!}{(p-2)^3}\right]=\frac{1}{2}t^2e^{2t}$$

二、部分分式法

当象函数是比较复杂的有理分式时，我们可以采用部分分式法，先将有理分式的象

函数分解成几个较简单的分式之和的形式，然后再分别求它们的象原函数.

1. 有理分式的分解

形如

$$R(x)=\frac{b_0x^m+b_1x^{m-1}+\cdots+b_m}{a_0x^n+a_1x^{n-1}+\cdots+a_n} \tag{8-13}$$

的分式称为有理分式. 其中 m、n 是非负整数，$a_i(i=0,1,\cdots,n)$和 $b_i(i=0,1,\cdots,m)$都是实数，且 $a_0\neq0$，$b_0\neq0$，并假定分子多项式和分母多项式之间没有公因子. 当 $m\geqslant n$ 时称该分式为假分式，当 $m<n$ 时称之为真分式.

当分式 $R(x)$为假分式时，由多项式的除法法则我们总可以将其分解为一个多项式和一个真分式的和的形式. 如

$$\frac{x^3+2x^2-3}{x^2-3x+1}=x+5+\frac{14x-8}{x^2-3x+1}$$

当分式 $R(x)$为真分式时，由分式通分相加的原理可知，一个真分式总可以把它分成若干个分式之和的形式. 如

$$\frac{x-3}{x(x+1)(x+2)}=-\frac{3}{2x}+\frac{4}{x+1}-\frac{5}{2(x+2)}$$

其中$-\frac{3}{2x}$，$\frac{4}{x+1}$，$-\frac{5}{2(x+2)}$称作部分分式.

一般地，当真分式的分母中有因式$(x-a)$时，分解后的分式有$\frac{A}{x-a}$（A 为待定常数）的部分分式.

当真分式的分母中含有因式$(x-a)^k$ 时，则分解后的分式有 k 个部分分式之和

$$\frac{A_1}{(x-a)^k}+\frac{A_2}{(x-a)^{k-1}}+\cdots+\frac{A_k}{x-a} \tag{8-14}$$

其中 $A_i(i=1,2,\cdots,k)$都是待定常数.

当真分式的分母中有不可分解的二次三项式 $x^2+px+q(p^2-4q<0)$时，分解后的分式含有$\frac{Bx+C}{x^2+px+q}$的部分分式，其中 B、C 是待定常数.

若真分式的分母中有因式$(x^2+px+q)^k$ 时，则分解后的分式含有下列 k 个部分分式之和

$$\frac{B_1x+C_1}{(x^2+px+q)^k}+\frac{B_2x+C_2}{(x^2+px+q)^{k-1}}+\cdots+\frac{B_kx+C_k}{x^2+px+q} \tag{8-15}$$

其中 B_i、$C_i(i=1,2,\cdots,k)$都是待定常数.

【例 2】 将下列分式分解成部分分式.

(1) $\frac{x-3}{x^2+2x-3}$；　　(2) $\frac{x+1}{x^2(x^2-x+1)}$.

解：(1) 因为$\frac{x-3}{x^2+2x-3}=\frac{x-3}{(x+3)(x-1)}=\frac{A}{x+3}+\frac{B}{x-1}=\frac{(A+B)x+(-A+3B)}{(x+3)(x-1)}$

比较系数得

$$\begin{cases}A+B=1\\-A+3B=-3\end{cases}$$

解方程组得

$$A=\frac{3}{2},\ B=-\frac{1}{2}$$

所以

$$\frac{x-3}{(x+3)(x-1)}=\frac{3}{2(x+3)}-\frac{1}{2(x-1)}$$

（2）由于$\dfrac{x+1}{x^2(x^2-x+1)}=\dfrac{A}{x^2}+\dfrac{B}{x}+\dfrac{Cx+D}{x^2-x+1}$

$$=\frac{A(x^2-x+1)+Bx(x^2-x+1)+(Cx+D)x^2}{x^2(x^2-x+1)}$$

$$=\frac{(B+C)x^3+(A-B+D)x^2+(-A+B)x+A}{x^2(x^2-x+1)}$$

比较系数得

$$\begin{cases}B+C=0\\A-B+D=0\\-A+B=1\\A=1\end{cases}$$

解方程组得

$$A=1,\ B=2,\ C=-2,\ D=1$$

所以

$$\frac{x+1}{x^2(x^2-x+1)}=\frac{1}{x^2}+\frac{2}{x}-\frac{2x-1}{x^2-x+1}$$

2. 部分分式法求拉氏逆变换

由有理分式的分解，可以看出，一个有理真分式总可以分成若干个部分分式的和，而一个有理假分式总可以分成一个整式和一个有理真分式的和. 这样，如果象函数比较复杂，不能从表中直接查到，那么，可先把象函数分解成若干项简单的象函数之和，然后再逐项查表（或利用拉氏变换的性质）求象原函数.

【例 3】 求下列函数的拉普拉斯逆变换.

（1）$F(p)=\dfrac{2p-5}{p^2}$；　　（2）$F(p)=\dfrac{2p+3}{p^2+9}$；

（3）$F(p)=\dfrac{2p-2}{(p+1)(p-3)}$；　　（4）$F(p)=\dfrac{p}{p-1}$.

解：（1）因为$F(p)=\dfrac{2p-5}{p^2}=\dfrac{2}{p}-\dfrac{5}{p^2}$，由线性性质及表 8-1 的变换 2、3 得

$$f(t)=L^{-1}\left[\frac{2p-5}{p^2}\right]=2L^{-1}\left[\frac{1}{p}\right]-5L^{-1}\left[\frac{1}{p^2}\right]=2-5t$$

(2) 因为 $F(p)=\frac{2p+3}{p^2+9}=\frac{2p}{p^2+9}+\frac{3}{p^2+9}$，由线性性质及表 8-1 的变换 9、10 得

$$f(t)=2L^{-1}\left[\frac{p}{p^2+9}\right]+L^{-1}\left[\frac{3}{p^2+9}\right]=2\cos 3t+\sin 3t$$

(3) 因为 $F(p)=\frac{2p-2}{(p+1)(p-3)}=\frac{1}{p-3}+\frac{1}{p+1}$，由线性性质及表 8-1 的变换 5 得

$$f(t)=L^{-1}\left[\frac{1}{p-3}\right]+L^{-1}\left[\frac{1}{p+1}\right]=e^{3t}+e^{-t}$$

(4) 因为 $F(p)=\frac{p}{p-1}=1+\frac{1}{p-1}$，由线性性质及表 8-1 的变换 1、5 得

$$f(t)=L^{-1}[1]+L^{-1}\left[\frac{1}{p-1}\right]=\delta(t)+e^{t}$$

【例 4】 求下列函数的拉氏逆变换.

(1) $F(p)=\frac{2p+5}{p^2+4p+13}$；　　　　(2) $F(p)=\frac{p+4}{p^2+p-6}$.

解：(1) 因为 $F(p)=\frac{2p+5}{p^2+4p+13}=\frac{2(p+2)+1}{(p+2)^2+9}=\frac{2(p+2)}{(p+2)^2+9}+\frac{1}{3}\cdot\frac{3}{(p+2)^2+9}$，由线性性质、位移性质及表 8-1 的变换 9、10（或直接查表 8-1 的 15、16）得

$$f(t)=2L^{-1}\left[\frac{(p+2)}{(p+2)^2+9}\right]+\frac{1}{3}L^{-1}\left[\frac{3}{(p+2)^2+9}\right]=2e^{-2t}\cos 3t+\frac{1}{3}e^{-2t}\sin 3t$$

$$=e^{-2t}\left[2\cos 3t+\frac{1}{3}\sin 3t\right]$$

(2) 因为 $F(p)=\frac{p+4}{p^2+p-6}=\frac{p+3+1}{(p+3)(p-2)}=\frac{1}{(p-2)}+\frac{1}{(p+3)(p-2)}$

$$=\frac{1}{(p-2)}+\left(-\frac{1}{5}\right)\left[\frac{1}{(p+3)}-\frac{1}{(p-2)}\right]$$

由线性性质及表 8-1 的变换 5 得

$$f(t)=L^{-1}\left[\frac{p+4}{p^2+p-6}\right]=L^{-1}\left[\frac{1}{(p-2)}\right]-\frac{1}{5}\left\{L^{-1}\left[\frac{1}{(p+3)}\right]-L^{-1}\left[\frac{1}{(p-2)}\right]\right\}$$

$$=e^{2t}-\frac{1}{5}(e^{-3t}-e^{2t})=\frac{6}{5}e^{2t}-\frac{1}{5}e^{-3t}$$

【例 5】 求 $F(p)=\frac{p+3}{p^3+4p^2+4p}$的拉氏逆变换.

解：因为 $F(p)=\frac{p+3}{p^3+4p^2+4p}=\frac{p+3}{p(p^2+4p+4)}=\frac{p+3}{p(p+2)^2}$

$$=\frac{\frac{3}{4}}{p}+\frac{-\frac{3}{4}}{p+2}+\frac{-\frac{1}{2}}{(p+2)^2}$$

所以

$$f(t)=L^{-1}\left[\frac{\frac{3}{4}}{p}+\frac{-\frac{3}{4}}{p+2}+\frac{-\frac{1}{2}}{(p+2)^2}\right]=\frac{3}{4}L^{-1}\left[\frac{1}{p}\right]-\frac{3}{4}L^{-1}\left[\frac{1}{p+2}\right]-\frac{1}{2}L^{-1}\left[\frac{1}{(p+2)^2}\right]$$

$$=\frac{3}{4}-\frac{3}{4}e^{-2t}-\frac{1}{2}te^{-2t}=\frac{1}{4}(3-3e^{-2t}-2te^{-2t})$$

【例 6】 求 $F(p)=\dfrac{p^2}{(p+2)(p^2+2p+2)}$的拉氏逆变换.

解： $F(p)=\dfrac{p^2}{(p+2)(p^2+2p+2)}=\dfrac{2}{p+2}-\dfrac{p+2}{p^2+2p+2}$

$$=\frac{2}{p+2}-\frac{(p+1)+1}{(p+1)^2+1}=\frac{2}{p+2}-\frac{p+1}{(p+1)^2+1}-\frac{1}{(p+1)^2+1}$$

则

$$f(t)=L^{-1}[F(p)]=2e^{-2t}-e^{-t}\cos t-e^{-t}\sin t$$

【例 7】 求 $F(p)=\dfrac{1}{p(p^2+1)^2}$的拉氏逆变换.

解： $F(p)=\dfrac{1}{p(p^2+1)^2}=\dfrac{1}{p}-\dfrac{p}{p^2+1}-\dfrac{p}{(p^2+1)^2}$

由表 8-1 的变换 13，得

$$L^{-1}\left[\frac{p}{(p^2+1)^2}\right]=\frac{1}{2}t\sin t$$

故

$$f(t)=L^{-1}[F(p)]=1-\cos t-\frac{1}{2}t\sin t$$

三、用 Mathstudio 求拉氏逆变换

在 Mathstudio 中，求拉氏逆变换的命令调用格式如下：
iLaplace(fun)

【例 8】 求函数 $F(p)=\dfrac{1}{(p+1)^2}$的拉氏逆变换.

解： 打开 Mathstudio，单击 Catalog 键，选择 iLaplace 命令，在该命令下，输入要变换的函数，单击 Solve，得到变换结果，如图 8-9 所示.

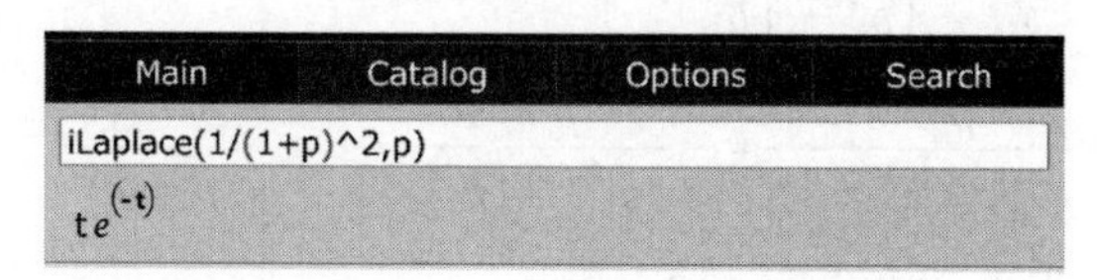

图 8-9

即 $L^{-1}[F(p)]=te^{-t}$.

【例 9】 求函数 $F(p)=\frac{1}{p^2+4}$ 的拉氏逆变换.

解： 打开 Mathstudio，单击 Catalog 键，选择 iLaplace 命令，在该命令下，输入要变换的函数，单击 Solve，得到变换结果，如图 8-10 所示.

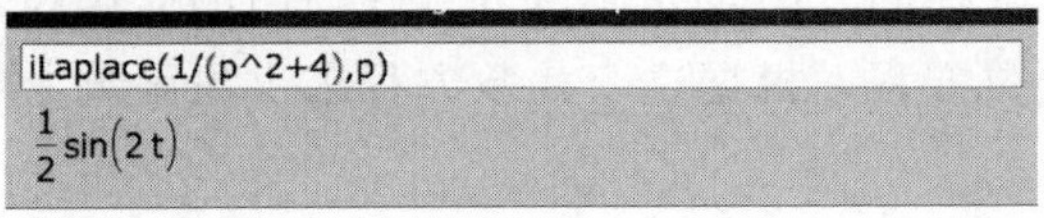

iLaplace(1/(p^2+4),p)

$\frac{1}{2}\sin(2t)$

图 8-10

即 $L^{-1}[F(p)]=\frac{\sin 2t}{2}$.

数学思想小火花

拉普拉斯变换是特殊形式的函数变换，作为一种广义形式的积分变换，它是近代分析学中一些最富有创新成果的数学思想根源，为处理某些特殊的问题提供了技术支持. 在经典控制理论中，对控制系统的分析和综合，都是建立在拉普拉斯变换的基础上的.

引入拉普拉斯变换的一个主要优点，是可采用传递函数代替微分方程来描述系统的特性. 这就为采用直观和简便的图解方法来确定控制系统的整个特性、分析控制系统的运动过程，以及综合控制系统的校正装置提供了可能性.

在工程学上，拉普拉斯变换的重大意义在于：将一个信号从时域上，转换为复频域（s 域）上来表示；在线性系统，控制自动化上都有广泛的应用.

习题 8-3

求下列函数的拉氏逆变换并用 Mathstudio 检验.

(1) $F(p)=\frac{3}{p+2}$；　(2) $F(p)=\frac{p}{p-2}$；　(3) $F(p)=\frac{p}{(p^2+4)^2}$；

(4) $F(p)=\frac{2p}{p^2+16}$；　(5) $F(p)=\frac{1}{4p^2+9}$；　(6) $F(p)=\frac{p}{(p-a)(p-b)}$；

(7) $F(p)=\frac{p+c}{(p+a)(p+b)}$；(8) $F(p)=\frac{1}{p(p+a)(p+b)}$；(9) $F(p)=\frac{1}{p^2(p^2+a^2)}$；

(10) $F(p)=\frac{1}{p^2(p^2-1)}$；　(11) $F(p)=\frac{p^2+2p-1}{p(p-1)^2}$；　(12) $F(p)=\frac{4}{p^2+4p+10}$；

(13) $F(p)=\frac{1}{p^4+5p^2+4}$；　(14) $F(p)=\frac{p+1}{9p^2+6p+5}$.

第四节　拉普拉斯变换在电路分析中的应用

本节主要讲述如何应用拉氏变换求解电路微分方程. 此方程一般含有导数或积分，

如果对其取拉氏变换，就可以将这种微积分方程转化为一个代数方程，这时问题会变得相对简单.

一、微分方程的拉氏变换解法

用拉氏变换解微分方程的方法是先对微分方程的两端取拉氏变换，把微分方程化为容易求解的象函数的代数方程，根据这个代数方程求出象函数，再取拉氏逆变换求出原微分方程的解.

【例 1】 求微分方程 $x'(t)+2x(t)=0$ 满足初始条件 $x(0)=3$ 的解.

解：第一步：对方程两端取拉氏变换，并设 $L[x(t)]=X(p)$.

$$L[x'(t)+2x(t)]=L[0]$$

$$L[x'(t)]+2L[x(t)]=0$$

$$pX(p)-x(0)+2X(p)=0$$

将初始条件 $x(0)=3$ 代入，整理后，得

$$(p+2)X(p)=3$$

可见，经变换后，原微分方程已经转化为象函数 $X(p)$的代数方程.

第二步：求出 $X(p)$.

$$X(p)=\frac{3}{p+2}$$

第三步：求象函数 $X(p)$的逆变换.

$$x(t)=L^{-1}[X(p)]=L^{-1}\left[\frac{3}{p+2}\right]=3\mathrm{e}^{-2t}$$

这就是所求的解.

【例 2】 求微分方程 $y''-3y'+2y=2\mathrm{e}^{3t}$ 满足初始条件 $y'|_{t=0}=y|_{t=0}=0$ 的解.

解：对方程两端取拉氏变换，并设 $L[y(t)]=Y(p)=Y$，得

$$[p^2Y-py(0)-y'(0)]-3[pY-y(0)]+2Y=\frac{2}{p-3}$$

代入初始条件，得

$$p^2Y-3pY+2Y=\frac{2}{p-3}$$

从而求出象函数

$$Y(p)=\frac{2}{(p-3)(p^2-3p+2)}$$

将其分解成部分分式，有

$$Y(p)=\frac{1}{p-1}-\frac{2}{p-2}+\frac{1}{p-3}$$

对其取拉氏逆变换，得

$$y(t)=\mathrm{e}^t-2\mathrm{e}^{2t}+\mathrm{e}^{3t}$$

这就是原微分方程的解.

【例 3】 将 RC 并联电路与电流为单位脉冲函数 $\delta(t)$ 的电流源接通（图 8-11），设电容 C 上原来没有电压，即 $u(0)=0$，求电压 $u(t)$.

解： 设流经电阻 R 和电容 C 的电流分别为 $i_1(t)$ 和 $i_2(t)$，则由电学知

$$i_1(t)=\frac{u(t)}{R}$$

$$i_2(t)=C\frac{\mathrm{d}u(t)}{\mathrm{d}t}\quad\left[因为\ u(t)=\frac{1}{C}\int_0^t i_2(t)\mathrm{d}t\right]$$

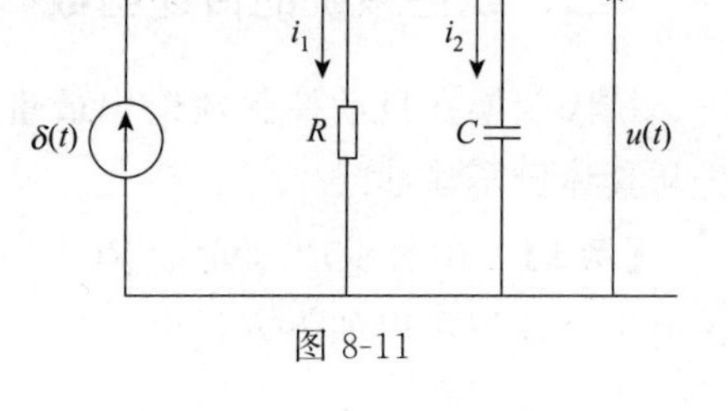

图 8-11

按题意，有 $i_1(t)+i_2(t)=\delta(t)$，从而得微分方程

$$\begin{cases}C\dfrac{\mathrm{d}u}{\mathrm{d}t}+\dfrac{u}{R}=\delta(t)\\ u(0)=0\end{cases}$$

设 $L[u(t)]=U(p)$，并对方程两边取拉氏变换，得

$$C[pU(p)-u(0)]+\frac{U(p)}{R}=1$$

将初始条件 $u(0)=0$ 代入整理后，得

$$U(p)=\frac{1}{\dfrac{1}{R}+Cp}=\frac{1}{C}\cdot\frac{1}{p+\dfrac{1}{RC}}$$

取拉氏逆变换，有

$$u(t)=L^{-1}[U(p)]=\frac{1}{C}\mathrm{e}^{-\frac{1}{RC}t}$$

这个解的物理意义是：由于电流源的电流是单位脉冲电流，它在一瞬间将电容充电，使其电压从 0 跃变为$\dfrac{1}{C}$，然后电容向电阻按指数规律放电.

【例 4】 求微分方程组

$$\begin{cases}x''-2y'-x=0\\ x'-y=0\end{cases}$$

满足初始条件 $x(0)=0$，$x'(0)=1$，$y(0)=1$ 的解.

解： 设 $L[x(t)]=X(p)=X$，$L[y(t)]=Y(p)=Y$，并对方程组取拉氏变换得

$$\begin{cases}p^2X-px(0)-x'(0)-2[pY-y(0)]-X=0\\ pX-x(0)-Y=0\end{cases}$$

将初始条件 $x(0)=0$，$x'(0)=1$，$y(0)=1$ 代入，整理后得

$$\begin{cases}(p^2-1)X-2pY+1=0\\ pX-Y=0\end{cases}$$

解此代数方程组得

$$\begin{cases}X(p)=\dfrac{1}{p^2+1}\\ Y(p)=\dfrac{p}{p^2+1}\end{cases}$$

取拉氏逆变换，有

$$\begin{cases} x(t)=\sin t \\ y(t)=\cos t \end{cases}$$

※二、线性系统的传递函数

拉氏变换在自动控制理论中最重要的应用就是引出了传递函数这一重要概念，我们先从具体例子谈起.

【例 5】 在图 8-12 所示的 RC 电路中，$u_{入}(t)$、$u_{出}(t)$分别为电路的输入、输出电压，由电工学知识可得如下方程组

$$\begin{cases} u_{入}(t)=iR+\dfrac{1}{C}\displaystyle\int_0^t i\,\mathrm{d}i \\ u_{出}(t)=iR \end{cases}$$

设 $L[u_{入}(t)]=U_{入}(p)$，$L[u_{出}(t)]=U_{出}(p)$，$L[i(t)]=I(p)$. 对上面两式取拉氏变换得

$$\begin{cases} U_{入}(p)=RI(p)+\dfrac{1}{Cp}I(p)=RI(p)\left[1+\dfrac{1}{RCp}\right] \\ U_{出}(p)=RI(p) \end{cases}$$

第二式除以第一式，有

$$\frac{U_{出}(p)}{U_{入}(p)}=\frac{1}{1+\dfrac{1}{RCp}}=\frac{RCp}{RCp+1}$$

即

$$\frac{U_{出}(p)}{U_{入}(p)}=\frac{T_0p}{T_0p+1}\quad (T_0=RC)$$

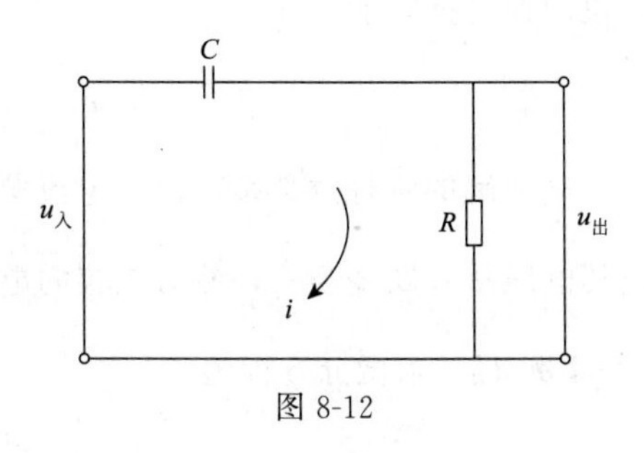

图 8-12

若令$\dfrac{T_0p}{T_0p+1}=W(p)$，则

$$U_{出}(p)=W(p)U_{入}(p). \tag{8-16}$$

这里 $W(p)$是电路本身的特性（即元件参数 R、C 和连接方式）所决定的，而与输入、输出电压无关. 如果 $W(p)$已知，那么当给出输入电压 $u_{入}(t)$时，可先求它的拉氏变换 $U_{入}(p)$，并通过式（8-16）求得 $U_{出}(p)$，然后通过求拉氏逆变换得 $u_{出}(t)$. 因此式(8-16)，可以用来描述输入电压、输出电压和电路本身特性三者之间的关系. 为了形象起见，也可用图 8-13 来表示. 可以看出函数 $W(p)=\dfrac{T_0p}{T_0p+1}$起到了把“输入”变为“输出”这一“传递”作用，通常称它为该电路的**传递函数**.

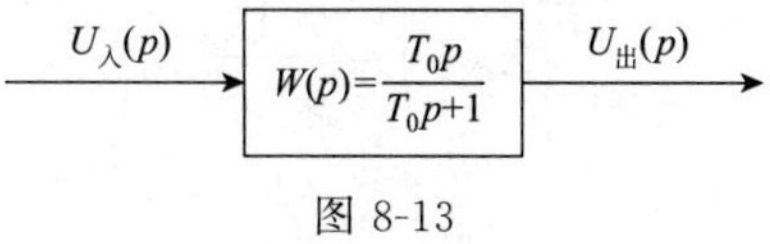

$U_{入}(p)$ → $W(p)=\dfrac{T_0p}{T_0p+1}$ → $U_{出}(p)$

图 8-13

一般地，所谓线性系统的传递函数 $W(p)$ 就是初始条件为零时，系统的输出量 $x_{出}(t)$ 的拉氏变换 $X_{出}(p)$ 与输入量 $x_{入}(t)$ 的拉氏变换 $X_{入}(p)$ 之比，即

$$W(p)=\frac{X_{出}(p)}{X_{入}(p)}$$

对于一个线性系统来说，如果知道了它的传递函数，用拉氏变换就可以根据已知的输入量 $x_{入}(t)$，求得它的输出量 $x_{出}(t)$.

【例 6】 上例图 8-12 的电路中，如果 $T_0=RC=1$（即很小的正数），并且输入电压是矩形脉冲

$$u_{入}(t)=\begin{cases} h & 0\leqslant t<\tau \\ 0 & \tau\leqslant t \end{cases}$$

求输出电压 $u_{出}(t)$.

解： 输入电压可表示为

$$u_{入}(t)=h\eta(t)-h\eta(t-\tau)$$

则它的拉氏变换为

$$U_{入}(p)=L[u_{入}(t)]=\frac{h}{p}-\frac{h}{p}\mathrm{e}^{-p\tau}=\frac{h}{p}(1-\mathrm{e}^{-p\tau})$$

由式（8-16），有

$$U_{出}(p)=W(p)U_{入}(p)=\frac{T_0 p}{T_0 p+1}\cdot\frac{h}{p}(1-\mathrm{e}^{-p\tau})=\frac{h}{p+\frac{1}{T_0}}(1-\mathrm{e}^{-p\tau})$$

取拉氏逆变换，得输出电压为

$$u_{出}(t)=h\left[\eta(t)\mathrm{e}^{-\frac{t}{T_0}}-\eta(t-\tau)\mathrm{e}^{-\frac{1}{T_0}(t-\tau)}\right]$$

由于 $T_0=RC=1$，故当 $t>0$ 时，$\mathrm{e}^{-\frac{t}{T_0}}$ 迅速趋于零. 这样输出电压又可分段地表示成

$$u_{出}(t)=\begin{cases} h\mathrm{e}^{-\frac{t}{T_0}} & 0\leqslant t<\tau \\ -h\mathrm{e}^{-\frac{1}{T_0}(t-\tau)} & \tau\leqslant t \end{cases}$$

输入、输出电压与时间的关系分别如图 8-14、图 8-15 所示.

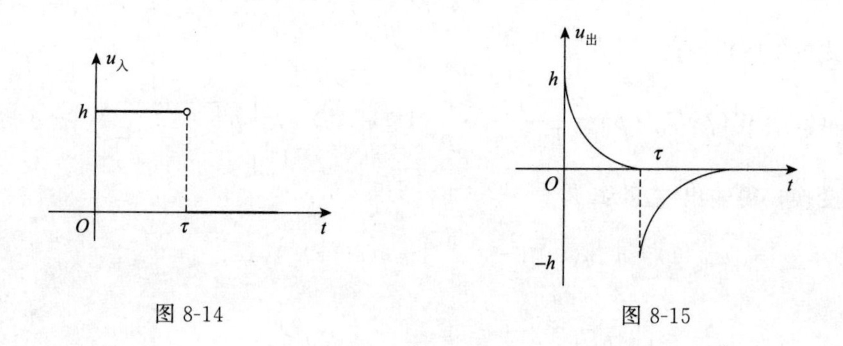

图 8-14　　图 8-15

顺便指出，对于图 8-12 的电路，当 $T_0=RC=1$，有

$$W(p)=\frac{T_0 p}{T_0 p+1}\approx T_0 p$$

式（8-16）就是

$$U_{出}(p)\approx T_0 p U_{入}(p) \tag{8-17}$$

根据拉氏变换的微分性质，式（8-17）表明：输出电压 $u_{出}(t)$与输入电压 $u_{入}(t)$的导数近似地成正比，而且比例常数就是 $T_0=RC$. 因此，通常把 $T_0=RC=1$ 的图 8-12 中的 RC 串联电路称作**微分电路**，T_0 为微分时间.

【例 7】 在图 8-16 所示的电路中，如果 $T_0=RC\gg 1$，

（1）求该电路的电压的传递函数；

（2）当

$$u_{入}(t)=\begin{cases}h & 0\leqslant t<\tau\\ 0 & \tau\leqslant t\end{cases}$$

时，求输出电压 $u_{出}(t)$.

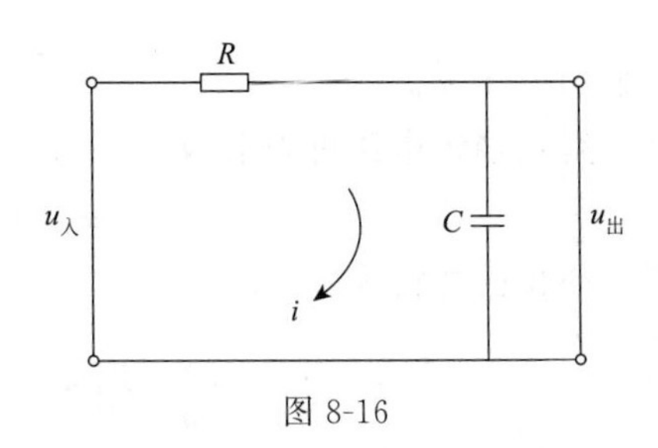

图 8-16

解：（1）由图 8-16，得

$$\begin{cases}u_{入}(t)=iR+\dfrac{1}{C}\displaystyle\int_0^t i\,\mathrm{d}i\\ u_{出}(t)=\dfrac{1}{C}\displaystyle\int_0^t i\,\mathrm{d}i\end{cases}$$

设 $L[u_{入}(t)]=U_{入}(p)$，$L[u_{出}(t)]=U_{出}(p)$，$L[i(t)]=I(p)$. 对上面两式取拉氏变换，得

$$\begin{cases}U_{入}(p)=RI(p)+\dfrac{1}{Cp}I(p)=RI(p)\left[1+\dfrac{1}{RCp}\right]\\ U_{出}(p)=\dfrac{1}{Cp}I(p)\end{cases}$$

于是该电路的电压的传递函数为

$$W(p)=\frac{U_{出}(p)}{U_{入}(p)}=\frac{\dfrac{1}{Cp}I(p)}{RI(p)\left[1+\dfrac{1}{RCp}\right]}=\frac{1}{RCp+1}=\frac{1}{1+T_0 p}\quad (T_0=RC) \tag{8-18}$$

（2）由例 6 已得

$$U_{入}(p)=L[u_{入}(t)]=\frac{h}{p}(1-\mathrm{e}^{-p\tau})$$

代入式（8-18），有

$$U_{出}(p)=W(p)U_{入}(p)=\frac{1}{T_0 p+1}\cdot\frac{h}{p}(1-\mathrm{e}^{-p\tau})=h\left[\frac{1}{p}-\frac{1}{p+\dfrac{1}{T_0}}\right](1-\mathrm{e}^{-p\tau})$$

取拉氏逆变换，得输出电压为

$$u_{出}(t)=h\{\eta(t)[1-\mathrm{e}^{-\frac{t}{T_0}}]-\eta(t-\tau)[1-\mathrm{e}^{-\frac{1}{T_0}(t-\tau)}]\}$$

$$=\begin{cases}h[1-\mathrm{e}^{-\frac{t}{T_0}}] & 0\leqslant t<\tau\\ h[\mathrm{e}^{-\frac{1}{T_0}(t-\tau)}-\mathrm{e}^{-\frac{t}{T_0}}] & \tau\leqslant t\end{cases}$$

输入、输出电压与时间的关系分别如图 8-17、图 8-18 所示.

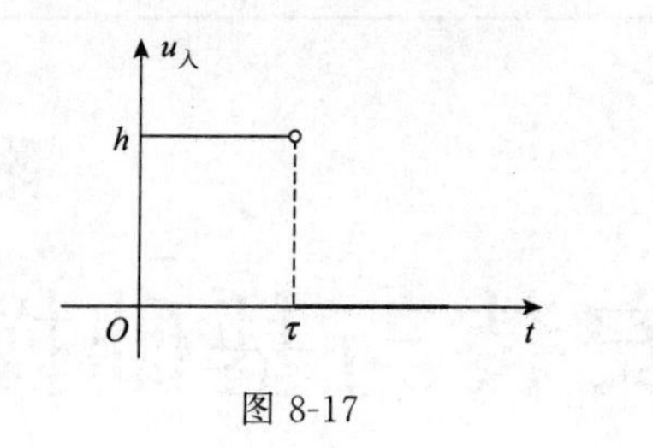

图 8-17

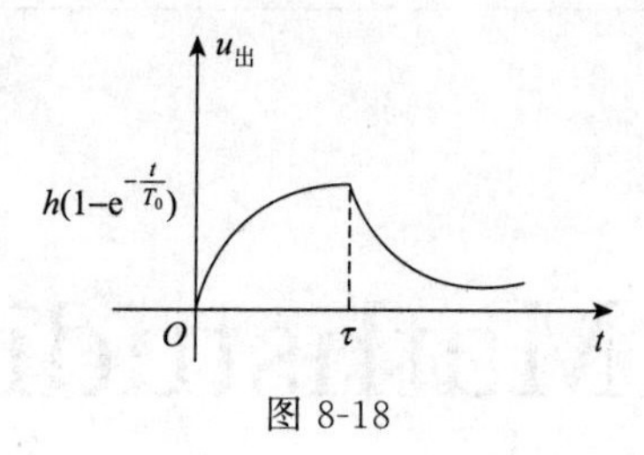

图 8-18

类似地，当 $T_0=RC\gg 1$ 时，有 $T_0p+1\approx T_0p$，故（8-18）式为

$$W(p)\approx\frac{1}{T_0p}$$

于是

$$U_{出}(p)\approx\frac{1}{T_0p}U_{入}(p) \tag{8-19}$$

根据拉氏变换的积分性质，式（8-19）表明：输出电压 $u_{出}(t)$与输入电压 $u_{入}(t)$的积分近似地成正比，由此，也把 $RC\gg 1$ 的图 8-15 中的 R,C 串联电路称作**积分电路**.

数学思想小火花

逐段连续函数几乎包括了实际工作中可能出现的所有函数，特别是间断的阶梯函数及锯齿函数，这两者分别表示物理与工程中突然施加或移去力以及电压的情形. 拉普拉斯变换适合于具有指数函数数量级的逐段连续函数，拉普拉斯逆变换则体现了“反其道而行之”的逆向思维解决问题的思路，因而它们能广泛应用于电路分析和其他实际问题中.

习题 8-4

用拉氏变换求下列微分方程（组）的解：

（1）$\frac{dx}{dt}+5x=10e^{-3t}$，$x(0)=0$；

（2）$\frac{d^2y}{dx^2}+\omega^2y=0$，$y(0)=0$，$y'(0)=\omega$；

（3）$y''(t)-3y'(t)+2y(t)=4$，$y(0)=1$,$y'(0)=1$；

（4）$y''(t)+16y(t)=32t$，$y(0)=3$，$y'(0)=-2$；

（5）$x''(t)+2x'(t)+5x(t)=0$，$x(0)=1$，$x'(0)=5$；

（6）$\begin{cases}x'+x-y=e^t\\ y'+3x-2y=2e^t\end{cases}$，$x(0)=y(0)=1$；

（7）$\begin{cases}x''+2y=0\\ y'+x+y=0\end{cases}$，$x(0)=0$，$x'(0)=1$，$y(0)=1$.

附录一

Mathstudio 安装与基础操作

一、Mathstudio 的安装

Android V6.0.2 版：在任何手机软件管理助手或浏览器搜索"mathstudio"都能免费下载与安装，安装后打开该 APP 界面如附图 1-1.

本书使用的软件都是基于 Mathstudio V6.0.2 版本的. 不管是哪个版本，操作一样，功能都很强大.

二、Mathstudio 操作界面

Mathstudio 界面简洁，操作简单，整个界面分为菜单区、指令区、功能区、键盘区和选项区（手机默认选项键），如附图 1-2.

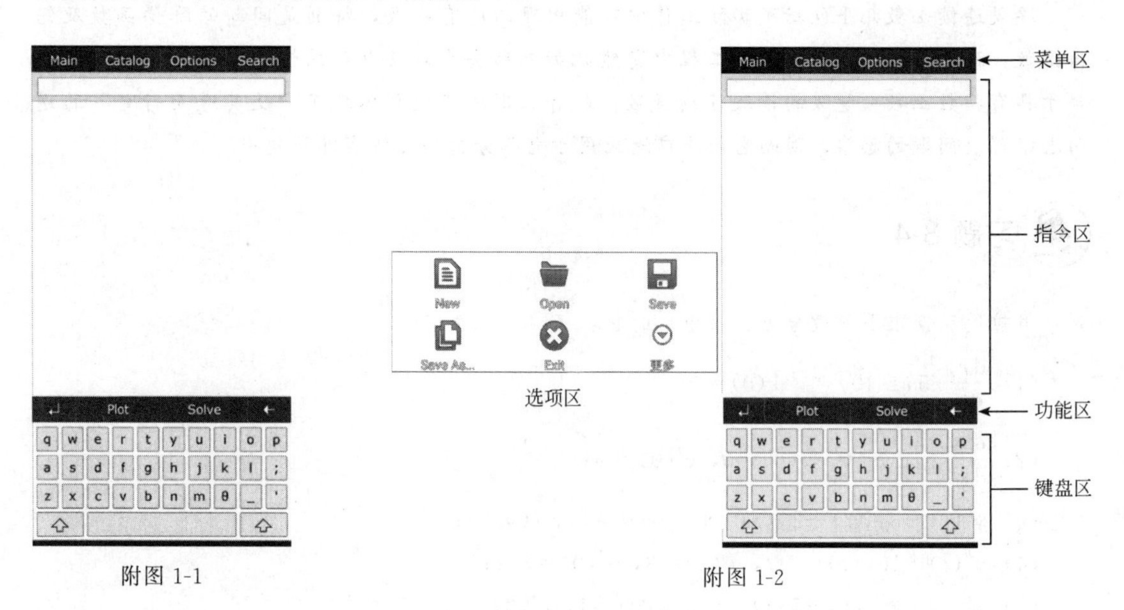

附图 1-1　　附图 1-2

(1) 菜单区

Main：主要操作界面，所以计算、绘图、脚本编写等操作都在这进行；

Catalog：函数目录，在这可以找到你需要的函数，如附图 1-3；

Opitions：设置选项，可进行桌面显示和数学输出格式等设置，如附图 1-4；

Search：搜索，指令区所有指令都可在这找到，并可设置是否显示指令.

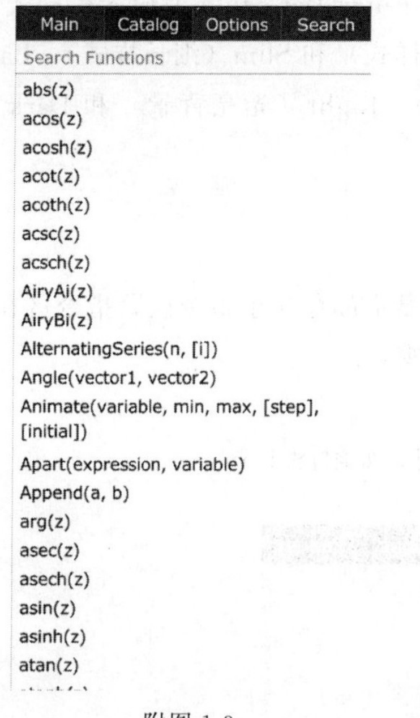

附图 1-3

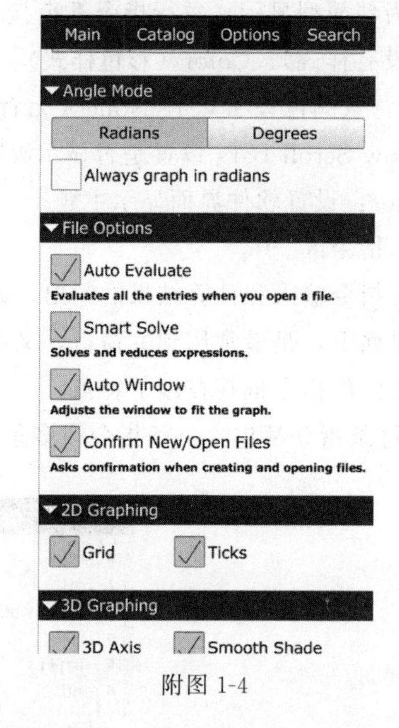

附图 1-4

菜单区的 Main、Catalog 和 Search 菜单操作较为简单，所以不细说，有什么特殊的功能到以后用到时再讲.

Options 菜单主要是整个软件的设置选项，各部分设置如下：

Number Mode：设置计算得出结果数值初始显示方式，Fractions 为分数显示，Decimals 为小数显示；

Notation：设置计算结果数值计数法，Normal 为标准记数，Sci 为科学记数法，Eng 为工程计数法；

Precision：设置计算结果精度，就是保留小数点后几位；

Complex Notation：设置计算结果复数显示方式，Rectangular 为直角坐标方式显示，Polar 为极坐标方式显示；

Fraction Limit：设置计算结果分数显示的极限，超出该范围则不以分数形式显示；

Angle Mode：设置计算结果角度显示方式，Radians 为弧度制，Degrees 为角度制，勾选 Always graph in radians 表示在绘图中总选用弧度制；

File Options：设置文件选项，Auto Evaluate 自动求解，勾选后当你打开一个 math 文件会求出所有指令的结果，Smart Solve 智能求解，勾选后你所得出的结果都会得到简化，Auto Window 自动窗口，勾选后软件为适应你的图形来调整窗口，Confirm New/Open Files 确定新建/打开文件，当你新建或打开文件时，询问你是否确定这样做；

2D Graphing：二维绘图选项，Grid 为网格，Ticks 为坐标刻度；

3D Graphing：三维绘图选项，3D Axis 为三维坐标轴，Smooth Shade 为平滑图形表面，Color Shading 底纹颜色设置，Normal 为标准，Height 为高亮，Rainbow 为彩色；

Button Pad：键盘设置，这里只有设置键盘高度；

Interface Options：界面选项，Open 为开放式显示，每行指令都独立存在，Condensed 为精简型显示，每行指令都衔接在一起，Entry Bar Style 为输入栏样式，分别有 None（没有样式）、Color（彩色样式）、Bar（条样式）和 Slim（细长样式），Background Color 为背景颜色设置，有 None（无背景颜色）、Light（光亮背景）和 Dark（暗黑背景），Show Scroll Bars 设置是否显示滚动条；

Styles：设置软件界面显示主题.

（2）指令区

所有指令输入和计算结果的输出，以及图形显示都存在于指令区，指令区在 Main 主要操作界面上，是最常用到的窗口，又可称作主窗口.

指令区的指令框存在以下特点：

① 每条指令都包含一条指令或多条脚本语句，如附图 1-5；

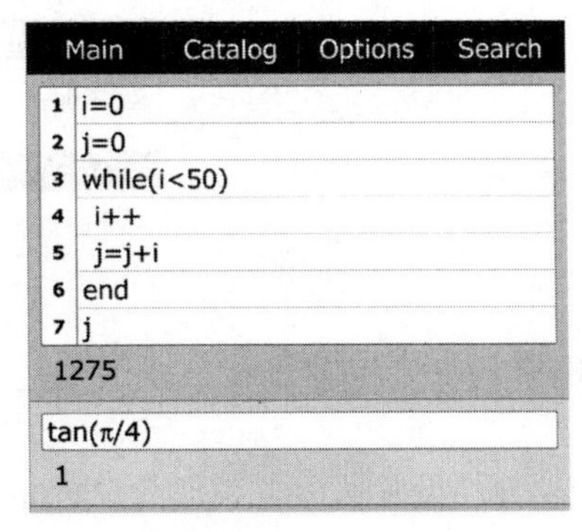

附图 1-5

② 每条非空指令都必定有一个输出结果，即使指令出错，也会返回错误提示；

③ 每条指令的顺序不固定，自己按住指令序号区域随意拖动；

④ 每条指令都可以收起，以免指令占据主窗口面积过大，点击指令序号区域就可收起；

⑤ 每条指令都可以隐藏，以免写好的数据或脚本被无意更改，操作方法是在菜单区的 Search 栏找到需隐藏的指令，点击该指令序号即可隐藏.

（3）功能区

功能区的每个按键都是对指令区的指令进行各种操作的，功能区有三个部分，左右拖动便可看到所有按键，如附图 1-6.

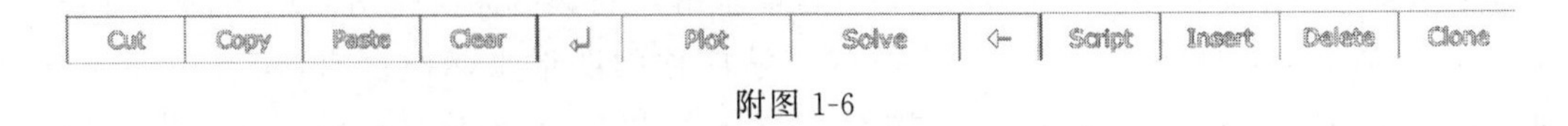

附图 1-6

Cut：剪切当前指令；

Copy：复制当前指令；

Paste：在当前指令框粘贴指令；

Clear：清除当前指令框；

Plot：绘制当前指令函数图形；

Solve：当前指令求解；

Script：插入脚本语句；

Insert：插入空白指令框；

Delete：删除当前指令框；

Clone：复制当前指令框；

换行符：在指令框内进行换行；

退行符：删除光标所在指令字符.

(4) 键盘区

指令框中所有指令都需用到键盘区的按键来输入，键盘区分为 6 个部分，通过在键盘区上下左右滑动选择不同的键盘来输入，如附图 1-7.

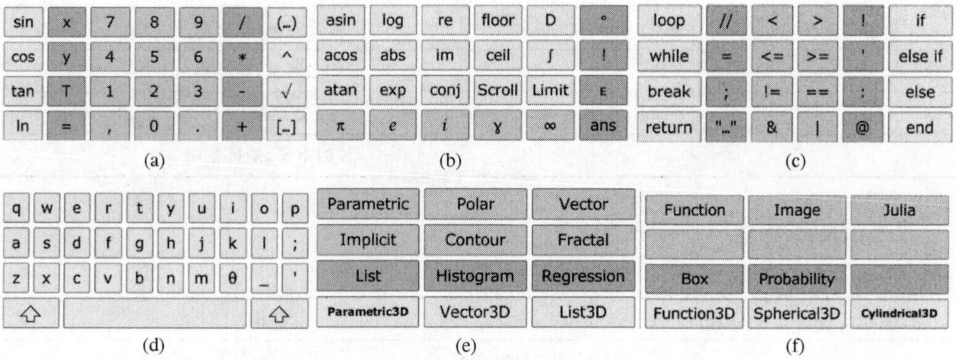

(a) (b) (c)

(d) (e) (f)

附图 1-7

① 主键盘，有一般计算器有的按键，并有少数特殊运算符和函数，如附图 1-7(a)；

② 函数键盘，有常用的函数和常量，如附图 1-7(b)；

③ 编程键盘，有各种脚本语言编写的关键字以及运算符，如附图 1-7(c)；

④ 字符键盘，有英文字符（大写字母需先按向上键）和常用标点符号，如附图 1-7(d)；

⑤ 绘图键盘，有各种绘图函数和指令，如附图 1-7(e) 和附图 1-7(f).

(5) 选项区

New：新建一个 math 文件；

Open：打开一个 math 文件；

Save：保存 math 文件；

Save As…：将 math 文件另存为；

More：更多操作，这里的操作不是重点.

提示：在 More 选项中的 Tutorials 是软件自带的最基本的入门教程，点击进去后勾选全部选项，点击 Launch Tutorials 进入教程，按照其步骤操作即可.

三、Mathstudio 常用符号

（1）自带常量

常量	含义	值	常量	含义	值
π	圆周率	3.141592654	∞	无穷大	
e	自然常数	2.718281828	ans	指令计算结果	
i	虚数单位		NaN	Not a number	
γ	欧拉常数	0.577215665			

（2）算术运算符

运算符	作用
+	数之间加，矩阵加
−	数之间减，矩阵减
*	数之间乘，矩阵乘
/	数之间除
^	数的乘幂，矩阵的幂

（3）常用特殊符号

名称	符号	作用
等号	=	数学上的等于；赋值
逗号	,	数组，矩阵元素分隔符； 函数输入量与输入量之间的分隔符
句号	.	数值运算中的小数点
分号	;	指令框输入多条语句的分隔符
冒号	:	生成连续数值或一维数组
单撇号	'	矩阵转置
感叹号	!	求阶乘
下连符	_	可用作一个变量、函数或文件中的连字符，提高可读性
双引号对	“ ”	字符串记述符
圆括号	()	改变运算次序； 引用数组或矩阵值时用； 紧随函数名后用于输入函数变量
方括号	[]	生成数组或矩阵
“At”号	@	生成和目标数、数组、矩阵大小一样的数、数组或矩阵，值为 0；用于求微分方程导数符号；下标生成

附录二

三角函数基本公式

根据三角函数的定义和相关性质，容易得到下面的许多关系.

1. 平方关系

$$\sin^2 x+\cos^2 x=1,\ 1+\tan^2 x=\sec^2 x,\ 1+\cot^2 x=\csc^2 x$$

2. 诱导公式

同名转换：

$$\sin(\pi+x)=-\sin x \quad \sin(\pi-x)=\sin x$$
$$\cos(\pi+x)=-\cos x \quad \cos(\pi-x)=-\cos x$$
$$\tan(\pi+x)=\tan x \quad \tan(\pi-x)=-\tan x$$

异名转换：

$$\sin\left(\frac{\pi}{2}+x\right)=\cos x \quad \sin\left(\frac{\pi}{2}-x\right)=\cos x$$
$$\cos\left(\frac{\pi}{2}+x\right)=-\sin x \quad \cos\left(\frac{\pi}{2}-x\right)=\sin x$$
$$\tan\left(\frac{\pi}{2}+x\right)=-\cot x \quad \tan\left(\frac{\pi}{2}-x\right)=\cot x$$

3. 加法定理

$$\sin(x_1+x_2)=\sin x_1\cos x_2+\cos x_1\sin x_2$$
$$\cos(x_1+x_2)=\cos x_1\cos x_2-\sin x_1\sin x_2$$
$$\sin(x_1-x_2)=\sin x_1\cos x_2-\cos x_1\sin x_2$$
$$\cos(x_1-x_2)=\cos x_1\cos x_2+\sin x_1\sin x_2$$
$$\tan(x_1+x_2)=\frac{\tan x_1+\tan x_2}{1-\tan x_1\tan x_2}$$
$$\tan(x_1-x_2)=\frac{\tan x_1-\tan x_2}{1+\tan x_1\tan x_2}$$
$$\cot(x_1+x_2)=\frac{\cot x_1\cot x_2-1}{\cot x_1+\cot x_2}$$

4. 积化和差

$$\sin x_1\cos x_2=\frac{1}{2}[\sin(x_1+x_2)+\sin(x_1-x_2)]$$

$$\cos x_1 \cos x_2 = \frac{1}{2}[\cos(x_1 + x_2) + \cos(x_1 - x_2)]$$

$$\sin x_1 \sin x_2 = -\frac{1}{2}[\cos(x_1 + x_2) - \cos(x_1 - x_2)]$$

5. 和差化积

$$\sin x_1 + \sin x_2 = 2\sin\frac{x_1 + x_2}{2}\cos\frac{x_1 - x_2}{2}$$

$$\sin x_1 - \sin x_2 = 2\cos\frac{x_1 + x_2}{2}\sin\frac{x_1 - x_2}{2}$$

$$\cos x_1 + \cos x_2 = 2\cos\frac{x_1 + x_2}{2}\cos\frac{x_1 - x_2}{2}$$

$$\cos x_1 - \cos x_2 = -2\sin\frac{x_1 + x_2}{2}\sin\frac{x_1 - x_2}{2}$$

6. 倍角公式

$$\sin 2x = 2\sin x \cos x$$

$$\cos 2x = \cos^2 x - \sin^2 x = 2\cos^2 x - 1 = 1 - 2\sin^2 x$$

$$\tan 2x = \frac{2\tan x}{1 - \tan^2 x}$$

附录三

习题参考答案

习题 1-1

1.（1）$\left(\frac{1}{2},2\right)$；（2）$\left(\frac{1}{3},+\infty\right)$；（3）$\left[\left(-\frac{1}{2},1\right)\cup(1,3)\cup(3,+\infty)\right]$；

（4）$(-1,1)$；（5）$(-3,-2)\cup(-2,+\infty)$；（6）$\left(-\frac{1}{2},2\right)\cup(2,+\infty)$

2.（1）否，对应法则不同；（2）否，定义域不同；（3）是；（4）否，定义域不同

3. 4，-5

4.（1）奇函数；（2）非奇非偶函数；（3）非奇非偶函数；（4）奇函数

5. -2，1，2

6.

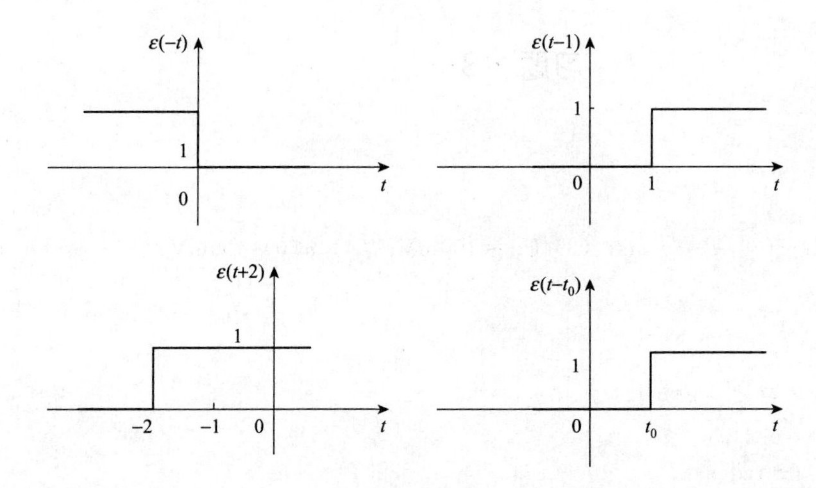

7.（1）$f(t)=(-3t+30)[u(t)-u(t-10)]$

（2）$f(t)=(30t+120)[u(t+4)-u(t)]+(-30t+120)[u(t)-u(t-8)]$
$+(30t-360)[u(t-8)-u(t-12)]$

（3）$f(t)=(5t+45)[u(t+9)-u(t+6)]+15[u(t+6)-u(t+3)]$
$-5t[u(t+3)-u(t-3)]-15[u(t-3)-u(t-6)]$

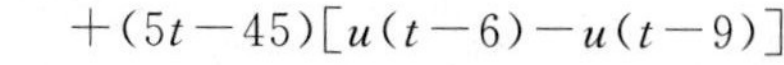

$+(5t-45)[u(t-6)-u(t-9)]$

8. (1)

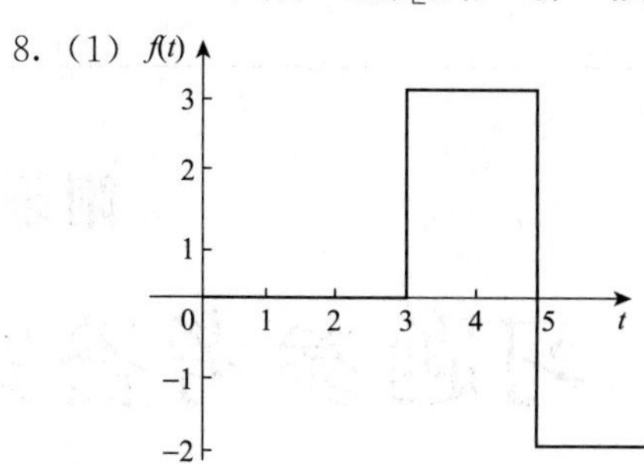

(2)

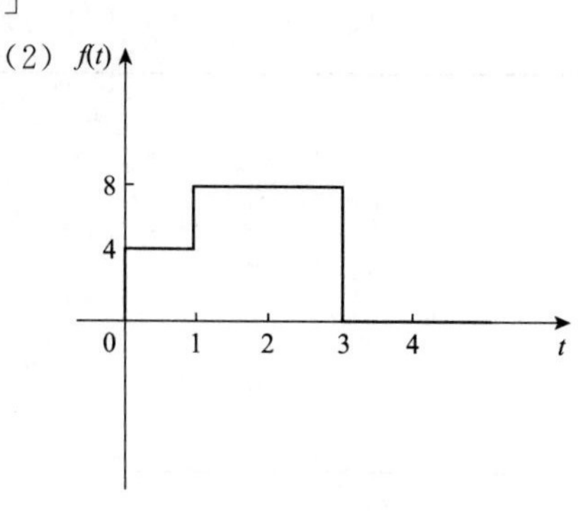

9. $\varepsilon(t)+\varepsilon(t-2)-2\varepsilon(t-4)$

10. (1) $y=\frac{1}{5}(x-3), x\in R$；(2) $y=(x-3)^2, x\in[3,+\infty)$；

(3) $y=\ln\frac{1}{2}(x+6), x\in(-6,+\infty)$；(4) $y=\frac{2^{\frac{x}{2}}+1}{3}, x\in R$；

(5) $y=\log_2\frac{x}{1-x}, x\in(0,1)$

习题 1-2

1. 略

2. (1) $-60.00°$，-1.05rad；(2) $60.00°$，1.05rad；(3) $-45.00°$，-0.79rad；(4) $-17.46°$，-0.30rad；(5) $-30.00°$，-0.52rad；(6) $11.31°$，0.20rad

习题 1-3

1. $i(0.1)=\frac{5}{2}$

2. (1) $f=120\text{Hz}$；(2) $T=\frac{25}{3}\text{ms}$；(3) $U_m=100\text{mV}$；(4) $u(0)=50\text{mV}$；(5) $\varphi_0=\frac{\pi}{6}$；(6) $\frac{1}{288}\text{s}$

3. 图略，$i_1(t)$ 向右平移 $\frac{5}{12}\pi$ 为 $i_2(t)$

4. $T=\frac{1}{60}\text{s}, \omega=120\pi\ \text{rad/s}$

5. $u(t)=311\sin\left(100\pi t+\frac{\pi}{4}\right)\text{V}$

6. (1) $U_m=170\text{V}$，$f=60\text{Hz}$，$\omega=120\pi\ \text{rad/s}$，$\varphi_0=\frac{\pi}{4}$，$T=\frac{1}{60}\text{s}$；

(2) $\frac{1}{480}\text{s}$；(3) $170\sin\left(120\pi t-\frac{\pi}{6}\right)\text{V}$；(4) $\frac{175}{12}\text{ms}$

习题 1-4

1. (1) -0.40；(2) 0.38；(3) 1.78；(4) 2.08；(5) 1.37；(6) 4.09

2. -72.04dB

习题 1-5

1. (1) $y=[\sin(x-2)]^2$；　(2) $y=\log_a 2(3x-1)^2$；

(3) $y=6x-2\sqrt{2}\sqrt{x}$；　(4) $y=\sin[(2x-1)^3+4]$

2. (1) $y=u^2, u=2x-1$；　(2) $y=e^u, u=3x+8$；

(3) $y=\sqrt{u}, u=1-\ln v, v=x^2$；　(4) $y=u^3, u=\arcsin v, v=ax+b$

习题 1-6

1. 略

2. $y=10.31845x+1.43995$

3. $y=132.54717x+27.79245$

习题 2-1

1. A 在第四卦限，B 在第五卦限，C 在第八卦限，D 在第三卦限.

2. A 在 xOy 面上，B 在 yOz 面上，C 在 x 轴上，D 在 y 轴上.

3. (1) 关于 xOy 面的对称点为 $(a, b, -c)$；关于 yOz 面的对称点为 $(-a, b, c)$；关于 zOx 面的对称点为 $(a, -b, c)$.

(2) 关于 x 轴的对称点为 $(a, -b, -c)$；关于 y 轴的对称点为 $(-a, b, -c)$；关于 z 轴的对称点为 $(-a, -b, c)$.

(3) 关于坐标原点的对称点为 $(-a, -b, -c)$.

4. 在 xOy 面、yOz 面和 zOx 面上，垂足的坐标分别为 $(x_0, y_0, 0)$、$(0, y_0, z_0)$ 和 $(x_0, 0, z_0)$. 在 x 轴、y 轴和 z 轴上，垂足的坐标分别为 $(x_0, 0, 0)$、$(0, y_0, 0)$ 和 $(0, 0, z_0)$.

5. $\vec{a}-\vec{b}=\vec{i}+4\vec{j}-12\vec{k}$；$3\vec{a}+2\vec{b}=13\vec{i}+17\vec{j}+4\vec{k}$

6. $\left(\frac{6}{11},\frac{7}{11},-\frac{6}{11}\right)$ 或 $\left(-\frac{6}{11},-\frac{7}{11},\frac{6}{11}\right)$

7. $\left\{\frac{3}{\sqrt{14}},\frac{1}{\sqrt{14}},\frac{-2}{\sqrt{14}}\right\}$

8. $|\overrightarrow{M_1M_2}|=2$；$\cos\alpha=-\frac{1}{2}$，$\cos\beta=-\frac{\sqrt{2}}{2}$，$\cos\gamma=\frac{1}{2}$；$\alpha=\frac{2\pi}{3}$，$\beta=\frac{3\pi}{4}$，$\gamma=\frac{\pi}{3}$

9. $\vec{a}=\{3\sqrt{3},3,\pm 3\}$

习题 2-2

1. （1）3；（2）$5\vec{i}+\vec{j}+7\vec{k}$；（3）$-18$；（4）$10\vec{i}+2\vec{j}+14\vec{k}$；（5）$\dfrac{3}{2\sqrt{21}}$

2. （1）$-8\vec{j}-24\vec{k}$；（2）$-\vec{j}-\vec{k}$；（3）2

3. 5880（J）

4. 2

5. $m=-\dfrac{4}{3}$

6. $\lambda=2\mu$

习题 2-3

1. （1）$\dot{U}=220\sqrt{2}\angle\dfrac{\pi}{4}$；（2）$\dot{U}=311\angle-\dfrac{\pi}{6}$；（3）$\dot{U}=200\angle 0$；

（4）$\dot{I}=15\angle\dfrac{\pi}{2}$；（5）$\dot{I}=30\angle\dfrac{2\pi}{3}$；（6）$\dot{I}=20\sqrt{2}\angle\dfrac{\pi}{3}$

2. （1）$e=8\sin\left(\omega t-\dfrac{\pi}{4}\right)$；（2）$i=3\sin\left(\omega t+\dfrac{\pi}{3}\right)$；（3）$e=10\sqrt{2}\sin\left(\omega t+\dfrac{3\pi}{4}\right)$

3. $i=29.06\sin(314t-40.59°)$

4. $u=299.19\sin(314t+31.32°)$

习题 2-4

1. $j^5=j$，$j^{112}=1$，$j^{1021}=j$

2. （1）$4-\mathrm{j}5$；（2）$-2+\mathrm{j}3$；（3）$\sqrt{2}+\mathrm{j}2$；（4）$\mathrm{j}6$　图略

3. （1）$r=\sqrt{5}$，$\mathrm{Arg}(4+\mathrm{j}3)=2k\pi+36.87°(k=0,\pm1\cdots)$；

（2）$r=\sqrt{10}$，$\mathrm{Arg}(-1-\mathrm{j}3)=2k\pi-108.44°(k=0,\pm1\cdots)$；

（3）$r=2$，$\mathrm{Arg}(\sqrt{2}-\mathrm{j}\sqrt{2})=2k\pi-\dfrac{\pi}{4}(k=0,\pm1\cdots)$；

（4）$r=2$，$\mathrm{Arg}(-\mathrm{j}2)=2k\pi-\dfrac{\pi}{2}(k=0,\pm1\cdots)$；

（5）$r=2$，$\mathrm{Arg}(-\sqrt{3}-\mathrm{j})=2k\pi-\dfrac{5\pi}{6}(k=0,\pm1\cdots)$；

（6）$r=2$，$\mathrm{Arg}(1-\mathrm{j}\sqrt{3})=2k\pi-\dfrac{\pi}{3}(k=0,\pm1\cdots)$

4. （1）$\mathrm{j}2=2\left(\cos\dfrac{\pi}{2}+\mathrm{j}\sin\dfrac{\pi}{2}\right)=2\angle\dfrac{\pi}{2}=2\mathrm{e}^{\mathrm{j}\left(\frac{\pi}{2}\right)}$；

（2）$\sqrt{3}-\mathrm{j}=2\left[\cos\left(-\dfrac{\pi}{6}\right)+\mathrm{j}\sin\left(-\dfrac{\pi}{6}\right)\right]=2\angle-\dfrac{\pi}{6}=2\mathrm{e}^{-\mathrm{j}\left(\frac{\pi}{6}\right)}$；

(3) $5\angle\frac{\pi}{3}=5e^{j\left(\frac{\pi}{3}\right)}=5\left(\cos\frac{\pi}{3}+j\sin\frac{\pi}{3}\right)=\frac{5}{2}+j\frac{5}{2}\sqrt{3}$;

(4) $4e^{j\left(\frac{5\pi}{6}\right)}=4\angle\frac{5\pi}{6}=4\left(\cos\frac{5\pi}{6}+j\sin\frac{5\pi}{6}\right)=-2\sqrt{3}+j2$;

(5) $2\angle-\frac{2\pi}{3}=2e^{-j\left(\frac{2\pi}{3}\right)}=2\left[\cos\left(-\frac{2\pi}{3}\right)+j\sin\left(-\frac{2\pi}{3}\right)\right]=-1-j\sqrt{3}$;

(6) $6e^{-j\left(\frac{3\pi}{4}\right)}=6\angle-\frac{3\pi}{4}=6\left[\cos\left(-\frac{3\pi}{4}\right)+j\sin\left(-\frac{3\pi}{4}\right)\right]=-3\sqrt{2}-j3\sqrt{2}$;

(7) $2\angle33.69°=2e^{j33.69°}=2(\cos33.69°+j\sin33.69°)=\frac{6}{13}\sqrt{13}+j\frac{2}{13}\sqrt{13}$;

(8) $1-j3=\sqrt{10}\angle-71.57°=\sqrt{10}e^{-j71.57°}=\sqrt{10}[\cos(-71.57°)+j\sin(-71.57°)]$

5. (1) $|z|=4$ 圆点为圆心，半径为 4 的圆周；

(2) $2<|z|<5$ 圆点为圆心，内半径为 2，外半径为 5 的无边缘圆环.

6. (1) $i=(20+15\sqrt{3})+j(20\sqrt{3}-15)$；(2) $i=(30+25\sqrt{2})-j(30\sqrt{2}-25\sqrt{2})$；

(3) $i=130+j50\sqrt{3}$

7. (1) 图略；(2) $\frac{\dot{E}}{\dot{I}}=j20$

8. (1) $\frac{2\sqrt{26}}{13}(\cos191.31°+j\sin191.31°)=\frac{2\sqrt{26}}{13}e^{j191.31°}=\frac{2\sqrt{26}}{13}\angle191.31°$;

(2) $\frac{2}{5}(\cos96.87°+j\sin96.87°)=\frac{2}{5}e^{j96.87°}=\frac{2}{5}\angle96.87°$;

(3) $5\sqrt{3}=5\sqrt{3}(\cos0+j\sin0)=5\sqrt{3}e^{j0}=5\sqrt{3}\angle0$;

(4) $2+3\sqrt{2}+j(2\sqrt{3}+3\sqrt{2})=9.92(\cos50.99°+j\sin50.99°)=9.92e^{j50.99°}=9.92\angle50.99°$;

(5) $4\angle55°=2.296+j3.276=4(\cos55°+j\sin55°)=4e^{j55°}$;

(6) $18\angle42.99°=2.296+j3.276=18(\cos42.99°+j\sin42.99°)=18e^{j42.99°}$;

(7) $6\angle\frac{\pi}{2}=j6=6\left(\cos\frac{\pi}{2}+j\sin\frac{\pi}{2}\right)=6e^{j\frac{\pi}{2}}$;

(8) $\frac{5}{6}\angle\frac{5\pi}{12}=0.216+j0.805=\frac{5}{6}\left(\cos\frac{5\pi}{12}+j\sin\frac{5\pi}{12}\right)=\frac{5}{6}e^{j\frac{5\pi}{12}}$

9. (1) $z_1\cdot z_2=10\angle\frac{\pi}{3}=10\left(\cos\frac{\pi}{3}+j\sin\frac{\pi}{3}\right)=5+j5\sqrt{2}=10e^{j\frac{\pi}{3}}$

$$\frac{z_1}{z_2}=\frac{5}{2}\angle\pi=\frac{5}{2}(\cos\pi+j\sin\pi)=-\frac{5}{2}=\frac{5}{2}e^{j\pi}$$

(2) $z_1\cdot z_2=24\angle\frac{5\pi}{12}=24\left(\cos\frac{5\pi}{12}+j\sin\frac{5\pi}{12}\right)=23.99+j0.55=24e^{j\frac{5\pi}{12}}$

$$\frac{z_1}{z_2}=\frac{3}{2}\angle-\frac{\pi}{12}=24\left[\cos\left(-\frac{\pi}{12}\right)+j\sin\left(-\frac{\pi}{12}\right)\right]=24.00°-j0.11°=24e^{-j\frac{\pi}{12}}$$

习题 2-5

1. (1) $Z=120\Omega$；(2) $\dot{U}=2.4\angle\frac{5\pi}{6}$；(3) $u(t)=2.4\sin\left(4000t+\frac{5\pi}{6}\right)$(V)

2.（1）$Z=11.36\Omega$；（2）$\dot{I}=2.2\angle\frac{\pi}{4}$；（3）$i(t)=2.2\sin\left(4000t+\frac{\pi}{4}\right)$(A)

3.（1）$Z=\frac{\mathrm{j}\omega LR}{\mathrm{j}\omega L+R}$；（2）$Z=\frac{R}{1+\mathrm{j}\omega CR}$；（3）$Z=\frac{\mathrm{j}\omega LR}{\mathrm{j}\omega L+R-\omega^2 LC}$

4.（1）$-2+\mathrm{j}2\sqrt{3}$；（2）-4；

（3）$\tau_0=\sqrt[3]{4}\left(\cos\frac{2}{9}\pi+\mathrm{j}\sin\frac{2}{9}\pi\right)$，$\tau_1=\sqrt[3]{4}\left(\cos\frac{8}{9}\pi+\mathrm{j}\sin\frac{8}{9}\pi\right)$，$\tau_3=\sqrt[3]{4}\left(\cos\frac{14}{9}\pi+\mathrm{j}\sin\frac{14}{9}\pi\right)$；

（4）$\tau_0=\sqrt[4]{18}\left(\cos\frac{\pi}{8}-\mathrm{j}\sin\frac{\pi}{8}\right)$，$\tau_1=\sqrt[4]{18}\left(\cos\frac{7\pi}{8}+\mathrm{j}\sin\frac{7\pi}{8}\right)$；

（5）$\tau_0=\sqrt[5]{6}\left(\cos\frac{\pi}{10}-\mathrm{j}\sin\frac{\pi}{10}\right)$，$\tau_1=\sqrt[5]{6}\left(\cos\frac{3\pi}{10}+\mathrm{j}\sin\frac{3\pi}{10}\right)$；

$\tau_2=\sqrt[5]{6}\left(\cos\frac{7\pi}{10}+\mathrm{j}\sin\frac{7\pi}{10}\right)$，$\tau_3=\sqrt[5]{6}\left(\cos\frac{11\pi}{10}+\mathrm{j}\sin\frac{11\pi}{10}\right)$，$\tau_4=\sqrt[5]{6}\left(\cos\frac{15\pi}{10}+\mathrm{j}\sin\frac{15\pi}{10}\right)$

（6）64j

5. $\tau_0=\cos\frac{\pi}{5}+\mathrm{j}\sin\frac{\pi}{5}$，$\tau_1=\cos\frac{3\pi}{5}+\mathrm{j}\sin\frac{3\pi}{5}$

$\tau_2=-1$，$\tau_3=\cos\frac{7\pi}{5}+\mathrm{j}\sin\frac{7\pi}{5}$，$\tau_3=\cos\frac{9\pi}{5}+\mathrm{j}\sin\frac{9\pi}{5}$

习题 3-1

1.（1）$\lim\limits_{n\to\infty}\left(\frac{4}{5}\right)^n=0$；（2）$\lim\limits_{n\to\infty}\left[1-\left(\frac{1}{2}\right)^n\right]=1$；（3）$\lim\limits_{x\to-1}(2+x)=1$；（4）$\lim\limits_{x\to2}x^2=4$

2.（1）0；（2）0；（3）0；（4）2

3.（1）0；（2）0；（3）∞；（4）∞

4. $\lim\limits_{x\to0^-}f(x)=-2$，$\lim\limits_{x\to0^+}f(x)=2$；$\lim\limits_{x\to0}f(x)$不存在

5. -1.

6. $\lim\limits_{x\to-1^-}f(x)=1$，$\lim\limits_{x\to-1^+}f(x)=1$；$\lim\limits_{x\to-1}f(x)$存在且等于 1

7. -1；-2

8. 1；不存在；2

9※.（1）无穷小；（2）无穷大；（3）无穷大；（4）无穷小

10※.（1）$x\to\infty$ 时，无穷小；$x\to0$ 时，无穷大；

（2）$x\to0$ 时，无穷小；$x\to+\infty$时，无穷大；

（3）$x\to1$ 时，无穷小；$x\to0^+$，$x\to+\infty$时，无穷大

习题 3-2

1.（1）-1；（2）0；（3）-2；（4）$\frac{1}{2}$；（5）0；（6）∞

2. (1) $\frac{5}{3}$；(2) $\frac{1}{2}$；(3) $\frac{3}{2}$；(4) e^2；(5) 1；(6) $e^{\frac{1}{3}}$；(7) 0；(8) e^3

3. (1) $3x^2$；(2) 1；(3) 4；(4) $e^{-\frac{2}{3}}$；(5) 1；(6) 0；(7) e^2；(8) 1

4. 长时间后，电压 $U(t)$ 趋近于 E.

5※. 当 $x\to1$ 时，$1-x$ 与 $1-x^3$ 同阶，$1-x$ 与 $\frac{1-x^2}{2}$ 等价.

6※. (1) $\frac{3}{2}$；(2) $\frac{1}{2}$

习题 3-3

1. 有定义，$f(0)=2$；$\lim\limits_{x\to0}f(x)=\frac{1}{4}$；$f(x)$ 在点 $x=0$ 处不连续，因为 $\lim\limits_{x\to0}f(x)\neq f(0)$.

2. $(-1,1)$

3. (1) 1；(2) $\sqrt{3}$；(3) 4e；(4) 1；(5) $\sqrt{3}$；(6) 1；(7) $\frac{1}{2}\ln2$；(8) $\frac{1}{2}$；(9) 2；(10) 1；(11) $\sqrt{e}$；(12) 0

4. $a=6$

习题 4-1

1. (1) $2(4+\Delta t)$；(2) 8；(3) $2(2t_0+\Delta t)$；(4) $4t_0$

2. $\frac{1}{2}$.

3. $k_{切}=-4$；切线方程：$y-2=-4\left(x-\frac{1}{2}\right)$；法线方程：$y-2=\frac{1}{4}\left(x-\frac{1}{2}\right)$.

4. $(0,0)$

5. 可导，$f'(0)=1$.

6. 在点 $x=0$ 处连续，不可导；在点 $x=1$ 处连续，可导.

7. $\frac{dQ}{dt}=0.1053+0.0001424T$

8. $i=CU_m\cos t$

9. (1) $dy=(\sin2x+2x\cos2x)dx$；　(2) $dy=\left(-\frac{1}{x^2}+\frac{1}{\sqrt{x}}\right)dx$；

(3) $dy=\frac{1}{(x^2+1)^{\frac{3}{2}}}dx$；　(4) $dy=\frac{2\ln(1-x)}{x-1}dx$

10. (1) $2x+C$；(2) $\frac{3}{2}x^2+C$；(3) $-\frac{1}{2}e^{-2x}+C$；(4) $\ln|1+x|+C$；

(5) $2\sqrt{x}+C$；(6) $e^{x^2}+C$；(7) $2\sin x$；(8) $\frac{1}{2x+3}$，$\frac{2}{2x+3}$

习题 4-2

1.（1）$2x+3-\cos x$；（2）$3x^2-5x^{-\frac{7}{2}}+3x^{-4}$；（3）$\frac{1}{2\sqrt{t}}\sin t+\sqrt{t}\cos t$；

（4）$\cos x\ln x-x\sin x\ln x+\cos x$；（5）$-\frac{2}{(x-1)^2}$；（6）$\frac{e^x(x^2-2x+1)}{(x^2+1)^2}$

2.（1）$f'(0)=3, f'\left(\frac{\pi}{2}\right)=\frac{5\pi^4}{16}$；（2）$f'(-\pi)=-6\pi-1$，$f'(\pi)=6\pi-1$

3.（1）$y=u^{10}, u=3x^2+1$，$\frac{dy}{dx}=60x(3x^2+1)^9$；

（2）$y=\sqrt{u}, u=1+x^2$，$\frac{dy}{dx}=\frac{x}{\sqrt{1+x^2}}$；

（3）$y=\cos u$，$u=5x+\frac{\pi}{4}$，$\frac{dy}{dx}=-5\sin\left(5x+\frac{\pi}{4}\right)$；

（4）$y=3\sin u$，$u=3x+5$，$\frac{dy}{dx}=9\cos(3x+5)$；

（5）$y=\ln u$，$u=1-x$，$\frac{dy}{dx}=\frac{1}{x-1}$；

（6）$y=u^2$，$u=\sin x$，$\frac{dy}{dx}=\sin 2x$；

（7）$y=\ln u$，$u=x^2+\sqrt{x}$，$\frac{dy}{dx}=\frac{1}{x^2+\sqrt{x}}\left(2x+\frac{1}{2\sqrt{x}}\right)$；

（8）$y=\sqrt{u}$，$u=\frac{x-1}{x+1}$，$\frac{dy}{dx}=\frac{1}{(x+1)^2}\sqrt{\frac{x+1}{x-1}}$

4.（1）$y'=n\cos nx$；（2）$y'=\frac{2\ln x}{x}$；（3）$y'=\frac{5}{3}(x^2-2x+1)^{\frac{2}{3}}(2x-2)$；

（4）$y'=-3\sin(3x+2)$；（5）$y'=-\frac{x}{\sqrt{1-x^2}}$；（6）$y'=\frac{1}{x\ln x}$

5. $(-1, 2)$，$(1, 2)$

6. $2x+y-2=0$，$2x-y+2=0$ 图略

7. 提示：充电速度$\frac{dU_c}{dt}$

8.（1）$y'=x/y$；（2）$y'=\frac{\cos y-\cos(x+y)}{x\sin y+\cos(x+y)}$；（3）$y'=\left(\frac{x}{1+x}\right)^x\left(\frac{1}{1+x}+\ln\frac{x}{1+x}\right)$；

（4）$y'=\frac{\sqrt{x+1}(3-x)^4}{(x+5)^3}\left[\frac{1}{2(x+1)}-\frac{4}{3-x}-\frac{3}{x+5}\right]$

9.（1）$\frac{2t}{2t-1}$；（2）$-\tan t$

10. $y-2\sqrt{2}=\frac{-2}{3}(x-3\sqrt{2})$

11. (1) $y''=90x^8+60x^3+6\sqrt{2}x$；(2) $y''=20(x+3)^3$；

(3) $y''=4e^{2x}+2e(2e-1)x^{2e-2}$；(4) $y''=-(2\sin x+x\cos x)$；

(5) $y''=-2\dfrac{x^2+1}{(x^2-1)^2}$；(6) $(2-3x^2)(1+x^2)^{\frac{-3}{2}}-3(2x^2-x^4)(1+x^2)^{\frac{-5}{2}}$；

(7) $y''=6x+\cos x$；(8) $y''=2\arctan x+\dfrac{2x}{1+x^2}$

12. (1) $y^{(n)}=2^{n-1}\sin\left(2x+\dfrac{n-1}{2}\pi\right)$；(2) $y^{(n)}=(-1)^{n-1}(n-1)!\,(x+1)^{-n}$；

(3) $y^{(n)}=\dfrac{1}{2}(-1)^n n!\,[(x-1)^{-n}-(x+1)^{-n}]$

习题 4-3

1. 函数的单调增区间是$(-\infty, -1)$及$(3, +\infty)$，单调减区间是$(-1, 3)$.

2. (1) 单调减少；(2) 单调增加.

3. (1) 函数的单调增区间是$\left(-\infty, \dfrac{1}{3}\right)$及$(1, +\infty)$，单调减区间是$\left(\dfrac{1}{3}, 1\right)$；

(2) 函数的单调增区间是$\left(\dfrac{1}{2}, +\infty\right)$，单调减区间是$\left(0, \dfrac{1}{2}\right)$；

(3) 函数的单调增区间是$(-\infty, +\infty)$，没有单调减区间；

(4) 函数的单调增区间是$\left(\dfrac{2}{3}, +\infty\right)$，单调减区间是$\left(-\infty, \dfrac{2}{3}\right)$.

4. (1) $f(x)$在$x=-1$处有极大值$f(-1)=-4$，$f(x)$在$x=1$处有极小值$f(1)=4$；

(2) $f(x)$在$x=-1$处有极大值$f(-1)=0$，$f(x)$在$x=1$处有极小值$f(1)=-3\sqrt[3]{4}$.

5. (1) 最大值是$f(-1)=3$，最小值是$f(-2)=-1$；(2) 最大值是$f(1)=1+\dfrac{\pi}{4}$，最小值是$f(0)=0$.

6. $t=\dfrac{1}{a}$时，$i_{\max}=1\text{A}$.

7. $i(t)=10\sin\left(1000\pi t-\dfrac{3}{20}\pi\right)$（提示：利用从0到最大电流所给的速度算出$\dfrac{T}{4}$时长）.

8. $u(t)=150\sin\left(4000\pi t+\dfrac{\pi}{6}\right)$（提示：利用两个电压为0的时间间隔算出$T$）

9. 当$I_e=\sqrt{\dfrac{W_i}{R_e}}$时，$\eta$最大，$\eta_{\max}=\dfrac{E_e\sqrt{W_iR_e}\cos\theta}{E_e\sqrt{W_iR_e}\cos\theta+2W_iR_e}$.

习题 4-4

1. (1) ×；(2) ×.

2. (1) 0；(2) $\dfrac{1}{6}$；(3) 0；(4) 0；(5) -1；(6) $\dfrac{a}{b}$；(7) $\dfrac{3}{5}$；(8) $\cos a$；(9) $\dfrac{3}{2}$；

（10）$\frac{1}{2}$；（11）∞；（12）0；（13）2；（14）1；（15）1；（16）$\frac{1}{8}$；（17）$\frac{1}{2}$；（18）∞.

习题 5-1

1. $\int f(x)\mathrm{d}x = x^3 - \mathrm{e}^x + c$

2. $f(x) = 3^x \ln 3 - \sin x$

3. $\left[\int f(x)\mathrm{d}x\right]' = f(x) = \cos x$

4. 略

5. $i = 2t^2 - 0.2t^3 + 2$

6. $q = -\frac{4}{3}\mathrm{e}^{-t} + \frac{4}{3}\cos 2t + \frac{8}{3}\sin 2t$

7※.（1）$\frac{1}{202}(2x-3)^{101}+c$；（2）$\frac{3}{2-4x}+c$；（3）$-\frac{1}{3}\cos 3x+c$；（4）$-\frac{1}{3}\mathrm{e}^{-3x}+c$；

（5）$-\mathrm{e}^{\frac{1}{x}}+c$；（6）$\frac{1}{5}\arcsin 5x+c$；（7）$-\frac{1}{6}\tan(1-6x)+c$；（8）$-2\cos\sqrt{t}+c$；

（9）$\frac{1}{11}\tan^{11}x+c$；（10）$-\frac{1}{2}\mathrm{e}^{-x^2}+c$；（11）$\frac{1}{2}\sin x^2+c$；

（12）$-\frac{1}{3}\sqrt{2-3x^2}+c$；（13）$-\frac{100^{\arccos x}}{\ln 100}+c$；（14）$\arctan \mathrm{e}^x+c$；

（15）$\frac{1}{6}\ln\frac{3+x}{3-x}+c$；（16）$\frac{1}{2}\arcsin\frac{2x}{3}+c$；（17）$\frac{1}{20}\arctan\frac{4x}{5}+c$；

（18）$-\frac{1}{3}\ln|x+1|+\frac{1}{3}\ln|x-2|+c$；（19）$4\sqrt{x-2}+\frac{2}{3}(\sqrt{x-2})^3+c$；

（20）$\frac{2}{5}(\sqrt{x+1})^5-\frac{2}{3}(\sqrt{x+1})^3+c$；（21）$\sqrt{2x}-\ln(1+\sqrt{2x})+c$；

（22）$2\sqrt{x}-3\sqrt[3]{x}+6\sqrt[6]{x}-6\ln(1+\sqrt[6]{x})+c$

8※.（1）$-x\cos x+\sin x+c$；（2）$-x\mathrm{e}^{-x}-\mathrm{e}^{-x}+c$；（3）$\frac{\mathrm{e}^{-2t}}{4}(-2t-1)+c$；

（4）$x\arcsin x+\sqrt{1-x^2}+c$；（5）$\sqrt{x}(2\ln x-4)+c$；（6）$4\cos\frac{x}{2}+2x\sin\frac{x}{2}+c$；

（7）$\frac{\mathrm{e}^{-x}}{2}(\sin x-\cos x)$；（8）$x^2\sin x+2x\cos x-2\sin x+c$；（9）$x^3\left(\frac{\ln x}{3}-\frac{1}{9}\right)+c$；

（10）$x(\ln x)^2-2x\ln x-2x+c$；（11）$3[t^2\mathrm{e}^t-2\mathrm{e}^t(t-1)]+c$，$\sqrt[3]{x}=t$

习题 5-2

1. $s=\int_0^{\frac{\pi}{2}}\sin t\,\mathrm{d}t$

2. $q=\int_{t_1}^{t_2} i_0 \sin\omega t\,\mathrm{d}t$

3. (1) $4p+12(b-a)$；(2) $4q+24p+36(b-a)$.

4. (1) $\frac{9}{2}$；(2) 0；(3) $\frac{\pi R^2}{2}$

5. $\frac{26}{3}$

6. (1) 1；(2) 1

7. $\bar{p}=\frac{1}{T}\int_0^T U_m I_m \sin\omega t \sin(\omega t-\varphi)\,\mathrm{d}t$

8. $\bar{i}_{\frac{T}{2}}=I_m$，$\bar{i}_T=0$

习题 5-3

1. (1) e^2-3；(2) $\frac{\pi}{3}$；(3) $1-\frac{\pi}{4}$；(4) $\sqrt{3}-1-\frac{\pi}{12}$

2. (1) $\frac{8}{3}$；(2) π；(3) $1-\frac{\sqrt{3}}{2}+\frac{\pi}{6}$；(4) $\frac{\pi}{4}-\frac{\ln 2}{2}$；(5) 0

3. $\int_1^4 2\sin\omega t\,\mathrm{d}t$

4※. (1) $\frac{8}{3}$；(2) π；(3) $\frac{2}{5}(1+\ln 2)$；(4) $\frac{\pi}{6}-\frac{\sqrt{3}}{4}$；(5) $\frac{364}{729}$；(6) $-\frac{2\sqrt{3}}{3}+\sqrt{2}$；

(7) $\frac{\pi}{12}$；(8) $2\sqrt{3}-2$；(9) $\frac{1}{2}(e-1)$；(10) $\ln(2+\sqrt{3})-\frac{\sqrt{3}}{2}$

5※. (1) $-\frac{2}{e}+1$；(2) $\frac{\pi}{2}-1$；(3) $-\frac{\sqrt{3}}{2}+\frac{\pi}{6}$；(4) $\frac{\pi}{4}-\frac{\ln 2}{2}$；

(5) $2-\frac{2}{e}$；(6) $\frac{1}{9}(1+2e^3)$

习题 5-4

1. (1) $\frac{8}{3}$；(2) $\frac{2}{3}(2-\sqrt{2})$.

2. $21\frac{1}{3}$.

3. (1) $\frac{2}{5}\pi$；(2) $\frac{\pi}{2}$.

4. (1) $A=5-\ln 3-\ln 2$；(2) $V=\frac{25\pi}{3}$

5. $V=160\pi$

习题 5-5

1.（1）$f=1000\text{Hz}$，$\omega=2000\pi$；（2）有效值 $I=14.14\text{A}$

2. $q=4000\mu\text{C}$

3.（1）$i(t)=\begin{cases}0 & t\leqslant 0\\ -20te^{-10t}-2e^{-10t}+2 & t>0\end{cases}$；

（2）在 $t\in(0,0.1)$ 时间段内，存储能量；在 $t\in(0.1,+\infty)$ 时间段内，释放能量（提示：画电压图像，观察变化情况）；

（3）当 $t=0.1$ 时，电压最大，此时存储能量最大，$W_{\max}=0.2-\dfrac{0.8}{e}+\dfrac{0.8}{e^2}(\text{J})$；

（4）当电压接近 0 时，电感相当于一根导线，对电流没有阻碍作用，此时电流为持续不变状态.

4. $\bar{E}=\dfrac{2E_m}{\pi}$

5. $\dfrac{U_m}{2}$

6. $1-\dfrac{3}{e^2}$

习题 6-1

1.（1）一阶；（2）二阶；（3）二阶；（4）三阶

2. 验证略（1）通解；（2）通解；（3）特解；（4）通解

3.（1）$\dfrac{dy}{dx}=x^2$；（2）$\dfrac{dP}{dT}=k\dfrac{P}{T^2}$（其中 k 为比例系数）

4. 验证略　特解 $y=x+3$

5. $50i(t)+\dfrac{di(t)}{dt}=0$ 初始条件 $i|_{t=0}=0$

习题 6-2

1.（1）$y=e^{Cx}$；（2）$\arcsin y=\arcsin x+C$；（3）$y=\dfrac{4}{3}+\dfrac{2}{3}e^{\frac{3}{2}}e^{-\frac{3}{2}x}$；

（4）$y=-4x+2+4x^2-10e^{-2}e^{-2x}$；（5）$\dfrac{1}{y}=-x^3-C$；（6）$\ln y=-e^x+C$

2. $y=(\sin x-1)x^2$

3. $s(t)=\dfrac{3}{2}t^2+3$

4. $y=-2x-2+2e^x$

5.（1）$I(t)=-5e^{-3t}+5$；（2）1s 后的电流 $I(1)=-5e^{-3}+5$

习题 6-3

1.（1）通解：$y=C_1e^{2x}+C_2$；（2）通解：$y=C_1e^{3x}+C_2e^{-x}$；

（3）通解：$y=e^{4x}(C_1+C_2x)$；（4）通解：$y=e^{-x}(C_1\sin 2x+C_2\cos 2x)$

2. 特解：$y=xe^{3x}$.

3. 原微分方程的一个特解：$y^*=xe^x\left(\frac{1}{6}x-\frac{5}{9}\right)$.

4. 任意时刻电容上的电量 $q(t)$ 满足的微分方程为：

$$q(t)=\frac{11}{50}e^{-2t}-\frac{101}{500}e^{-7t}+\frac{13}{500}\sin t-\frac{9}{500}\cos t$$

习题 6-4

1. 取 $\lambda=9$.

2.（1）通解：$y=e^{Cx}$；（2）通解：$y=\arcsin\left(\frac{C}{\sin(x)}\right)$；

（3）通解：$y=-\frac{1}{C-2\ln(x+1)}$；（4）通解：$y=-x-\ln x+C$

3.（1）特解：$y=-\frac{2}{3x^2-2}$；（2）特解：$y=\arcsin\left(\frac{2}{x^2+3}\right)$；

（3）特解：$y=\frac{x}{\cos x}$；（4）特解：$y=-2\sqrt[3]{x}$

4. 用欧拉法求得的数值解、解析解、绝对误差和相对误差如附表 3-1 所示.

附表 3-1

n	x_n	解析解 $y(x_n)$	数值解 y_n	绝对误差	相对误差/%
0	0.0000000	1.0000000	1.0000000	0.0000000	0.00000
1	0.0500000	1.0488088	1.0500000	0.0011912	0.11357
2	0.1000000	1.0954451	1.0977381	0.0022930	0.20932
3	0.1500000	1.1401754	1.1435154	0.0033399	0.29293
4	0.2000000	1.1832160	1.1875737	0.0043577	0.36829
5	0.2500000	1.2247449	1.2301113	0.0053664	0.43817
6	0.3000000	1.2649111	1.2712935	0.0063824	0.50458
7	0.3500000	1.3038405	1.3112602	0.0074197	0.56906
8	0.4000000	1.3416408	1.3501313	0.0084905	0.63285
9	0.4500000	1.3784049	1.3880111	0.0096062	0.69691
10	0.5000000	1.4142136	1.4249912	0.0107776	0.76209

续表

n	x_n	解析解 $y(x_n)$	数值解 y_n	绝对误差	相对误差/%
11	0.5500000	1.4491377	1.4611528	0.0120151	0.82912
12	0.6000000	1.4832397	1.4965689	0.0133292	0.89866
13	0.6500000	1.5165751	1.5313057	0.0147306	0.97131
14	0.7000000	1.5491933	1.5654235	0.0162302	1.04765
15	0.7500000	1.5811388	1.5989784	0.0178395	1.12827
16	0.8000000	1.6124515	1.6320223	0.0195708	1.21373
17	0.8500000	1.6431677	1.6646045	0.0214368	1.30460
18	0.9000000	1.6733201	1.6967716	0.0234515	1.40150
19	0.9500000	1.7029386	1.7285682	0.0256296	1.50502
20	1.0000000	1.7320508	1.7600379	0.0279871	1.61583

5. 用龙格-库塔法求得的数值解、解析解如附表 3-2 所示.

附表 3-2

n	x_n	解析解 $y(x_n)$	四阶数值解
0	0.000000	1.000000	1.000000
1	0.050000	1.048809	1.048809
2	0.100000	1.095445	1.095445
3	0.150000	1.140175	1.140175
4	0.200000	1.183216	1.183216
5	0.250000	1.224745	1.224745
6	0.300000	1.264911	1.264911
7	0.350000	1.303840	1.303841
8	0.400000	1.341641	1.341641
9	0.450000	1.378405	1.378405
10	0.500000	1.414214	1.414214
11	0.550000	1.449138	1.449138
12	0.600000	1.483240	1.483240
13	0.650000	1.516575	1.516575
14	0.700000	1.549193	1.549194
15	0.750000	1.581139	1.581139
16	0.800000	1.612452	1.612452
17	0.850000	1.643168	1.643168
18	0.900000	1.673320	1.673320
19	0.950000	1.702939	1.702939
20	1.000000	1.732051	1.732051

习题 6-5

1.(1) 流过电路的电流 i 为 $i=I-Ie^{-\frac{R}{L}t}=i_1+i_2$；其中 $I=\dfrac{E}{R}$，$i_1=I$，$i_2=-Ie^{-(R/L)t}$；

(2) 电路中电流 i 的图像为：

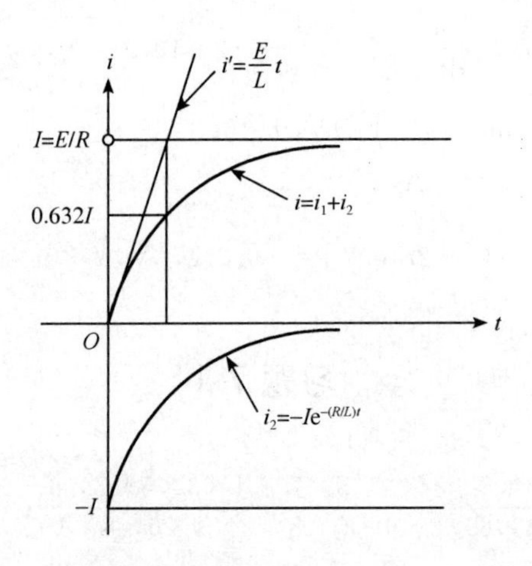

(3) 时间常数 $\tau=\dfrac{L}{R}$；(4) 在时刻 $t=\tau$ 时的电流 $i\big|_{t=\tau}=0.632I$.

2. (1) 积蓄在电容 C 上的电荷量 $q=Q[1-e^{-(1/RC)t}]$，其中 $Q=CE$；

(2) 电容两端的电压为：$v_C=\dfrac{q}{C}=E[1-e^{-(1/RC)t}]$；

(3) 电路中的电流为：$i=\dfrac{dq}{dt}=-CEe^{-(1/RC)t}\left(-\dfrac{1}{CR}\right)=Ie^{-(1/RC)t}$，其中 $I=E/R$；

(4) 电量 q 的图形如图(a) 所示，v_C 与 i 的图形如图(b)：

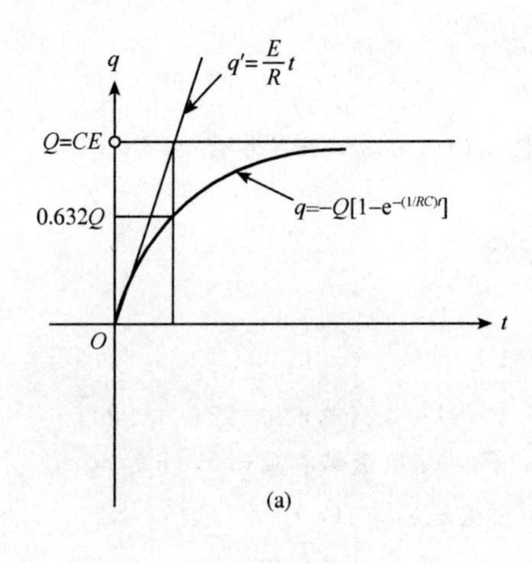

(a)

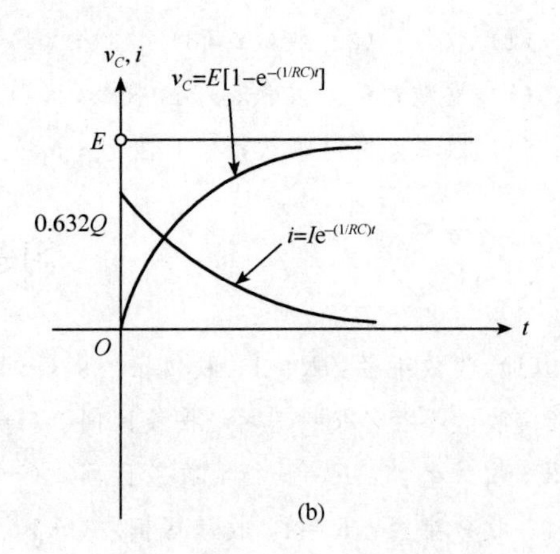

(b)

(5) 电路的时间常数 τ 为：$\tau=RC$.

习题 6-6

1. 电感电流 $i_L(t)$ 的微分方程为：$LC\dfrac{d^2 i_L}{dt^2}+\left(R_1C+\dfrac{L}{R_2}\right)\dfrac{di_L}{dt}+\left(1+\dfrac{R_1}{R_2}\right)i_L=C\dfrac{du_s}{dt}+\dfrac{1}{R_2}u_s$

2. 电感电流的 u_{C2} 的微分方程为：$2\dfrac{d^2 u_{C2}}{dt^2}+5\dfrac{du_{C2}}{dt}+2u_{C2}=i_s$

3. u_C 满足的微分方程为：$\dfrac{d^2 u_C}{dt^2}+2000\dfrac{du_C}{dt}+2\times10^6 u_C=0$，

解得 $u_C(t)=200\sqrt{2}e^{-3t}\sin(10^3 t+45°)V$，$t\geqslant0$.

4. 换位后：$i_L(t)=(1+2t)e^{-2t}A$，$t\geqslant0$，

$u_C(t)=\dfrac{di_L}{dt}=\dfrac{1}{8}[2e^{-2t}-2(1+2t)e^{-2t}]=-0.5te^{-2t}V$，$t\geqslant0$

习题 7-1

1. (1) $\dfrac{1}{2}+\dfrac{1\times3}{2\times4}+\dfrac{1\times3\times5}{2\times4\times6}+\dfrac{1\times3\times5\times7}{2\times4\times6\times8}+\dfrac{1\times3\times5\times7\times9}{2\times4\times6\times8\times10}$；

(2) $\dfrac{1}{2}+\dfrac{2!}{2^2}+\dfrac{3!}{2^3}+\dfrac{4!}{2^4}+\dfrac{5!}{2^5}$；(3) $-\dfrac{3}{3}+\dfrac{5}{3^2}-\dfrac{7}{3^3}+\dfrac{9}{3^4}-\dfrac{11}{3^5}$

2. (1) $u_n=\dfrac{x^{\frac{n}{2}}}{2^n n!}$；(2) $u_n=(-1)^n\times2$；(3) $u_n=\dfrac{1}{n+1}$；(4) $u_n=\dfrac{2n-1}{n^2+1}$

3. (1) 收敛；(2) 发散；(3) 发散；(4) 发散

4. 会

习题 7-2

1. (1) 收敛；(2) 收敛；(3) 收敛；(4) 发散

2. (1) 发散；(2) 发散；(3) 收敛；(4) 发散

3. (1) 收敛，绝对收敛；(2) 发散；(3) 发散；(4) 收敛，条件收敛

习题 7-3

1. (1) 收敛半径：$R=1$，收敛区间：$(-1, 1)$，收敛域：$(-1, 1)$；

(2) 收敛半径：$R=+\infty$，收敛区间：$(-\infty, +\infty)$，收敛域：$(-\infty, +\infty)$；

(3) 收敛半径：$R=+\infty$，收敛区间：$(-\infty, +\infty)$，收敛域：$(-\infty, +\infty)$；

(4) 收敛半径：$R=1$，收敛区间：$(-1, 1)$，收敛域：$[-1, 1]$；

(5) 收敛半径：$R=\dfrac{1}{2}$，收敛区间：$\left(\dfrac{1}{2}, \dfrac{3}{2}\right)$，收敛域：$\left[\dfrac{1}{2}, \dfrac{3}{2}\right)$；

(6) 收敛半径：$R=1$，收敛区间：$(-1, 1)$，收敛域：$[-1, 1)$

2. (1) 收敛半径：$R=1$，$S(x)=-\ln(1+x)$，$x\in(-1, 1)$；

(2) 收敛半径：$R=1$，$S(x)=\dfrac{2x}{(1-x^2)^2}$，$x\in(-1, 1)$；

(3) 收敛半径：$R=\sqrt{2}$，$S(x)=\dfrac{x^2}{2-x^2}$，$x\in(-\sqrt{2}, \sqrt{2})$；

(4) 收敛半径：$R=1$，$S(x)=\dfrac{1}{2}\ln\dfrac{1+x}{1-x}+\dfrac{1}{2}\arctan x-x$，$x\in(-1, 1)$

习题 7-4

1. (1) $e^{-x}=\sum\limits_{n=0}^{\infty}\dfrac{(-1)^n}{n!}x^n$，$x\in(-\infty, +\infty)$；

(2) $\ln(2+x)=\ln2+\sum\limits_{n=0}^{\infty}(-1)^n\dfrac{x^{n+1}}{(n+1)2^{n+1}}$，$x\in(-2, 2)$；

(3) $\sin^2 x=\sum\limits_{n=1}^{\infty}(-1)^{n-1}\dfrac{2^{2n+1}}{(2n)!}x^{2n}$，$x\in(-\infty, +\infty)$；

(4) $\ln(2-x-x^2)=\sum\limits_{n=0}^{\infty}\left[\dfrac{(-1)^n}{2^{n+1}}+(-1)^{2n+1}\right]\dfrac{x^{n+1}}{n+1}$，$x\in(-1, 1)$

2. (1) $\dfrac{1}{x}=\sum\limits_{n=0}^{\infty}(-1)^n\dfrac{(x-3)^n}{3^{n+1}}$；(2) $\ln x=\ln2+\sum\limits_{n=0}^{\infty}(-1)^n\dfrac{(x-2)^{n+1}}{2^{n+1}}$；

(3) $\cos x=\dfrac{1}{2}\sum\limits_{n=0}^{\infty}\dfrac{(-1)^n}{(2n)!}\left(x-\dfrac{\pi}{3}\right)^{2n}-\dfrac{\sqrt{3}}{2}\sum\limits_{n=0}^{\infty}\dfrac{(-1)^n}{(2n+1)!}\left(x-\dfrac{\pi}{3}\right)^{2n+1}$

3. 约 420 万元

习题 7-5

1. (1) $f(x)=\dfrac{1}{2}+\dfrac{2}{\pi}(\sin x+\dfrac{1}{3}\sin3x+\dfrac{1}{5}\sin5x+\cdots)$；

(2) $f(x)=\dfrac{2}{\pi}+\dfrac{4}{\pi}\sum\limits_{n=1}^{\infty}(-1)^{n+1}\dfrac{1}{4n^2-1}\cos nx$ $(-\pi\leqslant x\leqslant\pi)$；

(3) $f(x)=\sum\limits_{n=1}^{\infty}\left[\dfrac{(-1)^{n+1}}{n}+\dfrac{2}{n^2\pi}\sin\dfrac{n\pi}{2}\right]\sin nx$，$x\neq(2n+1)\pi$；

(4) $f(x)=\dfrac{a-b}{4}\pi+\dfrac{2(b-a)}{\pi}\cos x+(b+a)\sin x-\dfrac{a+b}{2}\sin2x+\dfrac{2(b-a)}{9\pi}\cos3x$

$+\dfrac{b+a}{3}\sin3x-\dfrac{a+b}{4}\sin4x\cdots\quad x\neq(2n+1)\pi$

2. $f(x)=\dfrac{1}{2}+\sum\limits_{k=1}^{\infty}\dfrac{2}{(2k+1)\pi}\sin(2k+1)\pi$，$k\in\mathbf{Z}^+$

3. $f(x)=\dfrac{2}{\pi}+\sum\limits_{n=1}^{\infty}\left(\dfrac{2}{(1\text{-}4n^2)\pi}\cos2nt-\dfrac{1}{(2n+1)\pi}\sin2nt\right)$

习题 8-1

1. (1) $L[f(t)]=\frac{1}{p}\cdot\frac{9p^2}{9p^2+1}=\frac{9p}{9p^2+1}$;

(2) $L[f(t)]=\int_0^{+\infty}e^{-2t}\cdot e^{-pt}dt=\frac{1}{p+2}(p>2)$;

(3) $L[f(t)]=\frac{4!}{p^5}\ (p>0)$;

(4) $L[f(t)]=\frac{1}{2}\left(\frac{1}{p}-\frac{p}{p^2+1}\right)$

2. $L[f(t)]=\frac{1}{p}(3\text{-}4e^{-2p}+e^{-4p})$

3. $L[f(t)]=\frac{1}{(1-e^{-\pi p})(p^2+1)}$

习题 8-2

1. (1) $L[t^3+2t-2]=\frac{6}{p^4}+\frac{2}{p^2}-\frac{2}{p}$; (2) $L[1-te^t]=L[1]-L[te^t]=\frac{1}{p}-\frac{1}{(p-1)^2}$;

(3) $L[(t-1)^2e^t]=L[t^2e^t-2te^t+e^t]=\frac{p^2-4p+5}{(p-1)^3}$;

(4) $L\left[\frac{t}{2a}\sin at\right]=\frac{p}{(p^2+a^2)^2}$; (5) $L[t\cos 3t]=\frac{p^2-9}{(p^2+9)^2}$;

(6) $L[4\sin 2t-3\cos t]=\frac{8}{p^2+2^2}-\frac{3p}{p^2+1^2}$; (7) $L[e^{-3t}\sin 5t]=\frac{5}{(p+3)^2+25}$;

(8) $L[e^{-2t}\cos 3t]=\frac{p+2}{(p+2)^2+9}$; (9) $L[t^ne^{at}]=\frac{n!}{(p-a)^{n+1}}$;

(10) $L[\sin(\omega t+\varphi)]=\frac{p\sin\varphi+\omega\cos\varphi}{p^2+\omega^2}$; (11) $L[\eta(3t-4)]=\frac{1}{p}e^{-\frac{4}{3}p}$;

(12) $L[\cos^2 t]=\frac{p^2+2}{p(p^2+4)}$; (13) $L[f(t)]=-\frac{1}{p}+2\frac{1}{p}e^{-4p}=\frac{1}{p}(2e^{-4p}-1)$;

(14) $L[f(t)]=\frac{1}{p}e^{-2p}-\frac{1}{p}e^{-4p}=\frac{1}{p}(e^{-2p}-e^{-4p})$

2. (略)

3. (1) $L[t\sin at]==\frac{2ap}{(p^2+a^2)^2}$; (2) $L[t^2\cos 2t]=\frac{2p^3-24p}{(p^2+4)^3}$;

(3) $L[te^t\sin t]=\frac{2p-2}{(p^2-2p+2)^2}$

4. $L\left[\frac{\sin t}{t}\right]=\frac{\pi}{2}-\arctan p$.

习题 8-3

(1) $f(t)=3L^{-1}\left[\frac{1}{p+2}\right]=3e^{-2t}$；(2) $f(t)=L^{-1}[1]+2L^{-1}\left[\frac{1}{p-2}\right]=\delta(t)+2e^{2t}$；

(3) $f(t)=\frac{1}{4}L^{-1}\left[\frac{2\cdot 2\cdot p}{(p^2+2^2)^2}\right]=\frac{1}{4}t\sin 2t$；(4) $f(t)=2L^{-1}\left[\frac{p}{p^2+4^2}\right]=2\cos 4t$；

(5) $f(t)=\frac{1}{6}L^{-1}\left[\frac{\frac{3}{2}}{p^2+\left(\frac{3}{2}\right)^2}\right]=\frac{1}{6}\sin\frac{3}{2}t$；

(6) $f(t)=\frac{1}{a-b}\left\{aL^{-1}\left[\frac{1}{p-a}\right]-bL^{-1}\left[\frac{1}{p-b}\right]\right\}=\frac{1}{a-b}(ae^{at}-be^{bt})$；

(7) $f(t)=\frac{1}{a-b}\left\{(a-c)L^{-1}\left[\frac{1}{p+a}\right]+(c-b)L^{-1}\left[\frac{1}{p+b}\right]\right\}=\frac{a-c}{a-b}e^{-at}+\frac{c-b}{a-b}e^{-bt}$；

(8) $f(t)=\frac{1}{ab}+\frac{1}{a(a-b)}e^{-at}-\frac{1}{b(a-b)}e^{-bt}$；

(9) $f(t)=\frac{1}{a^2}L^{-1}\left[\frac{1}{p^2}\right]-\frac{1}{a^3}L^{-1}\left[\frac{p}{p^2+a^2}\right]=\frac{t}{a^2}-\frac{1}{a^3}\sin at$；

(10) $f(t)=(-1)L^{-1}\left[\frac{1}{p^2}\right]+\frac{1}{2}L^{-1}\left[\frac{1}{p-1}\right]-\frac{1}{2}L^{-1}\left[\frac{1}{p+1}\right]=-t+\frac{1}{2}e^{t}-\frac{1}{2}e^{-t}$；

(11) $f(t)=(-1)L^{-1}\left[\frac{1}{p}\right]+2L^{-1}\left[\frac{1}{p-1}\right]-2L^{-1}\left[\frac{1}{(p-1)^2}\right]=-1+2e^{t}+2te^{t}$；

(12) $f(t)=\frac{4}{\sqrt{6}}L^{-1}\left[\frac{\sqrt{6}}{(p+2)^2+(\sqrt{6})^2}\right]=\frac{4}{\sqrt{6}}e^{-2t}\sin\sqrt{6}\,t$；

(13) $f(t)=\frac{1}{3}L^{-1}\left[\frac{1}{(p^2+1)}\right]-\frac{1}{6}L^{-1}\left[\frac{2}{(p^2+2^2)}\right]=\frac{1}{3}\sin t-\frac{1}{6}\sin 2t$；

(14) $f(t)=\cdots=\frac{1}{9}\left(e^{-\frac{1}{3}t}\cos\frac{2}{3}t+e^{-\frac{1}{3}t}\sin\frac{2}{3}t\right)$

习题 8-4

(1) $x(t)=5(e^{-3t}-e^{-5t})$；(2) $y(t)=\sin\omega t$；(3) $y(t)=2-3e^{t}+2e^{2t}$；

(4) $y(t)=2t-\sin 4t+3\cos 4t$；(5) $x(t)=t^{-t}(\cos 2t+3\sin 2t)$；

(6) $\begin{cases}x(t)=e^{t}\\y(t)=e^{t}\end{cases}$；(7) $\begin{cases}x(t)=e^{-t}\sin t\\y(t)=e^{-t}\cos t\end{cases}$

参考文献

[1] 张孝理. 高等数学（工科类）[M]. 北京：高等教育出版社，2014.
[2] 游安军. 电路数学 [M]. 北京：电子工业出版社. 2014.
[3] 莫里斯·克莱因. 古今数学思想 [M]. 石生明等译. 上海：上海科学技术出版社，2014.